全国高等农林院校教材

林学概论

陈祥伟　胡海波　主编

中国林业出版社

内容简介

本教材以森林植被恢复、重建与保护以及生态环境建设为主线，从林业发展的历史、现状与发展趋势入手，系统介绍了林学的基本概念、基本理论和基本技术与方法。本教材不仅能够帮助读者概括地了解和掌握林学的知识体系，而且有助于读者树立环境意识，更有利于科学指导森林资源的培育、经营和保护，实现资源与环境协调发展。

本教材充分体现林学的系统性和知识结构的时代特点。它不仅可以作为林业经济、林产工业、园林、森林保护与游憩、野生动物、水土保持、旅游管理等非林学专业选修课程，而且可以作为相关专业自学考试及有关从业人员的培训教材，更适合作为农林院校的公共选修课教材。此外，本教材还可供林业、水土保持、园林、森林保护等专业技术人员以及有关部门的管理人员参考使用。

图书在版编目（CIP）数据

林学概论/陈祥伟，胡海波主编. —北京：中国林业出版社，2005.3（2024.1 重印）
全国高等农林院校教材
ISBN 978-7-5038-3441-7

Ⅰ. 林… Ⅱ. ①陈… ②胡… Ⅲ. 林学-高等学校-教材 Ⅳ. S7

中国版本图书馆 CIP 数据核字（2003）第 053871 号

责任编辑： 肖基浒　牛玉莲
电话：（010）83143555　　**传真：**（010）83143516

出版发行　中国林业出版社（100009　北京市西城区德内大街刘海胡同 7 号）
E-mail：jiaocaipublic@163.com　电话：(010)83143500
http://www.forestry.gov.cn/lycb.html
经　销　新华书店
印　刷　三河市祥达印刷包装有限公司
版　次　2005 年 3 月第 1 版
印　次　2024 年 1 月第 15 次
开　本　850mm × 1168mm　1/16
印　张　23
字　数　463 千字
定　价　58.00 元

全国高等农林院校“十五”规划教材

《林学概论》编写人员

主　编　陈祥伟　胡海波
副主编　袁玉欣　陈海滨
编　委　（按姓氏笔画排序）

马慧兰（新疆农业大学）
张玉珍（河北农业大学）
张往祥（南京林业大学）
李根前（西南林学院）
陈海滨（西北农林科技大学）
陈祥伟（东北林业大学）
周志强（东北林业大学）
胡海波（南京林业大学）
党坤良（西北农林科技大学）
袁玉欣（河北农业大学）
潘晓杰（中南林学院）

前 言

可持续发展是人类共同的、永恒的主题。经济的可持续发展，首先是自然资源和环境的可持续发展，目前生态问题已成为制约国民经济可持续发展最重要的因素之一。林业不仅是国民经济的一个行业，而且是一项伟大的公益事业，承担着经济生产和建设生态环境的双重使命。保护和改善生态环境，是新时期社会发展对林业的第一位要求，以生态建设为主，是时代赋予林业的历史使命。由部门办林业向全社会办林业的重要转变，成为当今林业所处重要发展时期的主要特征之一。如何唤起广大民众的环境意识，如何得到社会对林业事业的高度重视，提高全民的环境建设和保护素质，是我们每一个林业教育工作者义不容辞的责任和义务。正是基于这种背景，在中国林业出版社的组织下，在有关高等农林院校的支持下，编写出版了这本《林学概论》教材。衷心地希望这本教材的出版能够在普及林学知识和林业事业的发展中起到应有的作用。

林学是有关林业生产科学技术的知识系统与其有关的科学基础知识系统的集合，是一个历史悠久的学科。其传统的知识体系以培育和经营管理森林的科学技术为主体，包含诸如森林植物学、森林生态学、林木育种学、森林培育学，森林保护学、木材学、测树学、森林经理学等许多学科的内容。但随着林业跨越式发展和新时期林业的战略性转变，林学有关的知识体系、内涵和范畴必将随之变化和拓展。为此，本教材中调整了以往教材中的森林培育学和森林经营学的内容，突出了人工植被恢复与重建的理论和遗传控制、立地控制、结构控制三大核心技术体系；增加了森林可持续经营、城镇园林绿化以及林业生态工程等内容。使本教材的知识体系更具系统性，并能够反映知识的时代特征。

本教材由三大部分构成。第一部分为林学的基础知识，包括森林的概念与特征、森林植物学基础、森林与环境的概念与关系以及森林的功能与效益等内容；第二部分为林学的基本理论，包括森林植被恢复与重建理论、森林可持续经营以及林业生态工程建设理论等内容；第三部分为林学的基本技术与方法，包括林木种子与苗木培育技术、人工植被调控技术、城镇园林绿化设计、森林健康与维护以及林业生态工程建设技术等内容。

本教材由陈祥伟和胡海波任主编，负责教学内容体系设计、制定大纲、统稿和最后定稿工作。各位副主编和编委均参加了大纲的讨论，并提出了宝贵意见。

教材各部分编写分工为：第1章、第12章由陈祥伟编写；第11章由周志强和陈祥伟编写；第2章由陈海滨编写；第3章由马慧兰编写；第6章由党坤良编写；第4章由张往祥和胡海波编写；第5章由胡海波编写；第10章由潘晓杰编写；第7章由袁玉欣编写；第8章由李根前编写；第9章由张玉珍编写。

本教材的编写得到了东北林业大学、南京林业大学、河北农业大学、西北农林科技大学、西南林学院、中南林学院和新疆农业大学的热心帮助和大力支持；东北林业大学的赵雨森教授、张羽教授，北京林业大学的徐程杨教授等对教材的统稿和定稿工作提出了宝贵意见；东北林业大学王文波博士承担了前言和目录以及教材中英文的翻译和校订工作；教材编写过程中参考和引用了大量的文献资料和相关科学研究成果，在此一并表示衷心的谢意。

本教材内容涵盖了林学所包括的认识森林、培育森林、经营森林、保护森林、合理利用森林以及建设生态环境等各个知识领域，受林业自身的发展和人类对森林、林业认识的不断深入和发展，其理论和内容还有待在今后的教学、科学研究和生产实践中不断补充与完善。限于编者的学识水平和编写时间的仓促，不足和疏漏之处在所难免，希望使用本教材的教师、学生以及从事相关工作的同仁批评指正。

编　者

2004年8月

PREFACE

Sustainable development is the common and constant theme of human beings. Above all, the sustainable development of natural resources and the environment is the base of the economic sustainable development. So far, however, the ecological problem has become one of the most dominating elements that restrain the sustainable development of national economics. Forestry is not only an industry of the national economics but also a great commonweal, and furthermore has dual duties of economic production and ecological environment construction. The protection and improvement of the ecological environment is the primary demand of social development on the forestry during this new period. It is the historical duty put by the times on forestry that the ecological construction must be centered on. The significant change from the forestry run by the ministry to a one done by the whole society is one of the most important characteristics during the main development period of current forestry. How to arouse the people's environment consciousness and get the society's recognition of forestry, thus to improve whole nation's accomplishment of the environment construction and protection, is the duty - bound liability and obligation of each forestry educator and worker. Just on such background, with the concern of the China Forestry Publishing House and supported by related colleges and universities, *the Forestry Panorama* is compiled and published. Wish this book could contribute to popularizing the forestry knowledge and developing the future forestry!

Forestry is a knowledge system relating to the forestry - production scientific technology and an assembly of related basic scientific knowledge systems. It is a long - history subject, whose traditional knowledge system is centered on the scientific technology of culturing and managing the forest, including many subjects, such as forest botany, forest ecology, forest breeding, silviculture, forest protection, forest measuration, and forest management. But with the rapid progress and the strategic change of the forestry in this new era, the related knowledge systems, connotations and categories of forestry will have to be altered and developed accordingly. Therefore, the contents of silviculture and forest management in former books have been adjusted in this book, highlighted have been the plantation restoration - reconstruction theory and three central technical systems, that is, genetic control, site control and structure control, and the forest sustainable management, town virescence, the forestry ecological engineering and so on have been added, thus to make the knowledge system more systematic and reflect time characteristics of the knowledge better.

This book comprises three parts of basic knowledge, basic theory, and basic technology or methods. The first section is the basic knowledge of forestry, including the concepts and specialties of the forest, the basic knowledge of forest botany, the concepts and the relationship between the forest and the environment, the functions and benefits of the forest, etc; the second is the basic theories of forestry, including restoration and reconstruction theory of the forest vegetation, sustainable management of the forest, the forestry ecological engineering construction theory, etc; the third is basic technologies and methods of forestry, including forest seeds and the seedling culture, modulation technology of plantations, town virescence design, forest health and its maintenance, the forestry ecological engineering construction, etc.

The editors in chief of this book are Chen Xiangwei and Hu Haibo, responsible for designing the teaching system, determining the outline, collecting the manuscripts, and the final edition. Each of the sub – editors and the editor committee has discussed on the outline and given valuable advice. The work of this book is divided as follows: Chapter 1 and Chapter 12 are compiled by Chen Xiangwei; Chapter 11 is by Zhou Zhiqiang and Chen Xiangwei; Chapter 2 by Chen Haibin; Chapter 3 by Ma Huilan; Chapter 6 by Dang Kunliang; Chapter 4 by Zhang Wangxiang and Hu Haibo; Chapter 5 by Hu Haibo; Chapter 10 by Pan Xiaojie; Chapter 7 by Yuan Yuxin; Chapter 8 by Li Genqian; Chapter 9 by Zhang Yuzheng.

The issue of this book is with the warmhearted help and the entire support of Northeast Forestry University, Nanjing Forestry University, Hebei Agriculture University, Northwest Agriculture and Forestry Technology University, Southwest Forestry College, Central South Forestry University and Xinjiang Agriculture University. During this course, Prof. Zhao Yusen and Prof. Zhang Yu in Northeast Forestry University, Prof. Xu Chengyang in Beijing Forestry University and so on gave precious advice on the manuscripts collected and the final edition. At the same time, Dr. Wang Wenbo in Northeast Forestry University translated the Preface as well as the Content and revised the English words in this book. Besides, the book referred to and cited large numbers of literatures and related studies. All above deserves our deepest thanks.

This book covers each field of forestry, including the forest recognition, the forest culture, the forest management, the forest protection, the reasonable utilization of the forest, the ecological environment construction, and so on. With the progress of the forestry and human beings′deeper and deeper recognition and development of the forest and the forestry, this book will gain unceasing supplements and improvements in future teachings, researches and practices. What′s more, restricted by the forestry regionality, this book couldn′t meet all the needs throughout China for certain limitation.

For our less knowledge and shorter time, deficiencies and omissions couldnt be avoided in this book. Thanks for your invaluable comments and advices.

Editors in chief
August, 2004

目　录

CONTENTS

第1章　绪　论

【本章提要】本章通过对林业、林学的概念及内涵的介绍，重点阐述了中国林业发展的历史、现状和发展趋势，使学生认识和了解林业在国民经济发展和生态环境建设中的地位和作用。

1.1　概述

1.1.1　林业的概念与内涵

林业，顾名思义，是培育、保护、管理和利用森林的事业。一般认为，林业是大农业的组成部分，与农业中的种植业相似，区别在于其种植对象是木本植物。这种认识在20世纪以前的传统林业概念中还是有代表性的，但随着人类文明的进步和社会经济的发展，林业的内涵和范畴已经发生了巨大的变化。古代的林业主要是开发利用原始林，以取得燃料、木材及其他林产品。中世纪以后，随着人口增加及森林资源渐次减少，局部地区出现缺林少材现象，人们开始关心森林的恢复和培育，保护森林和人工种植森林逐渐成为林业的经营内容。近代的林业认识到森林资源，特别是木材的永续利用的必要性，要使开发利用森林和培育保护森林保持相对的均衡，开始把林业经营放在比较科学的基础之上。现代的林业则正在逐渐摆脱单纯生产和经营木材的传统观念，重视森林的生态和社会效益，以多目的综合经营森林和高效率深度利用森林资源为其特征。

在20世纪，林业在以下3个方面取得重大进展。①继续以生产木材为主要经营目标，但其培育走向定向化、集约化，保护走向综合化、广域化，管理走向科学化、系统化，利用走向高效化、深层化，其效果是从有限的林地面积上生产出更大量多样的木材制品，不断满足了人类文明发展对木材的需求。②培育、开发和利用森林中除木材以外的其他林产资源，这方面的资源利用门类很多，包括果实、茶叶、油脂、松香、树汁、橡胶、生漆、栲胶、紫胶、食用菌、药材、调料、香料、花卉、森林饮料等。随着人们对自然认识的不断提高，可开发利用的资源门类几乎每年都有可能增加。③研究认识和发挥利用森林所具有的多种公益效能。这个方面在20世纪下半叶取得了巨大的进展，人们对森林的防风固沙、保持水土、涵养水源、净化大气、美化风景等公益性功能有了充分深刻的理解和认识。特别是对森林作为地球上生物多样性的最大宝库和生物圈中维持大气成分平衡的最基本因素的初步认识，把人类对森林的认识已经提高到了“绿色意识”的高度。正是在这种认识的基础上，才产生了自然保护区网络的建设、大规模防护林体系的建设、大量森林公园的设立和经营、城镇绿化迅速发展等一系列行动（李育才 1995）。

目前，许多学者以及一些发达国家政府，已经把森林的公益性效益放在森林的经济效益之上，成为培育和经营森林的主要目的，特别是在1992年于巴西召开的联合国环境与发展大会的推动下，森林问题已经上升为世界性的资源和环境问题的重点。这样，林业的地位和作用当前已经从大农业的一部分演变为横跨大农业和资源环境事业的重要行业，特别是在当今自然资源日益枯竭、生态环境日益恶化的世界上，林业几乎是惟一既能改善生态环境，又能生产可再生资源的特别产业，从而在未来世界上将会占有越来越重要的地位。因此，不能把林业单纯地看作一项产业或公益事业，要从可持续发展的战略高度理解林业。

1.1.2 林学的概念及内涵

林学是有关林业生产（特别是营林生产）科学技术的知识系统及与其有关的科学基础知识系统的集合，基本上是一门应用学科。广义的林学包括以木材采运工艺和加工工艺为中心的森林工业技术学科；狭义的林学以培育和经营管理森林的科学技术为主体，包含诸如森林植物学、森林生态学、林木育种学、森林培育学、森林保护学、木材学、测树学、森林经理学等许多学科，有时也可称之为营林科学，尤其是现在对于森林的重新认识，已经把合理的可持续发展的经营理念渗透到森林经营中，重视的不是砍伐而是科学的经营手段。

林学的主要研究对象是森林，它包括自然界保存的未经人类活动显著影响的原始天然林，原始林经采伐或破坏后自然恢复起来的天然次生林，以及人工林。森林既是木材和其他林产品的生产基地，又是调节、改造自然环境从而使人类得以生存繁衍的天然屏障；与工农业生产和人民生活息息相关，是一项非常宝贵的自然资源。

林学是一门实践性很强的课程，讲授与学习这门课程均力求理论联系实际，加强实践性教学环节。林学又是一门与浩繁的生物界及多变的环境密切相关的学科，要掌握这门学科必须要深刻理解其基本原理，具备必要的基本知识，并善于灵活地运用这些基本原理和知识。结合具体地区的条件和特点，进行全面的周密的分析和综合，得出适当的结论，以解决林业生产上的问题。任何教条式的生搬硬套，或违背基本科学原理的盲目行动都是十分有害的。

1.2 国内外林业现状与发展趋势

森林是人类文明的摇篮。源于森林的原始人类依赖森林的恩赐维持部落的生存，他们对森林的热爱和保护是朴素而真挚的。森林在人类社会的资本积累时期作为生产木材的资源，而林业则很长时间一直被当作单一生产木材的行业。随着森林资源被肆意地掠夺破坏和所带来的生态灾难，人类才重新认识到森林的重要性，意识到人类的生存兴亡与森林生态系统的密切关系。今天，森林已经被看成是人类社会可持续发展的基础。

1.2.1 中国林业的发展

中国是世界上的文明古国之一，5 000 年的璀璨文化在其形成和发展过程中同样伴随着林业的兴衰，中国林业的发展大致分为以下几个阶段。

1.2.1.1 狩猎林业阶段（公元前475 年以前）

这一阶段包括原始社会和奴隶社会。远古时期，中国森林茂密，先民生活在森林中，衣食住行都离不开森林。《庄子》有记载："古者禽兽多而人少，于是民皆巢居以避之，昼拾橡栗，暮栖土木"。进入到奴隶社会，农牧业有较大的发展，但人口密度低，生产力低下，仍然依赖森林的恩赐维持部落的生存，主要活动是狩猎、采集或原始的农业耕作。这一阶段的主要特点是森林共有，人口少，资源丰富。

1.2.1.2 农耕林业阶段（公元前475 年～公元1949 年）

这一阶段包括封建社会和半殖民地社会。从春秋开始，中国进入了农业社会，早期人们尚注意保护森林，把发展林业看成是发展农业和富国富民、衡量人心向背、国势盛衰的关键标志。例如，司马迁在《史记》中记载，秦始皇焚书坑儒也焚"种树之书"；《孟子》和《荀子》提出了"斧斤以时入山林"和"不夭其生，不绝其长"这些朴素的森林永续利用理论；西汉的《汜胜之书》和东汉的《四民月令》中有关于植树技术的详细记载；北魏《齐民要术》中关于林农间作和林木轮伐的记述。但随着人口增加，社会对耕地的进一步需求，森林一度变成农牧业发展的主要障碍。人们大肆毁林开荒，如《阿房宫赋》有"蜀山兀，阿房出"的感叹。但在隋朝至元代，中国古代林业曾有很大的成就和创新，如宋代的《东坡杂记》和元代《农桑辑要》《王祯农书》，其中关于针叶树的栽培技术的描述细致而完善，几乎与当今的育苗技术无二致。唐宋时期的木工技术高度发展，木材用途更加扩展，应州木塔、汴京木拱桥、木雕板和雕版活字印刷、胶合板的雏形——襞叠板都闻名于世。封建社会的后期，由于朝廷的腐败、封建经济基础根深蒂固以及外族侵略，中国的林业遭受巨大损失，仅沙俄和日本就割占了7 000 $\times 10^4 hm^2$ 以上的原始森林。随着闭关锁国的大门被外国列强暴力打开后，西方国家发展林业的思想和林业科学技术也随之传入，如德国和日本的森林经营理论、森林抚育理论和技术相继引入中国，逐渐形成了中西交融的中国近代林业科学技术。一些省先后成立设有林科的高等农业学堂，1917 年中国第一个林学学术团体"中华森林会"（后改名为中华林学会）诞生，以及1937 年陈嵘《中国树木分类学》的出版，都对近代中国林业的发展产生了积极的影响。

1.2.1.3 工业利用型林业阶段（1949～1992）

中华人民共和国成立初期，全国的森林覆盖率仅为8.6%。为了医治战争创伤、恢复国民经济，新中国参照苏联的模式确定了以实现国家工业化为主要目标的初期发展模式。林业政策开始改变优先照顾农业的做法，高度重视林业对工业发展的贡献。林业以采伐森林，提供国家建设急需的木材为主要任务，90%的森林资源当作用材林，以30～35年为1个经营周期，分别在东北的大小兴安岭、中南、福建和西南等地建立采伐基地，而森林的后续资源等问题没有被充分地考虑。直到1957年，国家意识到森林资源的有限性，开始强调对森林资源的恢复、保护和扩大。全国建立国有林场418处，营造$34\times10^4hm^2$用材林和经济林，并开始在全国范围内营造以杉木、杨树、泡桐、落叶松、油茶、油桐和板栗等为主的速生丰产林。相关林业科学研究也蓬勃发展，先后成立了北京林学院、东北林学院、南京林学院，在13所农学院内设立林学系，建立20所林业中等学校，完善了林业教育体系。

此时期的林业科学技术主要来自苏联。1966～1976年“文化大革命”期间，国民经济发展面临崩溃的边缘，林业也同样受到严重冲击，行政管理机构瘫痪，林业科学研究停滞，全国林地减少了超过$600\times10^4hm^2$。党的十一届三中全会以后，国家工作重点转移到现代化建设方面，林业发展也取得了重大进展，突出表现为：注重森林的多目标经营，提倡全社会办林业；大力开展山区综合开发；全面推进生态环境建设，提升林业发展中的科技含量。

1.2.1.4 走向可持续发展林业阶段（1992年至今）

1992年在巴西里约热内卢召开的联合国环境与发展大会以后，中国认识到作为发展中国家所面临的发展经济和保护环境的双重任务，强调经济发展必须与环境保护相协调，并把实现经济、社会、资源、环境的协调可持续发展作为国家发展的战略选择，先后制定了《中国21世纪议程》和《中国21世纪议程·林业行动计划》，提出实现森林可持续发展在社会、经济发展中不可替代的作用，确立了科教兴林战略，并逐步建立起比较完备的林业生态体系和比较发达的林业产业体系，随着中国六大林业重点工程（天然林资源保护工程、三北和长江中下游地区等防护林体系建设工程、退耕还林工程、京津风沙源治理工程、野生动植物保护及自然保护区建设工程、重点地区速生丰产用材林基地建设工程）的全面推进，中国林业走向了一个崭新的发展阶段。

1.2.2 中国林业的现状

我国林业经过50多年的建设，取得了辉煌的成绩。森林覆盖率由建国初期的8.6%上升到16.55%，提高了近8个百分点。全国人工造林保存面积达$4\,666\times10^4hm^2$，居世界第1位。从1978年建设三北防护林工程以来，先后启动实施了长江中上游、沿海等十大防护林体系建设工程，造林绿化进程明显加快，扭转了长期以来森林资源持续减少的被动局面，据第5次（1994～1998）森林资源连续清查结果，我国森林面积为$1.58\times10^8hm^2$，森林蓄积量为$112.66\times10^8m^3$，保持了森林面积和蓄积量的双增长。特别是随着六大林业重点工程的启动和实施，加快了新时期林业的战略性转变，使我国林业的发展步入一个崭新的阶段。森林资源保护力度不断加大，初步建立起了分布比较合理、功能比较齐全的自然保护区体系，到“九五”末，共建立野生动植物类型自然保护区909处，面积突破$1 \times 10^8 hm^2$，占国土面积的10.63%。林业产业体系建设也取得了巨大成绩，2001年全国林业产值达4 090亿元，平均增长速度为16%。

然而，从新时期国民经济发展对林业新要求的高度来重新审视林业，可以发现我国林业的现状距离新形势的要求还有很大的差距，特别是从加强生态环境保护、为国民经济发展提供强有力的生态环境保障的要求看，林业的差距就显得尤为明显。

1.2.2.1 森林资源总量不足、分布不均、质量不高

首先，虽然我国森林面积位居世界第5位，但只占世界森林面积的4.1%；森林覆盖率比世界平均水平的29.6%低了近13个百分点，仅为世界平均水平的63%；蓄积量位居世界第7位，却不足世界森林蓄积总量的3%，表现出森林资源总量严重不足。其次，森林资源分布不均。我国的森林资源主要分布在东部地区，东部11省（自治区、直辖市）平均森林覆盖率达30.95%，是全国平均水平的1.9倍，而在东部地区森林资源又集中分布在东北林区和东南沿海；西部12省（自治区、直辖市）平均森林覆盖率仅为11.99%，其中西北5省（自治区）的森林覆盖率仅为3.34%，是全国平均水平的22.7%。青海是长江、黄河的发源地，森林覆盖率仅有0.43%，新疆、宁夏、甘肃森林覆盖率也分别只有1.08%、2.20%、4.83%。此外，我国森林资源质量不高，具体表现在全国现有单位面积森林平均蓄积量只有$78.06m^3/hm^2$，为世界平均水平的78%左右；林分年生长量为$3.3m^3hm^2$，仅为林业发达国家的1/2。

1.2.2.2 林业结构不合理

首先是土地利用结构不合理，林业用地有效利用率只有52%，林分平均郁闭度也只有0.54，林业用地中，无林地占22%，疏林地和灌木林地占16%。其次是林种结构不合理，用材林面积占77%，限制了森林多种功能的正常发挥；薪炭林面积占3%，而蓄积量只占1%，难以把大部分森林资源从薪材需求压力下解放出来。其三是林龄结构不合理，中幼林面积占71.12%，可采资源面积不足全国林分总面积的10%，有近60%的木材采自中幼龄林，中幼龄林的采伐面积占林分总采伐面积的78.5%，年均$3.7 \times 10^8 m^3$的消耗量中，中幼龄林占了56.6%，从而严重削弱了森林资源的接续能力。

1.2.2.3 造林绿化质量低，发展速度慢

进入20世纪90年代后，我国造林绿化步伐不断加快，全国人工造林、飞播造林、封山育林分别以年平均$420 \times 10^4 hm^2$、$60 \times 10^4 hm^2$和$400 \times 10^4 hm^2$的速度推进，但由于造林质量不高，实际保存面积只有造林面积的50%。新中国成立以来，我国森林覆盖率由8.6%提高到16.55%，如果按照可比口径的速度推算，要完成《全国生态环境建设规划》确定的把森林覆盖率提高到26%的任务，至少需要100年以上的时间。

1.2.2.4 林业产业发展滞后，难以对生态建设形成有效的支持

从总体上看，我国森林资源的利用水平不高，森林资源开发利用的主体——

加工业，尽管有了一定规模，但布局不合理，没有与资源基地很好地结合起来，也没有有效地形成综合开发全面利用的加工体系，而且综合加工技术落后，初级产品居多。具体表现为：①林产品供需矛盾突出。据统计，我国进口木材、锯材、人造板、单板以及纸浆、纸和纸制品折合成原木，数量已由1981年的$840\times10^4m^3$增长到2000年的$8\,000\times10^4m^3$多，20年间增长了9.5倍，成为世界林产品进口大国。②林产工业落后，规模小。木浆造纸、刨花板、中密度纤维板和定向结构刨花板的平均规模分别仅为世界水平的2.29%、12.98%、35%和10%，难以实现规模经济。从绝对集中度和集中系数分析来看，我国林产工业企业的集中度较低。前4家最大企业的集中度，木片加工最高，也仅为57.4%；森林采运业最低，为5.7%。③加工水平落后。世界发达国家的木材综合利用率已达80%以上，瑞典高达90%，而我国只有60%左右。④产业结构不合理。林业产业的发展必须是协调的，但我国林业产业发展比例严重失调，第一产业比重高达67.2%，但发展后劲不足；第二产业比重29.1%，且过于分散，竞争力不强；第三产业起步较晚，尚未形成规模，比重只有3.7%。林业产业发展的落后，使得林业经营的经济效益很低，无法从林业内部对生态建设提供有力的支持。

1.2.2.5　林业补偿机制尚未建立

森林具有经济、生态与社会三大效益，即森林同时具有“经济产品”“生态产品”和“精神产品”的属性。后两类“产品”也就是森林资源具有外部经济性，更广泛地为整个社会所享用，不能直接进入市场流通，带有社会福利的性质。森林资源的这种外部经济性，一般不同于森林直接产品，实质上它是一种无形产品，虽不易计价，但的确存在，并为整个环境和社会生产、生活服务。在我国生态意识还不强、森林的生态效益和社会效益还没纳入法制化管理的情况下，不仅在理论上未被普遍承认，而且在实践中也尚未起步。不论物质产品平衡表体系还是国民经济账户体系，均未反映环境保护费用及自然资源枯竭和退化方面的变化，无视森林等自然资源的动态变化，未提供在不降低未来福利水平的条件下，一定时期内可利用森林等自然资源最大消耗量（刘璨，李维长　1994）。森林资源的生态效益补偿费和社会效益补偿费尚未开征，森林的补偿机制尚未建立。

1.2.2.6　林业市场发育滞后

当前，林业建设从总体上还远远不能适应广大人民群众日益增长的物质和文化生活的需要。一个重要的原因就是林业经济体制改革的力度不够。在国有林区，不仅存在着我国独特的企业办社会的现象，而且对国有林区的管理体制仍然沿用过去计划经济体制的模式。林业主管部门仍然向企业下达指令性计划，并拨给投资，使企业靠政府的“输血”无忧无虑地成长；木材流通领域，仍然存在“双轨制”的价格制度，“制度租金”依然存在（李周　1995）。在集体林区，现有的木材经营组织仍然保留着过去统购统销的垄断性的行政性购销体系，而没有形成农民自己的符合市场经济发展要求的中介组织。这些行政性购销体系对农民的剥夺一旦超过农民的承受能力，农民就只能放弃对林地的投入而将有限的资金转入比较利益较高的其他行业，其结果必然造成营林生产的萎缩，从而引起森林资源危机。林业经济体制改革的力度不够，是林业市场发育滞后的一个重要原因。林业市场发育滞后的另一个重要原因是林业自身特点的制约。森林既是生产性资源，又是保护性资源，森林效益的多样性决定了其产品的多样性：一是森林的有形产品，主要指木材和其他林副产品，价值可计量，可进入市场进行交换；二是森林的无形产品，是指森林的多种生态效益和社会效益，即外部经济性，在实现其价值计量之前是不可能进入市场进行交换的。因此，林业自身的特点在很大程度上决定了林业进入市场的局限性，客观上也造成了林业市场发育的滞后。即使是木材和其他林副产品，其市场体系的培育和建设也缺乏规划和系统化，市场行为缺乏规范，地区和部门间的分割和封锁也还远未消除。

1.2.2.7 林业科技发展滞后，缺乏科技创新与技术推广动力

改革开放以来，我国林业科学技术已经取得了长足的发展，但总体看来林业科技发展仍然落后，特别是林业高新技术、先进适用技术和最新科技成果的转化、系统集成与推广应用十分薄弱，林业科技成果转化率仅有34%，林业科技进步对经济增长的贡献率只有30.3%，低于农业10个百分点。造成这种现象的原因，既有管理体制和运行机制等深层次问题，也有科技投入不足的问题，随着科技兴林战略的实施和林业科技体制改革力度的加大，科学技术作为第一生产力的作用将在中国现代林业的发展中起到越来越重要的作用。

1.2.2.8 林业基础设施薄弱，抵御自然灾害的能力低

林业建设具有很强的公益性，客观上需要稳定的扶持机制，国家和各级政府强有力的财政支持。我国对林业基础设施建设欠账太多，缺乏有效稳定的森林生态效益补偿机制，长期的超负荷运营使得林业抵御自然灾害的能力很低，全国年平均发生森林火灾超过1.5万次，受害面积超过$100 \times 10^4 hm^2$，每年森林病虫害发生面积高达$660 \times 10^4 hm^2$，损失林木生长量$1\,500 \times 10^4 m^3$，年经济损失高达20多亿元，并且在近年有逐步扩大的趋势。

1.2.3 中国林业的发展趋势

林业本身的自然性、可再生性、低能耗性和环境友好性，决定了林业作为经济社会可持续发展与生态环境资源可持续利用的桥梁，其特殊作用是不可替代的。当代中国林业的发展在全面建设小康社会的基础上，以增强可持续发展能力，改善生态环境，提高资源利用效率，促进人与自然的和谐关系为目标，推进整个社会生产发展、生活富裕、生态良好的文明发展。因此，新世纪中国林业的总体发展呈现如下趋势。

1.2.3.1 森林资源将稳步上升

随着六大林业重点工程的深入实施和国有$1 \times 10^8 hm^2$宜林荒山荒地绿化的推进，国家计划再用50年时间，全面完成各项林业生态工程和用材林、经济林、燃料林等商品林基地建设。力争在2010年将全国的森林覆盖率提高到19%以上，到2050年森林覆盖率达到26%，且森林资源布局合理，少林地区森林面积和蓄

积逐步提高。

1.2.3.2 森林经营思想由强调木材永续利用转变为森林多目标经营和可持续发展

汲取以往将林业生态建设和产业发展割裂、对立的经验教训，充分认识发挥森林的经济、生态和社会效益的重要性，以生态建设为重点，加强林业产业发展，多渠道解决社会用材和群众生产、生活问题，切实保护森林资源，实现生态建设的目标。

1.2.3.3 生态环境建设中林业的主体作用得到进一步维持与发挥

“生态建设”为中心是根据新时期经济社会发展对林业主导需求的变化，体现生态优先的理念，实现可持续发展的全新林业发展思路。是从资源匮乏、黄河断流、长江洪灾、水土流失、荒漠化扩大和沙尘暴肆虐等生态灾难中领悟到人与自然较力必须尊重自然、遵循规律的辩证法。深入开展对退化生态系统的恢复与重建工作，重点治理目前生态环境最脆弱的长江黄河两大流域、荒漠化严重地区、天然林保护重点的国有林区。同时，加强生物多样性保护，通过建设不同类型的自然保护区保护野生动植物资源。

1.2.3.4 人工商品林的重要性日益突出

我国木材的年消耗量约 $2.26 \times 10^8 m^3$ 以上，随着天然林资源保护工程的实施，木材生产将越来越依赖于人工林。目前我国人工林面积占森林总面积的20%，每公顷蓄积量仅为 $33.4m^3$，提供的木材不足8%，未来我国人工林将呈现三大动向：生产基地向热带、亚热带移动；集约化经营程度提高，无性系和施肥技术大量应用；林、工、贸一体化的发展方向。

1.2.3.5 林业对社会发展的贡献将得到充分重视，社会参与林业经营的模式日益普遍

建立以林果业为主的区域支柱产业，促进山区、沙区的经济发展和社会稳定；通过防护农田增产、生产木本粮食和木本饲料，为解决全国粮食问题服务；保护森林传统和文化遗产，促进民族团结；发展城市林业，提高城市整体绿化水平；建立合理的融资机制，促进林业基础设施建设和国际林业合作等。

1.2.3.6 科技在林业中的地位和作用不断强化

通过先进林业科技成果的推广与应用，使得森林经营管理科学化、智能化，并应用木质和非木质材料研制新型材料。

1.2.4 世界林业的现状及发展趋势

1.2.4.1 世界森林资源的消长

随着工业化进程的加快对森林资源需求的增加，有史以来全球森林已减少了一半。在过去的30年间，世界森林资源的消长大体有截然不同的两种趋势，即发展中国家的森林资源大幅度减少与森林生态环境的恶化；西方发达国家的森林资源缓慢增加与森林生态环境的改善，但发展中国家森林面积和蓄积下降的幅度远远超过发达国家森林资源的增加幅度，因此，世界森林资源总体上仍然大面积

减少。根据联合国粮农组织2001年的报告，全球森林从1990年的$39.6\times10^8hm^2$下降到2000年的$38\times10^8hm^2$，全球每年消失的森林近千万公顷。1995年世界森林资源的总面积为$34.5\times10^8hm^2$，森林覆盖率32.3%，分别较1980年减少了20.1%和5.3%，据该组织估计，发展中国家近20年每年森林面积减少平均达$1\ 500\times10^4hm^2$，而与其相关的森林质量、森林的多种功能以及生物多样性的损失更是难以估量。

全球森林主要集中在南美、俄罗斯、中非和东南亚。这4个地区占有全世界60%的森林，其中尤以俄罗斯、巴西、印度尼西亚和民主刚果为最多，约拥有全球40%的森林。南美洲共拥有全球21%的森林和45%的世界热带森林。仅巴西一国就占有世界热带森林的30%，该国每年丧失的森林高达$230\times10^4hm^2$。根据联合国粮农组织报告，巴西仅2000年就生产了$1.03\times10^8m^3$的原木。俄罗斯2000年时拥有$8.5\times10^8hm^2$森林，占全球总量的22%，占全世界温带森林的43%。俄罗斯20世纪90年代的森林面积保持稳定，几乎没有变化，2000年生产工业用原木$1.05\times10^8m^3$。中部非洲共拥有全球森林的8%、全球热带森林的16%。1990年森林总面积达$3.3\times10^8hm^2$，2000年森林总面积$3.11\times10^8hm^2$，10年间年均减少$190\times10^4hm^2$。东南亚拥有世界热带森林的10%。1990年森林面积为$2.35\times10^8hm^2$，2000年森林面积为$2.12\times10^8hm^2$，10年间年均减少面积$233\times10^4hm^2$。与世界其他地区相比，该地区的森林资源消失速度更快。

森林面积减少受诸多因素的影响，比如人口增加、当地环境因素、政府发展农业开发土地的政策等，此外，森林火灾损失亦不可低估。但导致森林面积减少最主要的因素则是开发森林生产木材及林产品。由于消费国大量消耗木材及林产品，因而全球森林面积的减少已成为一个国际性问题。发达国家是木材消耗最大的群体，部分发展中国家对木材的消耗亦不可忽视。非法砍伐森林是导致森林锐减的另一个重要的因素。据联合国粮农组织2002年报告，全球4大木材生产国（俄罗斯、巴西、印度尼西亚和民主刚果）所生产的木材有相当比重来自非法木材。努力使全世界森林资源达到消长平衡是世界各国林业工作者的共同目标。

1.2.4.2 世界林业发展格局

由于世界各国社会经济发展水平各异，就世界范围而言，世界各国林业发展水平也有很大的差异。概括起来世界林业发展的总体格局如下：

西方发达国家，如西欧、中欧、北美、日本、澳大利亚和新西兰，由于工业革命开始较早，除少数国家还在过渡以外，绝大多数国家的林业发展已经进入了森林生态、社会和经济效益全面协调可持续发展的现代林业阶段。

诸多亚洲和南美国家的林业从其森林经营的目标来看，正逐渐向森林生态、社会和经济效益全面协调可持续发展的现代林业阶段过渡，这些国家有亚洲的中国、马来西亚、印度尼西亚、印度、泰国和菲律宾等以及南美洲的巴西、智利、阿根廷、秘鲁、委内瑞拉、厄瓜多尔、哥伦比亚、玻利维亚和北美洲的墨西哥。

非洲和其他亚洲、南美洲发展中国家由于长期处于被掠夺、被剥削的殖民地或半殖民地状态，很多国家在第二次世界大战以后才走上真正独立的道路。因此，林业发展较晚，很多国家仍处于发达国家早已经历的森林工业利用阶段，个别国家甚至仍然处于盲目利用森林的森林原始利用阶段。

1.2.4.3 世界林业的发展趋势

纵观世界林业的发展，可以看出，尽管各个地区和不同国家间的社会和经济发展水平差异较大，但进入 20 世纪 80 年代以后出现了日益趋同化的趋势，概括为以下几个方面。

（1）*由传统林业向生态化林业转变* 从历史发展角度看，世界上各个国家的经济发展普遍经历了和正在经历着原始农业社会的自然经济阶段和资本主义萌芽阶段、工业社会的工业革命阶段、工业化阶段和现代工业大发展阶段（宋则行等 1988），以及以 1972 年斯德哥尔摩会议为起点的生态化社会阶段。人类社会已由农业文明和工业文明转向生态文明（欧阳志远 1992）。

在上述不同社会经济发展阶段的背景下，世界各国的林业也相应地经历了和正在经历着森林原始利用阶段、林业产业形成阶段、林业产业停滞和恢复阶段、林业产业大发展阶段和生态、社会及经济效益全面发展阶段，即生态化林业阶段。工业化国家的林业正在由传统林业向生态化林业过渡，其特点是生态和社会效益在经营目标中日益上升到重要地位。在广大发展中国家，经济发展较快的一部分南美国家（如巴西、智利）和东南亚国家（如印度尼西亚、马来西亚），其林业已进入以经济效益为主的大发展阶段，并开始重视林业的生态和社会效益，制定和采取了相应的政策和措施。当然，一些经济发展比较滞后的国家（如西非诸国和大洋洲一些岛国），其林业依然处于产业形成阶段，甚至仍停留在原始利用阶段。

（2）*城市林业和社会林业的迅猛崛起* 随着城市化的不断发展和人们对改善生态环境愿望的越发强烈，发展城市林业已是世界各国人民的共同愿望与任务，也是当今世界城市建设的一个重要内容。城市林业以注重林业的生态和社会效益为主，兼顾经济效益，为改善城市生态环境、减少空气污染、缓解交通和工业及居民生活噪音、调节小气候、提供优美生活环境和游憩休闲场所、开展林业科普教育等方面起着越来越重要的作用。因此，其发展也越来越受到政府和公众的重视，并正在向追求更趋自然美的方向发展。

根据第 8 届世界林业大会对社会林业的定义，社会林业（乡村林业）是指在一个具体的社会、经济、生态范围内，由当地居民自主的或直接参与植树造林和经营管理资源，按照森林生态系统规律和森林社会协调发展规律，力求获得并维持最大生产力和最大效益，以达到永续地、最适度地满足当地居民多种需求及持久地改善居民生活条件，发展社会经济，改善生态环境的目的。社会林业的发展虽然只有二三十年的历史，但其发展速度和普及广度令人鼓舞，其发展目标由最初的单一生产目标和简单的发展目标很快向生产目标、农村经济发展目标和生态发展目标的多目标方向发展。社会林业由于受到政府的高度重视和广大农民的积极参与及国际间合作的加强，特别在发展中国家社会林业的繁荣与发展正在对森林资源的恢复与环境的改善发挥着愈来愈重要的作用。

(3) 由传统的永续利用向持续发展转变 林业作为国民经济的一个重要组成部门肩负着保护国土环境、改善生活条件、提供工业原材料和维持物种资源等多方面的使命。但其具体任务和经营目标，则是随着不同时期的社会需求的变化而变化。如在农业社会，人们向森林索取的只是为满足生存所需要的薪炭材、生活和建筑用材，以及为发展农业经济所需要的生产用材。在工业社会，经营林业的主要目的在于满足发展工业所需要的各种原材料，即实现以满足木材需求为主要目的的木材永续利用为主要目标。而在生态化社会，人们对林业的需求已由单一的经济需求转向生态、社会和木材等多方面需求，并且出现了享受性需求超过经济需求的新趋势。为满足这种多元化需求，则通过对森林实行持续经营来达到森林持续发展的目的。

"森林持续发展"的内涵与传统的以生产木材为主要目标的"森林永续利用"有着本质的差别。前者要求森林经营者在开发利用森林资源时不仅要长期保持林地原有生产力和再生能力，而且要保存原有物种资源和生态多样性。而"森林永续利用"含义狭窄，仅是以实现木材资源的消长平衡作为衡量林业经营水平的主要标志。

(4) 由单纯开发天然林向培育人工速生林转变 为了发挥森林的综合效益，解决环境和木材需求之间的矛盾，工业化国家和许多发展中国家都把大力发展速生人工林作为解决21世纪木材需求的根本性措施，并且普遍制定了长期的人工林发展规划。

在工业发达国家，出自维护环境和改善生活条件的需要，划为各种保护林的天然林面积迅速扩大，可供大规模工业利用的天然林资源日趋减少。同时，随着优质天然林大径材的减少，锯材和胶合板产量急剧降低，可供生产非单板型人造板和制浆的加工剩余物亦随之减少。在这种形势下，为了保证林产工业的持续发展和满足国民经济对林产品的需求，很自然地由原来依靠开发天然林转向大规模营造人工速生林。人工速生林占地面积小，产量高，生产周期短，交通方便，可采用现代化集约经营措施，因此资金回收快，经济效益好，而且随着科学技术的发展，通过改进加工工艺和生产设备已可利用人工速生材生产出代替天然林大径材的产品。因此，即使一些天然林资源十分富饶的国家也把未来的木材供应寄托在人工速生用材林上。

(5) 由生产锯材、胶合板向生产各种纸产品、非单板型人造板转变 锯材和胶合板是建立在大量消耗优质天然林大径材的基础上的工业产品，随着天然林面积的急剧减少和供材能力不断减弱，两种产品生产势将日趋萎缩。实际上，制材和胶合板工业在工业化国家已呈现出夕阳工业的迹象。如在1981～1991年间，发达国家的胶合板产量为负增长，年递减率达0.4%；锯材产量年均增长率亦只有0.3%，大大低于其他加工产品。在此期间，发展中国家的胶合板产量虽然大幅度上升（年增率高达68%），但这主要是由于印度尼西亚和马来西亚等少数国家近年来胶合板工业的迅猛发展造成的；锯材产量的年均增长率为1.8%，亦低于其他加工产品。事实上，印度尼西亚的胶合板工业现已近于极限，出现了原料不足的局面。

目前，利用现代加工技术已经可以利用人工林提供的木材生产出可以代替天然林大径材的各种产品，如各种非单板型人造板、纸和纸板，以及各种积成材（人造成材）等。工业化国家的经验表明，利用人工速生材和小径木及次生劣质材生产的结构型刨花板（包括华夫板、定向华夫板和定向刨花板）和中密度纤维板及纸板等，性能好，成本低，可广泛用于建筑业、家具业和包装业及车、船内部装修，是锯材和胶合板的良好的替代材料。因此，在 1975 ~ 1990 年间很多传统产品都很不景气，甚至萎缩的情况下（普通纤维板和刨花板的年均增长率只有 1.2% 和 2.5%），中密度纤维板、结构型刨花板和纸、纸板产量却出现了持续迅猛发展的势头，年增率分别达到 23%、13% 和 8.4%。可以预计，这种趋势在发展中国家，首先是经济发展较快的国家（如中国、巴西、智利和马来西亚等）也必将出现（林凤鸣 1994）。

（6）*森林经营理念的变革* 森林经营理论和思想在其诞生以来的 200 多年时间里，一直在不断发展和完善，以适应社会经济发展对林业的需求。由于世界各国社会经济发展水平的差异，森林经营理论、思想与实践在发达国家与发展中国家呈不均衡的态势。发达国家的森林经营理论与思想比较活跃，以德国和美国为代表，德国林学家马尔提希（G. L. Martig）、柯塔（H. Cotta）、洪德斯哈根（J. Ch. Hurdeshagen）、盖耶尔（K. Gayer）在 18 世纪末、19 世纪初和 19 世纪末相继提出了“森林永续经营”“龄级法”“法正林”“接近自然的林业”等森林经营理论。在 20 世纪中叶，德国又陆续出现了“林业政策效益论”“船迹理论”“和谐理论”“林业服务于国家和社会理论”和“森林多功能理论”等森林经营理论。美国林学家在 20 世纪 70 ~ 80 年代分别提出了“林业分工论”和“新林业理论”。发展中国家由于受到经济发展水平的限制，基本处于应用现有的理论进行森林经营的阶段。

森林经营思想的真正变革应该说是 1991 年的第 10 届世界林业大会和 1992 年联合国环境与发展大会以后，“森林可持续经营”渐渐成为世界范围内森林经营理念的主流，它不仅丰富了以前森林经营理论的内容，而且将可持续经营作为森林经营和林业发展的目标，极大地丰富了森林经营理论的内涵，标志着传统林业思想向现代林业思想的转变。尽管对于森林可持续经营在世界范围内尚未完全达成共识并形成完整的理论体系，但围绕这一理论的各项研究已经广泛开展。相信，随着“森林可持续经营”思想的不断运用和完善以及相关领域研究的不断深入，该理论必将很快得到系统的发展和完善，这将是森林经营思想的历史性变革。

（7）*由传统经营模式向持续经营模式转变* 为了发挥森林的多种效益和实现持续发展，发达国家和发展中国家普遍实施森林分类经营原则，即根据不同的经营目标划分林种，其中包括工业林（或商业林）、公益林和多功能林。目前出现的明显趋势是，公益林（包括各种防护林、自然保护区和森林公园等）所占比重日益扩大，工业用材林比重逐步缩小。不同的林种代表着不同的生态系统，政府主管部门要求林业经营者按不同林种制定符合各自生态系统要求的经营措施，最终实现各林种持续发展的目标。多数国家都对本国森林资源进行了经营目标区划（林种区划），一些经济发展比较快的国家，尤其是经济发展水平已进入中上等收入行列的国家，亦出现了公益林比重逐渐扩大，人工速生林在用材林中比重明显增加和天然林提供的工业材所占比重日趋缩小的良好趋势。

为了发挥森林的多种效益和实现可持续发展目标，有些国家（如德国等）还提出了发展“接近自然的林业”和实行三大效益一体化的经营方针；在美国西北部天然林区有人则提出了融保护和生产为一体的“新林业”经营理论。这些方针和理论都是根据本国和本地区的具体情况提出的，其可行性依然有待实践的验证。

（8）*高科技在林业中的广泛应用*　林学及其基础学科的完善和发展、高新技术的应用将成为林业科研的主攻方向。科学技术是第一生产力。特别是在林学学科起步晚，落后于农学和医学的前提下，在未来林业发展中，林业科学及其相关基础、应用科学的研究必将作为重要内容，引起重视。林业科技必须在科学认识的基础上，大量吸收、引进、消化其相关学科知识，充分应用高新技术，发展、完善传统技术。展望对林业科技能起作用的新技术，主要有生物技术、信息技术和新材料技术等。生物技术的应用研究将主要集中在林木的优质高产和抗逆性品种的繁育、森林主要病虫害的防治、森林生物多样性的保护、林产品的深精加工和林产品中特有物质开发利用等方面；信息技术的应用研究主要包括计算机数据与图像处理、自动化控制、遥感和规划决策技术等方面；新材料技术应用开发将主要指以木质材料为基础的各种新型复合材料的研究等内容。同时，部分基础学科在林业的应用研究也是未来林业研究急需补上的一课，主要包括树木生态习性、生理活动和遗传规律的研究，树木从个体到种群、群落、生境、生态系统和地理景观多个层次的自然特性和变化规律的研究等。

1.3 林学概论课程内容体系

林学是一门研究如何认识森林、培育森林、经营森林、保护森林和合理利用森林的应用学科，它是一个相当广阔的知识领域。林学概论则是这门学科的综合的、概括的论述。它可以作为一切未来林业工作者的知识入门，也可以成为与林业有关人员的常识基础。通常情况下，森林植物学、森林生态学、林木育种学、森林培育学、森林保护学的基本知识构成了《林学概论》的主要内容。

随着科学技术的不断进步，伴随着林业跨越式发展，林业本身的内涵和范畴发生了变化。为了适应林业发展的新形势，以便更好地为林业事业服务，有必要对《林学概论》课程体系和教学内容进行相应的调整。本书中不仅在人工植被调控中突出了遗传控制、立地控制和结构控制三大核心技术体系，而且针对目前林业正处于由以木材生产为主向以生态建设为主的历史性转变时期，增加了林业生态工程构建理论与技术的内容；同时针对城市园林、城市林业的迅猛发展，增加了城镇园林绿化等内容。

复习思考题

1. 正确理解林业的概念与内涵？
2. 如何评价我国林业现状和发展趋势？
3. 怎样理解林业在我国经济发展和环境建设中的地位和作用？
4. 从世界林业现状分析世界林业发展的宏观趋势。

第2章　森林的概念与特征

【本章提要】本章通过对森林的概念、特点及其双重属性介绍，从森林的成层性角度，阐述了森林的植物组成，并对描述森林直接特征指标和间接特征指标的含义及调查方法进行了比较详细的论述。

2.1　森林的概念与特点

2.1.1　森林的概念

森林是一个简单的名词，又是一个复杂的概念。森林可以从不同角度给它下定义。最明显的是，研究森林时可以简单地只考虑树木。一般人都知道“众木为林”，汉《淮南子》一书中，就把“木丛曰林”作为森林的定义，只考虑决定群落外貌特征的那些森林植物。因此，当我们想到一片云冷杉林、一片人工落叶松林或者其他各种森林类型时，就是单独以优势树种的名称来区分群落。

给森林下定义的第二个途径是以林木与其他有机体之间的相互关系为基础。某些草本植物和灌木通常和云冷杉林相结合，另外鸟类、哺乳类、节肢动物、真菌、细菌等也表现了类似的相互关系。森林可以认为是生活在一个生物群丛亦即生物群落中的植物和动物的集合体。所以，森林群丛或森林群落就是一起生活在一个共同环境中的植物和动物的集合体。这样的定义要比单纯以树木命名的森林类型明确得多。

森林群落所在的物理环境是由地上部分周围的大气和地下部分周围的土壤所组成的。森林是林木和林地的总称，把林木和周围的环境视为统一体，森林群落和它的环境一起，构成一个生态系统，亦即生物地理群落，这就是对森林的最准确的定义。

森林的生存和发展除受环境条件制约外，还受森林中个体生物的遗传性和变异性的制约。随着外部环境条件的变化，不同基因型的种群可能会交替地变得最有适应力，自然选择也就有利于其生存。物种就是以这种方式进化。森林的物种更新和自然稀疏衰亡过程是森林生存和发展的主要内部矛盾，也是森林的生存和发展的主要动力。

森林对环境有一定的要求，森林也有适应环境的能力。森林适应外界环境的过程，往往也是改造环境的过程。例如，由桦木组成的森林群落常常发生在空旷地上或火烧迹地上，由于桦木群落的形成，枯枝落叶层加厚，土壤肥力增加，林内湿度加大，光照强度下降，为耐荫树种云杉和冷杉在林冠下更新创造了条件，使环境得到改造。由桦木纯林发展成异龄混交林，由低生产力阶段发展到高生产力阶段。因此说森林受环境的制约，随着时间和空间的变化森林也在发生变化，同时也影响着一定范围内的外界环境。

如上所述，森林是植被类型之一，以乔木树种为主体，包括灌木、草本植物以及其他生物在内，占有相当的空间，密集生长，并能显著影响周围环境的生物地理群落。森林与环境是一个对立统一的，不可分割的总体。二者相互联系，相互制约，相互作用，随时间和空间而发展变化。

2.1.2 森林的特点

陆地上丰富多彩的植被类型，可分为木本植物群落、草本植物群落、荒漠植物群落3个基本类型，森林属于木本植物群落类型。与其他植被类型相比，森林主要具有以下几方面的特点。

（1）*寿命长，生长周期长* 树木是多年生植物，其寿命短则数十年，长则数百年，甚至可达千年以上。森林的这一特点，决定了林业生产的周期长。同时，在生产实践中，无论是对某一树种的评价，或者是确定某种措施的合理性，都需要从长计议，不应仅仅根据一时的表现，也不能只从眼前效果考虑。

（2）*成分复杂，产品丰富多彩* 森林的组成成分非常复杂，草原、农田、果园等，都远远不能与之相比。森林的组成成分复杂性表现在它不仅含有乔木、灌木、草本植物、鸟类、兽类、小动物、昆虫及各种微生物，而且这些生物的种类众多。我国木本植物达8 000种，大部分能生长在林区，由于这种特点，在培育森林、开展各种经营管理活动时，要因林因地制宜，采取相应合理的经营措施。

（3）*体积庞大，地理环境多种多样，类型复杂* 森林在自然界常常占地广大。外形变化万千，生态环境更是多种多样。因而形成各种各样的森林类型。不仅生产力相差很大，而且功能也不相同。不同类型的森林都有自己的发生、发展及变化的规律，只有掌握其规律，熟悉其特性，才能取得良好效果。

（4）*森林具有天然更新的能力，是一种可以再生的生物资源* 森林可以天然更新，自行恢复，只要合理利用，科学经营，这种资源可以取之不尽，用之不竭。反之，这种再生不息的资源，也会像其他矿藏一样，最后将告枯竭。因此，应采取有效的措施，充分发挥森林的天然更新这一有利特性，以确保森林的可持续利用。

（5）*具有巨大的生产能力，拥有最大的生物产量* 现在世界森林面积约为$40.3\times10^{8}hm^{2}$，占陆地总面积的30%左右，陆地生态系统中生物量总计约为$1\ 832\times10^{9}t$，其中森林生物总量达$1\ 648\times10^{9}t$，占整个陆地生物总量90%左右。全部陆地生态系统每年提供的净生产量约为$107\times10^{9}t$，其中森林提供的干物质占65%。因此，森林在制造有机物，维持生物圈的动态平衡中具有重要的地位。

(6) *对周围环境具有巨大的影响力* 森林是全球陆地最大的生态系统，在生物圈中扮演着重要的角色，它对生物圈中水分循环、碳氧及其他气体的循环、土壤中各种元素的生物地球化学循环以及太阳能的光合作用都有着影响，起着重要的作用。森林的减少，必将影响地球的生物圈及生物圈的环境（包括大气圈、水圈和土壤岩石圈），从而影响着地球的生态平衡，影响到人类的生存。森林是全球环境问题的核心。

2.1.3 森林的植物成分

森林是以乔木树种为主的生物群落，除乔木树种外其他植物成分还很多。各种植物成分反映着森林植被的特点，起着不同的作用。森林中的植物根据其所处的地位可以分成林木、下木、幼苗幼树、活地被物和层外植物（层间植物）。

2.1.3.1 林木

林木或称立木。它指森林植物中的全部乔木。构成上层和中层林冠，立木层中的树种因其经济价值、作用和特点不同，分为以下几类：

(1) *优势树种* 又称建群树种。在森林中，株数材积最大和次大的乔木树种分别称为优势树种和亚优势树种，优势树种对群落的形态、外貌、结构及对环境影响最大，它决定着群落的特点以及其他植物的种类、数量、动物区系、更新演替方向。

(2) *主要树种* 又称目的树种。是符合人们经营目的的树种，一般具有最大的经济价值，如果主要树种同时又是优势树种，是比较理想的。但有些天然林中，主要树种不一定数量最多，在天然次生林中，往往缺少主要树种。

(3) *次要树种* 又称非目的树种。它是群落中不符合经营目的要求的树种，经济价值低，经济价值以木材价值为准，在次生林中大多由次要树种组成，这类树种生长快、易更新。如华北山区的桦木林、山杨林，保水改良土壤作用强，次生林具有一定的经济效益及其重要的生态效益，对树种价值的认识不应该是一成不变的。

(4) *伴生树种* 又称辅佐树种。它是陪伴主要树种生长的树种，一般比主要树种耐荫，其作用促使主要树种干材通直、抑制其萌条和侧枝发育。在防护林带中，增加树冠层的厚度和紧密度，提高防护效益。

(5) *先锋树种* 稳定的森林被破坏后迹地裸露，小气候剧变，特别是光强、温度变幅大，此时稳定群落中的原主要树种难以更新，而不怕日灼、霜害，不畏杂草的喜光树种，依靠其结实和传播种子的能力，适者生存抢先占据了地盘，这些树种，被人们誉为先锋树种。

2.1.3.2 下木

下木即林内的灌木和小乔木，其高度一般终生不超过成熟林分平均高的1/2。下木数量多少和种类因地区的建群种而异，以喜光树种为优势树种的林下一般下木数量多。森林中下木种类与荒山上的灌木种类不同，森林形成后，原有的灌木种类减少甚至消失。森林采伐后，原林下的下木种类又会减少或消失。下木能保护幼苗幼树，减少地表径流和地表蒸发，有些下木种类还能为其他动物提供食物，还能改良土壤或具有一定的经济价值。但下木过度繁茂对幼苗幼树生长发育不利，应及时加以调节。

2.1.3.3　幼苗幼树

林内 1 年生幼龄树木（慢生树种 2 ~ 3 年生者）总称为幼苗，超此年龄以上但其高度尚未达到乔木林冠层一半则称为幼树。这是老一代林木的接替者，应受到经常的抚育和保护。

2.1.3.4　活地被物

这是林内的草本植物和半灌木、小灌木、苔藓、地衣、真菌等组成植物层次，居林内最下层，往往又可分 2 个层次：草本层和苔藓地衣层。这些草本、苔藓植物受群落中立木和下木的制约，上层不均匀性造成该地被种类、数量的分布差异，上层愈是郁闭，活地被中喜光的种类愈少，其数量也随之减少；上层若是喜光郁闭度差，活地被种类数量多，该地被物明显影响森林的更新过程。活地被物中有着极丰富的药用植物和经济植物，如人参、天麻、三七、何首乌、半夏、党参均生长在林下。同时活地被物对立地、林型有指示作用，即根据林下植物的种类、数量判断森林的环境条件。

2.1.3.5　层外植物（层间植物）

层外植物是林内没有固定层次的植物成分，如藤本植物、附生植物、寄生和半寄生植物。层外植物往往是湿热气候的标志，亚热带、热带林内比在高纬度或高山寒冷气候条件下的林内发达得多，层外植物具有双重性，有的具有很高的经济价值，有的缠绕在树干上可使林木致死，被称为“绞杀植物”。

2.2　林分的特征及调查

2.2.1　林分特征指标

森林形成之后，那里的温度、水分、光照、风、湿度、植物种类和动物区系，以致林地土壤的性质，将会有明显的变化。为了揭示森林演替规律及科学经营、管理利用森林，有必要将大片森林按其本身的特征和经营管理的需要，区划成若干个内部特征相同且与四周相邻部分有明显区别的森林地段称为林分。任何一个林区，乃至整个森林植被，都是由一个个林分构成的，要认识森林先要划分林分。

能客观反映林分特征的因子称为林分调查因子，只有通过林分调查，才能掌握其调查因子的质量和数量特征。林分调查和森林经营中最常用的林分调查因子主要有林分起源、林相、树种组成、林分年龄、林分密度、立地质量、林木的大小（直径和树高）、数量（蓄积量）和质量（出材量）等，这些因子的类别达到一定程度时就视为不同的林分。

2.2.1.1　林分起源

林分起源是指森林发生形成特点，一般分为天然林和人工林。由于自然媒介的作用，树木种子落在林地上发芽生根长成树木，而由此发生形成的森林称作天然林；用人工直播造林、植苗或插条造林方式而形成的森林称作人工林。

无论天然林或人工林，凡是由种子起源的林分称为实生林。当原有林木被采伐或自然灾害（火烧、病虫害、风害等）破坏后，有些树种可以用根上萌生或由根蘖萌芽形成的林分，称作萌生林或萌芽林。萌生林大多数为阔叶树种，如山杨、白桦、栎类等；少数针叶树种，如杉木也能形成萌生林。

区分森林的起源，在经营上有重要意义。天然林和人工林在生长速度、林分结构诸方面均有不同，经营上应区别对待。实生林与萌生林区别更大，实生林早期生长慢，寿命长，能培育大径材，不易感染病虫害；萌生林早期生长快，后期衰老早，不宜培育大径材，易心腐和感染病虫害。经营中不能抽象地谈哪种起源好，哪种不好，要由树种和经营目的而定。

确立林分起源可靠的方法主要有考察已有的资料、现地调查或访问等方式。

2.2.1.2　树种组成

林分的树种组成，指乔木树种所占的比例，以十分法表示。由一个树种组成的林分称作纯林，而由两个或两个以上的树种组成的林分称为混交林。为表达各树种在林分中的组成，而分别以各树种的蓄积量（胸高断面积）占林分总蓄积量（总胸高断面积）的比重来表示，这个比重叫树种组成系数（用整数表示）。树种组成由树种名称及相应的组成系数组成。例如杉木纯林则树种组成式为“10杉”。

在混交林中，蓄积比重最大的树种为优势树种，在组成式中，优势树种应写在前面，例如一个由云南松和栎类组成的混交林，林分总蓄积为245m^3，其中云南松的蓄积为190m^3，栎类蓄积为55m^3，则该林分的树种组成式为“8松2栎”。

如果某一树种的蓄积量不足林分总蓄积的5%，但大于2%时，则在组成式中用“+”号表示；若某一树种的蓄积少于林分总蓄积的2%时，则在组成式中用“-”号表示，例如10油+栎-椴，说明该林分是油松纯林，但混有2%～5%的栎类和不足2%的椴树。一个林分中，不论树种多少，组成式中，各树种组成系数之和都只能是“10”，大于或小于10都是错误的。

一般林分内80%或80%以上的林木属于同一树种，除此还有其他的伴生树种时，这样的林分仍视为纯林。

天然林的树种组成与立地条件，尤其与气候条件密切相关，我国南方气候温热多为混交林，西南高山林区多为云杉纯林、冷杉纯林。

2.2.1.3　林相

林分中乔木树种的树冠所形成的树冠层次称作林相或林层。明显地只有一个林冠层的林分称作单层林；林冠形成两个或两个以上层次的林分称作复层林；林冠层次不清，上下连接构成垂直郁闭者，称为连层林。在复层林中，蓄积量最大，经济价值最高的林层称为主林层，其余为次林层。将林分划分林层不仅有利于经营管理，而且有利于林分调查，研究林分特征及其变化规律。我国确定划分林层的标准是：

①次林层平均高与主林层平均高相差 20% 以上（以主林层为 100%）；

②各林层林分蓄积量不少于 $30m^3/hm^2$；

③各林层林木平均胸径在 8cm 以上；

④主林层林木疏密度不少于 0.3，次林层疏密度不小于 0.2。

必须满足以上 4 个条件才能划分林层，林层序号以罗马数字 Ⅰ、Ⅱ、Ⅲ、……等表示，最上层为第Ⅰ层，其次为第Ⅱ、第Ⅲ层。

2.2.1.4　林龄

林龄指林分的平均年龄，对于组成林层的各树种，分别求其平均年龄，但常以优势树种的平均年龄代表林分年龄。根据年龄，可把林分划分为同龄林和异龄林。严格地说，林分中所有林木的年龄都相同，或在同时期营造及更新生长形成的林分称为同龄林。与此相反，林分中大部分林木年龄均不相同则为异龄林。按照这个标准，一般人工营造的林分可为同龄林。在火烧迹地或小面积皆伐迹地上更新起来的林分有可能成为同龄林。而多数天然林分，一般为异龄林。

由于树木生长及经营周期较长，确定树木准确年龄又很困难，因此，林分年龄不是以年为单位，而是以龄级为单位表示。龄级是按树种的生长速度和寿命确定的，我国树种繁多，常分为以下几种龄级组。

20 年为一个龄级，适用于生长慢、寿命长的树种，如云杉、冷杉、红松、樟树、楠木等；10 年一个龄级，适用于生长和寿命中庸的树种，如油松、马尾松、桦树、槭树等；5 年为一个龄级，适用于速生树种和无性更新的软阔叶树种，如杨、柳、杉木等；2 ~ 3 年为一个龄级，适用于生长很快的树种，如桉树、泡桐等。

根据龄级，林分内树木年龄差别在一个龄级以内，可视为同龄林；而超过一个龄级的称为异龄林。按照这个划分标准，在同龄中，林分内所有林木的年龄相差不足一个龄级的林分又称为相对同龄林。在异龄林中，又将由所有龄级林木所构成的林分称作全龄林。全龄林的林木年龄分布范围既有幼龄、中龄林木，又有成熟龄及过熟龄林木。龄级由林木幼龄起，用罗马数字 Ⅰ、Ⅱ、Ⅲ、……等表示。为便于开展不同经营措施和规划设计的需要，把各个龄级再归纳为更大范围的阶段。根据林木生长发育阶段将龄级归并为龄组，通常从幼到老分为幼龄林、中龄林、近熟林、成熟林和过熟林 5 个龄组。凡等于主伐年龄的龄级及其相邻较大 1 个龄级的林分，叫成熟林。凡超过主伐年龄 2 个龄级以上的林分叫过熟林。低于主伐年龄 1 个龄级的划分为近熟林。其余的龄级一半为中龄林，一半为幼龄林。对不同龄级的林分，应采取不同的经营管理措施。

对于绝对同龄林林分，林分中任何一株林木的年龄就是该林分年龄。而对于相对同龄林或异龄林，通常以林木的平均年龄表示林分年龄。计算林分平均年龄的一般有 2 种方法：

（1）算术平均年龄　在林分内，查定年龄的林木株数较少时，求其算术平均数，作为林分的年龄。

（2）断面积加权平均年龄 在林分内，当查定年龄的林木株数较多时，而采用断面积加权的方法，计算林分的平均年龄。即

$$\overline{A} = \frac{\sum_{i=1}^{n} G_i A_i}{\sum_{i=1}^{n} G_i} \tag{2-1}$$

式中：$\overline{A}$——林分平均年龄；

n——查定年龄的林木株数（$i=1, 2, \cdots, n$）；

A_i——第 i 株林木的年龄；

G_i——第 i 株林木的胸高断面积（m^2）。

式（2-1）对于异龄林更为适用，因为此式中考虑到各年龄树木蓄积占全林分蓄积的比例（当林分平均形数与平均高为常数时，林分蓄积与断面积呈正线性关系），这与确定异龄林经营措施有关。但应指出，对于异龄林计算林分平均年龄，在一般情况下意义不大，因为对异龄林仍应以主要树种（目的树种）的年龄为主制定其经营措施。

对于复层林，通常按林层分别树种记载年龄，而以各层优势树种的年龄作为林层的年龄。

树木年龄的测定，一般采用实测，即将树木伐倒在基部截取圆盘，查数圆盘上的年轮数。对于轮生枝明显的树种，如油松、马尾松等针叶树种，可以查数轮生枝轮数的方法确定树木年龄。在伐树比较困难，也可以利用生长锥钻取胸高部位的木芯，查数年轮数，此为胸高年龄，再加上树木生长到胸高处的年数，即为该树木的年龄。对于人工林，可查育苗造林的原始记录，确定林分的年龄，这是最准确的一种方法。

2.2.1.5 平均直径

（1）林分算术平均胸径 以 $\overline{d}$ 表示，即

$$\overline{d} = \frac{1}{N}\sum_{i=1}^{N} d_i \tag{2-2}$$

式中：d_i——第 i 株林木胸径（cm）；

N——林分内林木总株数。

林分算术平均胸径是为了研究林木粗度的变化、胸径生长比较，以及用数理统计方法研究林分结构时，采用林木胸径算术平均数作为林分平均直径。

（2）林分平均胸径 林分平均胸高断面积（$\overline{g}$）是反映林分粗度的指标，常以林分平均胸高断面积（$\overline{g}$）所对应的直径（D_g）代替。该直径（D_g）则反映林分粗度的平均胸径。在实际工作中，D_g 也简称林分平均直径，但是 D_g 实际上是林木胸径的平方平均数再开平方，而不是林木胸径的算术平均数，即

$$D_g = \sqrt{\frac{4}{\pi}\overline{g}} = \sqrt{\frac{4}{\pi}\frac{1}{N}G} = \sqrt{\frac{4}{\pi}\frac{1}{N}\sum_{i=1}^{N} g_i} = \sqrt{\frac{4}{\pi}\frac{1}{N}\sum_{i=1}^{N}\frac{\pi}{4}d_i^2} = \sqrt{\frac{1}{N}\sum_{i=1}^{N} d_i^2} \tag{2-3}$$

式中：D_g——林分平均胸径（cm）；

G——林分总胸高断面积（m^2）；

$\bar{g}$——林分平均胸高断面积（m^2）；

g_i——第 i 株林木的胸高断面积（m^2）；

d_i——第 i 株林木的胸径（cm）；

N——林分内林木总株数。

由式（2-3）可以看出，计算林分平均胸径的方法是依据林分每木检尺的结果，计算出林分或标准地内全部林木断面积总和（$G=\sum_{i=1}^{N} g_i$）及平均断面积（$\bar{g}=\frac{1}{N}G$），然后，求出与 $\bar{g}$ 相应的 D_g，即林分平均胸径。

在林分标准地调查中，每木检尺时林木胸径是按整化径阶记录的，因此林分断面积总和可按下式计算：

$$G=\sum_{i=1}^{k} n_i g_i \tag{2-4}$$

式中：G——林分胸高断面积总和（m^2）；

g_i——第 i 径阶段中值的断面积（m^2）；

n_i——第 i 径阶段内林木株数；

k——林分径阶个数（$i=1$，2，…，k）。

平均直径是表示某一林分生长状况下的一个重要指标。如果作为估测林分蓄积的计算因子，则以第二种方法计算的平均直径的可靠性大。

为了估测林分平均直径，也可以目测选出大体接近中等大小的林木 3～5 株，实测其胸径，以其平均值作为林分平均直径。这种估算方法也用于混交林中伴生树种的平均胸径计算。

对于复层混交林，按林层分树种计算平均直径，而各林层并不计算平均直径。

根据林分结构规律，对于单纯同龄林分，其中最粗大的树木直径一般是平均直径的 1.7～1.8 倍，最细小树木的直径是平均直径的 0.4～0.5 倍。因此，可以实测最粗大的树木直径 5～6 株推算平均直径，也可实测 5～6 株最小的树木直径推算平均直径。

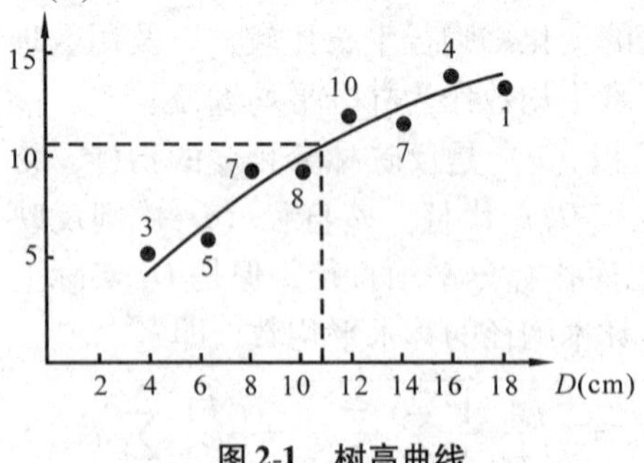

图 2-1　树高曲线

（仿孟宪宇　1996）

2.2.1.6　平均高

林木的高度是反映林木生长状况的数量指标，同时也是反映林分立地质量高低的重要依据。平均高则是反映林木高度平均水平的测度指标。根据不同的目的通常平均高又分为林分平均高和优势木平均高。

（1）林分平均高

①条件平均高　树木的高生长与胸径

生长之间存在着密切的关系。一般的规律为，树高随胸径的增大而增加，两者之间的关系常用树高—胸径曲线表示，把反映树高随胸径变化的曲线称为树高曲线（图2-1）。在树高曲线上，与林分平均直径（D_g）相对应的树高，称为林分条件平均高，简称平均高，以 H_D 表示（树高计量单位为 m）。

另外，根据各径阶中值由树高曲线上查得的相应树高值，称为径阶平均高。

在林分调查中为了估算林分平均高，可在林分中选测 3～5 株与林分平均直径相近的“平均木”的树高，以其算术平均数作为林分平均高。

②加权平均高　利用林分各径阶林木的算术平均高及其径阶林木胸高断面积加权平均数作为林分的加权平均高，或称为林分的平均高。这种计算方法一般适用于较精确地计算林分平均高，其计算公式为：

$$\bar{H} = \sum_{i=1}^{k} \bar{h}_i G_i / \sum_{i=1}^{k} G_i \tag{2-5}$$

式中：$\bar{H}$——林分加权平均高；

$\bar{h}_i$——林分中第 i 径阶林木的算术平均高；

G_i——林分中第 i 径阶林木胸高断面积和；

k——林分中径阶个数（$i=1, 2, \cdots, k$）。

在单纯同龄林中，一般最大树高是林分平均高的 1.15 倍，最小树高是林分平均高的 0.7 倍，利用这种关系，量测林分最大树高或最小树高也可近似地求出林分平均高。这种方法可作为目测林分平均高的一个辅助手段。

对于复层混交林分，林分平均高应该分林层、树种计算。

（2）优势木平均高　除了上述反映林分总体平均水平的平均高以外，实践中还采用林分中少数“优势木或亚优势木”的算术平均高代表林分优势木平均高。因此，优势木平均高可定义为林分中所有优势木或亚优势木高度的算术平均高，常以 H_T 表示。

优势木平均高常用于鉴定立地质量和不同立地质量下的林分生长的对比。因为林分平均高受抚育措施（下层抚育）影响较大，不能正确地反映林分的生长和立地质量，比如，林分在抚育采伐的前后，立地质量没有任何变化，但林分平均高却会有明显的增加（表2-1），这种“增长”现象称为“非生长性增长”。若采用优势木平均高就可以避免这种现象的发生。

表 2-1　抚育采伐前后主要调查因子的变化

调查因子	样地 I			样地 II		
	伐前	伐后	伐后/伐前	伐前	伐后	伐后/伐前
平均胸径（cm）	7.5	8.6	1.15	6.6	7.3	1.11
平均高（m）	5.5	5.7	1.04	4.1	4.5	1.10
优势平均高（m）	5.9	5.9	1.00	4.8	4.8	1.00
采伐强度（%）		50			23	
疏伐去上层木株数		4			0	

注：根据北京林业大学试验标准地材料。

2.2.1.7 立地质量

立地质量又称地位质量。它是对影响森林生产能力所有生境因子（包括气候、土壤和生物等）的综合评价的量化指标。林木生产力的高低，除与林地的立地质量有关外，还与林木本身的生物学特性有密切关系。所以，反映林分生产力高低的立地质量，与林地上的树种有关。在实际工作中，不能离开生长着的树种评定林分的立地质量。

评定立地质量（或林分生产力等级）是开展营林活动的重要工作，评定立地质量的方法和指标很多，通常有土壤因子、指示植物、林木材积或树高等指标。一般以一定年龄时林分的平均高作为评定立地质量高低的指标为各国普遍使用。在我国，评定立地质量的指标有以下两种。

（1）地位级　地位级是反映一定树种立地条件的优劣或林分生产能力高低的一种指标。依据林分平均高（H_D）与林分年龄（A）的关系编制成的表，称作地位级表（表 2-2）。表中将同一树种的林地生产力按林分平均高的变动幅度划分为 5～7 级，由高到低以罗马数字Ⅰ、Ⅱ、Ⅲ……表示，Ⅰ地位级生产力最高。使用地位级表评定林地的地位质量时，先测定林分平均高（H_D）和林分年龄（A），然后由地位级表上即可查出该林地的地位级。如果是复层混交林，则应根据主林层的优势树种确定地位级。地位级表分为实生和萌生两种不同林分起源。

表 2-2　小兴安岭红松地位级

林分年龄	地 位 级（m）				
（a）	Ⅰ	Ⅱ	Ⅲ	Ⅳ	Ⅴ
40	7	6	5	3.5	2.5
50	10～9	8.5～7.5	7～6	5.5～4.5	4～3
60	13～12	11～10	9～8	7～6	5～4
70	16～14.5	13.5～12	11～9.5	8.5～7	6～4.5
80	19～17	16～14	13～11	10～8	7～5
90	22～19.5	18.5～16	15～12.5	11.5～9	8～6
100	24.5～21.5	20.5～17.5	16.5～14	13～10.5	9.5～7
110	26～23	22～19	18～15	14～11.5	10.5～8
120	27.5～24.5	23.5～20.5	19.5～16.5	15.5～12.5	11.5～9
130	29～26	25～22	21～18	17～14	13～10
140	30～27	26～23	22～19	18～15	14～11
150	31～28	27～24	23～20	19～16	15～12

注：引自《森林调查员手册》，1958。

地位级表指示了林分的生产潜力，即高地位级林地可以培育大径级材，低地位级林地培育中小径级材或薪材。

（2）立地指数　也叫地位指数。依据林分优势木的平均高（H_T）与林分年龄（A）的相关关系，用基准年龄时林分优势木平均高的绝对值划分林地生产力等级的数表，称为立地指数表。立地指数表是以上层优势木平均高为依据编制的。上层优势木平均高不受抚育间伐影响，很少受起始密度和实际密度影响，因此，用它评定立地质量更可靠。而地位级表中林分平均高，易受抚育间伐影响，发生变化，地位级容易改变。同时立地指数以具体数值表示立地质量，比地位级更具体，因而应用广泛。

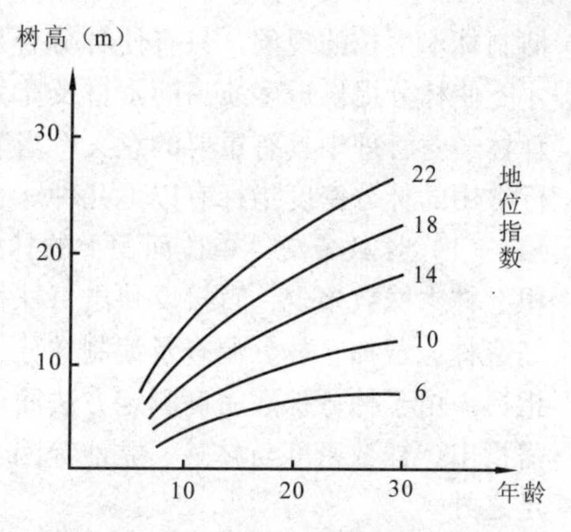

图 2-2 全国杉木地位指数曲线

立地指数表，通常应用于同龄林或相对同龄林林分评定立地质量，一般分别地区、分别树种及起源编制立地指数表。使用立地指数表时，先测定林分优势木平均高和年龄，在现实林分中选择 3 ~5 株最高林木求其优势木平均高和年龄。例如杉木（实生）立地指数（表 2-3）基准年龄为 20 年，某现实杉木实生林分，优势木平均高 17m，优势木年龄为 14 年，由表 2-3 和图 2-2 中查得立地指数为“20”，这意味着该林分在基准年龄（20 年）时优势木平均高可达 20m，表明该杉木林地的生产力较高。

表 2-3 全国杉木（实生）立地指数表（标准年龄 20 年）

林分年龄 (a)	立地指数								
	6	8	10	12	14	16	18	20	22
5	1.0 ~1.4	~1.8	~2.2	~2.6	~3.0	~3.4	~3.8	~4.2	~4.6
6	1.4 ~2.0	~2.6	~3.1	~3.7	~4.3	~4.9	~5.4	~6.0	~6.6
7	1.8 ~2.6	~3.3	~4.1	~4.8	~5.5	~6.3	~7.0	~7.7	~8.5
8	2.2 ~3.1	~4.0	~4.9	~5.8	~6.7	~7.6	~8.5	~9.4	~10.3
9	2.6 ~3.6	~4.7	~5.7	~6.7	~7.8	~8.8	~9.9	~10.9	~11.9
10	2.9 ~4.1	~5.3	~6.4	~7.6	~8.8	~9.9	~11.1	~12.3	~13.5
11	3.2 ~4.5	~5.8	~7.1	~8.4	~9.7	~11.0	~12.2	~13.5	~14.8
12	3.5 ~4.9	~6.3	~7.7	~9.1	~10.5	~11.9	~13.3	~14.7	~16.1
13	3.8 ~5.2	~6.7	~8.2	~9.7	~11.2	~12.7	~14.2	~15.7	~17.2
14	4.0 ~5.6	~7.2	~8.7	~10.3	~11.9	~13.5	~15.1	~16.7	~18.3
15	4.2 ~5.9	~7.5	~9.2	~10.9	~12.6	~14.2	~15.9	~17.6	~19.2

注：引自南方 14 省（自治区）杉木栽培科研协作组，1982。

2.2.1.8 林分密度

林分密度是说明林木对其所占有空间的利用程度，它是影响林分生长和木材数量、质量的重要因子。林分密度对林木生长、林木干形都有很大的影响。对于整个林分来说，林分密度过稀时，不仅影响木材的数量，同时也影响木材质量。另外，也并非林分密度越密越好。林分密度过大，林木之间的竞争，会产生相互抑制林木生长的现象。只有使林分合理地、最大限度地利用了所占有的空间时，才能使林分提供量多质高的木材及充分发挥森林的防护效益。因此，林分密度在森林经营管理中具有重要的意义。当前，用来反映林分密度的指标很多，我国现行常用的林分密度指标有以下几种。

(1) *株数密度*　单位面积上的林木株数称为株数密度（简称密度）。单位面积上林木株数多少，直接反映出每株林木平均占有的营养面积和空间的大小。它是造林、营林、林分调查及编制林分生长过程表或收获表中经常采用的林分密度指标。由于林分株数密度测定方法简单易行，所以，在实践中被广泛采用。但还需指出，株数密度与林龄、立地等因子的相关紧密，作为密度指标这一点是个不足之处。

(2) *疏密度*　林分每公顷胸高断面积（或蓄积）与相同立地条件下标准林分每公顷胸高断面积（或蓄积）之比，称为疏密度（以 P 表示）。在森林调查和森林经营中，它是最常用的林分密度指标。所谓标准林分，可理解为“某一树种在一定年龄、一定立地条件下最完善和最大限度地利用了所占有空间的林分”。这样的林分在单位面积上具有最大的胸高断面积（或蓄积），标准林分的疏密度定为“1.0”。以这样的林分为标准，衡量现实林分，所以现实林分的疏密度一般小于 1.0。列出标准林分每公顷胸高总断面积和蓄积依林分平均高而变化的数表，简称标准表。标准表（表 2-4）的具体使用方法如下：

①确定调查林分的平均高。

②根据林分优势树种选用标准表，并由表上查出对应调查林分平均高的每公顷胸高断面积（或蓄积）。

③以下式计算林分的疏密度（P）：

$$P = \frac{\text{现实林分每公顷断面积（或蓄积）}}{\text{标准林分每公顷断面积（或蓄积）}} \tag{2-6}$$

例如，某杉木（实生）林分，林分平均高 $H_D = 15\text{m}$，每公顷断面积为 28.8m^2，根据林分平均高由表 2-4 上查出标准林分相应的每公顷断面积为 56.4m^2，则该林分疏密度为：

$$P = \frac{28.8}{56.4} = 0.51 = 0.5$$

表 2-4　实生杉木标准表

林分平均高 (m)	每公顷断面积 (m^2)	每公顷蓄积量 (m^3)	林分平均高 (m)	每公顷断面积 (m^2)	每公顷蓄积量 (m^3)	林分平均高 (m)	每公顷断面积 (m^2)	每公顷蓄积量 (m^3)
5	16.4	53	10	38.4	221	15	56.4	455
6	20.9	79	11	43.4	269	16	58.7	501
7	25.3	109	12	47.4	316	17	60.6	545
8	29.6	142	13	50.9	363	18	62.3	589
9	34.0	179	14	53.8	409	19	63.9	634

注：引自《森林调查员手册》，1958。

在实际工作中，疏密度计算保留一位小数。

（3）郁闭度　林分中林冠投影面积与林地面积之比，称为郁闭度。它可以反映林木利用生长空间的程度。根据郁闭度的定义，测定林分郁闭度既费工又困难，在一般情况下常采用一种简单易行的样点测定法，即在林分调查中，机械设置100个样点，在各样点位置上采用抬头垂直仰视的方法，判断该样点是否被树冠覆盖，统计被覆盖的样点数，利用下式计算出林分的郁闭度：

$$郁闭度 = \frac{被树冠覆盖的样点数}{样点总数} \tag{2-7}$$

以上介绍了当前我国森林调查和森林经营中最常用的3个不同的林分密度指标，其间互有区别，又互有联系。林分株数密度是用单位面积上的林木株数表示的，但是，单位面积上的株数相同、林分疏密度并不一定相同。这是因为，尽管单位面积上的林木株数相同，如果林分平均直径不同时，则两个林分的单位面积上的林木总断面积也必然不同，因此，两个林分的疏密度也就不同，这种情况可用以下两块兴安落叶松标准地材料加以说明（表2-5）。

表2-5　兴安落叶松标准地资料

标准地号	年龄 (a)	平均高 (m)	平均胸径 (cm)	断面积 (m^2/hm^2)	株数 (株/hm^2)	疏密度	地位级
1	73	18.7	19.5	30.9	1038	0.96	Ⅲ
2	75	15.9	15.9	21.1	1056	0.65	Ⅲ

注：引自孟宪宇，1996。

林分疏密度与林分郁闭度的概念不同，但两者之间也有某种程度的相关关系。在一般情况下，两者之间的关系为：幼龄林郁闭度大于疏密度，中龄林郁闭度与疏密度两者相近，而成熟林郁闭度小于疏密度。

对于复层异龄混交林分的疏密度（或郁闭度）的计算，可采用以下方法：在测定复层林时，疏密度分别林层并依据优势树种及年龄、林层平均高（或地位级），选定标准表或林分生长过程表（或林分标准收获表），计算各林层疏密度，各林层疏密度之和，即为该复层异龄混交林分的疏密度。因此，复层异龄混交林分的疏密度有时会大于1.0。

测定混交林疏密度（或郁闭度）时，一般借用与各林层优势树种相同的单层纯林生长过程表（或收获表）或标准表，依据优势树种的年龄、林层平均高（或地位级），查定、计算各林层疏密度及混交林疏密度。

2.2.1.9　林分蓄积量

林分中一定面积森林的各种活立木的材积总和称作林分蓄积量，简称蓄积（以 M 表示，单位 m^3/hm^2）。蓄积量一词，只能用于尚未采伐的森林，有继续生长和不断积蓄材积的含义。林分蓄积是重要的林分特征指标，测定方法较多，将在2.2.3作介绍。

2.2.1.10　材种出材量和出材级

（1）材种出材量　林分蓄积量是个数量指标，它不能全面地反映林木材积的经济利用价值的大小。例如，两个蓄积量相等的林分，但各径阶林木株数的多少、木材缺陷及病腐程度不同，则可利用的、符合用材标准的材种出材量不相同，即两个林分的木材经济利用价值不同。因此，在林分调查中，除了调查林分蓄积量之外，还应调查林分材种出材量。为满足经营规划或制定近期木材生产计划的需要，也应在调查林分蓄积量的基础上，详细调查林分材种出材量。所以，在林分调查中测定材种出材量是不可缺少的工作。

（2）出材级　根据调查目的不同，有时在林分调查中不作详细的材种出材量调查，只确定林分经济材出材率等级。严格地说，根据经济材材积占林分总蓄积的百分比确定林分经济材出材率等级，简称出材级。但是在实际工作中，常常依据林分内用材树株数占林分总株数的百分比确定出材级。我国采用的出材级标准见表 2-6。

表 2-6　林分出材级划分标准

出材级	经济用材材积占总蓄积的%		用材树株数占总株数的%	
	针叶树	阔叶树	针叶树	阔叶树
1	71 以上	51 以上	91 以上	71 以上
2	51 ~ 70	31 ~ 50	71 ~ 90	45 ~ 70
3	50 以下	30 以下	70 以下	44 以下

注：引自《国有林经理规程》，1958。

根据我国规定的标准，用材部分长度占全树干长度 40% 以上的树为用材树；而用材长度在 2m（针叶树）或 1m（阔叶树）以上但不足树干长度 40% 的树木为半用材树；用材长度不足 2m（针叶树）或 1m（阔叶树）的树为薪材树。在计算林分经济材出材级时，2 株半用材树可折算为 1 株用材树。这样，可依据林分调查中的每木调查记录，确定林分蓄积量的出材级。

2. 2. 1. 11　林型

林分是一些具体森林地段，有其自身的特征，也具有经营意义。但只依靠上述特征指标还不足以满足经营要求。如 2 个落叶松林分，其林木特征相同，地位级数都是 Ⅳ，但一个是山坡地，一个是河岸沼泽地，显然它们的经营措施不应该相同。林型是在树种组成，其他植物层、动物区系、综合的森林生长条件（气候、土壤和水分条件等），植物和环境之间的相互关系，森林更新过程和演替方向上都类似，因而在相同的经济条件下需要采取相同的经营措施的森林地段的综合。林型是对林分的分类，它是依据一系列的综合特征确定的。

林型是最小的自然分类单位，同一林区不同调查者划分的林型数量不一定相同，尤其在热带、亚热带林区和人为干预频繁的次生林区，划分林型数量多，不能一一分别制定经营措施时，可以把林型特点近似的林型归并在一起，称为一个林型组。显然，林型组归并受经营强度、经营措施和经济条件的影响。林型组以上的分类层次为群系。

林型命名采用双名法。优势树种是命名中的必有成分，置于最后。前面采用林型特征最突出的因素作为形容词，它可以是优势树种之外任何一种成分（下木、活地被物、地形、土壤等），不同划分者可命名出不同林型名称。下面列举我国各地区的一些林型名称，如：溪旁落叶松林（大兴安岭）、石塘落叶松林（大兴安岭）、细叶苔草红松林（小兴安岭）、灌木红松林（小兴安岭）、藓类云杉林（川西高山林区）、箭竹云杉林（川西、滇西玉龙山等）、乔草云南松林（滇中川南）、山脊油松林（秦岭）、金背杜鹃太白红杉林（秦岭）。

2.2.2 林分标准地调查

2.2.2.1 标准地的定义和种类

（1）标准地的定义　在营林工作中，为掌握林分各调查因子的状况及其变化规律，应进行林分调查或某些专业性的调查。但在实际工作中，一般不可能也没有必要对全林分进行实测，而往往是在林分中，按照一定方法和要求，进行小面积的局部实测调查，并根据调查结果推算整个林分。在局部调查中，选定实测调查地块的方法有 2 种，即样地调查法和标准地调查法。在林分内，按照随机抽样的原则所设置的实测调查地块，称作抽样样地，简称样地。根据全部样地实测调查结果，推算林分总体，这种调查方法称作样地调查法。在林分内，按照平均状态的要求所确定的能够充分代表林分总体特征平均水平的地块，称作典型样地，简称标准地。根据标准地实测调查结果，推算全林分的调查方法称作标准地调查法。当前，在我国的营林工作中，为满足编制森林经营方案、总体设计和基地规划的需要，进行森林规划调查（简称二类调查）时一般采用样地调查法。而在森林经营活动中，仍以采用标准地调查法为主。标准地调查法及样地调查法是两种不同性质的调查方法，各有其适用条件和用途，两者均不可偏废。对于营林工作来说，标准地调查法显得更为重要。这种标准地要求能够充分反映所在林分的平均状态，它应该是整个林分的缩影，通过标准地调查可以获得林分各调查因子数量或质量指标，即根据标准地调查结果，按面积比例推算整个林分的调查结果。因此，林分调查的准确程度取决于标准地对林分的代表性及调查工作的质量。在设置林分调查标准地时，对待测林分总体进行全面、深入的踏查，目测林分各主要调查因子，初步掌握林分主要调查因子的平均水平，在此基础上选择适当地块作为标准地。在选定标准地时，切忌带有挑选好地段的主观意识，根据过去的经验，一般容易出现调查结果“偏高”的倾向。为了保证标准地调查数据的准确度，应注意标准地的充分代表性。

（2）标准地的种类　按照标准地设置目的和保留时间，标准地又可分为临时标准地和固定标准地（亦称永久性标准地）。临时标准地一般用于林分调查或编制营林数表，只进行一次调查，取得调查资料后不需要保留。固定标准地是适用于较长时间内进行科学研究试验，有系统地长期重复多次观测，获得定期连续性的资料，如研究林分生长过程、经营措施效果及编制收获表等。固定标准地测设技术要严格，需要定期、定株、定位观测，以便取得连续的数据。因此，测设固定标准地的工作成本高，且要求一定的保护措施。

2.2.2.2 标准地设置与测量

（1）选择标准地的基本要求

①标准地必须要求有充分的代表性；

②标准地必须设置在同一林分内，不能跨越该林分；

③标准地不能跨越小河、道路或伐开的调查线，且应离开林缘（至少应距林缘 1 倍林分平均高的距离）；

④标准地设在混交林中时，其树种、林木密度分布应均匀；

⑤未经人为破坏。

（2）标准地的形状及面积　标准地的形状一般为正方形或矩形，有时因地形变化也可为多边形。

标准地的面积应根据调查目的、对象而定，一般面积不宜过小。在林分调查中，为了充分反映出林分结构规律和保证调查结果的准确度，标准地内必须要有足够数量的林木株数，因此，应根据要求的林木株数确定其面积大小。根据我国《森林专业调查方法（草案）》（1960）中规定："在近熟和成过熟林中，标准地内至少应有 200 株以上的林木；中龄林 250 株以上；幼龄林 300 株以上。"除此之外，确定标准地面积时，还应考虑调查目的、林分密度等因素。当然，标准地面积大些所得到的调查结果会更准确和可靠，但是，其相应的工作量和成本也增大；若标准地面积过小，难以保证标准地应具有的充分代表性，依此调查结果推算林分总体时，将会产生很大的偏差。在实际工作中，可预先选定 400m^2，查数林木株数，以此推算标准地所需面积。在实际调查中标准地的面积一般为 0.04 ~ 0.1hm^2。

（3）标准地的境界测量　为了确保标准地的位置和面积，需要进行标准地的境界测量，通常用罗盘仪测角，皮尺或测绳量水平距（林地坡度大于 5°时，可以测量斜距后改算为水平距离）；为使标准地在调查作业时保持有明显的边界，应将测线上的灌木和杂草清除。测量四边周界时，边界外缘的树木在面向标准地一面的树干上要标出明显标记（可用粉笔），以保持周界清晰。规定测线周界的闭合差不得超过 1/200。

根据需要，标准地的四角应埋设临时简易或长期固定的标桩，便于辨认和寻找。

2.2.2.3 林分环境因子调查

（1）幼树、下木及活地被物调查　在标准地内，应分别树种、下木及活地被物种类调查其所属的层次、多度、平均高、生长状况及分布特点，并根据调查结果计算出总盖度（%）、成团现象、分层现象、分布特点、单位面积（1hm^2）上的幼树株数。

（2）土壤调查　在标准地内通过土壤剖面调查土壤母质、母岩及土壤种类名称、土壤层次、厚度、颜色、结构、紧密度、湿度、机械组成、植物根量、新生体、侵入体、pH 值等土壤特征因子，以及土壤表面的枯落物厚度和腐殖质层（A 层）厚度、土壤总厚度及石砾含量等。

(3) 环境因子调查 应调查标准地位置的海拔高度、地形、坡度、坡向等因子，并详细记录。

2.2.2.4 标准地测定工作

(1) 每木调查 在标准地内分别树种、起源、年龄（或龄级）、活立木、枯立木测定每株树木的胸径，并按整化径阶记录、统计，取得林木株数按直径分布序列的工作，称为每木调查或称每木检尺。这是林分调查中的最基本的工作，同时也是计算某些林分调查因子（如林分平均直径、林分蓄积量、材种出材量等）的重要依据。对于复层异龄混交林，必须按林层、树种、年龄（或龄级）、起源等分别记录、统计各径阶林木株数。

每木调查的工作步骤简述如下：

①径阶大小的确定 每木调查时，是按径阶进行记载、统计调查结果的。径阶整化范围的大小对调查结果的精度有很大影响，因此，在每木调查之前，必须确定合适的径阶范围。

径阶大小确定的合适与否，直接影响林分直径分布规律，同时也影响计算各调查因子的精确程度，尤其是对林分平均直径影响最大。我国《森林专业调查方法（草案）》（1960）中规定：林分平均直径大于12cm时，以4cm为一个径阶（阶距），6~12cm时，以2cm为一个径阶（阶距），林分平均直径小于6cm时，可采用1cm为一个径阶（阶距）。

为统一起见，在林分调查中划分径阶时，采用上限排外法。例如，若以2cm为径阶，则10cm径阶的直径范围定为9.0~10.9cm，而不定为9.1~11.0cm。并规定采用2cm或4cm的阶距时，径阶整化时，径阶中值应为偶数。

②起测径阶 起测径阶是指每木检尺的最小径阶。根据林分结构规律，同龄纯林的最小直径近似为林分平均直径的0.4倍值作为确定起测径阶的依据。如某林分，目测林分平均直径为14.0cm，则林分最小直径为14.0×0.4=5.6cm，则该林分起测径阶为6cm。

一般情况下，天然成过熟林起测径阶定为8cm，中龄林4cm，幼林1cm或2cm。

③划分材质等级 每木调查时，不仅要按树种记载，而且还要按材质分别统计。材质划分是按树干可利用部分的长度及干形弯曲、分叉、多节、机械损伤等缺陷，划分为经济用材树、半经济用材树和薪材树三类，具体树木材质划分标准，可见本章有关材种出材量和出材级部分。

④每木检尺 分别树种、年龄（龄级）、材质等级和径阶进行调查记载。检尺时应注意：

测者从标准地一端开始，由坡上方沿等高线按“S”形路线向坡下方进行检尺。

用整化径阶的轮尺或围尺测定每株树木离根颈1.3m高处的直径（即胸径，单位cm）。在坡地应站在坡上方测定。在1.3m以下的分叉树应视为2株，分别检尺。

使用轮尺时，必须与树干垂直。若遇干形不规则的树木，应垂直测定两个方向的直径或量测胸径上下两个部位的直径，取其平均值。

正好位于标准地境界线上的树木，本着一边取另一边舍的原则，确定检尺树木。

防止重测或漏测：每木检尺时，测者每测定一株树，应高声报出该树的树种、材质等级和直径大小，等记录者复诵后再取下测尺，并用粉笔在测过的树干上作记号。记录者及时在每木调查记录表的相应栏中按径阶记入，用“正”字表示，如表 2-7 所示。

计算平均直径：每木检尺后，计算林分平均直径，见表 2-7。

表 2-7　每木调查

径阶	树　种：白　桦					
	活　立　木					枯立木
	用　材　树	半用材树	薪材树	株数小计	断面积（m^2）合计	
4				3	0.003 8	
6	正正正正正	正正		39	0.110 3	
8	正正正正正正正正	正		50	0.251 3	
10	正正正正正正正正正正正正			69	0.541 9	
12	正正正正正正正正正正正正正正 正正	正		81	0.916 1	
14	正正正正正正正正正正		正	57	0.877 4	
16	正正正正正			28	0.563 0	
18	正正			10	0.254 5	
20				2	0.062 8	
22						
24						
合计	300	25	14	339	3.581 1	
平均断面积	$\bar{g}=G/N=\frac{3.5811}{339}=0.010\ 56\text{m}^2$					
平均胸径	$D_g=11.6\text{cm}$					

注：引自北京林业大学《测树学》，中国林业出版社，1987。

（2）树高测定

①林分条件平均高　为计算林分平均高或各径阶平均高，在标准地内，要随机测定一部分林木的树高和胸径（一般优势树种测定 25 ~ 30 株树木的树高）。并且根据各径阶测树木的平均直径和平均高绘制树高曲线。绘制树高曲线的方法通常采用图解法和数式法。

图解法：在林分调查中，沿标准地对角线随机量测 25 ~ 30 株林木的胸径和树高，一般每个径阶内应量测 3 ~ 5 株林木，并把量测的实际值记入“测高记录表”中，分别径阶计算出平均胸径、平均高及株数。在方格纸上以横坐标表示胸径、纵坐标表示树高，选定合适的坐标比例，将各径阶平均胸径和平均高点绘在方格纸上，并注记各点代表的林木株数。根据散点分布趋势随手绘制一条均匀圆滑的曲线，即为树高曲线（图2-1）。然后，依据林分平均直径（D_g）由树高曲线上查出相应的树高，即为林分条件平均高（H_D）。由于这种方法简单易行，所以在林分调查中，经常采用这种方法求得林分平均高。

数式法：采用图解法绘制树高曲线，虽然方法简便易行，但绘制技术和实践经验要求较高，不然难以保证树高曲线的绘制质量。因此，也可选用适当的回归曲线方程拟合树高曲线。经常选择的树高曲线方程类型有：

$$h = a_0 + a_1 \log d \qquad h = a_0 + a_1 d + a_2 d^2 \qquad h = a_0 d^{a1}$$

$$h = a_0 + a_1 \frac{1}{d^2} \qquad h = d^2 /\ (a_0 d + a_1 d)^2 \qquad h = a_0 + \frac{a_1}{d + k}$$

式中：a_0，a_1，a_2——参数；

k——求参数前预选的常数；

h——树高；

d——胸径。

采用数式法拟合树高方程时，因树高变化大，一般应选试几个回归曲线方程，从中选择拟合效果最佳的一个方程作为树高曲线方程。当树高曲线方程确定后，将林分平均直径（D_g）代入该方程中，即可求出相应的林分条件平均高。同样，若将各径阶中值代入其方程中时，也可求出各径阶平均高。

对于混交林分中的次要树种，一般仅测定3~5株近于平均直径树木的胸径和树高，以算术平均值作为该树种的平均高。对于复层异龄混交林，分别林层，按照上述原则和方法（见本章2.2有关部分内容），确定各林层及林分平均高。

②林分优势木平均高　为了评定立地质量，在标准地内选测一些最粗大的优势木或亚优势木胸径和树高，以算术平均值作为优势木平均高。

在实践中，人为选定优势木，其结果既包含了林分中真正的优势木，也常常包含了部分亚优势木，但不可能量测所有优势木的树高。确定量测优势木的株数和做法是：在林分中每100m^2 面积上，测量最高或最粗林木的高度，求其算术平均数作为优势木平均高。另外，经实践表明，在标准地中均匀设3~6个观测点，每个点在其周围的10m半径范围内测量1株最高树的高度，求出林分优势木平均高。以采用6株树木的算术平均高代表林分优势高的效果为好，这种方法在我国编制和使用地位指数表中经常采用。

（3）测定年龄　在标准地调查中，可以利用生长锥或伐倒木（或以往伐根）确定各树种的年龄。对于复层异龄混交林，一般仅测定各林层优势树种的年龄，并以主林层优势树种的年龄为该林分的年龄。通常，幼龄林以年为单位表示林分年龄，中、成过熟林以龄级为单位表示林分年龄。

（4）各项林分调查因子的计算　在标准地外业调查的基础上，计算出林分平均直径、平均高、年龄、树种组成、地位级（或立地指数）、疏密度（或郁闭度）、株数密度、断面积、蓄积量、材种出材量及出材级等因子，对于复层异龄混交林，按照规定和要求，计算出各林层调查因子及全林分调查因子，其计算方法见本节有关部分。

2.2.3 林分蓄积量测定

如前所述，蓄积量是鉴定森林数量的主要指标，而单位面积蓄积的大小，某种程度上标志着林地生产能力的高低及营林措施的效果。在林分蓄积量测定中，应该包括林分单位面积蓄积量测定及林分面积测定，林分面积采用地形图现地勾绘及利用测量仪器（罗盘仪或经纬仪）实地测量求算。这里主要介绍林分蓄积量的测定方法。

2.2.3.1 标准木法

用标准木测定林分蓄积，是以标准地的林木平均材积为根据的。这种具有平均材积的树木，叫标准木，而根据标准木实测材积推算林分蓄积量的方法称作标准木法。标准木法主要用于林分蓄积量测定，根据调查目的和精度的要求，标准木法可分为平均标准木法和分级标准木法。这两种方法的区别主要在于标准木所代表的范围不同及标准木株数分配方式不同。如分级标准木法中的径阶等比标准木法，是分别径阶选取标准木的，需选测的标准木总株数是几种方法中最多的。

应用标准木法测算林分蓄积量时，除认真作好面积测量与测树工作外，选择标准木的胸径、树高，应与林分平均胸径、平均高相近且干形中等，即应具有林木材积三要素（胸径、树高及胸高形数）的平均水平。其中要求干形中等最难掌握，且因树干材积三要素是互不独立的，这更增加了确定标准木的难度。一般说来，增加标准木的株数可提高蓄积量测定精度，若标准木选择不当，增加标准木株数反而会降低测定精度。几种方法的精度比较可参见表 2-8，其具体计算如表 2-9 和表 2-10。

表 2-8 4 种标准木法测算蓄积精度比较实例

方　法	选测标准木株数	推定蓄积（m^3）	蓄积相对误差（%）$P_m=\frac{M_1-M_0}{M_0}\times 100$
平均标准木法	2	54.790 8	+2.86
等株径级标准木法	3	54.524 4	+2.36
等断面积径级标准木法	3	54.370 5	+2.06
径阶等比标准木法	15	54.152 9	-1.65

注：①标准地面积为 0.2hm^2，山杨总株数 142 株，平均胸径 22.1cm，平均高 23.2m；②以标准地全部林木实测材积为蓄积真值 M_0=53.271 51（m^3）；③引自孟宪宇，1999。

（1）平均标准木法　测设标准地，并进行标准地调查。具体调查项目，如林分面积、标准地面积、每木检尺和树高曲线的测绘等项目是必不可缺少的。其他项目应根据有关调查细则的要求进行。

根据每木检尺的结果，确定林分平均胸径，并在树高曲线上查出对应于林分平均胸径的树高，即林分平均高。选1~3株与林分平均胸径和林分平均高相接近（一般要求相差不超过±5%）且干形中等的树木作为平均标准木，伐倒并用区分求积法实测其材积。

按式（2-8）求算标准地（或林分）蓄积，再按标准地（或林分）面积把蓄积换算为单位面积的蓄积（m^3/hm^2）。具体计算方法如表2-9。

表2-9 用平均标准木计算蓄积量

径阶	株数	断面积（m^2）	标准木				
			编号	胸径（cm）	树高（m）	断面积（m^2）	材积（m^3）
8	10	0.050 3					
12	24	0.271 4					
16	21	0.422 2					
20	27	0.848 2	1	22.0	23.5	0.038 013	0.386 89
24	22	0.995 3	2	22.0	22.9	0.038 013	0.378 48
28	21	1.293 1					
32	9	0.723 8					
36	7	0.712 5					
40	1	0.125 7					
合计	142	5.442 5				0.076 026	0.765 37

注：引自孟宪宇，1999。

$$M = G\sum_{i=1}^{n} V_i / \sum_{i=1}^{n} g_i \tag{2-8}$$

式中：n——标准木株数；

V_i，g_i——第i株标准木材积与断面积（m^3，m^2）；

G，M——标准地或林分的总断面积与蓄积（m^2，m^3）。

例如：测得某山杨林分标准地林木的平均断面积为0.038 33m^2，平均胸径为22.1cm，平均高为23.2m。以此为依据选出2株标准木见表2-9，按式（2-8）计算标准地的蓄积量。

$$M = 5.442\,5 \times \frac{0.765\,37}{0.076\,026} = 54.790\,81\ (m^3)$$

误差率：

$$P_m = \frac{54.790\,8 - 53.271\,51}{53.271\,51} \times 100\% = 2.85\%$$

该标准地面积为0.2hm^2，其每公顷蓄积量为54.790 81/0.2 = 273.954 1（m^3/hm^2）。

（2）分级标准木法　分级标准木法是根据每木检尺结果，将标准地全部林木分成若干径级（每个径级包括几个径阶），再按平均标准木法测算各径级材积，而后累加得蓄积。计算式为：

$$M = \sum_{i=1}^{k} G_i \left(\sum_{j=1}^{n} V_{ij} / \sum_{j=1}^{n} g_{ij} \right) \tag{2-9}$$

式中：n——各径级标准木株数；

k——分级个数（$i=1, 2, \cdots, k$）；

G_i——标准地第 i 径阶断面积（m^2）；

V_{ij}，g_{ij}——第 i 级中第 j 株标准木材积与断面积（m^3，m^2）。

①等株径级标准木法　此法依径阶顺序，将林木分为株数基本相等的 3 ~ 5 个径级，分别径级选标准木测算径级材积，各径级材积累加得标准地的蓄积。具体测算方法见表 2-10。

表 2-10　用等株径级标准木法计算蓄积

径级	径阶	株数	断面积（m^2）	平均标志	标准木大小	推算蓄积（m^3）
I	8	10	0.050 3	$\bar{g}=0.012\,41$	$g=0.012\,27$	$M_1=0.583\,1\dfrac{0.091\,68}{4.356\,9}=4.356\,9$
	12	24	0.271 4	$\bar{d}=12.6$	$d=12.5$	
	16	13	0.261 4	$\bar{H}=15.4$	$h=15.7$	
	小计	47	0.583 1		$v=0.091\,68$	
II	16	8	0.160 9	$\bar{g}=0.033\,03$	$g=0.029\,86$	$M_2=1.552\,0\dfrac{0.284\,97}{0.029\,86}=14.811\,6$
	20	27	0.848 2	$\bar{d}=20.5$	$d=19.5$	
	24	12	0.542 9	$\bar{H}=22.2$	$h=21.6$	
	小计	47	1.552 0		$v=0.284\,97$	
III	24	10	0.452 1			$M_3=3.307\,5\dfrac{0.720\,80}{0.067\,43}=35.355\,9$
	28	21	1.293 1	$\bar{g}=0.068\,91$	$g=0.067\,43$	
	32	9	0.723 8		$d=29.3$	
	36	7	0.712 5	$\bar{d}=29.6$	$h=25.4$	
	40	1	0.125 7	$\bar{H}=25.5$	$v=0.720\,80$	
	小计	48	3.307 5			
合计		142	5.442 6			54.524 4

注：引自孟宪宇，1999。

误差率：　$$P_m = \frac{54.524\,4 - 53.271\,51}{53.271\,51} \times 100\% = 2.36\%$$

②等断面积径级标准木法　此法依径阶顺序，将林木分为断面积基本相等的 3 ~ 5 个径级，分别径级选标准木进行测算。具体测算方法同等株径级标准木法。

③径阶等比标准木法　此法是分别径阶选定标准木的方法。其步骤是先确定标准木株数占林木总株数的百分比（一般取 10%）；再根据每木检尺结果，按比例确定每个径阶应选标准木株数（两端径阶株数较少可合并到相邻径阶）；然后根据径阶平均标准木的材积推算径阶材积，最后累加得标准地的蓄积。

这一方法较前 2 种方法的工作量大，但精度较高。当用标准木法测算材种的出材量时，常采用径阶等比标准木法，可以得出各径阶材积及全林材种分布数据。

若根据各径阶标准木材积与胸径或断面积相关关系，绘制材积曲线或材积直线，则可查出各径阶单株平均材积。可按式（2-10）计算标准地（或林分）蓄积。

$$M = V_1N_1 + V_2N_2 + \cdots + V_kN_k = \sum_{i=1}^{k} V_iN_i \tag{2-10}$$

式中：k——检尺径阶个数（$i=1, 2, 3, \cdots, k$）；

V_i——从材积曲线或直线读出的第 i 径阶单株材积（m^3）；

N_i——第 i 径阶的检尺木株数。

2.2.3.2 立木材积表法

（1）*立木材积表的概念* 立木材积表是载有各种大小树干单株平均材积的数表，是用于估计林分立木树干材积的林业专业用表。立木材积表是根据树干材积（V）与其构成材积计算的材积三要素，即材积（V）与胸高形数（f）、胸径（d）或胸高断面积（g）及树高（h）之间存在着某种函数关系编制的。在林业生产中，立木材积表又简称材积表。其中，根据材积与胸径的关系［$V=\Phi(d)$］而编制的表，称为一元材积表；根据材积与胸径、树高 2 个因子的关系［$V=\Phi(d、h)$］而编制的表，称为二元材积表。在林业生产中，最常用的材积表是一元材积表。

一元材积表的一般形式为，分别径阶列出树干单株平均带皮材积，有时也列出各径阶林木平均高及形高值（胸高形数 f 与树高 h 之乘积，即 fh 称作形高），见表 2-11 中所示。一元材积表中所列的材积、树高及形高值均为各径阶的单株立木的平均值。

表 2-11 山杨一元材积表

径阶（cm）	树高（m）	材积（m^3）	形高（m）
4	6.2	0.004 9	3.93
6	8.5	0.012 9	4.61
8	10.1	0.025 7	5.16
10	11.4	0.043 9	5.63
12	12.4	0.068 0	6.05
14	13.4	0.098 5	6.42
16	14.1	0.135 7	6.77
18	14.8	0.180 0	7.09
20	15.4	0.231 8	7.39
22	15.9	0.291 4	7.67
24	16.4	0.359 0	7.94
26	16.9	0.435 1	8.19
28	17.3	0.519 8	8.43
30	17.5	0.613 4	8.66

注：引自孟宪宇，1999；本表仅适用于河北省围场县地域。

一元材积表只反映出立木树干材积随立木胸径大小的变化关系，但是，立木树干材积除受胸径大小的影响外，还受树高、树干的干形（即树干尖削程度）影响，即胸径相同的立木，其材积则不同。导致立木材积不同的原因，就是立木树高或树干干形不同而引起。所以，一元材积表适用地域范围不宜过大，故一元材积表又称作地方材积表。

（2）*利用一元材积表测定林分蓄积量*　在森林调查中，经常使用一元材积表测定林分蓄积量。它是一种简便易行、且能满足林业生产上要求的林分蓄积量测定方法。利用一元材积表测定林分蓄积量的方法及过程简单，即根据标准地每木调查（亦称每木检尺）结果，分别树种，选用一元材积表，分别径阶（按径阶中值）由材积表上查出各径阶单株平均材积值，然后，乘以径阶林木株数，即可得到径阶材积。各径阶材积之和就是该树种标准地林分蓄积量，各树种的林分蓄积之和就是标准地林分总蓄积量。依据这个蓄积量及标准地面积计算每公顷林分蓄积量，再乘以林分面积即可求出整个林分的林木蓄积量。具体计算过程见表 2-12。

表 2-12　利用一元材积表计算山杨林分蓄积量

径阶（cm）	株数	单株材积（m^3）	径阶材积（m^3）	
6	11	0.012 9	0.141 9	林分面积：$10hm^2$
8	23	0.025 7	0.591 1	标准地面积：$0.1hm^2$
10	24	0.043 9	1.053 6	每公顷蓄积量
12	40	0.068 0	2.720 0	$m=\frac{10.448\ 9}{0.1}$
14	30	0.098 5	2.955 0	$=104.489\ (m^3/hm^2)$
16	15	0.135 7	2.035 5	林分蓄积量
18	4	0.180 0	0.720 0	$m=104.489\times 10$
20	1	0.231 8	0.231 8	$=1044.89\ (m^3)$
合计	148		10.448 9	

注：引自孟宪宇，1999。

（3）*一元材积表的检验*　一元材积表一般仅适用于某一个区域（如县或林场）范围内，因为在小范围内，某一树种的材积与胸径、树高与胸径之间的变化规律以及树干干形的变化规律基本上一致。某一元材积表是否适用于某一地区，关键在于材积表中的材积与胸径的材积曲线或树高与胸径的树高曲线与某一地区同一树种的材积曲线或树高曲线是否相一致。在林业生产中，由于材积表编制的时间太久或某地区内某些林分的立地条件发生了较大的变化时，也会导致材积表不能适用的情况。因此，在使用一元材积表之前，应进行必要的检验。

在林业调查工作中，常用树高曲线检验法检验一元材积表是否适用。该方法简单易行，首先在用表地区内随机抽测某一树种一部分树木的胸径及树高，绘制树高曲线，并与同一树种一元材积表中的树高曲线进行比较，分析 2 条曲线变化趋势是否一致。为了观察曲线的变化趋势，收集测树数据，测高树木要分布在所有径阶内，特别是最小径阶和最大径阶内，一定要有测高树木。这样，才能利用分析树高曲线的变化趋势，提高检验结果的可靠性。

2.2.3.3　标准表法和平均形数法

林分蓄积（M）可以看成林分中（或单位面积上）所有树木胸高总断面积（G）、林分平均高（H）和林分平均形数（F）这3个要素的乘积。即

$$M = GHF \tag{2-11}$$

如果测得林分（或单位面积）的总断面积、平均高，并取适当的平均形数值，就可以应用式（2-11）确定林分（或单位面积）的蓄积。这种近似测定法常用于目测时的辅助法。

（1）*标准表法*　应用标准表确定林分蓄积时，需要测出林分平均高和每公顷总断面积（G）；然后从标准表上查出对应于平均高的每公顷标准断面积（$G_{标}$）和标准蓄积（$M_{标}$），先按下式算出林分疏密度（P）：

$$P = \frac{G}{G_{标}} \tag{2-12}$$

再按式（2-13）算出林分每公顷蓄积：

$$M = PM_{标} \tag{2-13}$$

由于$M_{标}/G_{标} = HF$，如果只需求出蓄积量，而不计算疏密度，在算出HF值后（或查形高表），也可直接用式（2-11）计算林分蓄积量。

（2）*平均形数法*　先测出林分平均高与总断面积，再从表2-13中查出相应树种的平均实验形数（f_θ）值，代入式（2-14）计算林分蓄积：

$$M = f_\theta\ (H+3)\ G \tag{2-14}$$

表2-13　主要乔木树种平均实验形数f_θ

类别	平均实验形数	适用树种
针叶树	0.45	云南松、冷杉及一般强耐荫针叶树种
	0.43	实生杉木；云杉及一般耐荫针叶树种
	0.42	杉木（不分起源）、红松、华山松、黄山松及一般中性针叶树种
	0.41	插条杉木、天山云杉、柳杉、兴安落叶松、新疆落叶松、樟子松、赤松、黑松、油松及一般喜光针叶树种
	0.39	马尾松及一般强喜光针叶树种
阔叶树	0.40	杨、桦、柳、椴、水曲柳、蒙古栎、栎、青冈、刺槐、榆、樟、桉及其他一般阔叶树种；海南、云南等地混交林树种

注：引自孟宪宇，1996。

以上2种方法确定林分蓄积的算例：某实生杉木林分平均高18.0m，每公顷断面积14.5m^2。

用标准表计算，从实生杉木标准表（表2-4）中查得$H = 18.0$m时，$G_{标} = 62.3\text{m}^2/\text{hm}^2$，$M_{标} = 589\text{m}^3/\text{hm}^2$。则

$$M = \frac{14.5}{62.3} \times 589 = 137.09\ (\text{m}^3/\text{hm}^2)$$

用实验形数计算，从主要乔木树种平均实验形数表（表2-13）中查得实生杉木的实验形数$f_\theta = 0.43$，则

$$M = 14.5 \times (18 + 3) \times 0.43 = 130.94\ (m^3/hm^2)$$

2.2.3.4 利用角规测定林分每公顷蓄积量

形高（fh）是林木胸高形数（f）与树高（h）的乘积，根据树木形高的定义，就可以推断出林分的形高（FH）的定义式，即：$FH = M/G$

式中：M——林分蓄积量（m^3）；

G——林分断面积（m^2）；

H——林分平均高（m）；

F——林分平均胸高形数。

利用角规测定林分每公顷断面积（G）的技术，结合一元材积表或标准表所提供林木径阶形高或林分平均形高特点，即可利用角规测定林分每公顷蓄积量的方法。在实际测定中，由于提供形高的数表（材积表或标准表）的不同，又可分为径阶形高法及林分平均形高法。

（1）径阶形高法　根据一个角规点角规控制检尺测定结果，可以得到林分各径阶角规观测计数株数（Z_j），由一元材积表中查得各径阶形高值 $(fh)_j$，利用式（2-15）即可计算出林分每公顷蓄积量，即

$$M = F_g \sum_{j=1}^{k} Z_j (fh)_j \tag{2-15}$$

式中：M——林分每公顷蓄积量（m^3）；

Z_j——第 j 径阶角规计数株数；

$(fh)_j$——第 j 径阶形高；

F_g——角规断面积系数；

k——角规控制检尺的径阶个数（$j = 1, 2, \cdots, k$）。

其计算过程见表2-14。根据表2-14的计算结果，山杨林分每公顷蓄积量为：

$$M = F_g \sum_{j=1}^{k} Z_j (fh)_j = 112.42 (m^3/hm^2)$$

表2-14 利用角规测定山杨林分蓄积量计算表（径阶形高法）　$F_g = 2$

径阶（cm）	计数株数 Z_j	径阶形高 $(fh)_j$	径阶断面积（m^2） $F_g Z_j$	径阶蓄积量（m^3） $F_g Z_j\ (fh)_j$
6	2	4.61	4	18.44
8	1	5.16	2	10.32
10	3	5.63	6	33.78
12	2	6.03	4	24.20
14	2	6.42	4	25.68
合计	10		20	112.42

注：引自孟宪宇，1999。

（2）林分平均形高法　根据角规绕测所得到的林分每公顷断面积（G），乘以依据林分平均高（H）查标准表所得到的林分平均形高（FH），即可求出林分每公顷蓄积量，即

$$M = G(FH) = F_g \sum_{j=1}^{k} Z_j(FH) \tag{2-16}$$

根据表2-14中角规绕测的结果：

$$\sum_{j=1}^{k} Z_j = 10$$

在林分调查中，测得林分平均高 $H = 11.2\text{m}$，由该地区山杨标准表（略）中查得林分平均形高 $FH = 5.75\text{m}$，则该林分每公顷蓄积量为：

$$M = F_g \sum_{j=1}^{k} (FH) = 2 \times 10 \times 5.75 = 115(\text{m}^3/\text{hm}^2)$$

在林分调查中，应根据林分面积大小及林分蓄积变动情况，设置几个角规观测点，这些角规观测计算结果的平均值，作为林分每公顷蓄积量，然后，乘以林分面积，就可得到林分总蓄积量。

复习思考题

1. 名词解释：森林 林分 标准林分 标准地
2. 森林的特点有哪些？
3. 森林中有哪些植物成分？
4. 举例说明森林具有经济、生态及社会三大效益。
5. 林分特征有哪些？如何调查、测定及计算这些林分调查因子？

本章可供阅读书目

林学概论．沈国舫．中国林业出版社，1989
森林生态学．李景文．中国林业出版社，1994
测树学．第2版．孟宪宇．中国林业出版社，1996
森林资源与环境管理．孟宪宇．经济科学出版社，1999

第3章　森林植物

【本章提要】森林植物是认识森林的基础，通过森林植物的学习，使人们了解森林植物不仅为人类提供诸多的物质财富，而且是森林环境的主要组成部分。本章主要介绍森林植物分类的基础知识，以及保护生物多样性对人类的生存发展起着重要的作用。

植物在地球上出现距今大约有34亿年的历史，在这个漫长的历史时期里，随着地球气候和地质条件的变迁，有些植物衰退了，有些繁盛了，有些种类消失了，而又有新的种类产生了，从而形成了丰富多彩、种类繁多、形态各异的植物界。目前，人类已知道的植物约有50万种以上，而且还仍有新种在不断发现，它们的分布范围极为广泛，其形态结构和内部特征差异很大。因此，对如此众多、复杂的植物进行识别和分类，就需要我们学习和掌握植物分类的基本知识。

3.1　植物分类基础知识

3.1.1　植物界的基本类群

植物是地球上种类最多、分布最广的生物类群，根据各种植物在长期演化过程中所形成的特点，通常将其分成藻类植物、菌类植物、地衣植物、苔藓植物、蕨类植物和种子植物6大类群，共15门（图3-1）。

藻类植物、菌类植物和地衣植物称为低等植物。由于它们在生殖过程中，不产生胚，故又称为无胚植物。苔藓植物、蕨类植物和种子植物称为高等植物，它们生殖过程中可产生胚，故又称为有胚植物。藻类、菌类、地衣、苔藓、蕨类各类植物用孢子进行繁殖，所以称孢子植物，由于不开花、不结果所以称隐花植物；而裸子植物和被子植物开花结果，用种子繁殖，所以称种子植物或显花植物。蕨类植物和种子植物具有维管束，所以把它们合称为维管束植物；藻类、菌类、地衣、苔藓植物无维管束产生，所以称为非维管束植物。

3.1.1.1　低等植物

低等植物是地球上出现最早的一群古老而原始的植物，其形态结构比较简单。大部分生活在水中或潮湿的环境条件下。植物体没有根、茎、叶的分化。低

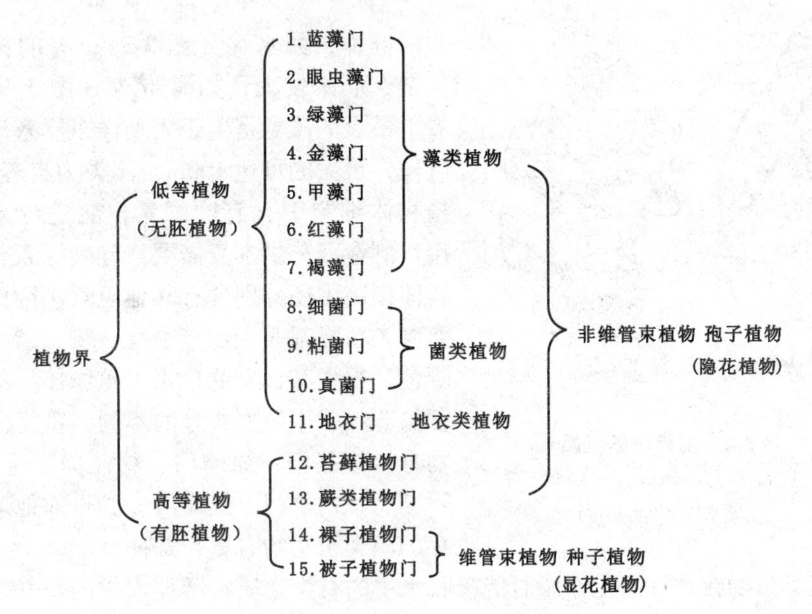

图 3-1 植物界的基本类群

等植物的生殖器官除极少数为多细胞外，大都是单细胞的。其生殖过程亦比较简单，合子不形成胚而直接萌发成新的植物体。

根据其结构和营养方式可将低等植物分为藻类植物、菌类植物和地衣类植物 3 大类群。

（1）藻类植物　藻类是极古老的植物，绝大多数为水生，少数为陆生。没有根、茎、叶的分化。植物体构造简单，仅有单细胞、群体、丝状体或叶状体。其形态、大小、结构差异很大，如蓝藻、绿藻（图 3-2、图 3-3）等；有些为多细

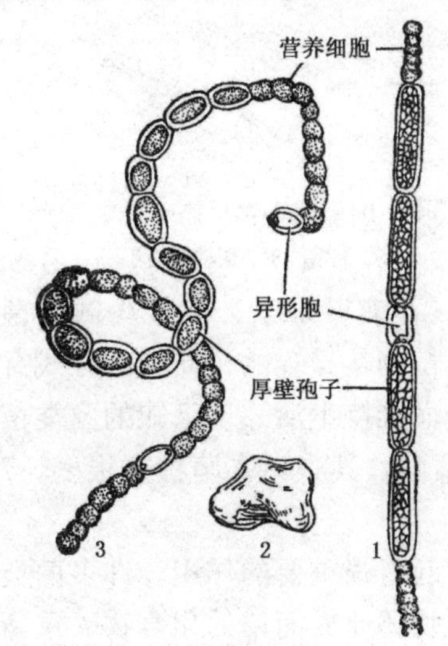

图 3-2 蓝藻（*Cyanophyceae*）

1. 鱼腥藻属（*Anabeana*）
2. 串珠藻属（*Nostoc*）植物体
3. 去掉胶质包被的串珠藻

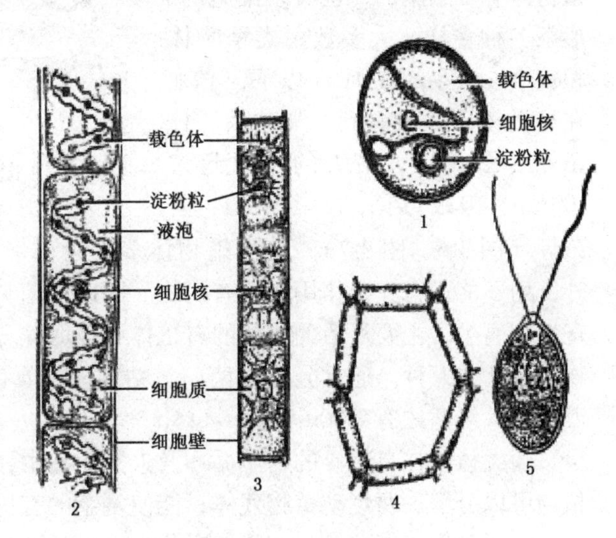

图 3-3 绿藻（*Chlorophyceae*）

1. 小球藻属（*Chlorela*）　2. 水绵属（*Spirogyra*）
3. 双星藻属（*Zygnema*）　4. 水网属（*Hydrodictyon*）
5. 衣藻属的细胞结构

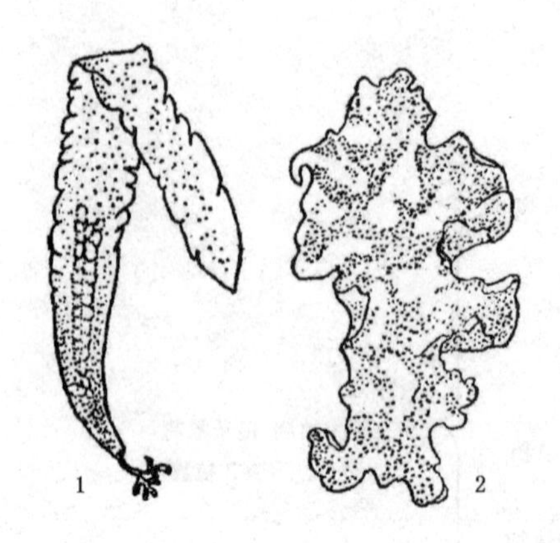

图 3-4 海带与紫菜属

1. 海带（*Laminaria japonica*）
2. 紫菜属（*Porphyra*）

胞的群体，如水绵（图 3-3）；有的构造较复杂，形体较大，如海带等（图 3-4）。世界上最大的藻类是生于太平洋东岸寒流中的巨藻，最大的可达 100m。藻类为自养植物，植物体细胞中含有叶绿素，能进行光合作用，制造养分供本身需要。除叶绿素外，植物体细胞中还分别含有其他色素，因而大多数藻类植物都表现出蓝、绿、褐、紫、红等颜色。根据其含有的色素、植物体结构、贮藏的养料、生殖方式等的不同，可将藻类植物分为蓝藻门、绿藻门、裸藻门、金藻门、甲藻门、褐藻门、红藻门等。目前地球上现存的藻类植物约有 2. 5 万种。

藻类植物在进行同化作用时能吸收水中的有害物质，增加水中的氧气，净化和氧化污水；许多藻类，虽然个体非常微小，但在水中能构成体积很大的浮游植物，成为鱼类和其他水生动物的主要食物；有些藻类可以用作家畜的饲料和农业上的绿肥；有些藻类是工业和医药上的主要原料，有些还可以食用。

（2）菌类植物　菌类植物在分类上不具有自然亲缘关系。分布广泛，在土壤、水、空气、高山，甚至在动植物体内外都可以生存。其植物体有单细胞的，也有多细胞的，形态多种多样。大多数菌类植物体积较小，最小的在 1μm 以下，必须在显微镜下才能看到，如球菌、杆菌等（图 3-5），最大的可以超过 100μm，肉眼可见，如黑根霉、蘑菇等（图 3-6、图 3-7）。菌类植物体多不含色素，没有叶绿素，除极少数细菌外，均不能进行光合作用制造有机物。因此，菌类植物是异养的，异养的方式有寄生和腐生，主要从活的或死的有机体中吸取养分而维持生活。现已知的菌类植物约有 7. 2 万种。通常分为细菌门、粘菌门和真菌门，其中：真菌种类很多，7 万余种，细菌约有 2 000 种。

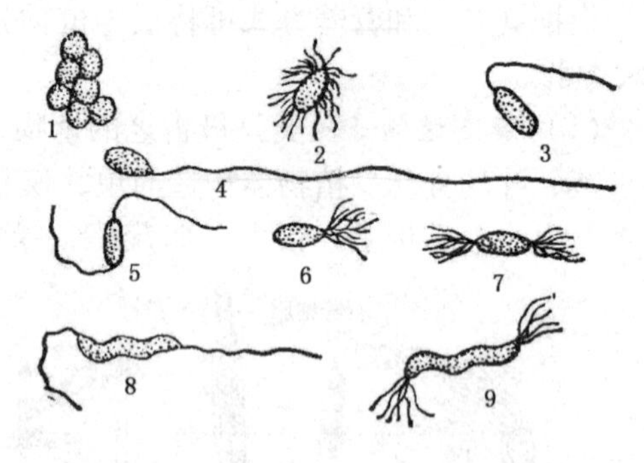

图 3-5 细菌的 3 种形态

1. 球菌　2 ~ 7. 杆菌　8、9. 螺旋菌

菌类植物在自然界的物质循环及人类生活中，起着很重要的作用。许多菌类植物可以分解、腐烂动植物残体，能使复杂的有机物还原成简单的化合物，重新为植物所利用；有些菌类植物能吸收空气中的游离氮和固定土壤中游离氮，提高土壤肥力，如根瘤菌和固氮菌；有些可以做珍贵的药用和食用以及工业用物质；当然，菌类还对人类健康及动植物有直接影响，可以引起人、禽、畜及植物发生病害，甚至死亡。

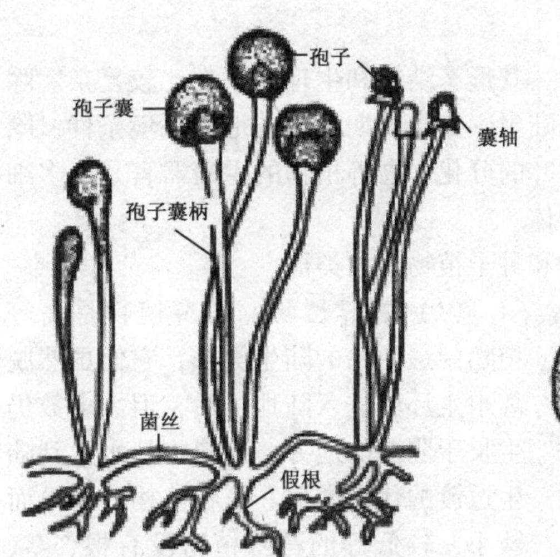

图 3-6 黑根霉（*Rhizopus nigricans*）的菌丝体一部分

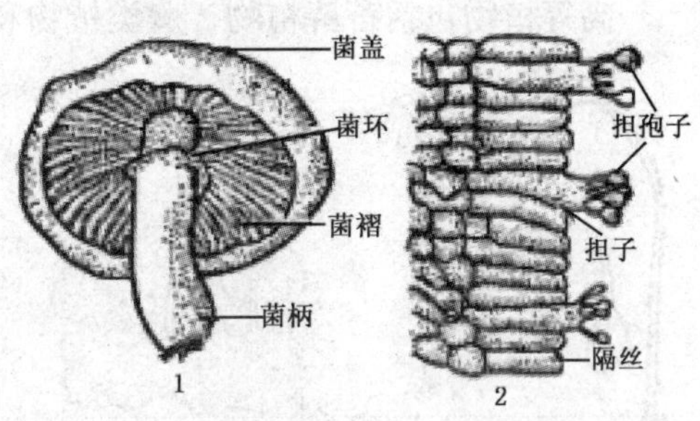

图 3-7 蘑菇（*Agaricus campestris*）
1. 子实体 2. 子实层

（3）地衣类植物 地衣是植物界中一种特殊的植物，是由藻类和菌类共生的复合体。在生长过程中，藻类具有叶绿素，能进行光合作用，为整个植物体制造养料，而菌类没有叶绿素，不能制造有机物，但它能用菌丝体吸收水分和无机盐供给藻类生活，为藻类进行光合作用提供原料，并在环境干燥时保护藻类，不致干死。由于在这种共生关系中，藻、菌之间相互获利，经过长期的密切结合，使其在形态、构造和生理上成一有机整体，在分类上也自成体系。据现有记载，地衣植物约有 2.6 万种。根据其生长状态可分为 3 种类型：壳状地衣、叶状地衣和枝状地衣（图 3-8）。

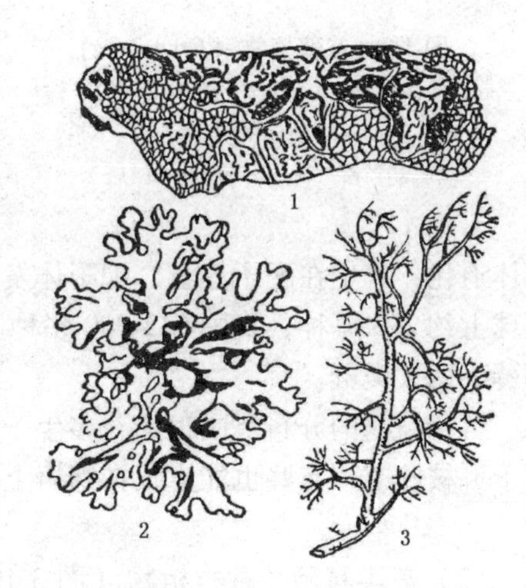

图 3-8 地衣（*Liechenes*）
1. 壳状地衣 2. 叶状地衣 3. 枝状地衣

地衣分布很广，从平原到高山，自热带到寒带到处可见，通常生长在裸露的岩石、树皮、树叶和土壤的表面。地衣是多年生植物，生长极慢，抗旱性很强，能生长在其他植物不能生长的地方，甚至南北极的积雪地带。地衣作为其他植物的开路先锋，对岩石分化、土壤形成起着重大作用；此外不少地衣还可以药用；地衣对空气污染非常敏感，当空气中含有极少量的二氧化硫等有害气体时，它们就会逐渐死亡，所以在城市或矿区很少有地衣生长。因此，可以从地衣的存在与否、数量的多少，来测定空气污染的程度。

3.1.1.2 高等植物

高等植物是植物界最大的一个类群，其形态结构和生理现象都比较复杂。除少数水生外，绝大多数的高等植物都是陆生。由于长期适应陆地的环境条件，除苔藓植物外，其他植物体都有根、茎、叶的分化。高等植物的生殖器官是由多细胞构成的。受精卵形成胚，再长成植物体。

高等植物包括苔藓植物、蕨类植物和种子植物3大类群。

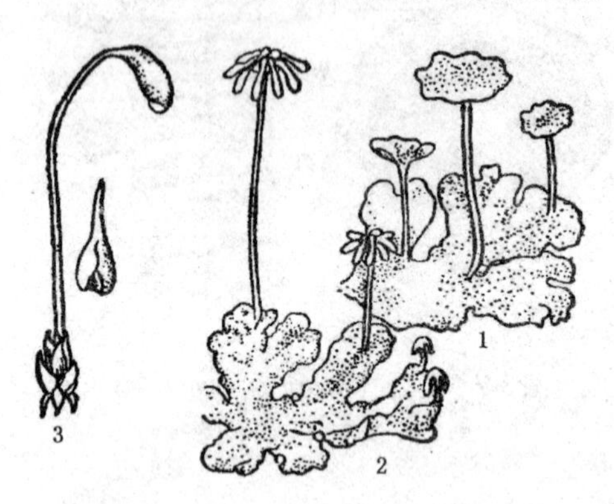

图3-9 苔藓植物（*Bryophyta*）

1. 地钱（*Marchantia polymorpha*）的雄株
2. 地钱的雌株
3. 葫芦藓（*Funaria hygrometrica*）

（1）苔藓植物　苔藓植物是高等植物中最原始的陆生类群，它们虽然脱离水生环境进入陆地生活，但大多数仍生长于阴湿的地方，是植物从水生到陆生过渡的代表类群。植物体构造简单而矮小，较低等的苔藓植物没有根、茎、叶的分化，常呈扁平的叶状体，如地钱（图3-9）；较高等的苔藓植物则有根、茎、叶的分化，但没有真正的根，只有假根。假根是由单细胞或单列细胞构成的丝状分枝，主要起固定植物体、吸收水分和无机盐的作用，如葫芦藓。茎还没有分化出维管束那样的真正输导组织。其世代交替的一个重要特征就是孢子体退化，着生在配子体上，配子体发达，具叶绿体，能自养生活。苔藓植物在地球上约2.3万种，我国有2 000多种。根据其植物体的构造不同，可分为苔纲和藓纲两大类群。

苔藓植物的分布范围很广，多生于阴湿的土壤表面、石面、荒漠、冻原以及树干、枝叶上；有些也能生长在裸岩上，与地衣一样有促进岩石分解为土壤的作用。

（2）蕨类植物　蕨类植物（图3-10）一般为陆生，少数为水生。有明显的根、茎、叶的分化。根为须根状。茎多为根状茎，在土中横走、上升或直立。叶有小型叶和大型叶之分。根茎中具有维管束的分化，担任着水分、无机盐和有机物的运输，比苔藓更能适应陆地的生活。蕨类植物的外形与种子植物相似，但从不产生种子，以孢子繁殖。蕨类植物作为一个自然类群，通常分为蕨类植物门一个类群。现代蕨类植物约有1.2万种，广泛分布于地球上，寒、温、热三带都有分布，以热带、亚热带、温带分布最多。我国的蕨类植物有2 600余种，广布于全国各地，以华南和西南最为丰富。

蕨类植物常常是森林植被草本层的重要组成部分，不少种类可以作为反映环境条件的指示植物。许多种类可作药用；有些嫩叶可食用，茎中含淀粉可食用或工业用；有些可作饲料和肥料。

（3）种子植物　种子植物是目前地球上分布最广，种类最多，经济价值最大

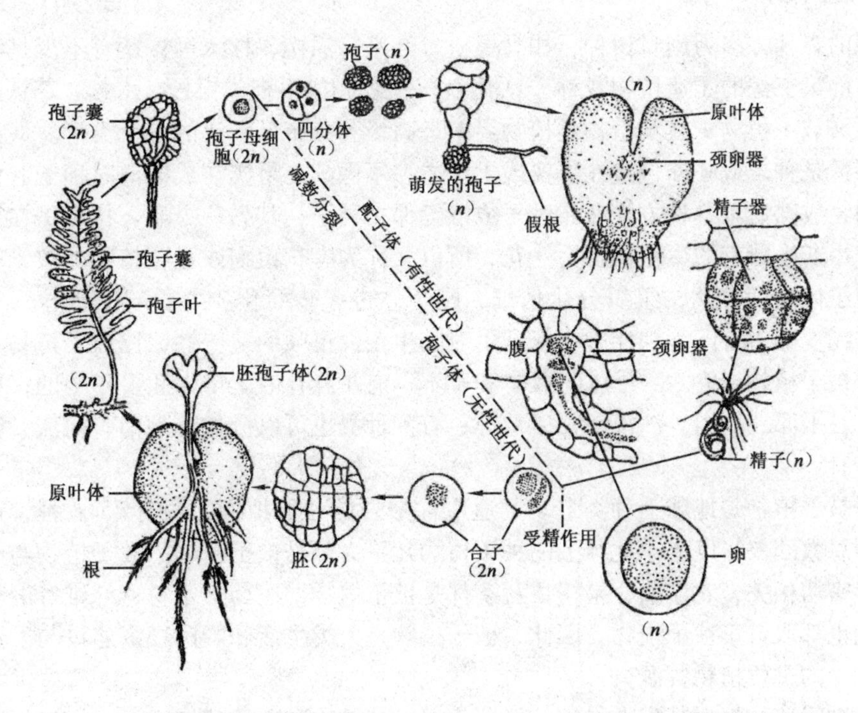

图 3-10 水龙骨(*Polypodium nipponicum*)生活史图解

的一类植物。其最大的特征就是产生种子，种子由胚珠发育而来，胚被包藏在种子内，不但能够抵抗不良环境条件，而且还能获得发育所必需的养料。与种子出现有密切关系的另一特点是花粉管的形成，它将精子送到胚囊与卵细胞结合，使种子植物的有性繁殖不再受外界环境——水的限制。此外，种子植物的孢子体非常发达，有强大的根系，体内各种组织的分化越来越完善，相反配子体极为简单，并寄生在孢子体上，从孢子体上获取水分和养料。所以，种子植物的结构更完善，能更好地适应陆生的环境，有利于种族的繁殖。现在地球上已被人类知道的种子植物有 25 万余种，我国有 3 万余种。

根据种子是否有果皮包被，种子植物又可分为裸子植物和被子植物。

①裸子植物　裸子植物是种子植物中比较低等的一类植物。其最突出的特征就是种子是裸露的，没有果皮包被，也就是说发育成种子的胚珠是裸露的。裸子植物在形成种子的过程中，并不形成子房和果实，胚珠裸露，因此称为裸子植物。裸子植物都有形成层和次生结构，维管组织比被子植物简单，大多数种类的木质部中只有管胞而无导管和纤维（买麻藤纲的植物例外），韧皮部中只有筛胞而无筛管和伴胞。绝大多数的裸子植物都是木本植物，且多为高大的乔木，常绿，极少数是灌木，没有草本类型。裸子植物在植物分类系统中，通常也被作为一个自然类群，分类为裸子植物门。

裸子植物发生距今约有 3 亿年的历史，至今大多数已灭绝，现留存的种类不多，约 700 种，隶属 4 纲 12 科 71 属，广布于世界各地。我国是裸子植物种类最多、资源最丰富的国家，约有 4 纲 11 科 41 属近 300 种（包括变种），常形成大面积的森林，多为用材树种，如马尾松、红松、油松、杉木等；还有不少是我国特有的第三纪的孑遗植物或称“活化石”植物，如银杏、银杉、水杉、苏铁等。

②被子植物　被子植物是植物界中最高级和分布最广泛的一个类群。最主要的特征是种子或胚珠包被在果实或子房中，不裸露。果实在成熟前对种子起保护作用，成熟后以各种方式散布种子或继续保护种子。其另一个显著特点是在繁殖过程中产生特有的生殖器官——花，所以又称为有花植物或显花植物。被子植物的孢子体高度发达，组织分化精细，配子体进一步简化。木质部中有导管和纤维，韧皮部中有筛管和伴胞。保证了对陆生条件更强的适应性，比裸子植物更进化。被子植物有乔木、灌木、藤本和草本；有1年生、2年生和多年生的；可以生长在平原、高山、沙漠、盐碱地等；有些种类也可以分布在湖泊、河流、池塘等。

被子植物是地球上种类最多、适应性最强的一群植物，约有25万种，占植物界总数的一半以上，地球上的种子植物几乎大都是被子植物。被子植物与人类生存密切相关，农作物、果树、蔬菜都是被子植物，医药、木材、纤维等轻工业原料也都取自于被子植物。因此，被子植物是人类生活和国民经济建设与发展不可缺少的重要植物资源。

被子植物根据其形态特征，可分为双子叶植物和单子叶植物。

双子叶植物：胚具2片子叶；主根发达，多为直根系；茎中有形成层，能进行增粗生长；叶为网状脉；花通常为4~5基数；大多数的木本植物都是双子叶植物。

单子叶植物：多为草本，稀为木本。胚具1片子叶；须根系；维管束中无形成层，一般不能进行增粗生长；叶脉为平行脉；花通常为3基数。

3.1.2 植物分类

3.1.2.1 植物分类方法

植物分类的方法大致可分为2种，即人为分类方法和自然分类方法。

（1）*人为分类方法*　人为分类方法是人们按照自己的目的和方便，选择植物的一个或几个特征为标准进行分类，而不考虑植物种类彼此间的亲缘关系和在系统发育中的地位，然后按人为的标准顺序建立分类系统。如我国明朝著名的植物学家李时珍（1518~1593）所著的《本草纲目》，就是将收集记载的1 000余种植物根据外形及用途分为草、木、谷、果、菜等5个部30类。又如瑞典植物学家林奈（1707~1778），根据植物雄蕊的有无、数目及着生情况将植物分为24纲，其中1~23纲为显花植物（即被子植物），分别称一雄蕊纲、二雄蕊纲、三雄蕊纲等。包括我们常常听到的自然界的植物被人为地分为水生植物和陆生植物，木本植物和草本植物，栽培植物和野生植物等等。这都是人为的分类方法，以这种分类方法建立起来的分类系统被称为人为分类系统。这种分类方法对植物分类学的发展起到了巨大的推动作用。但是，由于这种方法的人为性因素很大，仅从植物的形态、习性、用途上的某些性状进行分类，往往用一个或少数性状作为分类依据，而不考虑植物的亲缘关系和进化顺序，常把亲缘关系很远的植物归为一类，而把亲缘关系很近的又分开了。因此，不能反映出自然界植物类群客观的分类系统。后来，一些植物学家相继创建了自然分类方法。

（2）*自然分类方法* 又称系统发育分类方法。它是根据植物亲缘关系的远近，作为分类的标准，按照植物间在形态、结构、习性等上的相似程度的大小，来判断其亲缘关系的远近，并将其分门别类，形成植物的分类系统。例如杨树和小麦形态上相同点少，它们的亲缘关系必然远，而杨树和柳之间，小麦和水稻之间，它们的相同点多，亲缘关系就近。这种方法被称为自然分类方法，这种根据亲缘关系建立起来的分类系统称为自然分类系统或系统发育分类系统。

随着现代科学的发展，近代植物分类的发展已不再停留在原有的分类水平上，除了以外部形态为依据进行分类的形态分类学方法外，还逐渐产生了一些新的分类学方法，如解剖分类学方法、实验分类学方法、细胞分类学方法、化学分类学方法、数量分类学方法、孢粉分类学方法等。尽管如此，一个完善的自然分类系统的建立仍有待今后的努力。

3.1.2.2 植物分类系统

自然分类系统是从19世纪后半期开始的，它力求客观地反映出生物界亲缘关系和进化顺序。后来在近百年的时间里，众多的分类学家根据各自的系统发育理论提出了许多不同的植物分类系统，其中最具代表性的是恩格勒系统、哈钦松系统和克朗奎斯特系统。

（1）*恩格勒系统* 恩格勒系统是德国植物学家 A. Engler（1844～1930）和 K. Prantl（1849～1893）在1892年发表的《植物自然分科志》中提出的，是分类学史上第一个比较完整的（包括低等植物和高等植物）自然分类系统。在其论著中，他们采用了自己的分类系统。对有胚有管植物（种子植物）作了如下分类：

裸子植物亚门 Gymnospermae

被子植物亚门 Angiospermae

单子叶植物纲 Monocotyledoneae

双子叶植物纲 Dicotyledoneae

原始花被亚纲 Choripetalae 或 Archiehlamydeae

合瓣花被亚纲 Sympetalae 或 Metachlamydeae

恩格勒的分类系统认为被子植物的花是由裸子植物中的单性孢子叶球演化而来的，小孢子叶球和大孢子叶球分别演化成雄性和雌性的柔荑花序，由柔荑花序进一步演化成花，因此，被子植物的花不是一朵真正的花，而是一个演化了的花序。这种学说称为“假花说”。

根据假花说的理论，裸子植物中的买麻藤目（Gnetales）演化为柔荑花序类植物，如杨柳科（Salicaceae）等。由于买麻藤目具单性孢子叶球和杨柳科的柔荑花序相似，因而他们认为柔荑花序类植物的无花瓣、单性、木本、风媒传粉等特征是被子植物中最原始的类型。与此相反，有花瓣、两性、虫媒传粉等是进化的特征。因此，把木兰科（Magnoliaceae）、毛茛科（Ranunculaceae）认为是较进化的类型，同时认为单子叶植物出现在双子叶植物之前，应放在双子叶植物的前面。

恩格勒系统把植物界分为13门，被子植物是第13门中的一个亚门，即种子植物门的被子植物亚门。以后几经修订，到1964年第12版由原来的45目280科增加到62目343科，并把被子植物列为1门和其他增加的门而列为第17门，同时把原来放在分类系统前面的单子叶植物移到双子叶植物之后。

（2）哈钦松系统　哈钦松系统是英国植物学家哈钦松（J. Hutchinson，1884～1972）在1926年发表的《有花植物科志》中提出的。其主要观点是认为被子植物的花是已灭绝了的裸子植物本类苏铁目（Bennettitales）的两性孢子叶球演化而成的，即孢子叶球的主轴演化成花托，生于主轴上的大小孢子叶演化为雌蕊，小孢子叶演化为雄蕊，下部苞片演化为花被。这一学说称为“真花说”。

根据这一学说的理论，被子植物中花各部螺旋状排列的要比轮状排列的原始；离瓣花较合瓣花原始；单被花和无被花种类是后来产生的一种退化性状。因此，将木兰科、毛茛科等作为被子植物中最原始的类型。

在以上2个系统中，恩格勒系统的证据尚不够充足，有的观点不尽合理，因此，受到许多学者的批评。尽管如此，因为这一系统提出较早，系统比较完善，影响较大，过去曾被广泛采用，至今也仍被许多著作、教材和标本室所采用。哈钦松系统虽然也有一些不足之处，但理论根据较充分，所指出的被子植物规律和分类原则，受到较多学者的赞同和支持，也为当今很多人所采用。

（3）克朗奎斯特系统　美国植物学家克朗奎斯特（A. Cronquist）等人于1968年发表了一个有花植物分类系统，经过修订于1981年出版《有花植物完整的分类系统》提出的分类系统，这一系统得到了普遍的应用。

在克朗奎斯特分类系统中，除引用了经典分类学用的形态性状外，还引证了大量的化学、木材解剖、茎节叶隙、花粉、胚胎、染色体等性状资料。他的主要观点是：

①有花植物起源于一类已经灭绝的种子蕨。

②木兰亚纲是有花植物基础的复合群或称为毛茛复合群，花被十分发育，雄蕊多数，心皮分离，雌蕊由单心皮组成，具2层珠被。木兰目是现存原始有花植物类群。

③金缕梅亚纲是一群简化的风媒传粉群，通常无花瓣，花被小，多为柔荑花序（杨柳科不在此亚纲）。

④石竹亚纲通常为特立中央胎座或基底胎座，许多植物都含有甜菜碱（甜菜拉因）。

⑤蔷薇亚纲多为离瓣花，如雄蕊多数时为向心发育，常具花盘和蜜腺，多为中轴胎座。

⑥五桠果亚纲有显著花被，多为离瓣花，稀合瓣花，雄蕊多数时为离心发育，多为侧膜胎座，也有中轴胎座。

⑦菊亚纲包括合瓣花类，雄蕊通常少于花瓣裂片，是本纲中最进化的类群。

⑧百合纲可能起源于现代睡莲目，泽泻亚纲为水生植物，离心皮，可能接近

睡莲目。

3.1.2.3 植物分类单位

为了便于对植物界的植物进行分门别类，使所有的植物都有所属。首先必须要把它们按其形态相似的程度和亲缘关系的远近进行区分和归纳，划分为若干类群，由大类群到小类群，再到个体为止，并分别给它们一定的名称，制定出各级分类单位。分类学上是以种作为基本单位的，因为同种的植物都有它们自己共有的特征、特性，并与其他种相区别，所以在分类时就可以将彼此在形态特征、亲缘关系相近的种（Species）集合为属（Genus），再把近似的属集合为科（Familia），依此类推，再集合成目（Ordo）、纲（Classis）、门（Divisio），最后统归于界（Regnum）。这样，就形成了分类学上的界、门、纲、目、科、属、种 7 大等级分类单位。界是植物分类中的最高等级，种是植物分类的基本单位或基层等级。同时，在以上各级分类单位中的某一等级内，如果种类繁多，也可根据实际需要再划分更细的单位，如亚门（Subdivisio）、亚纲（Subclassis）、亚目（Subordo）、亚科（Subfamilia）和亚属（Subgenus）。有的科下除亚科外，还设有族（Tribus）和亚族（Subtribus）；属下除亚属外还设有组或派（Sectio）和系（Series）等等级。

现以油松和紫苜蓿为例，分别说明它们在分类系统中的地位

（1）油松

界——植物界 Plantae
　门——种子植物门 Spermatophyta
　　亚门——裸子植物亚门 Gymnospermae
　　　纲——松柏纲 Coniferae
　　　　目——松柏目 Coniferales
　　　　　科——松科 Pinaceae
　　　　　　属——松属 Pinus
　　　　　　　种——油松 *Pinus tabulaeformis*

（2）紫苜蓿

界——植物界 Plantae
　门——种子植物门 Spermatophyta
　　亚门——被子植物亚门 Angiospermae
　　　纲——双子叶植物纲 Dicotyledoneae
　　　　目——豆目 Leguminales
　　　　　科——豆科 Leguminosae（Fabaceae）
　　　　　　亚科——蝶形花亚科 Papilionatae
　　　　　　　属——苜蓿属 *Medicago*
　　　　　　　　种——紫苜蓿 *Medicago sativa*

种是植物分类的基本单位。对种的认识现在还没有完全统一的意见。但一般认为种是具有相似的形态和生理特征，有一定自然分布范围的植物类群，同种的

个体彼此交配能产生遗传性相似的后代，而不同种通常存在生殖上的隔离或杂交不育。根据《国际植物命名法规》的规定，在种下可设亚种（Subspecies）、变种（Varietas）和变型（Forma）等等级。它们可分别缩写为；subsp. 或 ssp. 、var. 和 f. 。亚种是一个种内的变异类群，形态上有一定区别，在分布上、生态上或季节上有所隔离，这样的类群即为亚种。变种是指种内的某些个体在形态上有所变异，而且比较稳定，分布范围比起亚种来要小得多。变型是指虽有形态变异，但看不出有一定的分布区，而是零星分布的个体。

3.1.2.4 植物的命名

植物的命名，也就是如何确定植物种的名称，是植物分类中的一个重要组成部分。每一种植物都有它自己的名称，但是由于各国语言的不同，每种植物在各国有各国的叫法，即使在同一国家的不同地区叫法也不相同，常常发生“同物异名”或“同名异物”的混乱现象。例如马铃薯，南方叫洋芋、洋山芋，北方则叫土豆、山药；我国北方常见的毛白杨，河南叫“大叶杨”，也有的地方叫“响杨”“白杨”。由此可见，植物名称的不统一就会给我们造成混乱，使人们对植物的考察研究、开发利用和国际、国内的学术交流非常不利。

为了避免混乱，《国际植物命名法规》规定，用双名法对每一种植物进行命名。双名法是著名的瑞典植物学家林奈提出来的，后被世界各国的植物学家广泛采用，并经国际植物学会确认，在《国际植物命名法规》中予以肯定，后经多次国际植物学会讨论修改而成，成为世界各国法定的通用命名方式。

所谓双名法，就是每种植物名称由两个拉丁词组成，第一个词是属名，用名词，其第一个字母要大写；第二个词为种加词（种名或种区别词），常用形容词，第一个字母要小写。由此共同组成国际通用的植物的科学名称，称为学名。一个完整的学名还要在种名之后附以命名人的姓氏缩写，即完整的学名应为：属名 + 种加词 + 命名人（缩写）。例如，银白杨的拉丁名是 *Populus alba* L. ，第一个词为属名，是拉丁词的“白杨树”之意（名词），第二个词中文意为“白色的”（形容词），第三个词是定名人林奈（Linnaeus）的缩写。如果种下还有亚种、变种等等级的话，还要加上亚种或变种加词，并在亚种或变种加词之前加上亚种或变种的缩写词 subsp. （ssp. ），var. 。例如，新疆杨 *Populus alba* L. var. *pyramidalis* Bye. ，为银白杨的变种。另外，有些植物是由 2 人共同命名的，则在这 2 人的姓之间加“et”（即“和”的意思），如果命名人多于 2 人，则可用“et a1. ”表示。有时 2 个命名人的姓中间加“ex”，这表示前一人是该种的命名人，但未公开发表，后一人著文代他公开发表了这个种。有时命名人的姓后加有“f. ”，为 filia、filius（子女）的缩写，即该种为某分类学家的子女命名。

3.1.2.5 植物检索表及其应用

植物分类检索表是识别鉴定植物时不可缺少的工具。检索表的编制是根据法国人拉马克（Lamarck，1744 ~ 1829）的二歧分类原则，以对比的方式而编制成区分植物种类的表格。具体来说，就是把原来的一群植物的关键性特征进行比较，根据其区别点，把相同的归在一项下，不同的归在另一项下，即分成 2 个相对应的分支，再把每个分支中相对的性状分成2个相对应的分支，依次下去，直到编制的科、属和种检索表的终点为止。植物各分类等级，如门、纲、目、科、属、种都有检索表，其中科、属、种的检索表最为重要，最为常用。通常人们通过分科、分属和分种检索表，可以分别检索出植物的科、属、种。当检索一种植物时，先以检索表中出现的2个分支的形态特征，与植物相对照，选其与植物符合的一个分支，在这一分支下边的2个分支中继续检索，直到检索出植物的科、属、种名为止。然后再对照植物的有关描述或插图，验证检索过程中是否有误，最后鉴定出植物的正确名称。

在进行植物分类、鉴定植物时，必须要具备两方面的基本知识，一是要掌握和正确运用植物分类学的基本知识，二是要学会查阅有关工具书或文献资料中的检索表。鉴定植物常用的主要工具书是植物志。植物志是记载一个国家或地区植物的书籍，其中一般包括有各科、属的特征及分科、分属、分种的检索表，植物种的形态描述、产地、分布、生境、经济用途等，并多有附图。植物志也有专门记载某一科或某一属植物的。除此之外，还有植物图鉴、图说、手册、检索表、教科书以及散落在各种有关书刊杂志中的资料等，可供参考。

植物检索表的格式通常有下列2种：

(1) 等距（或定距）检索表　为了便于使用，在等距检索表里，首先将各分支按其出现的先后顺序，前边加上一定的顺序数字或符号，其相对应2个分支前的数字或符号应是相同的，并列在同一距离处。如1、1，2、2，3、3；……每一个分支下边，相对应的2个分支，较先出现的又向右低一个字格，如此继续逐项列出、逐级向右错开，直到科、属和种的名称出现为止。它的优点是将相对性质的特征都排列在同样距离，一目了然，便于应用。缺点是，如果编排的种类较多，检索表势必偏斜，并造成篇幅上的浪费。例如：

蓼科分属检索表

1. 花被6片。
  2. 小坚果具翅；柱头头状；雄蕊通常9；内轮花被片在结果时不增大 ………………………………………………………………………… 1. 大黄属 *Rheum*
  2. 小坚果无翅；柱头画笔状；雄蕊通常6；内轮花被片在结果时增大 ………………………………………………………………………… 2. 酸模属 *Rumex*
1. 花被4或5，很少为6片（裂）。
  3. 灌木。
    4. 叶常退化成鳞片状，雄蕊12～18；小坚果具4条肋状突起，有翅或刺毛 ……………………………………………………………… 3. 沙拐枣属 *Calligonum*
    4. 叶不退化成鳞片状，雄蕊6～8；小坚果不具肋状突起，亦无翅或刺毛 ……………………………………………………………… 4. 针枝蓼属 *Atraphaxis*
  3. 草本，很少为灌木。
    5. 小坚果与花被等长或微露出 ……………………… 5. 蓼属 *Polygonum*
    5. 小坚果超出花被1～2倍 ……………………… 6. 荞麦属 *Fagopyrum*

(2) 平行检索表　平行检索表是把每一种相对特征的描写，并列在相邻两行里，每一条后面注明往下查的号码或者是植物名称。这种检索表的优点是排列整齐而美观，缺点是不及等距检索表那么一目了然，熟悉后使用也方便。如将上例改为平行检索表，则为：

1. 花被6片 ………………………………………………………………………… 2
1. 花被4或5，很少为6片（裂） ……………………………………………… 3
2. 小坚果具翅；柱头头状；雄蕊通常9；内轮花被片在结果时不增大 …… 1. 大黄属 *Rheum*
2. 小坚果无翅，柱头画笔状，雄蕊通常6；内轮花被片在结果时增大 …… 2. 酸模属 *Rumex*
3. 灌木 ………………………………………………………………………… 4
3. 草本，很少为灌木 ………………………………………………………… 5
4. 叶常退化成鳞片状，雄蕊12～18；小坚果具4条肋状突起，有翅或刺毛 ……………
…………………………………………………………………… 3. 沙拐枣属 *Calligonum*
4. 叶不退化成鳞片状，雄蕊6～8；小坚果不具肋状突起，亦无翅或刺毛 ………………
…………………………………………………………………… 4. 针枝蓼属 *Atraphaxis*
5. 小坚果与花被等长或微露出 ……………………………………… 5. 蓼属 *Polygonum*
5. 小坚果超出花被1～2倍 ………………………………………… 6. 荞麦属 *Fagopyrum*

当鉴定一种不知名的植物时，先找一本有关当地植物的工具书——地方植物志、地方植物手册或地方植物检索表。运用书中各级检索表，查出该植物所属的科、属和种，在检索时必须同时核对，是否符合该科、属、种的特征描述。若发现有疑问时，应反复检索，直至完全符合时为止。如没有当地的地方性工具书时，可先用《中国植物科属检索表》，查出科与属，并核对科与属的特征。再用地方植物名录查出该属中所有种名单，参考邻近地区的工具书或其他文献，以便作出初步鉴定。

在查检索表之前，首先要对所要鉴定的植物标本或新鲜材料，进行全面与细心地观察，必要时还须借助放大镜或双目解剖镜等，做细部的解剖与观察，弄清鉴定对象的各部形态特征，依据植物形态术语的概念，作出准确的判断，切忌粗心大意与主观臆测，以免造成差误。在鉴定蜡叶标本时，还须参考野外记录及访问资料等，掌握植物在野外的生长状况、生活环境以及地方名、民族名等，然后根据检索表，检索出植物名称来，再对照植物志等作进一步核对。

有时某一植物经过反复鉴定，不尽符合植物志所记述的特征，或者找不到答案，不可勉强定名，须进一步寻找参考书籍，或到有关研究部门或大专院校植物标本室，进行同种植物的核对，请有经验的分类工作者协助鉴定，也可将复分标本寄送有关专家进行鉴定。

植物界各大类群、门列的检索表如下：

植物界类群、门列及其主要特征检索表

1. 植物无根、茎、叶的分化，无维管束，雌性生殖器为单细胞（极少数例外），合子不形成胚，直接萌发为植物体 ………………………………………………… 低等植物
  2. 植物体不为菌、藻共生体。
    3. 植物体有色素，能进行光合作用，生活方式为自养 …………… 藻类植物（Algae）
      4. 植物体的细胞无真正的核 …………………………………… 蓝藻门（Cyanophyta）
      4. 植物体的细胞有真正的核。

5. 植物体为单细胞，无细胞壁，具鞭毛，能游动……… 裸藻门（Euglenophyta）
5. 植物体为单细胞或多细胞或多细胞的群体。
6. 细胞内含有与高等植物相同的色素，细胞壁由纤维素组成，贮藏物质为淀粉 …………………………………………………………… 绿藻门（Chlorophyta）
6. 细胞内含有与高等植物不同的色素，绝大多数种类的细胞壁为纤维素或硅质组成，贮藏物质不是真正的淀粉。
7. 细胞内含有叶绿素 a、d 和黄色素和藻红素，贮藏物质为红藻淀粉 ……
…………………………………………………………… 红藻门（Rhodophvta）
7. 细胞内含叶绿素 a、c。
8. 植物体无单细胞和群体类型，通常为大型海藻，细胞内除含叶绿素 a、c 外，还含有岩藻黄素，呈褐色；贮藏物质为褐藻淀粉也叫海带糖和甘露醇…………………………………………………… 褐藻门（Phaeophvta）
8. 多为单细胞个体，细胞内含有较多的叶黄素。
9. 细胞壁常不为具花纹的甲片相连成，有些种类为无隔核的分枝丝状体或球状体，贮藏物质为金藻淀粉和油 …… 金藻门（Chrysophyta）
9. 植物体的细胞壁常为具花纹的甲片相连成，贮藏物质为淀粉和脂肪
…………………………………………………… 甲藻门（Dyrrophyta）
3. 植物体无色素，不能进行光合作用（极少数例外），生活方式为异养 ……………
……………………………………………………………………………… 菌类（Fungi）
10. 植物体的细胞无真正的核 ……………………………… 细菌门（Schizomycophyta）
10. 植物体的细胞有真正的核。
11. 植物体的细胞在营养体时期无细胞壁，是一团变形虫状裸露的原生质体，能移动和吞食固体食物 ……………………………… 黏菌门（Myxomycophyta）
11. 植物体的细胞有细胞壁 ……………………………… 真菌门（Eumycophyta）
2. 植物体为菌、藻共生体 …………………………………………… 地衣门（Lichenes）
1. 植物有根、茎、叶的分化，有维管束（苔藓例外），雌性生殖器官由多个细胞构成，有颈卵器；合子形成胚，然后再萌发为植物体………………………………………… 高等植物
12. 植物体无维管束，配子体占优势，孢子植物体不能离开配子体独立生活 …………
………………………………………………………………… 苔藓植物门（Bryophyta）
12. 植物体有维管束，孢子植物体占优势，能独立生活。
13. 不产生种子，只产生孢子，配子植物体仍能独立生活 ……………………………
………………………………………………………………… 蕨类植物门（Pteriophyta）
13. 产生种子，雌配子植物体不能离开孢子植物体独立生活 …………………………
…………………………………………………………… 种子植物门（Spermatophyta）
14. 无子房构造，胚珠裸露………………………… 裸子植物亚门（Gymnospermae）
14. 有真正的花，胚珠包被在子房内，不裸露…… 被子植物亚门（Angiospermae）

3.1.3 种子植物分类学形态术语

3.1.3.1 一般名称

（1）根据植物生长环境划分

①陆生植物 指生长于陆地上的植物，通常根着生于地下，茎生于地上。由

于环境条件的多样性，陆生植物又可分为：沙生植物、盐生植物和高山植物等。

②水生植物 指生长于水中（如湖泊、河流里）的植物。一些生于沼泽的植物叫沼生植物。

③附生植物 指那些附着生长于其他的植物体上，能自己进行光合作用，制造养料，无需吸取被附生者的养料而独立生活的植物。如兰科中的一些植物。

④寄生植物 指那些寄生于它种植物体上，通过特殊的寄生根吸取寄主养料的植物。如菟丝子、肉苁蓉、锁阳等植物。

⑤腐生植物 指生长于腐殖质较多的林下或由其他菌类植物提供养料的植物。如兰科的天麻、珊瑚兰等。

(2) 根据植物的性状划分

①乔木 有明显主干而比较高大的树木。如松树、柏树、杨树等。

②灌木 主干不明显，常从基部分枝形成丛状。如丁香、珍珠梅等。

③小灌木 高在 1 m 以下的低矮灌木。如沙区常见的麻黄属、红沙属等植物。

④半灌木 植株中下部茎干木质化，上部半木质化或草质。如胡枝子、沙蒿等植物。

⑤草本植物 指植物体木质部不发达，茎柔软，通常于开花结果后即枯死的植物。

⑥藤本植物 指植物茎细长，不能直立，只能缠绕或攀缘其他植物或物体向上生长的植物。根据茎的木质化程度，又可分为木质藤本（如葡萄属）和草质藤本（如铁线莲属、野豌豆属中的一些植物）两类。

(3) 根据植物生活期的长短划分

①1 年生 植物的生活周期，即从种子萌发到开花结果，在一个生长期内即可完成，然后植株枯死。

②2 年生 2 年生植物的生活周期为 2 年，即种子当年萌发、生长，第二年再开花结实，然后整个植株枯死。

③多年生 植物体的生命超过 2 年以上，地上部分每年死去，地下部分仍能越冬。如针茅属的植物。多年生的植物一生中大多能多次开花结实。

3.1.3.2 根

根是由植物种子幼胚的胚根发育而成的器官。通常向地下生长，使植物体固定在土壤里，并从土壤中吸收水分和养料。根不分节，一般不形成芽。

(1) 根的种类 根据根的发生情况，可分为：

①主根 指由种子萌发时，最先突破种皮的胚根发育而形成的根，通常粗大而直立向下。

②侧根 指由主根上生出的各级大小支根。

③不定根 指茎、叶或老根上所形成的根，没有固定的位置。

(2) 根系的类型 一株植物所有的根总称为根系。它又可分为：

①直根系 指植物的主根明显粗长，垂直向下生长，各级侧根小于主根，斜

伸向四周的根系。

②须根系　指植物的主根不发达，早期即停止生长或萎缩，茎基部发生许多较长、粗细相似的不定根，呈须毛状的根系。如禾本科植物的根。

(3) 根的变态

①肉质根　一些草本植物的地下越冬器官，贮存了大量营养物质，因而肥大肉质。依其形态，又可分为肥大直根，即由主根发育而成，粗大单一，形状有圆柱形、圆锥形及球形等，如大头菜、胡萝卜；块根，由侧根或不定根发育而成，肥大成块状，如甘薯、大理菊等。

②寄生根（吸器）　寄生植物形成的不定根伸入寄主体内吸取养料和水分，称为寄生根。如菟丝子、锁阳等。

③支持根　一些植物在近地面的茎节处可形成不定根，伸入土层中，以增强支持和吸收作用。如玉米、高粱等。

3.1.3.3 茎

茎是种子萌发时胚芽向地上伸长的部分，是植物体的中轴。通常在茎的叶腋处有腋芽，萌发后形成分枝。茎和枝上着生叶的部位叫节，各节之间的部位叫节间，叶柄与茎间的夹角叫叶腋。茎既是支持叶、花、果的器官，又是水分及营养物质运输的通道。茎有地上茎和地下茎之分。

(1) 茎的类型　根据茎的生长习性，可分为：

①直立茎　指垂直立于地面的茎。这种类型最为常见。

②斜升茎　指最初偏斜，后变为直立的茎。如斜茎黄芪。

③斜依茎　指基部斜依地面的茎。如马齿苋、扁蓄等。

④平卧茎　指完全平卧于地面的茎。如蒺藜、地锦等。

⑤匍匐茎　指平卧地面，但节上生不定根的茎。如草莓等。

⑥攀缘茎　以卷须、小根、吸盘等变态器官攀缘于它物上升的茎。如葡萄、豌豆等。

⑦缠绕茎　指缠绕于它物而生长的茎。如啤酒花、牵牛等。

(2) 茎的变态

①地下茎变态　包括根状茎、块茎、球茎和鳞茎4种形态。根状茎指匍匐生长于土壤中，多少变态的地下茎。有节和节间，并有鳞片状的退化叶，节上有不定根，芽可形成地上茎，如沙鞭、芦苇等。有的根状茎肥厚多汁，如莲藕、黄精等。块茎指短缩肥厚的地下茎。顶端有顶芽，侧面有螺旋状排列的芽眼及侧芽，如马铃薯等。球茎指肥大肉质而扁圆的地下茎。顶端有粗壮的顶芽，侧面有明显的节和节间，节部有干膜质的鳞片及腋芽，下部有多数不定根，如荸荠。鳞茎指极度短缩而扁平的地下茎，其上着生许多肥厚多汁的鳞叶或芽。根据其外围有无干燥膜质的鳞叶，又可分为有被鳞茎，如葱头、蒜等及无被鳞茎，如百合。

②地上茎变态　包括卷须、刺和叶状茎或叶状枝等形态，其中，叶状茎或叶状枝是指茎或枝扁平或圆柱形，绿色如叶状，行使叶的作用，如天门冬属的植物及扁竹蓼等。刺是指一些植物的一部分枝变成尖锐而硬化的棘刺，着生在枝条上

芽的位置，具有防止动物伤害的保护作用，如沙枣、沙棘、霸王等。卷须是指一些攀缘植物的枝常变态成卷须，着生在叶腋或与叶对生处，如葡萄、草白蔹等。

3.1.3.4 叶

叶是由芽的叶原基分化而形成，通常绿色，是植物制造有机营养物质和蒸腾水分的器官。

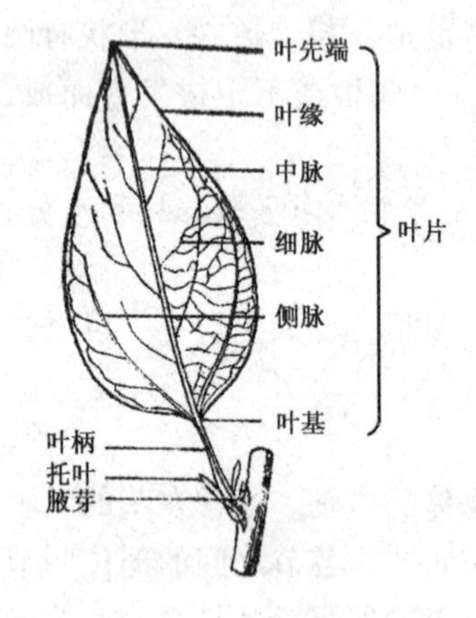

图3-11 叶的组成

（1）叶的组成（图3-11）

①叶片 通常是扁平的，有各种各样的形状。它又可分为叶尖、叶基、叶缘等部分。

②叶柄 是连接茎和叶片的部分，常为半圆柱形或扁平。无叶柄的叶叫无柄叶；其叶片基部抱茎的，叫抱茎叶；叶片基部下延于茎上形成翅或棱的，叫下延叶；叶片或叶柄基部形成圆筒状而包围茎的部分，叫叶鞘，如禾本科、伞形科的植物。

③托叶 是叶柄基部两侧的附属物，形状多样，有呈叶状的、鳞片状的、针刺状的、鞘状的等。也有的叶无托叶。

以上三部分都具有的，叫完全叶；如果缺叶柄、托叶和二者缺一的，叫不完全叶。

（2）叶序 指叶在茎或枝上排列的方式（图3-12）。可分为：

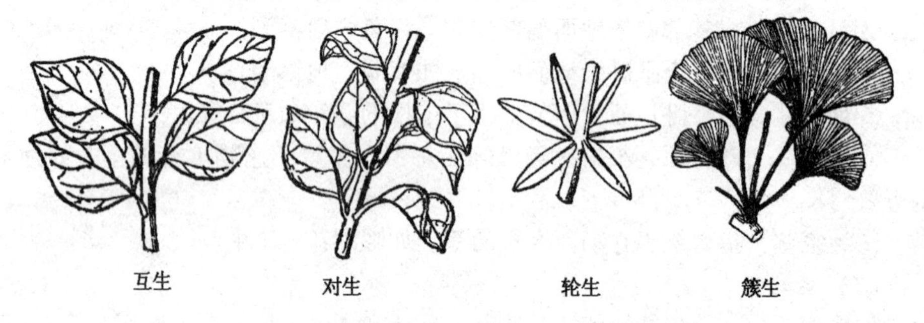

图3-12 叶 序

①互生 每一节上只着生1片叶，上下叶的位置是相互错开的。如杨树、柳树、榆树等。

②对生 每一节上相对着生2片叶。如丁香、梭梭。

③轮生 每一节上着生3片和3片以上的叶，环绕茎的节部，呈轮状排列。如杜松、夹竹桃、茜草等。

④簇生 1片或2片以上的叶，着生在短枝上，因节间极度缩短，叶片成簇着生。如银杏、落叶松、白刺等。

（3）单叶与复叶 一个叶柄上只生一个叶片的叫单叶；在一个总叶柄上有2个以上叶片的叫复叶（图3-13），复叶的总柄叫总叶柄或总叶轴，其上的叶片叫小叶，小叶有的也有托叶，叫小托叶。复叶根据其小叶数目、排列方式及叶轴分枝的情况，又可分为羽状复叶、掌状复叶和三出复叶。

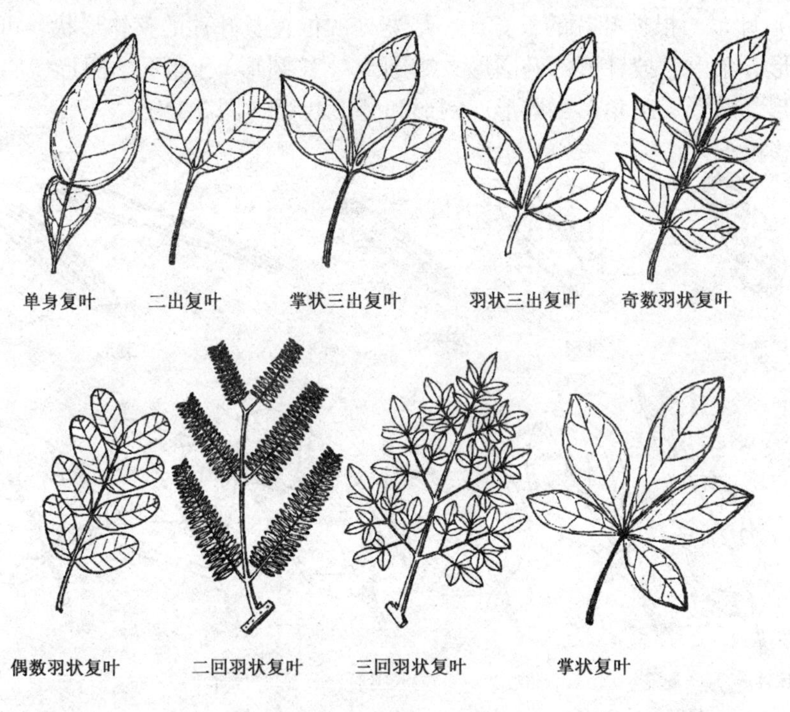

图 3-13 复 叶

（4）叶脉（图 3-14） 叶片中的叶脉主要是由维管束组成的，是叶片中的输导系统。叶片中有一至数条较粗大的脉称主脉，主脉上的第一次分枝叫侧脉，连接各侧脉之间的次级脉叫小脉。叶脉在叶片中的分布方式叫脉序，它可分为：

①网状脉 叶脉数回分枝后，相互连接成网状，大多数双子叶植物的叶脉属此类型。根据主脉数目和排列方式又可分为羽状脉和掌状脉。

②平行脉 叶片中主要的叶脉平行排列，叫平行脉，大多数单子叶植物的叶均属此类。其中主脉与侧脉平行排列的叫直出脉；侧脉与主脉垂直、侧脉彼此平行的叫侧出脉。

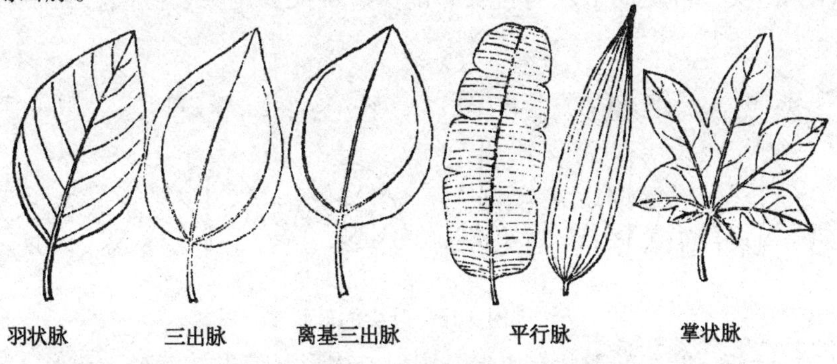

图 3-14 叶脉类型

③弧形脉　叶片多为椭圆形或矩圆形，主要的叶脉呈弧形排列，如车前、玉竹等。

（5）叶形　根据叶片的长宽比、最宽处的位置及叶片的整体形状。可将叶片分为针形、条形、披针形、椭圆形、矩圆形（长圆形）、卵形、圆形、心形、菱形、肾形、扇形、三角形、匙形、剑形和鳞形叶等（图 3-15）。

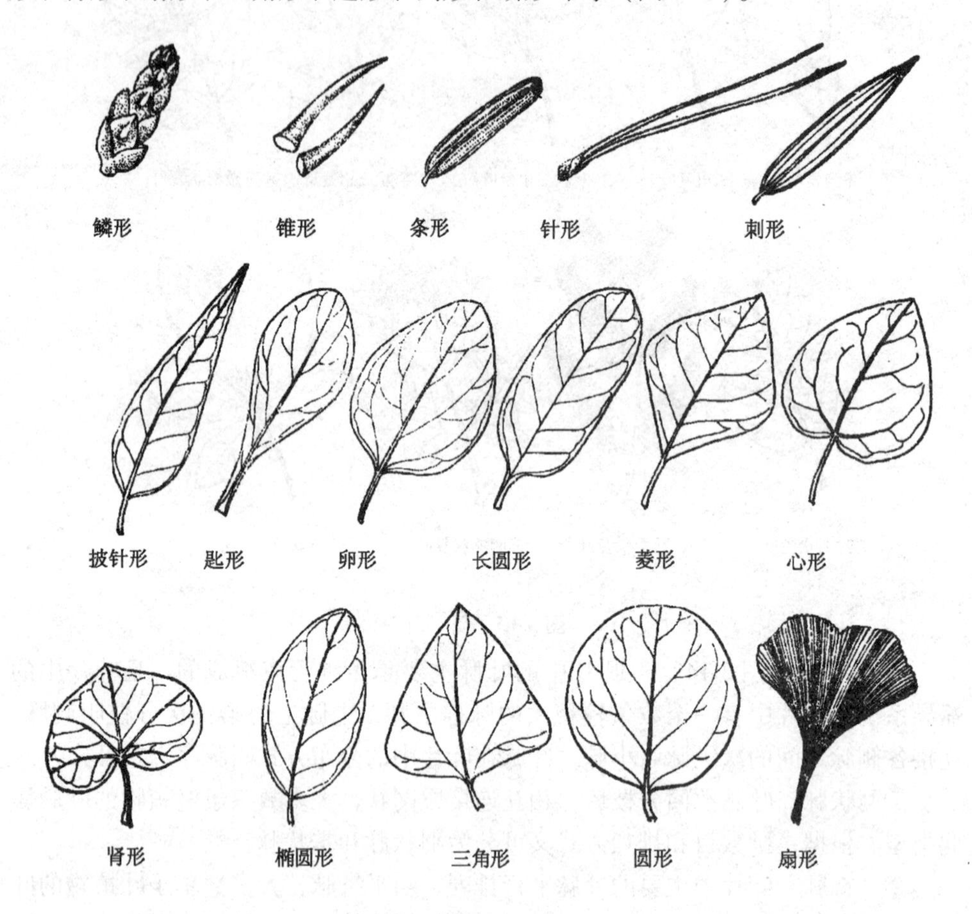

图 3-15　叶　形

（6）叶尖　叶尖的形状有锐尖、渐尖、钝尖、尾尖、微凹、倒心形等（图 3-16）。

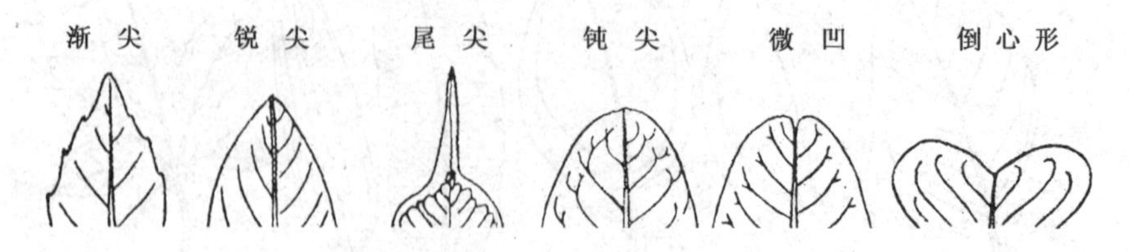

图 3-16　叶尖的形状

（7）叶基　叶基的形状有心形、圆形、楔形、偏形、截形、箭形、戟形、耳垂形等（图 3-17）。

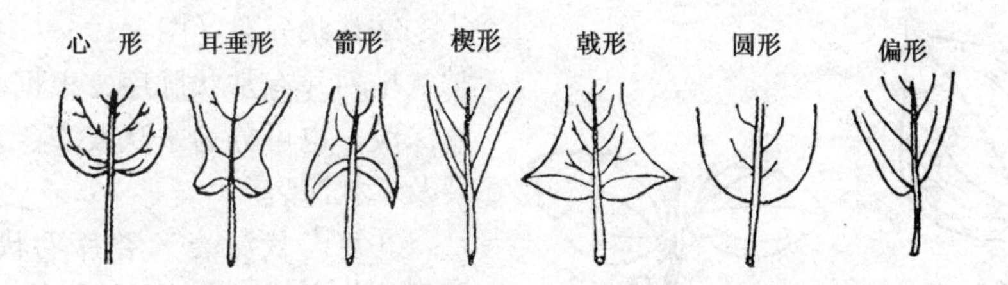

图 3-17 叶基的形状

（8）叶缘 叶缘的形状有全缘、锯齿状、波状和睫毛状（图 3-18）。

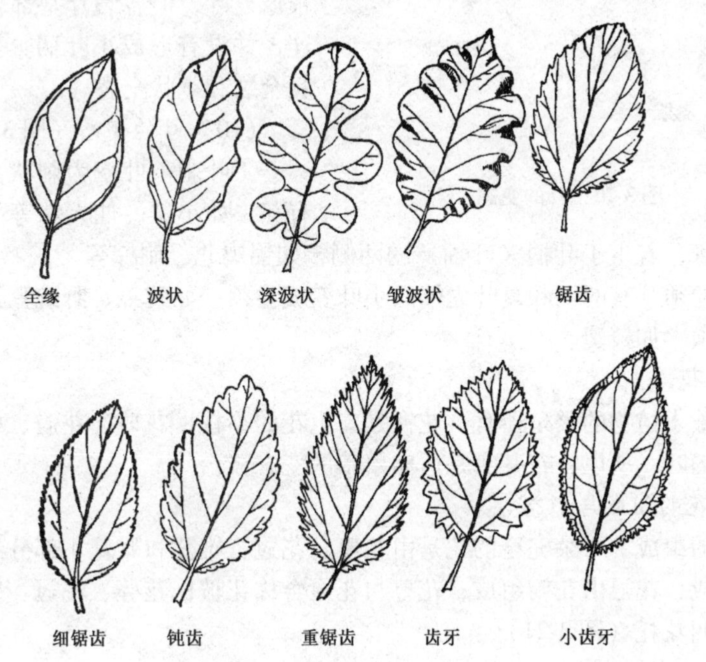

图 3-18 叶 缘

（9）叶裂 常见的叶裂主要有以下 4 种形式。

①羽状分裂（图 3-19） 裂片在叶的左右两侧成羽状排列，如分裂的深度为叶缘至中脉的 1/3 左右，叫羽状浅裂；如分裂深度为叶缘至中脉的 1/2 左右，叫羽状半裂；如分裂深度接近中脉时，叫羽状深裂；还有的羽状分裂叶其顶端的裂片特大，这叫大头羽裂叶。

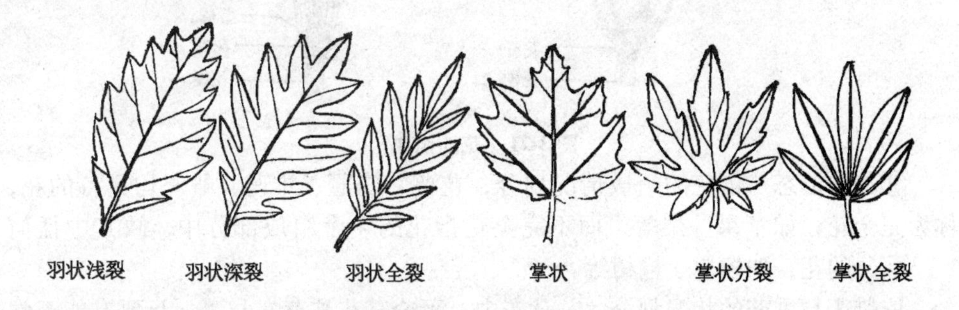

图 3-19 叶 裂

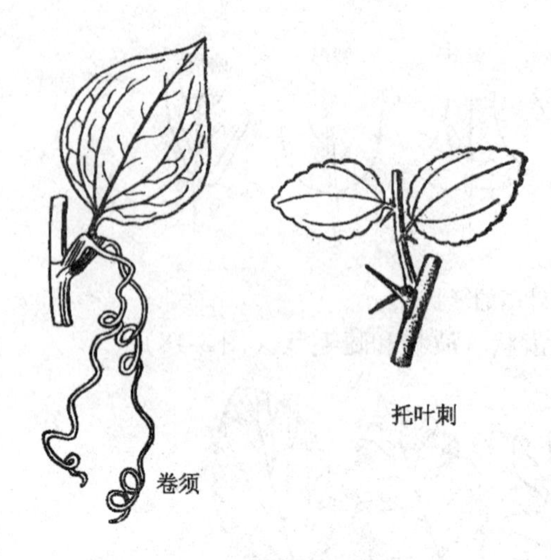

图 3-20　叶的变态

②掌状分裂（图 3-19）　裂片呈掌状排列并有掌状脉序，根据其分裂的深浅，也可分为掌状浅裂、掌状半裂及掌状深裂。

③篦齿状深裂　裂片羽状排列，但裂片狭窄而紧密，呈篦齿状。

④全裂叶　裂片彼此完全分离，很像复叶，但各裂片基部仍有叶内相连，并没有形成小叶柄。又可分为羽状全裂和掌状全裂。

（10）叶的变态（图 3-20）

①叶刺　叶变为刺状，其腋部常有芽，如小檗、仙人掌等；有的植物其托叶成刺，着生于叶柄（叶轴）的两侧，如锦鸡儿、刺槐等。

②叶卷须　有的羽状复叶先端的小叶变成卷须，如豌豆、野豌豆等；有的托叶变成卷须，如菝葜。

3.1.3.5　花

花是被子植物的繁殖器官，花梗是着生花的小枝，花萼、花瓣、雄蕊、雌蕊都是变态的叶。所以，花其实是适应繁殖的变态枝。

（1）花的组成与形态

①花的组成　一朵完全的花是由花萼、花冠、雄蕊和雌蕊 4 部分组成。花萼由萼片组成；花冠由花瓣组成；花萼与花冠合称花被；花萼、花冠、雄蕊、雌蕊的着生处叫花托（图 3-21）。

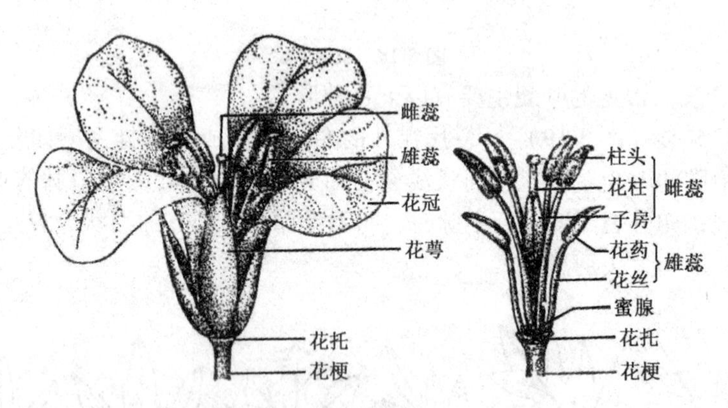

图 3-21　花的组成

②花的形态　依花的组成情况划分，花萼、花冠、雄蕊、雌蕊均具备的花，称为完全花，如苹果、梨等；而不完全花指花的 4 个组成部分中，缺其中任何 1 ~ 3部分的花，如杨树、榆树等。

依雌蕊与雄蕊的状况划分，一朵花中，不论其花被存在与否，只要有能正常发育的雄蕊及雌蕊，即叫两性花，如豆科、蔷薇科等植物；一朵花中，只有雄蕊或只有雌蕊的花称为单性花，如沙棘、瓜类等。在单性花中，雄蕊能正常发育的叫雄花，雌蕊能正常发育的叫雌花。雌花与雄花生在同一植株上的叫雌雄同株，如玉米、桦木等；雌花与雄花分别生在不同植株上的叫雌雄异株，如杨树、柳树等。此外，一朵花中，雌蕊、雄蕊均缺或均不发育的花叫作中性花，如八仙花；而杂性花是指同一株植物上或同种植物的不同植株上，既有两性花，也有单性花，如文冠果。

依花被的状况可划分为双被花，即一朵花既有花萼，又有花冠，如桃、杏等。单被花，一朵花只有花萼而无花冠，如榆树；有的单被花其花萼具有鲜艳的颜色，呈花瓣状，如铁线莲等。无被花又叫裸花，是指一朵花中花萼、花冠均缺，如杨树、柳树等。重瓣花是指一些栽培的花灌木中，一朵花具有2至多轮的花瓣，如重瓣榆叶梅等。

依花被的排列划分为2类，即辐射对称花和左右对称花。辐射对称花，一朵花的花被片大小、形状相似，排列整齐，通过花的中心可以作出2个以上的切面把花分成左右相等的两个部分，如苹果、沙芥等。该类型又叫整齐花。左右对称花或称为两侧对称花，一朵花的花被片大小、形状不同，通过花的中心只能作一个切面把花分成左右相等的2个部分，如锦鸡儿、列当等。该类型又叫不整齐花。

（2）花萼　花萼由萼片组成，通常绿色，当花在开放以前，能起保护作用。萼片彼此完全分离的，叫离萼，如铁线莲等。萼片部分或全部合生的，叫合萼，如蔷薇、甘草等。合生的部分叫萼筒，分离的部分叫萼齿或萼裂片。

有些植物具有二轮花萼，其外轮花萼叫副萼，如委陵菜、锦葵等。菊科植物的花萼常变态成冠毛、鳞片或刺芒等形状。

花萼通常在开花后即脱落，有些植物的花萼一直保持在成熟的果实上，叫萼宿存。如茄、天仙子等。

（3）花冠　花冠由花瓣组成，位于花萼的内方，通常有各种鲜艳的颜色，具有保护雄蕊、雌蕊及引诱昆虫传粉等作用。花瓣完全分离的，叫离瓣花冠；其花瓣上端宽大的部分叫瓣片，下端狭长的部分叫瓣爪。花瓣部分或全部合生的，叫合瓣花冠；合瓣花冠连合的部分叫冠筒（冠管），分离的部分叫花冠裂片。有些植物的花还具有副花冠，即花冠或雄蕊的附属物。如杠柳、牛心朴子等。

（4）雄蕊　雄蕊是花的雄性器官，由花丝和花药组成。

（5）雌蕊　雌蕊是花的雌性器官，位于花的中央，它是由1到多个心皮（变态叶）组成。心皮的边缘叫腹缝线，中脉的位置叫背缝线。

一个典型的雌蕊是由柱头、花柱及子房3部分组成。

①柱头　位于雌蕊的顶端，有承接花粉的作用，形状有头状、盘状、羽毛状、放射状等。

②花柱　连接子房与柱头的细长部分，有些植物花柱不明显。花柱通常着生在子房的顶端，也有着生在子房的侧面，如绵刺；或着生在子房的基部，如鹤虱、紫筒草等。开花以后花柱通常枯萎脱落，但铁线莲、白头翁等植物的花柱宿

存在果实上。

③子房　为雌蕊基部的膨大部分，其壁为子房壁，即心皮的绝大部分，壁内为子房室，室内有胚珠。受精以后，子房壁发育为果皮，胚珠发育成种子。

(6) 花托　花托是花梗先端膨大的部分，其上着生了花的各个组成部分。在较原始的植物花里，花各部分的排列呈螺旋状，所以花托也多少伸长，如碱毛茛、毛茛等；但在较进化的植物花里，花的各部呈轮状排列，因此花托也就相应缩短。花托有各种形状，如柱状、球状、盘状、杯状、瓶状等。由于花托形状的变化，使花的各组成部分的位置也相应发生变化。具体可分为下位花、周位花和上位花 3 种类型。

3. 1. 3. 6　花序

花在花序轴（花枝）上排列的顺序叫花序。生于枝顶的花序叫顶生；生于叶腋的花序叫腋生。花序中最简单的是 1 朵花生于枝顶的，叫单生花。此外，花序轴上常生有多花或花序轴要发生分枝。根据花的着生情况及花序轴的分枝方式，花序可分为以下 2 大类：

(1) 无限花序（向心花序）　在形态上属于总状分枝式，顶端要保持一段时间能分化新花的能力。因此，开花的顺序是下部的花先开，逐渐向上开放；如果花序为平顶式的，则周围的花先开，渐次向中心开放。本类花序又可分为以下类型（图 3-22）：

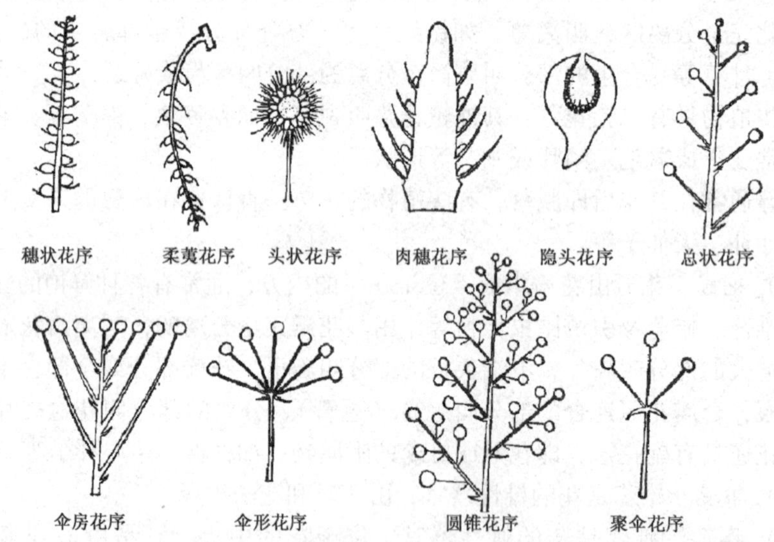

图 3-22　花序类型

①总状花序　花序轴细长，不分枝，其上着生多数花柄近于等长的花。如花棒、甘草等。

②穗状花序　与总状花序相似，但花无柄或极短。如车前、肉苁蓉等。

③柔荑花序　与穗状花序相似，但同一花序的花均为单性花，常无花被，花序轴常下垂。如杨树、柳树。

④肉穗花序　与穗状花序相似，但花序轴肥厚肉质，并为一佛焰苞所包围。

如天南星；玉米的雌花序为多数叶状苞包被。

⑤圆锥花序　花序轴分枝，各分枝再形成总状或穗状花序，实际上为一复花序，外形上呈圆锥状。如芦苇。

⑥伞房花序　与总状花序相似，但花序轴下面的花柄较长，向上渐短，使整个花序的顶端成为平头状。如山楂、土庄绣线菊等。

⑦伞形花序　花柄近等长，集生于花序轴的顶端，状如开张的伞。如葱属植物。如果每一伞梗（花柄）再形成一个伞形花序，即为复伞形花序。如伞形科的很多植物。

⑧头状花序　花无柄或近无柄，多花集生于短而宽、平坦或隆起的花序轴顶端（花序托），形成一头状体，外被以形状、质地各异的总苞。如菊科植物。

⑨隐头花序　花集生于肉质中空的花序托内。如无花果。

（2）有限花序（聚伞花序）（图3-22）　在形态上属于合轴分枝式，花序轴的顶端先分化形成花，然后从上到下或从中心向周围依次开放。本类花序可分为以下类型：

①单歧聚伞花序　花序轴顶端的花先开放，然后其下面一侧的花再开放，依此下去即形成单歧聚伞花序。

②二歧聚伞花序　花序中央的一花先开放，形成二歧聚伞花序。如石竹科的一些植物。

③多歧聚伞花序　花序中央的一花先开放，其下侧形成的数花后开放。如榆树、大戟等。

④轮伞花序　聚伞花序生于对生叶的叶腋，花序轴和花梗极短，呈轮状排列。如唇形科的一些植物。

3.1.3.7　果实

植物开花后，胚珠受精发育形成种子，子房壁发育成果皮，果皮加上里面的种子即为果实。这种果实叫真果。果皮通常可分为3层，即外果皮、中果皮和内果皮。各层的质地、厚薄等随植物种的不同而有所差异。有些植物果实的形成除子房外，还有花托或其他部分参与，这种果实叫假果。如苹果、梨等。根据果实的结构，可以分为以下3大类。

（1）单果　一朵花中只有一个雌蕊，由其子房形成的单个果实叫单果。根据成熟果皮干燥与否，可分为干果与肉质果2类：

①干果　果实成熟后，果皮失水而干燥。根据果皮开裂与否，又可分为开裂干果和不开裂干果。

开裂干果：果成熟时，果皮开裂。常见的有：蓇葖果，由子房上位的单心皮雌蕊形成，成熟时沿背缝线或腹缝线一侧开裂，内含1至多数种子，如绣线菊、珍珠梅等。荚果，由子房上位的单雌蕊形成，成熟时沿腹缝线和背缝线同时开裂，如大豆；也有的荚果在种子间收缩呈念珠状，成熟时在收缩处断裂形成节荚，如花棒、槐树等。角果由2个合生心皮的雌蕊形成，子房上位，中间有假隔膜，种子多数，成熟时沿假隔膜自下而上开裂，也有些种类不裂，如果角果的长比宽大 4 倍以上时，为长角果，如白菜、油菜等；如果角果的长宽比在 4 倍以下时，为短角果，如群心菜、沙芥等。蒴果，由 2 个以上合生心皮的上位或下位子房形成，1 室或多室，种子多数。蒴果开裂的方式有：室背开裂（沿心皮背缝线开裂，如胡麻）、室间开裂（沿心皮腹缝线开裂，如文冠果）、孔裂（蒴果先端形成小孔，如野罂粟）、盖裂（蒴果上部横裂成盖，如车前）等。

不开裂干果：果熟后果皮不裂，常见的有：瘦果，由离生心皮或合生心皮的上位或下位子房形成，1 室 1 种子，果皮紧包种子，不易分离，如沙拐枣、荞麦等。颖果，由 2 个合生心皮的上位子房形成，1 室 1 种子，果皮与种皮完全愈合，如小麦、玉米等。胞果，由合生心皮的上位子房形成，1 室 1 种子，果皮薄而膨胀，疏松地包围种子，如藜、梭梭等。翅果，由合生心皮的上位子房形成，果皮外延形成翅，如榆树、槭树等。坚果，果皮木质化，坚硬，1 室 1 种子，如板栗、榛子等。小坚果，由合生心皮的上位或下位子房形成的坚硬小果，其子房常 4 深裂，因此在一花内可形成 4 个小坚果，如紫草科、唇形科中的植物。双悬果，由 2 个合生心皮的上位子房形成，果熟时形成 2 个分离的，悬挂在果柄上的小坚果，如阿魏、防风等。

②肉质果　果成熟时，果皮及其他参与形成果实的部分肉质多汁。常见有以

图 3-23　果实类型

下种类：

核果：由单心皮或合生心皮的上位子房形成，外果皮薄，中果皮肥厚、肉质，内果皮坚硬而形成硬核，内有1粒种子，如杏、桃等。浆果：由合生心皮的上位或下位子房形成，外果皮薄，中果皮及内果皮肥厚多汁，含1至数粒种子，如葡萄、枸杞等。柑果，由合生心皮的上位子房形成，外果皮革质，有油囊；中果皮疏松，具有分枝的维管束；内果皮分隔成若干果瓣，果瓣内有许多多汁的腺毛，如柑、橘等。瓠果：由合生心皮的下位子房形成，果皮外层由花托和外果皮组成，中果皮、内果皮及胎座均肉质化，如各种瓜类。梨果：由合生心皮的下位子房及花托形成，外果皮、中果皮不明显，内果皮革质或骨质，内有数室，如苹果、梨等。

（2）聚合果　一朵花中有多数单雌蕊，每个单雌蕊形成一个单果，集生在花托上，将这样集生在一朵花内的单果合称聚合果。根据单果的类型可以分为聚合瘦果，如草莓；聚合蓇葖果，如绣线菊；聚合核果，如悬钩子等。

（3）聚花果　由整个花序形成的果实。如桑椹、菠萝等。

常见果实类型如图3-23。

3.2　生物多样性

3.2.1　生物多样性的概念及含义

3.2.1.1　生物多样性的概念

生物多样性是地球最显著的特征之一。生物多样性是地球上生命经过几十亿年发展、进化的结果，是人类社会赖以生存和发展的基础。生物多样性一词最早出现在20世纪80年代初，起初是在一些自然保护刊物上使用。后来，在1992年6月召开的联合国环境与发展大会上通过的《生物多样性公约》，对生物多样性是这样定义的：生物多样性是指所有来源的形形色色的生物体，这些来源除其他外包括陆地、海洋和其他水生生态系统及其所构成的生态综合体，这包括物种内部、物种之间和生态系统的多样性。1995年，联合国环境规划署（UNEP）发表的关于全球生物多样性的巨著《全球生物多样性评估》（GBA）中给出了一个比较简单的定义：生物多样性是生物和它们组成的系统的总体多样性和变异性。而在1994年我国政府制定并公布的《中华人民共和国生物多样性保护行动计划》（BAP）中对生物多样性的定义：所谓生物多样性就是地球上所有植物、动物和微生物及其所构成的综合体。由此可见，生物多样性是指各种生命形式的资源，它包括数百万种植物、动物、微生物、各个物种所拥有的基因和由各种生物与环境相互作用所形成的生态系统，以及它们的生态过程。

除以上定义外，生物多样性还有其他明确的、具体的表述方式，如物种的相对多度、种群的年龄结构、一个区域的群落（或生态系统）的格局以及这些群落（或生态系统）随时间的变化等。因此，生物多样性是个有着丰富内容、包含多层含义的概念。

3.2.1.2 生物多样性的含义

生物多样性包含物种多样性、遗传多样性、生态系统多样性、景观生态多样性。它们之间既有区别又有联系，形成一个完整的有机综合体。

（1）物种多样性 物种是指一类遗传特征十分相似、能够交配繁殖出有繁育后代能力的有机体。物种是形态分类学上的最基本单位。地球表面动物、植物、微生物的物种数量，据科学家的估计约500万~3 000万种（Wilson 1988），由于它们各自的遗传物质来源不同，生活方式和生存环境不同，因而在形态上千姿百态，结构上千差万别，行为上形形色色，生理上绚丽多彩。

物种多样性是指物种水平的生物多样性，即指地球上生存的所有生物有机体的复杂多样性，与生态系统多样性研究中的物种多样性不同。前者是指一个地区内物种的多样性，主要是从分类学、系统学和生物地理学多角度对一定区域内物种的状况进行研究；而后者则是从生态学角度对群落的组织水平进行研究。

物种多样性是指地球上生命有机体的数量，具体是指某一地区物种水平上的生物多样性。在一个地区的物种的多样化，可以从分类学、系统学和生物地理学的角度对一定区域内的物种进行研究，研究物种多样性的形成、演化、受威胁的现状以及保持物种的永续性等。全球生物物种到底有多少？这是评价生物多样性首先要回答的一个基础性的问题。由于在不同生态系统中生活着许多不同种的植物、动物、微生物，它们的种数非常多。目前人类对全球生物多样性的了解却是十分有限，人类还不能估计出地球上物种的确定的数量，但是经科学家们鉴定描述过的物种大约只有175万种（表3-1），只占估计物种总数的很少一部分。迄今为止，科学家只是对高等植物和脊椎动物了解的比较多，而对个体较小而数量巨大的微生物和昆虫了解的比较少。

表3-1 全球主要类群的物种及其数量统计

类 群	已描述的物种数目（万种）	估计可能存在的物种数目（万种）	类 群	已描述的物种数目（万种）	估计可能存在的物种数目（万种）
病 毒	0.4	40	甲壳动物	4.0	15
细 菌	0.4	100	蜘蛛类	7.5	75
真 菌	7.2	150	昆 虫	95.0	800
原生动物	4.0	20	软体动物	7.0	20
藻 类	4.0	40	脊椎动物	4.5	50
高等植物	27.0	32	其 他	11.5	25
线 虫	2.5	40	总 计	175.0	1 362

引自程鸿主编《中国自然资料手册》，科学技术出版社，1990。

（2）遗传多样性 广义的遗传多样性是指地球上所有生物所携带的遗传信息的总和，也就是各种生物所拥有的多种多样的遗传信息。狭义的遗传多样性主要是指种内个体之间或一个群体内不同个体的遗传变异总和。也就是说，遗传多样性蕴藏在所有物种的群体内，储存在染色体、细胞器基因组的DNA序列中，内容十分丰富。如在物种内部因生存环境不同也存在着遗传上多样化。各种家养动物及其地方品种、丰富多彩的品系都拥有异常丰富的遗传多样性。这种多样性实质上是指物种内基因的差别和变异，包括同一个物种内个体之间和种群之间的差别；包括同一物种中的独特种群的差异，如中国有上千个传统水稻品种，中国的栽培植物有600余种，全国共收集了35万份作物遗传资源；中国各种家畜的地方品种多达200余个，其中猪就有100个左右。一个物种虽然大部分基因相似，但有些基因中也会有细微变化，有的觉察不出，有的则在形态、生理上表现出来。人们往往忽视遗传多样性的保护，这是一个非常值得注意的问题。

种内的多样性是物种以上各水平多样性的重要来源。遗传变异、生活史特点、种群动态及其遗传结构等决定或影响着一个物种与其他物种及其环境相互作用的方式。而且，种内的多样性是一个物种对人为干扰进行反应的决定因素，种内的遗传变异程度也决定其进化的趋势（Sollbrig 1991）。

所有的遗传多样性都发生在分子水平，并且都与核酸的理化性质紧密相关。新的变异是突变的结果。自然界中存在的变异源于突变的积累，这些突变都经过自然选择。一些中性突变通过随机过程整合到基因组中。上述过程形成了丰富的遗传多样性。

植物遗传多样性就是地球上所有植物基因多样性，包括种内显著不同的种群间和同一种群内的遗传变异。主要包括野生植物的遗传多样性、栽培作物的遗传多样性和特有区系植物的遗传多样性。

(3) 生态系统多样性 生态系统多样性是从宏观生物学角度来研究生物多样性。在地球上的各个区域，即使有相似的自然条件，也存在着多种多样的生态系统。生态系统由植物群落、动物群落、微生物群落及其栖息地环境的非生命因子（光、空气、水、土壤等）所组成。生态系统多样性是指生境的多样性、生物群落的多样性和生态过程的多样性。这里的生境是指无机环境，如地貌、气候、土壤、水文等。生境的多样性是生物群落多样性乃至整个生物多样性形成的基本条件。生物群落的多样性主要指群落的组成、结构和动态方面的多样化（包括演替和波动）。生态过程主要是指生态系统的组成、结构与功能在时间、空间上的变化，主要包括物种流、能量流、水分循环、营养物质循环、生物间的竞争、捕食和寄生等。

由于地球表层自然环境的区域差异，形成了不同类型、丰富多样的生态系统，地球表层的区域几乎找不到完全一样的生态条件，即使生态条件相近的区域，也各自具有不同的特点。地球上的自然生态系统可以分成陆地生态系统和水域生态系统。在陆地生态系统和水域生态系统之间还存在湿地生态系统。陆地生态系统又可以分成森林生态系统、草原生态系统、荒漠生态系统、苔原生态系统、高山生态系统、岛屿生态系统、陆地水生生态系统。水域生态系统也可以分为海洋生态系统和淡水生态系统。地球上陆地植物自然生态系统的类型，从赤道到极地依次表现为：热带雨林生态系统、常绿阔叶林生态系统、落叶阔叶林生态系统、针叶林生态系统和常绿落叶阔叶混交林生态系统等；草甸草原植被生态系统、典型草原植被生态系统和荒漠草原植被生态系统；荒漠植被生态系统；苔原植被生态系统等。其中森林生态系统是地球上分布最广泛的系统，是陆地生态系统的主体。按照植被区划分类，《中国生物多样性保护行动计划》将我国的生态系统划分为 595 个类型，其中森林生态系统就达 248 类。

（4）*景观多样性*　景观的定义是指以一组重复出现的、具有相互影响生态系统组成的异质性陆地区域。景观的结构、功能和动态是景观 3 个最主要特征。而景观异质性是作为一个景观结构属性，而且结构对功能各过程将产生重要影响（伍业钢等　1992）。地球表面的景观多样性是人类与自然相互作用的结果。地球表面有各种景观，如农业景观、森林景观、草地景观、荒漠景观、城市景观、果园景观等。景观多样性概念的提出不仅理论上对于认识生物多样性的分布格局、动态监测等具有重要意义，在实践上对于区域规划与管理，评估人类活动对生物多样性影响等方面均具有广阔的应用前景。

景观多样性是指由不同类型的景观要素或生态系统构成的景观在空间结构、功能机制和时间动态方面的多样化或变异性。景观是一个大尺度的宏观系统，是由相互作用的景观要素组成的，具有高度空间异质的区域。景观要素是组成景观的基本单元，相当于一个生态系统。依性状的差异，景观要素可分为嵌块体（patch）、廊道（corridor）和基质（matrix）。嵌块体是景观尺度上最小的单元，它的起源、大小、形状和数量等对于景观多样性的形成具有十分重要的意义。廊道是具有通道或屏障功能的线状或带状的景观要素，是联系嵌块体的重要的桥梁和纽带。按照来源的不同可分为：干扰廊道、栽植廊道、更新廊道、环境资源廊道和残余廊道。基质是相对面积大于景观中嵌块体和廊道的景观中最具连续性的部分，往往形成景观的背景。景观的异质性是景观的重要属性。地球表面的景观多样性是人类与自然因素综合作用的结果。景观多样性又分为自然景观和人文景观 2 个基本的层次。

3.2.2　生物多样性的评价指标

3.2.2.1　生物多样性的数量特征

（1）*物种的丰度和多度*

①丰度　物种的丰度或丰富度，是指植物群落中物种的数量。植物群落中物种数目的多寡直接影响到生物多样性和生态系统的功能。一般而言，植物物种的数量越多，就越能减少土壤的侵蚀和水分流失，增加植物的多样性，就会促进物种多样性。

那么，在一个生态系统中植物物种的数量是不是越多越好；一个生态系统中应有多少植物物种才能维持系统的最高生产量；物种的增加或减少又会对生态系统产生多大的影响？对于这些问题，目前还没有确切的答案。但是，科学家们经过研究发现一些生态系统是有阈值的，超过阈值后增加更多的物种，在生产力、稳定性以及其他方面可能的回报是很少的。例如：农学家们发现农田生态系统如果超过4~5种作物后，再增加物种几乎不增加产量；而在北半球温带森林地带内，东亚有816种树木和灌木，北美有158种，欧洲有106种，物种数量尽管有很大不同，但通过对叶面积指数等的测定，显示出它们之间生产力没有差别。

②多度　物种的多度是指植物群落中生物种间个体数量对比关系。每个物种在生态系统中的多度往往是不同的，有优势种、常见而数量不多的物种、数量很少的物种等。它们在生态系统中的作用是不同的，多度大的物种在生物量、生产力、养分、水分的循环中占有较大比重。通常把多度分成几个级别来确定，不同研究者提出了不同的等级划分和表示方法，但大同小异。表3-2是几种常用的多度表示方法。

表3-2　几种常用多度表示方法

等级符号	Tansley—Chipp (1926)	Beaun—Blanquet (1932)	Osting (1956)	Drude (1913)	
1	稀少	很稀少	很稀少	Un	1株，个别
2	偶见	稀少	稀少	sol	少
3	常见	不多	偶见	sp	不多
4	多	多	多	cop^1	尚多
5	很多	很多	很多	cop^2	多
				cop^3	很多
				soc	郁闭

(2) 密度、盖度和频度

①密度　是指单位面积上的某种植物个体的数目。用公式表示为

$$D = N/A$$

式中：D——密度；

N——样地内某种植物个体数；

A——样地面积。

此外，还有如下测定密度的方法：

相对密度：样地内某种植物个体数目与全部植物个体数目的比值。可用来反映群落内各种植物个体数目之间的比例关系。用公式表示为：RD = 某种植物的个体数/全部植物的个体数 ×100%

密度比：以密度最大的植物的数目为100而计算其余物种数量的百分数。用公式表示为：

$$Dr = 100n_i/n$$

式中：n——密度最大的种的数量；

n_i——第 i 种植物个体数量。

②盖度　是指群落中各种植物遮盖地面的百分率。盖度可分为投影盖度和基盖度。投影盖度是指某一种植物在一定的土壤面积上投影覆盖面积的比例。基盖

度是指一定面积上某种或全部植物的基径或胸径面积和占该土地面积的百分率。在植物群落中，投影盖度往往随季节变化而发生变化，尤其在高纬度地区，而基盖度一般比较稳定，对草本群落而言，通常以离地面 2. 5cm（即牧场上牲畜啃食高度）高度的断面积计算，森林群落则以胸高 1. 3cm 处胸高断面积计算。不同的植物种类及不同的株丛结构，投影盖度与基盖度的数值差异很大。

③频度　是指群落中某种植物在样方中出现的百分率。公式表示为：

$$F = \text{某一种出现的样方数} / \text{样方总数} \times 100\%$$

频度是反映某种植物在某一段区域的分布性质，而不反映某个体的数量和状态。由于频度测定简单，故被普遍采用。但应注意，频度不仅与密度有关，而且受分布格局影响很大。

（3）物种的体积和生物量　物种的体积和生物量是描述群落中植物种群的数量指标，是标志植物物种所积累的有机物质数量的具体指标。

高大乔木的体积可由胸高断面积（G）、树高（h）和形数（f）三者的乘积得到：

$$V = G \times h \times f$$

其中，f 是指树干体积与胸高的圆柱体体积之比。草本植物体积通常是将单位面积内各种植物个体浸入带刻度盛有水的量杯中，据排水量测得植物的体积。

生物量通常指植物体的鲜重或干重，可包括地上物重量，地下根重量、总重量等。一个具有高生物量的植物物种能通过降低系统内水分的流失和增加土壤持水力。一般来说，一个生态系统中各类生物的生物量中，以生产者植物的生物量为最高。同时，人们还发现，如果过度放牧的草原生物量大减，那么物种多样性会随之大大下降。据统计，在 0. 5hm^2 未放牧的草场发现了 137 种微小节肢动物，而过度放牧的只发现 36 种。从理论上讲，在一定的面积小区内生产量越高，就有可能有更多的物种。

（4）关键种、优势种和冗余种

①关键种　各种植物在生态系统中所居的地位不同，一些珍稀、特有、庞大的对其他物种具有不成比例影响的物种，它们在维护生物多样性和生态系统稳定方面起着重要作用。如果它们消失或削弱，整个生态系统就可能要发生根本性的变化，这样的物种称为关键种或建群种。

关键种有 2 个显著的特点：一方面它的存在对于维持生态群落的组成和多样性具有决定性意义；另一方面同群落中的其他物种相比，关键种无疑是很重要的，但又是相对的。

②优势种　指植物群落中对其他物种发生明显的控制作用的物种。其主要识别特征是它们个体数量多，体积大或者生物量高，生活能力较强。群落中不同层次可以有各自的优势种。优势种通常对整个群落有控制性作用。对植物优势种而言，就是体积较大，投影盖度大。它们占有竞争优势，从而排除别的物种。

③冗余种　是指在一些植物群落中有些种是冗余的，这些种的去除不会引起生态系统内其他物种的丢失。同时，对整个群落和生态系统的结构和功能不会造

成太大的影响。冗余本身就意味着相对于需求有过多的剩余，冗余种的去除并不会使群落发生改变。

3.2.2.2 生物多样性的测定

目前物种多样性的测定方法主要有以下几种：

（1）香农—威纳指数

$$H = -\sum_{i=1}^{s}(P_i)(\log_2 P_i)$$

式中：H——群落的多样性指数；

S——种数；

P_i——样品中属于第 i 种的个体的比（例如样品总个体数为 N，第 i 种个体为 n_i，则 $P_i = n_i/N$）。

用香农—威纳的公式来计算多样性，严格地说样本应来自于一个理论上无限的总体或者至少是充分大的总体，以至取样不会干扰总体的分布。如果总体是有限的，则可按照下述公式计算多样性：

$$H = \frac{1}{N}\log_2 \frac{N!}{N_1!\ N_2!\ \cdots!\ N_n!}$$

（2）辛普森多样性指数　辛普森（1949）提出一个多样性指数，假设从一个具有几个种，N 个个体的总体中随机抽取一个样品，并假定抽样是无放回的，于是连续 2 次抽样，属于同一种的概率为：

$$\sum_{i=1}^{n}\frac{N_i(N_i-1)}{N(N-1)}$$

则多样性指数为：

$$D = 1 - \sum_{i=1}^{n}\frac{N_i(N_i-1)}{N(N-1)}$$

辛普森多样性指数的直观意义是如果连续 2 次抽样中，属于同一种的概率高，则说明多样性低。

（3）姆辛托西多样性指数　姆辛托西（1967）提出用一种几何的方法来测定多样性。一个 n 个种的样本可以用 n 维空间中的点（N_1，N_2，…，N_n）表示。这点和坐标原点距离

$$U = \left(\sum_{i=1}^{n} N_i^2\right)^{1/2}$$

于是，如果个体总数 N 是固定的，则种数越多，U 越小。当样本中只包含 1 个种时，它有最大值，这时多样性最小。当所有的个体都属于不同种时，U 具有最小值 $\sqrt{N}$。于是麦金托叶（MCInstost）建议的多样性指数为：

$$D = \frac{N-U}{(N-\sqrt{N})}$$

当 $U = N$ 时，则 $D = 0$　$U = \sqrt{N}$　$D = 1$

虽然，选择多样性指数是很重要的，但是，更重要的是给出合适的生态学解

释，否则一切抽样和计算的劳动都会付之东流。因此，有些学者，例如马格列夫（1974）建议把种的多样性直接解释为物理的、地理的、生物的和时间的变量的函数。而另一些学者，则建议用更为直观的多样性表示法，即分别考虑总体中的种数，以及种间分布的均匀性这两个分量。

在多样性的信息度量中，当所有的种具有相同的个体时，多样性最高，即有：

$$H_{max} = -\sum_{i=1}^{n} \frac{1}{n}\log\frac{1}{n} = \log n$$

式中：n——种数。

在此基础上皮洛（1966）提出均匀性的测量可由下式表示：

$$R = \frac{H}{H_{max}} = \frac{-\sum p_i \log p}{\log n}$$

由于上式是一个比值，所以和使用的对数的底无关。

这个关于均匀性 R 的定义表明：$H = R \cdot H_{max} = R \cdot \log n$，即多样性是由 2 个成分构成的，一个是种数 n，另一个是它们分布的均匀性 R。

同样，对于姆辛托西多样性指数，也可以给出一个均匀性的变量，假定个体总数 N 和种数 n 是固定的，则最大的多样性指数为：

$$D_{max} = \frac{N - N/\sqrt{N}}{N - \sqrt{N}}$$

即最大的多样性是 n 个种，每个种有 N/n 个个体。

于是均匀性 R 为：

$$R = \frac{D}{D_{max}} = \frac{N - U}{N - N/\sqrt{N}}$$

郝尔伯特（1971）提出了一种新的均匀性的变量方法，这种方法不但考虑了多样性的最大值，也考虑了它的最小值，当一种有（$N—n+1$）个个体，而其他的种只有一个个体时，这时多样性达到极小。于是赫尔伯特提出的独立于 n 的均匀性变量，即

$$R = \frac{D - D_{max}}{D_{max} - D_{min}} \text{或} R = \frac{D_{max} - D}{D_{max} - D_{min}}$$

3.2.3 生物多样性保护

生物多样性带给人类千姿百态的生物世界。保护生物多样性，使生物多样化的生态系统、物种和基因作为一种基础资源能够随着人类的繁衍永不衰竭，这是关系国计民生的大事。

3.2.3.1 中国生物多样性及其保护

（1）中国生物多样性的特点　我国地域辽阔，自然地理条件差异极大，加上一些地区在冰川期对温带物种的避难保护作用，造成我国的生物多样性既丰富而又独具特色。

①生态系统类型多样　我国共有27大类460个类型的陆地生态系统。其中，包括森林、灌丛、草原、稀树草原、草甸、荒漠、高山冻原等生态系统。在各生态系统类型中，又包括多种气候类型和土壤类型。其中森林16个大类79个类型，湿地和淡水域共5个大类，海洋生态系统总计6个大类30个类型。

②物种多样性高度丰富　我国高等植物有3万余种，其中：苔藓植物2 200种，蕨类植物2 600种，裸子植物200种，被子植物25 000种。动物种类10万余种，也是世界上野生动物资源最丰富的国家之一（表3-3）。其中陆栖脊椎动物2 340种，占世界总数的10%；鸟类占世界总数的13%；兽类占世界总数的11%；海洋生物所占比例也很高。

表3-3　中国动植物门类特有种（属）统计

门类名称	已知种（属）数	特有种（属）数	特有种比例（%）
哺乳类	581种	110种	18.93
鸟　类	1 244种	98种	7.88
爬行类	376种	25种	6.65
两栖类	284种	30种	10.56
鱼　类	3 862种	404种	10.46
总　计	6 347种	667种	10.5
被子植物	3 123属	246属	7.5
裸子植物	34属	10属	29.4
蕨类植物	224属	6属	2.3
苔藓植物	494属	13属	2.0
总　计	3 875属	275属	10.3

引自国家环保总局《中国生物多样性国情研究报告》，中国环境科学出版社，1998。

③物种的特有性高、生物区系起源古老　中国的大熊猫、白鳍豚、水杉、银杉、银杏、攀枝花、苏铁等，都是中国特有的物种。且大部分都分布在很小的特定生境中，如大熊猫生活在四川、陕西、甘肃的山地中。我国的植物区系古老，含有许多古老或原始的科、属。我国西南亚热带山地可能是许多植物的发源地和分化中心。陆栖脊椎动物、海洋生物的历史也比较古老，有许多古老孑遗生物物种，被称为“活化石”。

④栽培植物、家养动物及野生亲缘种质资源丰富　我国是世界上8个作物起源中心之一。世界上1 200种栽培作物中有200种起源于我国，占世界总数的18%。我国谷类作物物种居世界第二位。在家养动物中，我国共有家养动物品种和种群1 938个，是世界上家养动物品种和种群最丰富的国家。另外，我国有果树品种10 000种左右，畜禽400多种，药用植物11 000多种，牧草4 215种，而原产我国的重要观赏花卉就有30多属2 238种，中药材，如人参有8个野生近缘种，贝母17个近缘种，乌头20个近缘种。这些种、属无论在经济学特征、生态类型，还是在繁殖性状和类型等方面都形成独特的、丰富的变异，成为世界上特

有的种质资源。

(2) 中国生物多样性危机

①生态系统受到威胁　森林生态系统的威胁：我国森林覆盖率解放后虽有上升，但天然林面积大幅度减少，生态效益明显下降。我国天然林的面积 1971～1975 年为 $9\ 817 \times 10^4 hm^2$，到 1981～1985 年减少到 $8\ 635 \times 10^4 hm^2$。

草原生态系统的威胁：我国草原占国土面积 1/3。近 20 年来我国草原产草量下降了 1/3～1/2。我国草原已有 1/3 处于退化之中，还有许多草原已沙化。

湿地生态系统的威胁：近 30 年来，我国海岸湿地已开垦超过 $700 \times 10^4 hm^2$。红树林的面积已由 20 世纪 50 年代初期的 $5 \times 10^4 hm^2$，到目前仅剩下约 $2 \times 10^4 hm^2$，且部分已退化为半红树林和次生疏林。海南岛 80% 的珊瑚礁已被破坏。

淡水生态系统的威胁：长江流域已围垦淡水水面 $114 \times 10^4 hm^2$，湖北省号称"千湖之省"，原有湖泊 1 000 多个，现在只剩下 326 个，湖泊由 $84 \times 10^4 hm^2$ 减少到 $24 \times 10^4 hm^2$，不仅破坏了淡水生态系统，还使洪水调节能力下降，加重了洪水的危害。

②物种及遗传多样性受到威胁　我国许多物种已变成濒危种和受威胁种，如坡鹿、百山祖冷杉等。在《濒危野生动植物种国际贸易公约》列出的 640 个世界濒危物种中，我国就有 156 种，约占 1/4。我国目前有 398 种脊椎动物濒危，占我国脊椎动物总数的 7%。高等植物中有 4 000～5 000 个种受到威胁，温带 10% 的植物濒危或临近濒危，热带、亚热带濒危或临近濒危的植物占全国总数的 15%～20%。我国原有的犀牛、麋鹿、高鼻羚羊、白臀叶猴，崖柏、雁荡润楠、喜雨草等已经灭绝，我国濒危的物种有朱鹮、东北虎、华南虎、云豹、大熊猫、叶猴类、多种长臂猴、儒艮、坡鹿、白鳍豚，无喙兰、双蕊兰、海南苏铁、印度三尖松、姜状三七、人参、天麻、草苁蓉、肉苁蓉、罂粟、牡丹等。

(3) 我国生物多样性危机的原因

①人口增长，过度砍伐森林，造成生境的破坏和退化　生物生存所依赖的自然环境各不相同。我国生境类型多样，但是，由于我国人口众多，增长速度快，经济发展快，对自然资源需求激增，造成对资源的过分压力，使动植物等物种的栖息地迅速减少，如森林超量砍伐、草原过度放牧、不合理的围海围湖造田、过度利用土地和水资源等，都导致生物生存环境的破坏，以至消失，影响到物种的生存和繁衍，因而带来物种的濒危和灭绝。

森林是陆地三大生态系统——农田、森林、草原中最重要的生态类型，是生物多样性的分布中心。尤其是面积仅占地球 7% 的热带雨林，却集中了世界上 50% 以上的物种、80% 以上的昆虫以及 90% 以上的灵长类动物。因此，森林的过度砍伐会造成物种的大量消失。

②过捕过猎，过度利用，加速了生物资源物种的减少　过捕过猎是造成动物物种减少的重要原因。由于长期以来的过捕过猎已造成东北的马鹿、东北虎几近绝迹；西藏高原的藏羚羊每年有近 2 万只被偷猎；华中地区的大型哺乳动物已经极为稀少；华南虎已经濒临灭绝；即使鸟类也遭到很大浩劫。同时，我国沿海从

20世纪70年代起开始过度捕捞，引起我国沿海经济鱼类资源持续衰退，如大黄鱼、小黄鱼、带鱼、马鲛鱼、黄姑鱼等全面衰退，以致濒临资源枯竭。

③环境污染，已严重地影响到生物多样性 我国城乡工农业污水大量排放水域。大气污染物，特别是酸雨对生物多样性的危害也很大。重金属以及长期滞留的农药残毒在环境中富集，使许多生态系统和生物物种因生境恶化而濒危。

④其他原因 外来物种的引进，新的城市、水坝、水库的建设，新矿区的开发，地震、水灾、火灾、暴风雪、干旱等自然灾害，也是我国生物多样性危机的原因。此外，法制不完善，执法不严，管理的失误和漏洞也是造成生物多样性危机的原因。

(4) 我国生物多样性的保护

①保护方式

就地保护：就地保护是生物多样性保护的最有效的措施，是挽救生物多样性的必要手段。就地保护就是在被保护的生态系统和物种的原产地建立自然保护区。自然保护区是指对有代表性的自然生态系统、珍稀濒危野生动植物物种的天然集中分布区、有特殊意义的自然遗迹等保护对象所在地，依法划出一定面积予以特殊保护和管理的区域。到2000年底，我国共建立各类自然保护区1 134处，面积达$1\ 194 \times 10^4 hm^2$，占国土面积的11%。其中绝大部分是保护生态系统和物种的。另外，我国现有480个风景区和510个森林公园也都不同程度地保护了生态系统和物种。

迁地保护：迁地保护也是生物多样性保护的一种主要形式，它是指将濒危动植物迁移到人工环境中或易地，主要通过建立植物园和动物园等手段来实施保护。生物多样性的迁地保护包括野生植物和野生动物两类。

野生植物的迁地保护的主要手段是建立植物园和树木园。目前我国已建立110多个植物园和树木园，保存各类高等植物约2.3万种。此外，我国还建设了一些地区珍稀濒危植物的迁地保护基地与繁育中心，国家第一批重点保护的珍稀濒危植物已有80%被引种保存。

野生动物的迁地保护的主要手段是建立动物园。我国现已建立动物园170多个，饲养着600多种、10万多只动物，还建立了以保护为目的濒危动物繁育中心和基地，使大熊猫、扬子鳄、朱鹮、丹顶鹤、东北虎等濒危动物开始繁育，并得到了一定的保护。还将原产我国但已在我国国内消失的麋鹿、野马、高鼻羚羊重新从国外引回国内，获得成功。

离体保护：除了将濒危物种迁地保护或迁入人工生境进行保护外，还可对濒危物种的遗传资源，如植物的种子、花粉、动物的精液、胚胎以及真菌的菌株等，脱离母体而进行长时期的保存，我们把这种保存称为离体保存。当然，这种保存涉及到采集、保存、启用等一系列环节。

利用种子库和基因资源库保存生物遗传多样性，对保存野生生物遗传物质具有重要的意义，为改良品种和种间杂交提供了野生种源，为地理隔离的种群之间的基因交流提供了途径。目前我国已建立了一批种子库、精子库、基因库，已建成世界上最大的作物品种资源库，树种与作物种质资源圃 25 个，基因和细胞库中共保存种质 35 万份。对生物多样性中的物种和遗传物质进行离体保护。

②保护工作 物种编目就是在对生物界进行大规模系统的科学考察，采集大量动物、植物和微生物标本的基础上，对物种现有类群进行登记和评估，给予编目登录。简言之，就是对地球上存在的生物类群加以鉴定并汇集成名录。动物志、植物志、孢子植物志是我国生物多样性编目的基础。

国际自然和自然资源保护同盟（IUCN）在 20 世纪 60 年代编制了全球的濒危物种的红皮书，将物种按受威胁程度列入不同濒危等级。1994 年 IUCN 将用了近 30 年的物种濒危等级修改、提出新的物种濒危等级及其确定标准。包括灭绝（EX）、野生灭绝（EW）、极危（CR）、濒危（EN）、易危（VU）、低危（LR）、数据不足（DD）和未评估（NE）等级。

《中国生物多样性保护行动计划》（1993 年制订）将优先保护的物种、生态系统、优先重点项目排出了优先序。其中：中国优先保护生态系统名录包括森林生态系统共 27 个区域 80 个保护区；草原、荒漠生态系统 24 个保护区；湿地、水域生态系统 29 个保护区；海洋海岸生态系统 23 个保护区，共计 156 个保护区。中国优先保护物种名录共列入动物物种共 457 种，包括哺乳动物 69 种、鸟类 287 种、爬行动物 14 种、两栖类 5 种、鱼类 28 种、昆虫 38 种、海洋无脊椎类 16 种；植物物种共 151 种，其中包括蕨类植物 6 种、裸子植物 17 种、被子植物 128 种；驯化动物优先保护物种共 19 种；亟需保护的农作物野生亲缘种残存地点共 18 个。

中国生物多样性保护优先重点项目共 18 个。

③保护体系 我国在生物多样性保护上，建立生物多样性保护的监测系统，目前已建立了 52 个生态定位实验站，组成了“中国生态系统研究网络”“全国森林生态系统研究网络”。还建立了 20 个环保部门和农业、林业、水利等部门的生态监测站。

3.2.3.2 世界生物多样性保护简介

（1）*有关生物多样性保护的国际组织* 联合国环境规划署（UNEP）成立于 1973 年 1 月，其职能包括生物多样性保护。国际自然和自然资源保护同盟（IUCN）成立于 1948 年 10 月，是国际性民间组织，其主要活动包括濒危物种保护等内容。世界野生生物基金会（WWF）成立于 1961 年，是致力于保护野生生物的国际性基金会。

（2）*有关生物多样性保护的计划和大纲*

①人与生物圈计划 主要包括人类活动对生态系统的影响等研究项目共 14 个。该计划的协调管理机构是“人与生物圈计划国际协调理事会”，由 30 个理事国组成，我国是理事国之一。该计划还在全世界建立了自然保护区的体系，我国已有十几个自然保护区参加这一体系。

②世界自然资源保护大纲 这个大纲是国际自然与自然资源保护同盟受联合国环境规划署委托起草，经联合国粮农组织、联合国科技组织、联合国环境规划

署、世界野生生物基金会审定，于1980年3月5日在全世界100多个国家的首都同时公布，这个大纲既是知识性纲领，又是保护自然的行动指南。

(3) 生物多样性保护公约和条约

①生物多样性公约　1992年6月在联合国环境与发展大会上签署。我国签署了这一公约。

②濒危野生动植物物种国际贸易公约　1975年7月1日生效，目前已有128个国家批准签署或加入，我国1981年恢复加入这一公约。这个公约主要是在国际贸易中采取许可证制保护有灭绝危险的野生动植物。

③保护野生动物迁徙物种公约　1983年11月1日生效。目前已有50多个国家加入，30个国家批准缔约。这个公约旨在采取国际合作保护迁徙的物种。

④关于特别是作为水禽栖息地的国际重要湿地公约　1975年12月21日生效，现有80个缔约国，我国1992年加入，并有6个湿地保护区列入国际重要湿地名录。

⑤保护世界文化和自然遗产公约　1975年12月17日生效，我国1985年11月22日加入，并列入《世界遗产目录》。

3.3　我国主要造林绿化树种简介

我国地域辽阔，造林绿化树种很多。这里以6大植被分区，选取了50种最主要的造林树种，并分别扼要地介绍了每一树种的分类特征、分布范围以及主要用途，其中绝大多数是我国乡土速生和珍贵的优良树种，也有极少数从国外引种栽培的优良树种（表3-4）。

表 3-4 中国主要造林绿化树种简介

分区	树种名（别名）	学名	主要分类特征	产地及分布	用途
东北区	黄花落叶松（长白落叶松）	*Larix olgensis* Henry	落叶乔木，高达40m，胸径达1m；树冠尖塔形。1年生枝淡红褐色或淡褐色，有长毛或短毛。叶线形，长1.5～2.5cm。球果卵形或卵圆形，成熟前紫红色，种鳞16～40枚，排列较紧密，中部种鳞四方状广卵形或方圆形，苞鳞先端不露出。种子三角形	产东北松花江流域以南，辽宁、吉林东部长白山地区	我国东北地区主要速生用材树种。为电业、煤矿、造船、桥梁、铁路等方面的优良用材
	落叶松	*Larix gmelini* (Rupr.) Rupr.	落叶乔木，高达30m，胸径80cm。1年生长枝淡黄色，短枝顶端黄白色长毛。叶线形，柔软，簇生于短枝顶端，在长枝上互生。雌雄球花均单生于短枝。球果卵圆形，成熟时顶端的种鳞开展，种鳞五角状卵形，鳞背无毛。种子三角状卵形，顶端具膜质长翅	产大兴安岭、小兴安岭北部。黑龙江、吉林东部、辽宁东部及西部、华北均有引种	适应性强，耐寒耐湿，更新容易，是我国东北地区主要采伐利用和人工造林的优良树种
	红松（果松、海松）	*Pinus koraiensis* Sieb. et Zucc.	常绿乔木，高达40m，胸径1.5m。树皮红褐色，块状脱落。小枝密被黄褐色毛。叶5针一束，粗硬。球果大，2年成熟，成熟球果卵状圆锥形，成熟时种鳞不张开。种子生于种鳞腹面下部凹槽中，三角状卵形，无翅	产东北地区。主要分布在长白山、小兴安岭林区。大兴安岭有零星分布	材质良好，出材率高，工艺价值很高。是我国珍贵的用材树种和东北山区重要的造林树种
	樟子松	*Pinus sylvestris* L. var. *mongollca* Litv.	常绿乔木，高30m，胸径1m。树皮下部黑褐色，鳞片状开裂，中上部褐黄色或淡黄色，1年生枝淡黄褐色，2～3年生枝灰褐色。叶2针一束，粗硬，稍扁，微扭曲。6月开花，翌年9～10月成熟。球果长卵形，黄绿色，鳞盾常肥厚隆起向后反曲，鳞脐小，疣状凸起，有短刺，易脱落	产黑龙江大兴安岭。小兴安岭北坡亦有分布。辽宁、陕西、新疆、北京等地均已引种成功	用途广泛，是我国东北地区主要速生用材、防风固沙和“四旁”绿化的优良树种
	蒙古栎（蒙栎、柞树）	*Quercus mongolica* Fisch.	落叶乔木，高达30m。小枝紫褐色，无毛，具棱。单叶互生，叶多集生于小枝末端，宽倒卵形至长圆状倒卵形，先端钝圆，基部渐狭成耳状，叶下面无毛或泄脉有疏毛。壳斗浅碗状，外被瘤状突起的鳞片，坚果卵形至长卵形	产大兴安岭、小兴安岭南部，长白山地区，内蒙古、河北、山东、山西等地	为产区主要更新造林用材树种

（续）

分区	树种名（别名）	学　名	主要分类特征	产地及分布	用　途
东北区	大青杨（乌苏里杨）	*Populus ussuriensis* Kom.	落叶乔木，高35m，胸径1~2m。树冠球形，树皮幼时灰绿色，光滑，老年呈暗灰色，浅纵裂。幼枝有毛，1年生枝红褐色。叶椭圆形、宽椭圆形，边缘细圆锯齿及密生缘毛，沿脉有毛；叶柄有毛，上面有沟槽。雌雄异株，果序轴有毛，蒴果无毛，无柄或近无柄，3~4瓣裂	产东北长白山、小兴安岭林区	为产地森林更新的主要速生用材树种
东北区	水曲柳	*Fraxinus mandshurica* Rupr.	落叶乔木，高达30m，胸径60cm。树皮灰白色，浅纵裂。新枝近似四棱状。奇数羽状复叶，对生，小叶7~13枚，椭圆状披针形或卵状披针形，无柄，下面沿叶脉有黄褐色毛。雌雄异株，圆锥花序腋生，无花被。翅果扭曲，矩圆形	产小兴安岭南坡经完达山延伸到长白山和燕山山地，以小兴安岭为最多	我国东北林区的主要用材树种，是材质好、经济价值高的优良珍贵树种
东北区	黄波罗（黄檗、黄柏）	*Phellodendron amurense* Rupr.	落叶乔木，高达20m，胸径约1m。树皮淡灰色或灰褐色，深纵裂，木栓层发达，柔软。枝橙黄色或淡黄灰色。奇数羽状复叶，对生，小叶5~15枚，卵形或卵披针形，叶缘波状或有不明显的锯齿，齿间有透明油点，仅下面中脉基部有毛。雌雄异株，顶生圆锥花序。核果近球形，熟时黑色	产东北小兴安岭南坡、长白山区和华北燕山山地的北部	为产区珍贵用材树种。材质好、花纹美观、加工容易、用途很广
华北区	油松（黑松、短叶松）	*Pinus tabulaeformis* Garr.	常绿乔木，高达30m，胸径1.8m；树冠塔形或卵圆形。1年生枝淡灰黄色或淡褐红色。叶2针一束，粗硬。球果卵圆形，常宿存树上数年不落，鳞盾肥厚隆起，横脊显著，鳞脐有刺，种子卵形，长6~8cm，翅长约1cm	我国特有树种，分布范围很广，北至内蒙古，西至宁夏、青海，南至四川、陕西、河南、山西、河北，东至沿海	木材坚实，富松脂，耐腐朽，为优良的建筑、电杆、枕木、矿柱等原料。是我国北方广大地区主要的造林和用材树种
华北区	华北落叶松	*Larix principis-rupprechtii* Mayr.	落叶乔木，高达30m，胸径1m。树皮灰褐色或棕褐色。片状剥裂。1年生小枝淡黄褐色或淡褐色，幼时有毛，后脱落，有白粉；2~3年生枝条灰褐色或暗灰色。针叶披针形至线形，上面平。雌雄同株，球果卵形至宽卵形，果鳞近五角状卵形，先端平、波形或微凹，成熟时黄色，无毛，有光泽，苞鳞短，呈紫褐色	主要分布于山西、河北两省。内蒙古、山东、辽宁、陕西、甘肃、宁夏、新疆等省（自治区）有引种栽培	生长较快，材质好，用途广，耐腐朽。是我国华北地区山地主要更新造林和用材树种。并有涵养水源的显著效能

（续）

分区	树种名（别名）	学名	主要分类特征	产地及分布	用途
华北区	侧柏（香柏、扁柏）	*Platycladus orientalis* (L.) Franco	常绿乔木，高达20m，胸径达1m。树皮淡褐色或灰褐色，细条状纵裂。生鳞叶的小枝扁平，直展，鳞叶交互对生，先端微尖，背部有纵凹槽。雌雄同株。球果长卵形，种鳞4对，扁平，背部上端有一反曲的小尖头。种子长卵形，无翅	分布广，全国各地都有栽培。在淮河以北、华北等地生长最好	耐干旱瘠薄，为淮河以北、华北、西北石灰岩山地及黄土高原重要的造林树种和庭院观赏树
	麻栎	*Quercus acutissima* Carr.	落叶乔木，高达25m，胸径达1m。小枝带黄褐色，无毛。叶长椭圆状披针形，先端渐尖，基部圆形或宽楔形，边缘有锯齿，齿尖毛刺少。雌雄同株，雄花柔荑花序下垂；壳斗碗状，鳞片锥形，反曲，有毛，坚果于翌年成熟，卵状短圆柱形，果顶圆	分布广，北到辽宁、河北，南到广东、广西，西到四川、云南、西藏东部。以长江流域及黄河中下游较多	木材经济价值高，是我国著名的硬阔叶树用材树种。为产区主要造林更新树种。也可作薪炭林、柞蚕林及各种水土保持林
	栓皮栎（软木栎）	*Qtlercus variabills* Bl.	落叶乔木，高可达25m，胸径可达1m，栓皮层发达。叶矩圆状披针形或长椭圆形，锯齿具芒状尖头，下面密被灰白色星状绒毛。壳斗杯形，鳞片锥形，反曲，有毛：坚果球形或短柱状球形，顶端平圆	分布广，北起辽宁、河北、山西、陕西、甘肃南部，东南至广东、广西及台湾，东至山东，西至四川、云南	树皮为木栓可制软木，具有密度小、浮力大、弹性好、不透水、不透气、耐酸、耐碱等特性，是重要的工业原料和用材树种
	刺槐（洋槐）	*Robinia pseudoacacia* L.	落叶乔木，高25m，胸径60cm。树皮深纵裂至浅裂，有的比较光滑。小枝无毛，有托叶刺。奇数羽状复叶，互生，窄椭圆形或卵形，先端钝圆，微有凹缺，有小尖头。总状花序，白色，有香气。荚果扁平，沿腹线有窄翅，种子黑色、黄色具有褐色花纹或褐色	原产美国东部。我国长江流域至辽宁、河北、内蒙古、宁夏一线有引种栽培	为重要的速生用材树种和华北、西北等地优良的保持水土、防风固沙以及“四旁”绿化树种
	槐树（国槐、家槐）	*Sophora japonica* L.	落叶乔木，高达25m，胸径达1.5m。树冠圆形。树皮灰黑色，纵裂。幼树枝干平滑、深绿、渐变黄绿色。奇数羽状复叶，基部膨大呈马蹄形。小叶7～17枚，卵圆形、全缘。花顶生，圆锥花序，黄白色。荚果肉质，于种子之间缢缩，呈串珠状。10月果熟，经冬不落，种子深棕色至黑色	常见于华北平原及黄土高原。北自东北南部、内蒙古、新疆，南至广东、广西均有栽培	是北方地区重要的用材和绿化的优良树种。花、果及种子可入药，亦为良好的蜜源植物

（续）

分区	树种名（别名）	学名	主要分类特征	产地及分布	用途
华北区	毛白杨（大叶杨、响杨）	*Populus tomentosa* Carr.	落叶乔木，高达40m，胸径1m以上。树皮灰白色或灰绿色，皮孔菱形，树干基部灰褐色或黑褐色，纵裂。短枝叶三角状卵形、卵圆形、近圆形，先端短尖或钝尖，基部心形或截形，边缘具波状缺刻或粗锯齿，叶柄侧扁，有时具腺体。长枝叶三角状心形近圆形，边缘具不规则缺刻或粗锯齿，叶柄基部近圆形，有毛，通常具腺体。雌雄异株，蒴果圆锥形或扁卵形	分布广。北起辽宁、内蒙古南部、河北、山西、山东、河南、陕西、湖北，南达江苏、浙江，西至甘肃、宁夏等地都有分布和栽培	我国北方地区特有的乡土速生用材树种和“四旁”绿化以及农田防护林的重要树种。抗烟和抗污染能力强，也是绿化工厂、矿山的良好树种
	旱柳	*Salix matsudana* Koidz.	落叶乔木，高20m，胸径80cm。树冠广圆形，树皮深灰色，浅裂到深裂。幼枝有毛，小枝黄色或绿色，无毛。叶披针形或线状披针形，有细锯齿，下面有白粉。幼叶被丝毛，后脱落。雌雄异株，雄花具雄蕊2，花丝分离，其背腹面各具1腺体。子房无柄，尖卵圆形	华北、东北、西北均有栽培	生长快，繁殖容易，树形美观。是黄河流域、华北平原“四旁”绿化、用材林、防护林的优良树种之一，为我国北方的乡土树种
	垂柳	*Salix babylonica* L.	落叶乔木，高达12～18m。小枝细长通常下垂，褐色、淡褐色或淡黄褐色。叶披针形或线状披针形，先端渐长尖，基部楔形，细锯齿。雌雄异株，柔荑花序。蒴果，内有种子2～4粒，成熟种子细小，绿色，外披白色柳絮	分布广，全国各地都有栽培。在亚洲、欧洲及美洲的许多国家还有引种	为水乡、平原、低湿滩地的重要造林树种，也是良好的护岸水土保持树种和庭园绿化树种
	白榆（家榆、榆树）	*Ulmus pumila* L.	落叶乔木，高达25m，胸径1m。枝条升展，树冠近圆形或卵圆形。小枝灰色。叶椭圆状卵形或椭圆状披针形，叶缘具不规则复锯齿或单锯齿，无毛或叶下面脉腋微有簇生毛。3～4月先花后叶，花两性、簇生。4～6月果熟，翅果近圆形或倒卵状圆形	产我国东北、华北、西北、华东等地区。东北、华北和淮北平原栽培最为普遍	防护林和盐碱地造林的主要树种。为东北、华北和淮北广大平原地区“四旁”绿化和用材林树种
	泡桐（白花泡桐）	*Paulownia fortunei*(Seem.) Hemsl.	落叶乔木，树高达27m，胸径达2m。幼枝、嫩叶被枝状毛和腺毛。叶心状长卵形，先端渐尖，全缘。圆锥状聚伞花序，狭窄，花冠白色或淡紫色，腹部皱褶不明显；花萼浅裂，仅裂片先端毛脱落。蒴果椭圆形，果皮木质较厚	我国特产的速生优质用材树种。长江流域以南各地（自治区）均有分布	木材是我国的外贸物资之一。其叶、花、果既可作药用，又是良好的饲料与肥料

（续）

分区	树种名（别名）	学名	主要分类特征	产地及分布	用途
华中、华东区	杉木（泡杉、刺杉）	*Cunninghamia lanceolata* (Lamb.) Hook.	常绿乔木，高达30m以上，胸径可达3m。树冠尖塔形。树皮棕色至灰褐色，条裂、内皮淡红色。侧枝轮生。叶螺旋状排列，侧枝的叶排成2列，线状披针形，有白粉或无白粉，边缘有锯齿，上下两面中脉两侧有气孔线，下面更多。雄球花簇生枝顶，雌球花单生，或2~3朵簇生枝顶，球形，苞鳞与种鳞结合。球果近球形或圆卵形，熟时黄褐色。苞鳞大，种鳞较种子短，每种鳞有3粒种子	我国南方分布较广的特有用材树种，栽培区北自丘陵南坡、淮河流域、长江流域以南至广东、广西北部、云南东南部、中部，西至四川等	树干通直圆满，材质轻软细致，生长快、材质好、用途广、产量高，是我国最普遍而重要的商品用材树种
	马尾松（青松、山松）	*Pinus massoniana* Lamb.	常绿乔木，高达40m，胸径1m。树皮上部红褐色，下部灰褐色，深裂成不规则的鳞状厚块片。枝条斜展，小枝微下垂。1年生枝红黄色或淡黄褐色。叶2针一束，偶见3针或1针一束，长10~20cm。雌雄同株，单性，花期3~4月，球果2年成熟，长卵形或卵圆形，熟时栗褐色	广布于淮河、伏牛山、秦岭以南至广东、广西的南部，东自东南沿海和台湾，西至贵州中部及四川大相岭以东地区	木材经防腐处理，可作矿柱、枕木、电杆；木材纤维长，是造纸和人造纤维的主要原料，也是我国主要的产脂树种
	巴山冷杉（太白冷杉）	*Abies fargesii* Franch.	常绿乔木，高达40m。树皮暗灰色，块状开裂，1年生枝红褐色或微带紫色，无毛。叶上部较下部为宽。球果圆柱状长圆形或圆柱形，熟时暗黑色。种鳞肾形或扇状肾形，苞鳞倒卵状楔形，先端急尖，露出或微露出；种子倒三角状卵圆形	为我国特有。产河南西部、湖北西部及西北部、四川东北部、陕西南部、甘肃南部及东南部	为分布区内山区森林更新造林和用材树种
	银杏（白果、鸭掌树、公孙树）	*Ginkgo biloba* L.	落叶乔木，高达40m，胸径4m。老树树皮深纵裂，粗糙，灰褐色。叶扇形，在长枝上互生，短枝上3~5叶簇生。雄雄异株。种实椭圆形、倒卵形或近圆球形，熟时黄色或橙黄色，外被白粉，外种皮肉质，中种皮白色，骨质，内种皮膜质，胚乳肉质	我国特产树种，浙江西天目山有野生林木。现广泛栽培于沈阳以南，南达广东北部，西至云南、四川、贵州等	树干端直，树形优美，春叶嫩绿，秋季鲜黄，常作为庭院和“四旁”绿化观赏树种，也可作为用材树种。种子可供食用和药用

（续）

分区	树种名（别名）	学名	主要分类特征	产地及分布	用途
华中、华东区	柳杉（孔雀杉、长叶柳杉）	*Cryptomeria fortunei* Hooibrenk ex Otto et Dietr	常绿乔木，高达40m，胸径3m。树冠卵圆形，树皮深褐色，纵裂。小枝细长，下垂，叶锥形，螺旋状排列，先端向内弯曲。雌雄同株。球果近球形，约有20片种鳞，种鳞木质；每种鳞有2种子；种子三角状长圆形，周围有窄翅	为我国特有种，产长江流域以南。我国亚热带地区均有栽培	树形雄伟，生长快，适生范围较广，是我国南方优良速生用材树种和庭院观赏树
	水杉	*Metasequoia glyptostroboides* Hu et Cheng	落叶大乔木，高达39m，胸径达2.2m，树干基部常膨大。幼树树皮淡红褐色，老树树皮深灰色或灰褐色，纵裂，长条片状剥落。大枝斜上伸展。叶对生，线形，扁平，柔软，叶在脱落性小枝上列成羽状，冬季与之俱落。球果近圆形或长圆形，微具四棱。种鳞交互对生，木质，盾形。种子倒卵形，扁平，周围有窄翅	天然分布于四川石柱、湖北利川水杉坝磨刀溪及湖南西北部龙山。现北至辽宁南部以南，南至广州，东起江苏、浙江，西至昆明、成都均有栽培	树干通直圆满，材质次于杉木，可作为房屋建筑、电杆、家具及木纤维工业原料等用。树形优美，叶色嫩绿宜人，为著名的庭园观赏树
	青冈	*Cyclobalanopsis glauca*(Thunb.) Oerst.	常绿乔木，高达20m，胸径1m。单叶互生，叶革质，先端渐尖或呈短尾状，基部圆形或宽楔形，边缘中部以上有疏锯齿，叶上面无毛，有光泽，叶下面灰白色，有白粉，被子伏毛。花单性，雌雄同株。壳斗浅碗形，小苞片鳞片状，合生成5～7条同心环带。坚果卵形或椭圆形，当年成熟	分布广，产长江流域以南。南至广东、广西、台湾，西至青海东南部	材质坚重，强度大，结构细。供桩柱、车船、桥梁、地板、木制机械、纺织木梭、军工等用
	苦槠（槠栗）	*Castanopsis scleropylla* Schott.	常绿乔木，高达20m。小枝具棱，无毛。单叶互生，叶革质，长椭圆形或卵状长椭圆形，中部以上有尖锯齿，中部以下全缘，下面具灰白色蜡层，无毛。果序直立；壳斗径1～1.4cm，外被环列之瘤状鳞片，鳞片上有短毛。坚果单生，卵圆形或扁球形，几全包于壳斗内，仅顶端露出，果脐大	产江苏、浙江、福建、安徽、江西、湖北南部、湖南、广东、广西西北部	为分布区内低山常绿阔叶林造林树种之一。木材致密坚韧，富弹性，可供建筑、桥梁、图版、体育用具等用

（续）

分区	树种名（别名）	学名	主要分类特征	产地及分布	用途
华中、华东区	鹅掌楸（马褂木、鸭掌树）	*Liriodendron chinense*（Hemsl.）Sarg.	落叶乔木，高达40m，胸径1m以上。树皮灰色、黑灰色，交叉纵裂。小枝灰色或灰褐色，具环状托叶痕，叶马褂形，两边通常各具一裂，老叶下面密被乳头状突起的白粉点。花期5～6月，花黄绿色，单生枝顶，花瓣长3～4cm，10月果熟。翅状小坚果，先端钝或钝尖	产长江流域以南，浙江、安徽南部、江西、湖南、湖北、四川、贵州、云南等地	生长迅速，树干通直，叶形奇特，是优美的庭园绿化和观赏树种。也是良好的用材树种
	茶树	*Camellia sinensis*（L.）O. Ktze.	常绿灌木或小乔木，栽培茶树多为灌木型，高达1～3m。幼枝有细柔毛。叶卵状椭圆形、卵状披针形或椭圆形，质地较薄，叶脉明显，叶缘有细锯齿。花期10月，花白色，1～4朵生于叶腋，萼片5，圆形，花瓣5～7。蒴果圆球形，基部有宿存花萼，果皮较薄。种子近球形，棕褐色	我国茶区辽阔，品种丰富，茶类众多。秦岭、淮河流域以南各地均有广泛栽培	嫩叶及幼芽经加工可制成各种茶叶，为日常优良饮料。是我国传统的出口商品，在国际市场上享有声誉
	板栗	*Castanea mollissima* Blume	落叶乔木，树高达20m，胸径1m。树皮褐色或黑褐色，深纵裂。小枝密被灰色茸毛。叶互生，矩圆状披针形或长圆状椭圆形。先端渐尖，基部为广楔形或圆形，齿端刺毛状。花单性，雌雄同株，雄花序直立，细长，雌花着生于雄花序基部，常3朵聚生在一个总苞内。壳斗球形或扁球形，密被分枝长刺，刺上有星状毛，内有坚果通常2～3粒，多的可达9个	我国特产，分布广。北自吉林的集安，南到广东、广西，东起台湾，西至内蒙古、甘肃、四川、云南、贵州等地均有栽培	为著名木本粮食，栗果营养丰富，种仁富含淀粉和糖，可供食用
华南区	加勒比松	*Pinus caribaea* Morelet	常绿乔木，高15～30m，胸径达1m。树皮灰色至红棕色，龟裂，成扁平大片剥落。针叶常为3针一束，少有4～5针一束，极稀2针一束；叶鞘长1.3cm，浅棕色，后变为暗棕色或黑色。球果反曲着生，近顶生，圆锥状，褐色或红棕色，鳞脐先端有微小的直刺	原产中美洲加勒比海区。我国广东湛江、广西合浦有引种	材质好，强度大而坚重。供建筑、家具、桥梁、造纸等用；松脂丰富，能生产优质松香和松节油

（续）

分区	树种名（别名）	学名	主要分类特征	产地及分布	用途
华南区	红锥（红栲、红锥栗）	*Castanopsis hystrix* A. DC.	常绿乔木，干形通直，高达30m，胸径1m。树皮灰色至灰褐色，片状剥落。幼枝被疏柔毛，2年生枝无毛。叶互生，2列，薄革质，卵状披针形，先端渐尖，基部楔形，全缘或顶端有齿缺，下面被棕色鳞秕和淡毛，老则变成淡黄色，侧脉10～12对。壳斗球形，4瓣裂，坚果2年成熟，卵形	产长江以南。在福建、湖南、湖北南部、广东、广西、云南、贵州、西藏都有分布	是优良的硬材，用途甚广，为分布区内更新及造林树种。木材、枝桠、树皮、果实等都各有妙用
	窿缘桉	*Eucalyptus exserta* F. Muell.	常绿乔木，高达20～25m，胸径35～40cm。树皮灰褐色，粗糙浅纵裂，纤维状。叶窄披针形，侧脉多数而斜举，边脉稍离叶缘。伞形花序腋生，有花4～8朵，花序梗圆柱形；花蕾圆锥形，帽状体圆锥形，长约为萼筒的2倍，渐尖。蒴果近球形，果盘边缘阔而隆起，果瓣3～5，突出	原产大洋洲。在我国广东、广西、福建三省栽培最多。福建、江西、湖南、浙江、云南和四川也有栽培	中小径级木材，可供建筑、家具、农具柄等用。也是优良的防护林树种
	柠檬桉	*Eucalyptus citriodora* Hook.	常绿大乔木，高达35m以上，胸径1.2m。树皮每年呈片状剥落1次，1次脱光；剥落后呈灰白色，淡红灰色或棕褐色等不同的斑块状。幼苗及萌芽枝叶对生，卵状披针形，基部圆形近平截，叶柄在叶片基部盾状着生，叶及枝密生棕红色腺毛；成年树叶互生，披针形或窄披针形，稍呈镰状，具柠檬香气，无毛；叶脉明显，侧脉稍粗而多数，平行斜举。伞形花序腋生。蒴果壶形或坛状，果缘薄，果瓣深藏	原产大洋洲。我国福建南部、广东南部和广西中、南部尤以柳州、百色以南栽培较多。四川南部和云南东南低海拔的地方，也有少量栽培	生长快，树干通直高大，尖削度小，出材率高，而且较耐干旱瘠薄，抗风力强，病虫害较少，很适应我国南方“四旁”和低山丘陵地区发展
	木麻黄	*Casuarlna equisetifolia* L. ex Forst.	常绿乔木，高可达30m，径70cm。树干通直，树冠均匀。小枝长10～27cm，节间短；每节上有鳞片状叶6～8枚。果序具短柄，椭圆形，长约2cm，径约1.5cm，两端钝或近截平，外被短柔毛	原产澳大利亚及太平洋群岛等热带地区。我国福建、广东、广西、台湾有引种栽培	生长迅速，抗风力强，不怕沙压，能耐盐碱。我国南方海岸优良的防风固沙林和农田防护林的先锋树种

（续）

分区	树种名（别名）	学名	主要分类特征	产地及分布	用途
华南区	木荷（荷树、荷木）	*Schima superba* Gardn. et Champ.	常绿乔木，高达30m，胸径1m。树皮深褐色，纵裂。小枝暗灰色，皮孔明显。叶互生，椭圆形或卵状椭圆形，叶无毛，边缘有钝锯齿。花期5～7月，花白色。蒴果近球形，径约15cm，5裂，花萼宿存。种子扁平，肾形，边缘有翅	产长江流域以南地区，南至广东、广西、台湾，西南至云南、四川、贵州等地	为南方珍贵的用材造林树种。树干通直，木材坚硬，为纺织工业中的特种用材
	台湾相思（相思树）	*Acacia richii* A. Br.	常绿乔木，高达15m以上，胸径达60cm以上。树干稍弯，树皮不裂不落，灰褐色。苗期第一片真叶为羽状复叶，长大后小叶退化，叶柄呈叶片状，披针形，弯似镰刀，革质。头状花序，黄色，腋生。荚果扁平，有种子7～8粒。种子坚硬、褐色、有光泽	原产台湾。福建、海南及广东、广西普遍引种，云南、四川、江西、浙江有少量引种	为荒山荒地造林的先锋树种。适于营造各种防护林、防火林和薪炭林，也是“四旁”绿化的优良树种
	油茶（茶子树、茶油树）	*Camellia oleifera* Abel.	小乔木，高的4～6m，矮的2～3m，胸径达24～30cm。树皮灰褐色，光滑。单叶互生、革质、光滑，柄短，卵状椭圆形，先端尖，边缘有锯齿，侧脉不明显。花两性白色，无柄，10月中下旬开花，开花以后直到翌年10月果实方能成熟。蒴果球形，果皮厚，有细毛。种子黄褐色或乌褐色，状卵形	产我国南方各省。主要分布在江西、湖南、广西、广东、浙江、福建、安徽、云南、湖北等	我国主要的木本油料树种。是南方重要的食用油树种。能绿化荒山，保持水土，也是防火林带的优良树种
西北区	青海云杉	*Picea crassifolia* Kom.	常绿乔木，高达25m，胸径60cm。树冠灰蓝绿色，树皮鳞状开裂。1年生枝淡绿黄色，2～3年生枝粉红色，小枝有木钉状叶枕。叶锥形，先端钝，横切面菱形。球果成熟前种鳞上部边缘紫红色、背部绿色，球果成熟后下垂，长圆状圆柱形种鳞倒卵形，先端圆	我国特有树种。产青海、甘肃、宁夏、内蒙古等地，以青海分布最广	生长较快，适应性较强，是西北高山林区主要更新树种之一

（续）

分区	树种名（别名）	学　名	主要分类特征	产地及分布	用　途
西北区	天山云杉（雪岭云杉）	*Picea schrenkiana* Fisch. et Mey.	常绿乔木，树高可达70m，直径1.7m左右。树冠圆柱形或塔形，中、幼龄时枝条平伸或下垂。1～2年生枝条淡黄色、姜黄色或灰色，具叶枕。叶锥形，有4棱，先端锐尖，横切面菱形，四面有气孔线。种鳞顶端圆，基部宽楔形，全缘，内面有2粒种子，具翅	产新疆塔城山区、天山、昆仑山北坡，阿尔泰山西南坡亦有少量分布	树形高大，干形通直，材质较好，是产区主要的用材树种和防护效能较高的水源涵养林树种
	新疆杨	*Populus alba* var. *pyramidalis* Bunge	落叶乔木，高30m。树冠圆柱形，侧枝角度小，向上伸展，近贴树干；树皮灰绿色，光滑，基部浅裂，老树灰色，树干基部常纵裂。短枝叶近圆形或圆状椭圆形，基部截形，边缘有粗牙齿；幼叶下面有灰白绒毛，后脱落；长枝叶掌状深裂，边缘有不规则粗牙齿，表面光滑，有时脉腋被绒毛，背面被白绒毛	主要分布在我国新疆地区，以南疆地区较多。陕西、甘肃、宁夏等地有大量引种	为优良的绿化和防护、用材树种。木材供建筑、家具等用
	箭杆杨（钻天杨）	*Populus nigra* var. *thevestina* Bean.	落叶乔木，高30～40m。树冠圆柱形或尖塔形。树皮灰白色，幼时光滑，老时基部稍裂。枝条细长，光滑，灰白色，向上长，几乎与主干平行。叶形变化大，一般为三角状卵形，先端渐尖，基部广楔形，边缘细锯齿或钝锯齿，两面光滑，无毛。蒴果圆形，绿色。熟后2瓣裂	起源不明，我国北方各省均有栽培	生长快，树冠窄，是很适宜的“四旁”绿化和农田防护林的优良树种。材性较好，是民用建筑的好木材
	胡杨	*Populus euphratica* Oliver	落叶乔木，树高达25m，胸径60cm。树冠球形。树皮厚，灰黄色，纵裂。幼枝灰绿色，被短毛。小枝细，无顶芽。叶形多变化，幼树及长枝上的叶线状披针形，似柳叶；大树上的叶卵圆形、披针形、三角形或肾形，灰绿色或浅灰绿色，革质，顶端阔楔形或具粗牙齿，基部截形或近心形，少阔楔形；叶柄稍扁平，光滑，顶端具腺体2。雌雄异株，果长卵圆形，2瓣裂	产新疆、青海、甘肃、内蒙古、宁夏等地。在新疆地区分布最广，尤其在南疆的塔里木河流域等地有大片野生胡杨林	为干旱大陆性气候条件下的乡土树种。具抗热、抗干旱、抗风沙、耐盐碱的特性，是干旱地区的重要森林资源

（续）

分区	树种名（别名）	学名	主要分类特征	产地及分布	用途
西北区	沙枣	*Elaeagnus angustifolia* L.	落叶小乔木，高达6m。干多分叉弯曲，枝条稠密，具枝刺。植物体各部均被银白色腺鳞。叶互生，椭圆状披针形。花两性，1～3朵腋生，黄色，芳香，花柄短，花被筒状，4裂，雄蕊具蜜腺，虫媒传粉。果常为椭圆形，熟时黄色或红色，果肉粉质	产华北西北部、内蒙古以及西北各省（自治区）	为西北荒漠、半荒漠地区的沙地、盐碱地造林的重要树种，可作"四旁"绿化树种
	梭梭（梭梭柴、梭梭树）	*Haloxylon ammodendron* (Mey.) Bunge	落叶小乔木或灌木，高达7m。树皮灰白色，干形扭曲，枝对生，有关节，小枝纤细、绿色、直伸。鳞叶近三角状，内面有毛，对生。花小，两性，单生叶腋，成穗状花序状。果扁球形，顶部凹陷，暗黄褐色，宿存花被瓣具半圆形膜质翅	产新疆、甘肃、青海、内蒙古和宁夏	抗旱、抗热、抗寒、耐盐，根系发达，是我国西北和内蒙古干旱荒漠地区优良的固沙树种
	沙棘（醋柳、酸刺、黑刺）	*Hippophae rhamnoides* L.	落叶灌木或小乔木，高达10 m，枝上有灰褐色刺针。单叶互生，线形或线状披针形，下面密被银白色或淡褐色盾状鳞斑，叶柄短。雌雄异株，短总状花序腋生，花单性，先叶开放，花被筒短，2裂，黄色，雄蕊4，风媒传粉。浆果近球形或卵圆形，橙黄色。种子多枚，卵形，种皮坚硬，黑褐色有光泽	分布广，产于内蒙古、河北、山西、陕西、甘肃、宁夏、青海、新疆、四川、云南、贵州、西藏等地	适应能力强，繁殖容易，经济价值较高。为华北、西北黄土丘陵和干旱风沙地区的荒山造林、水土保持的重要灌木树种
	青海云杉	*Picea crassifolia* Kom.	常绿乔木，高达25m，胸径60cm。树冠灰蓝绿色，树皮鳞状开裂。1年生枝淡绿黄色，2～3年生枝粉红色，小枝有木钉状叶枕。叶锥形，先端钝，横切面菱形。球果成熟前种鳞上部边缘紫红色、背部绿色，球果成熟后下垂，长圆状圆柱形种鳞倒卵形，先端圆	我国特有树种。产青海、甘肃、宁夏、内蒙古等地，以青海分布最广	生长较快，适应性较强，是西北高山林区主要更新树种之一

复习思考题

1. 植物界的基本类群有哪些？各类群的主要特征是什么？
2. 低等植物与高等植物有何本质上的区别？
3. 如何区别裸子植物和被子植物，单子叶植物和双子叶植物？
4. 为什么要对植物统一名称？植物分类学上如何对植物统一命名？
5. 目前植物分类的方法主要有几种？各种分类方法有什么特点？
6. 如何利用植物检索表来识别、鉴定植物？
7. 植物分类系统主要有哪两大类？各有什么优缺点？
8. 简述生物多样性的概念及其含义。
9. 评价生物多样性主要有哪些指标？如何评价？
10. 目前人类保护生物多样性的方式主要有哪些？
11. 为什么人类要保护生物多样性？这对人类的生存及发展有何影响？
12. 我国生物多样性有什么特点？

本章可供阅读书目

植物学．曹慧娟．中国林业出版社，1992
树木学．火树华．中国林业出版社，1992
植物分类学．周世权，马恩伟．中国林业出版社，1995
中国生物多样性国情研究报告．国家环境保护局．中国环境科学出版社，1998

第4章　森林与环境

【本章提要】本章首先介绍了环境与森林环境的概念；重点介绍森林与环境因子的相互关系和作用的一般规律与形式（限制因子定律、耐性定律、综合作用、主导因子作用、直接和间接作用、不可替代性和可补偿性作用、阶段性作用和生态作用、生态适应、生态反作用）；最后介绍了森林分布的地带性规律及中国森林植被分布的情况。

环境是指某一特定生物体或生物群体以外的空间及直接、间接影响该生物体或生物群体生存的一切事物总和。环境的概念总是相对于某个特定主体而言的，如环境科学领域，特定主体通常是人类，环境就是指人类周围一切影响着人类生活和发展的全部因素。在生物科学领域，特定主体通常是指生物本身，环境则是指围绕着生物体或生物群体的一切事物总和。因此，环境分类或环境因素的分析通常是相对于特定主体而言的。森林环境的主体是森林，而森林环境则是指森林所处的空间及其影响森林生长和发育的一切因素总和。

4.1　森林环境因子

4.1.1　气候因子

4.1.1.1　光因子

（1）光合作用的一般原理　所谓光合作用，是指绿色植物把太阳能转化为化学能，把二氧化碳和水合成有机物并释放出氧气的过程。光合作用合成的有机物主要是碳水化合物类物质。光合作用的过程可以用如下反应简式表示：

$$2CO_2 + 12H_2O \xrightarrow[\text{绿色植物}]{\text{光能}} C_2H_{12}O_6 + 2O_2\uparrow + 6H_2O$$

光合作用合成的糖类物质，除了部分直接用于植物本身的呼吸之外，其余部分则被转运并贮藏于果实、花粉、根、干、叶等组织中，以后还可能转化为其他种类的碳水化合物，如淀粉、氨基酸、维生素、粗蛋白、粗纤维、黄酮类、类脂类等。

(2) 光质对植物的影响　光是太阳辐射能以电磁波的形式投射到地球的辐射线，其能量的99%集中在波长为150～4 000nm的范围内。不同波段的光照，如红光（760～626nm）、橙光（626～595nm）、黄光（595～575nm）、绿光（575～490nm）、青蓝光（490～435nm）、紫光（435～370nm）对植物的作用是不完全相同的。青蓝紫光会抑制茎的伸长，并产生向光性；它们还能促进花青素的形成，使花朵色彩鲜丽；紫外线也有同样的功能。

就植物的光合作用而言，以红光的作用最大，其次是蓝紫光。红光有助于叶绿素的形成，促进 CO_2 的分解与碳水化合物的合成；蓝光有助于有机酸和蛋白质的合成；绿光及黄光则大多被叶子所反射或透过，很少被利用；紫外辐射（UV）对植物的光合作用具有抑制作用，因为UV对质膜和类囊体膜具有破坏性。

(3) 光照强度对植物的影响　光合作用是一个光生物化学反应，当光照强度为零时，植物的净光合速率为负值，其数值的大小等于呼吸速率。随着光照强度的增加，植物的光合速率增大，达到一定数值时，光合速率和呼吸速率相等，净光合速率为零，此时的光照强度即为该植物的光补偿点。在很大范围内，植物的光合速率和光照强度之间几乎呈正相关关系，但超过一定限度后继续增加光照强度，光合速率增加开始转慢，达到一定阈值以后，光合速率达到最大值，这一点被称为光饱和点。达到光饱和点以后，如果继续增加光照强度，光合速率反而下降，这种现象被称为光抑制现象。植物在长期进化过程中，已经形成多种方式或方法用以减轻或避免光抑制或光破坏。例如，通过叶片运动、叶片表面覆盖蜡质层或着生绒毛等减少光吸收，亦或通过提高光合能力而增加对光能的利用等。

根据光饱和点和光补偿点的不同，可将树种分为3种不同的生态类型。

①喜光树种　喜光树种的光饱和点和光补偿点都比较高，只有在全光照条件下才能正常生长发育，在光照不足的生境中生长不良甚至死亡。常见的喜光树种有落叶松属、松属（不包括华山松、红松）、桦木属、桉属、杨属、柳属、栎属的树种，以及合欢、臭椿、乌桕、泡桐等。

②耐荫树种　耐荫树种的光饱和点和光补偿点都比较低，在较弱的光照条件下比在全光照下生长良好，这是由于在全光照生境中会出现光抑制甚至光破坏。八角金盘是木本耐荫植物，但典型的耐荫树种较少。

③中性树种　中性树种对光照强度的需求介于喜光树种和耐荫树种之间，在其他环境因子适宜的前提下，通常呈现出喜光树种的倾向。如榆属、朴属、榉属、樱花、枫杨等为中性偏阳。然而，它们通常也具有一定的耐荫能力，如冷杉属、云杉属、铁杉属、红豆杉属、椴属，以及杜英、甜槠、阿丁枫、荚蒾、常春藤、八仙花、山茶、桃叶珊瑚、枸骨、海桐、忍冬、罗汉松、紫楠、棣棠、香榧等树种均属此类，耐荫程度因种类不同而有很大差别。

(4) 光周期对植物的影响　除了光照强度以外，光照时数的长短对植物的开花也有明显的影响。由于长期适应不同光周期的结果，有些植物需在长日照条件下才能开花，另一些植物则在短日照条件下才能开花。每日日照时数长短对植物开花的影响称为植物的光周期现象。根据植物对光周期的不同反应，可以将植物归纳为4类：

①长日照植物　植物开花之前的一段时期内，每日日照时数超过某一临界值（一般为14h）才能正常开花的植物被称为长日照植物。对于这类植物而言，日照时数越长，开花越早。否则，就只能维持营养生长而不能正常开花结实。

②短日照植物　每日日照时数少于某一临界值（一般为12h）才能正常开花的植物被称为短日照植物。对短日照植物而言，在一定范围内，黑暗时数越长则花期越早，在长日照条件下只能进行营养生长而不能开花。

③中日照植物　有些植物只有当昼夜长短相当时才能正常开花，这类植物被归类于中日照植物。

④中间型植物　对光照与黑暗的长短没有严格的要求，只要发育成熟，无论长日照还是短日照条件都能正常开花结实，这类植物被称为中间型植物。

4.1.1.2　温度因子

（1）*温度对植物生物化学过程的影响*　温度通过对植物生理活动的影响而影响植物代谢过程。根据反应速度—温度定律（RRT定律），在一定范围内，反应速度随温度升高而呈现指数式增加。呼吸作用和光合作用的温度反应基本上都符合这种定律。例如，在寒冷的最适温度以下时，光合速率随温度升高而增加，直到最适值。在最适范围以上温度时，则破坏与碳代谢和物质运输有关的各种反应之间的相互关系，光化学反应过程也受到抑制，最终导致光合作用迅速衰退。非常高的温度则使 CO_2 吸收完全停止，甚至使植物结构受到损害。

温度的变化常常引起环境中其他生态因子的改变，如引起湿度、降水、风、氧在水中的溶解度以及食物和其他生物活动、行为方式的改变等，这是温度对生物的间接影响。此外，温度还经常与光和湿度联合起作用，共同影响生物的各种功能。

（2）*节律性变温对树木的影响*

①物候和物候期　节律性变温主要包括季节变温和昼夜变温2种。植物在系统发育过程中的形态形成和其内部的生命活动，总的来说是与温度的季节性变化和昼夜性变化节律相适应的，植物的这种习性通常被称为生物钟。与温度的季节性变化相伴随的植物内部的生理和外部形态的节律性变化被称为树木的年生长周期。而树木在形态上发生的有节奏地进行萌芽、抽枝、展叶、开花、结果、落叶、休眠等规律性的周年变化被称为物候，与之相适应的树木各器官的动态时期称为物候期，不同物候期树木器官所表现出来的外部形态特征称为物候相。

②树木主要物候期　对落叶树种而言，主要物候期包括：萌芽期，该期是树木由休眠期转入生长期的标志；生长期，在萌动之后，经幼叶初展至叶柄形成离层，直至叶片脱落为止的时期；落叶期，从叶柄开始形成离层至叶片落尽或完全失绿为止；休眠期，从叶落尽（或完全变色）至树液开始流动为止的时期。

常绿树种各器官的物候极为复杂，其特点是没有明显的落叶休眠期。叶片在树冠中不是周年脱落，而是在春季新叶抽出前后，老叶才逐渐脱落，而且不同树种叶片脱落的叶龄也不同，一般都在一年以上，表现出整体上的终年常绿特征。

(3) 非节律性变温对树木的影响　节律性变温对树木的影响一般总和树木产生相应的适应性联系在一起，而非节律性变温条件下树木往往不能及时形成相应的适应性。非节律性变温对树木影响的因素有极端温度的高低、持续时间、发生的突然性、温度变幅、树木自身的抗性和树木的发育阶段等，其中，极端温度的高低对树木的影响最大。

①低温对树木的影响　温度超过植物适宜温度的下限后，会对林木产生不利影响，甚至造成不同程度的危害。常见的低温危害主要有以下 3 种表现形式：

冷害：也称寒害，是指喜温植物在零度以上的低温条件下所受到的伤害甚至死亡。冷害主要发生在我国南方地区，例如热带植物丁香发生寒害的临界温度为 6.1℃，三叶橡胶在 0℃以上即发生叶片变黄、脱落的受害症状。在温暖地区树种北移时，也容易发生寒害。

冻害：是指气温低于 0℃的低温对树木组织造成的伤害或死亡的现象。气温降到 0℃的冰点以后，植物体内形成冰晶，而冰晶的形成将导致原生质膜破裂和蛋白质失活与变性。研究表明，在 0℃以下植物体内形成冰晶以后，温度每下降 1℃时，水势负压增加 12Pa，当降到 -5℃以下时约增加 60Pa，-10℃以下时约增加 120Pa。随着温度的不断降低，冰晶不断扩大，水势负压亦进一步增大，细胞液浓度进一步增加，植物受到的伤害程度也进一步加重。

霜害：指由于温度急剧下降至冰点以下甚至更低，使空气中的饱和水汽在树体表面凝结成霜，从而导致树木幼嫩组织或器官产生伤害的现象。霜害多数发生在树木生长季节。

②高温对树木的影响　温度超过植物适宜温度的上限后，同样会对林木产生不利影响。高温对林木的影响主要有 2 种途径，即扰乱或破坏林木内部的代谢平衡或对林木的组织和器官造成直接伤害。

皮烧是由于树木受到强烈光照而导致树木的皮部和形成层坏死的现象。树皮光滑的树木容易发生皮烧危害，这为病原菌的侵入提供了条件。

根颈伤害，也称为颈烧、日灼或干切。它是由于过高的土壤温度使苗木根颈部位的皮部和形成层受到灼伤而致死的现象，多发生于高温干旱的夏季。

(4) 极端温度对树种分布的影响　树木正常生长发育需要具备适宜的有效积温环境，然而环境温度总是保持在最适宜的范围几乎是不存在的。因此，树木还需要适应一定的温度变幅。极端温度（高温和低温）常常成为限制树木分布的重要因素。例如，由于高温的限制，白桦、云杉在自然条件下不能在华北平原生长，苹果、梨、桃不能在热带地区栽培。低温对树木分布的限制作用更为明显，例如橡胶分布的北界是北纬 24°40′（云南盈江），海拔高度的上限是 960m（云南盈江）。

4.1.1.3　水分因子

水分条件是树木生存的一个至关重要的“先天性”环境条件。①它是树木的重要组成部分；②它是树木一切生命活动的重要介质，树体内部的养分运输、废物的排除、激素的传递，包括光合和呼吸作用在内的许多代谢活动、矿质养分的吸收等都离不开水分介质；③原生质的活化状态是以充足含水量为前提的，水分亏缺会使原生质活性下降甚至变性或死亡；④水分也是光合作用的重要原料。

（1）*树木和水分的关系* 因蒸腾作用和蒸发作用的存在，树木地上部分的失水不可避免，所丧失的水分需要从土壤中得到及时补充才能维持树体内的水分平衡。水分被根系吸收、在体内运输和叶面蒸腾蒸发是关系水分平衡的几个连续过程。显然，树木体内的水分平衡具有动态特点，它依靠土壤水分的持续供给来维持。树木吸收水分的主要器官是根系，只要细根中的水势低于根际土壤的水势，根系就可以从土壤中吸水。根系的吸收表面越大，从土壤中吸水就越容易，吸收速率也就越快。

（2）*树木的水分损失* 整个植物的外表面以及与空气接触的内表面都可以蒸发水分，蒸腾和蒸发是树木失水的主要途径。

湿润表面与空气之间的水汽压力梯度越大，裸露水面在单位时间和单位面积的水蒸气损失就越多。在水分供应不受限制和水汽移动不受阻碍条件下的蒸发称为潜在蒸发。干旱的亚热带地区的潜在蒸发达10～15mm/d，在地中海气候的干旱季节为5～6mm/d，赤道地区为3～4mm/d。当然，来自湿润表面（土壤）的实际蒸发通常小于潜在蒸发，因为水分的补充永远不会像失水那样迅速。

在自然生境中蒸发有规律发生的条件下，植物无阻碍的蒸发强度被称为最大蒸腾。最大蒸腾速度与植物的生活型（根据植物对环境的适应性在外貌上反映出来的特点而划分的类型），以及物种的生境类型（如水生植物、沼生植物、耐荫植物、喜光植物和旱生植物）密切相关。

（3）*树木的水分平衡* 树木内部的水分平衡状态取决于水分吸收和水分损失之间的差额。该差额的正负大小反映出偏离平衡的方向与程度。当水分吸收不能满足蒸腾的需求时，平衡即变为负值，而当气孔开度因这种水分亏缺而缩小时，蒸腾作用减弱但吸水却无变化，故水分平衡又慢慢得到恢复。

（4）*树木的水分生态类型* 根据树木对水分的适应性，可把树木分为旱生树种、湿生树种和中生树种3种类型：

湿生树种：抗旱能力小，不能长时间忍受缺水，生长在光照弱、湿度大的森林下层，或生长在日光充足、土壤水分经常饱和的环境中；旱生树种、能忍受较长时间的干旱，主要分布于干热和荒漠地区；中生树种：适于生长在水湿条件适中的环境中，其形态特征及适应性均介于湿生树种和旱生树种之间，是种类最多、分布最广和数量最大的生态类型。

（5）*森林对水分因子的影响* 森林对水分因子具有很大影响。一方面森林参与水分循环过程，影响降水的形成；另一方面又起到重新分配降水量的作用，导致有林区和无林区水分状况的明显差异。

①森林在水分循环中的作用 水分循环包括大循环和小循环2种类型。大循环是指由海洋蒸发的水汽，遇冷凝结降水于地面，通过江河又流回到大海的过程。它具有全球性的特点。小循环是指陆地蒸发的水汽，进入大气遇冷凝结降水，又回到地面的过程。它只是大循环的一个补充，具有区域性的特点，如土壤

水分蒸发和植物蒸腾等。

从大循环的全球范围来看，陆地降水总量中约40%来自海洋水分蒸发，约60%来自陆地水分蒸发；从小循环系统的范围来看，森林的分布特点对小循环具有十分重要的作用。

②森林对降水量的影响　森林能减少地表径流，促使更多的水分通过蒸腾作用进入大气，增加空气中的水分含量。同一纬度、同等面积的森林与海洋相比，森林所蒸发的水分比海洋要多50%。在通常情况下，森林上空及其附近的空气湿度要比无林地高15%~25%。主要原因是树木从土壤中吸收大量水分，通过蒸腾作用，把水汽逸散到空气中，增加了空气的相对湿度，为成云致雨创造了条件。

（6）森林对涵养水源和保持水土的作用　从森林能增加林区降水量、增加大气湿度、减少地表蒸发和地表径流，使地表径流转变为地下径流等森林对水分的综合作用来看，森林起到贮存降水、补充河水和地下水的作用。森林的这种增加降雨量，减少地表径流，均匀而长期不断地流入河流或水库，在枯水期间仍能维持一定水量进入河流或水库的现象，称为森林的水源涵养作用。

森林涵养水源和保持水土的作用与森林本身特征、环境条件以及人们的生产活动有着密切的联系。抚育间伐、主伐更新、林分改造等措施，也会直接或间接地影响森林水源涵养与水土保持作用的发挥。因此，在制定有关营造、经营和利用森林的技术措施时，应该以森林与水分因子相互作用的规律为理论依据，达到既提高森林生产量，又发挥森林涵养水源、保持水土功能的目的。

4.1.1.4　大气因子

大气是指地球表面到高空1 110km或1 400km范围内的空气层。在大气层中，空气的分布是不均匀的，越往高空，空气越稀薄。在地面以上约12km范围内空气层，其质量约占总空气质量的95%。这一层温度上冷下热，产生活跃的空气对流，形成风、云、雨、雪、雾等各种天气现象，这个空气层称为对流层。大气对森林的生态意义主要是发生在从地球表面到离地面100m高度的大气层里。

（1）大气的组成及其生态意义　大气的组成成分非常复杂，含有多种气体，通常洁净的大气在干燥状态下，按体积计算，含78%的氮、21%的氧、0.94%的氩和0.032%的二氧化碳，以及微量的氢、氖、氦、臭氧、甲烷、氪等稀有气体。其中，氧与二氧化碳对植物最为重要。

空气中氧气的含量基本上是不变的，但植物根部土壤中氧气浓度常常不足，从而抑制了根的伸长以致影响全株的生长发育。因此，在栽培上经常要耕松土壤避免土壤板结。在黏质土地上，有时需多施有机质或换土以改善土壤物理性质，在盆栽中也要经常更换具有优良理化性质的培养土。

在大气各种成分中，二氧化碳是生态意义最大的因子，是植物光合作用的主要原料。二氧化碳浓度对植物生长具有显著影响，在一定范围内(0~600μL/L)，随着二氧化碳浓度的升高，许多树种的光合生产力几乎呈线性增加，如杨树、银杏、马褂木等。这表明，目前大气二氧化碳浓度（350μL/L）仍然是树木光合作用的限制因子。因此，在现代栽培技术中有对温室植物施用 CO_2 气体的措施。据研究，在自然光照强度范围内，二氧化碳浓度增加 3 倍，光合作用强度也增加 3 倍；而光照强度增加 3 倍时，光合作用强度只增加 1 倍。这说明调节大气中二氧化碳浓度比调节光照强度对树木光合作用的影响更大，更具有现实意义。

空气中的氮虽约占体积比例的 78%，但是高等植物却不能直接利用它，只能被固氮微生物、蓝绿藻吸收和固定。根瘤菌是与植物共生的一类固氮微生物，其固氮能力因所共生的植物种类而异。据测算每公顷的紫花苜蓿 1 年可固氮 200kg 以上，每公顷大豆或花生可达 50kg 左右。非共生固氮微生物的固氮能力弱，一般每年每公顷仅 5kg 左右。

（2）*污染物和污染源*　现代工业和交通运输的迅速发展，造成全球范围内大气污染加剧。大气是全球环境中最敏感的部分。自然条件下，生物能生存的空气层仅为 6 000m，在这相当薄的空气层中却沉积了人类活动产生的全部废气。许多大气污染物被雨、雪和雾从空气中洗出，然后下沉，形成酸雨湿润植物表面，并进入海洋、湖泊、河流和土壤，从而对海洋、陆地植被（包括森林）和土壤造成巨大污染和破坏。许多研究表明，这是世界许多地区森林衰落的重要原因。

目前，主要污染源有燃烧时排放的废气、汽车尾气、工厂排放或漏溢的毒气等。污染大气的有毒物质已达 400 余种，通常危害较大的有 20 余种，按其毒害机制可分为 6 个类型，即氧化性类型，如臭氧、过氧乙酰、硝酸酯类、二氧化氮、氯气等；还原性类型，如二氧化硫、硫化氢、一氧化碳、甲醛等；酸性类型，如氟化氢、氯化氢、氰化氢、三氧化硫、四氟化硅、硫酸烟雾等；碱性类型，如氨等；有机毒害型，如乙烯等；粉尘类型，按粒径大小又可分为落尘（$>10\mu m$）及飘尘（$<10\mu m$），如各种重金属无机毒物及氧化物粉尘等。

（3）*风对树木的影响*　风对树木的影响既有有利的一面，也有不利的一面，其利害作用取决于风的类型、强度和时间。

风对树木的有利影响主要表现在：风能降低空气温度和湿度，提高树木的蒸腾速率；降低高温生境树木的温度；有利于促进水分、矿物质的运输；通过风媒传粉与林木种子的风播来影响树木的繁殖。

风对树木的不利影响则主要体现在：风速较大或强烈的旱风危害时，树木蒸腾作用过分加强，耗水过多，光合生产受到抑制，树木的生长量大幅度下降；风速过大还会导致大量落花、落果现象的发生；风速超过 10m/s 的大风，能对林木产生强烈的破坏作用。

（4）*森林对风的影响*　森林具有高大的树体、茂盛的枝叶、发达的根系和复杂的群体结构，对空气的流动具有阻碍作用，其结果是削弱风速、改变风向。

森林可以显著地减低强风的危害，甚至变害风为有利风。这主要体现在如下几个方面：在风沙、干旱、霜冻等自然灾害易发地区，建立防护林可以显著地减低风速，从而达到控制风沙的目的；防护林通过降低风速减少了水分蒸发，提高了气温、土壤热容量和含水率，在一定程度上缓解了土壤旱情和霜冻危害，特别是在我国寒流、倒春寒等寒害易发地区和干热风等旱害易发地区以及在我国沿海台风易发地区，防护林更是成了人民生命财产的“卫士”。

4.1.2 土壤因子

土壤是森林植物生长发育的基础，植物的生命过程所需要的水分和矿质营养元素，都是通过根系从土壤中吸收来的。因此，土壤母岩性质、土层厚度、理化性质等对树木的生长发育具有重要影响。只有在适宜的土壤水分、养分、通气和温度条件下，树木才能繁茂生长，从而实现森林的速生、丰产和优质的目的。

4.1.2.1 土壤母质对树木的影响

在相同气候和地形条件下，不同土壤母质会形成具有不同理化性质特点的土壤，如土粒大小、结构、含水量、通气性，以及它的吸附性能、化学组成、pH值等。最终体现在不同的森林类型的分布和生长发育上，如南方石灰岩山地富含钙质元素，榔榆、青檀等榆科喜钙树种在森林树种组成中极为常见，并且表现出显著的速生特性。

4.1.2.2 土层厚度对森林的影响

土层厚度是影响森林分布和生长的重要因素之一。在江南丘陵山地，森林的分布或生长状况表现出一定的规律性。在土层瘠薄、干旱的上坡主要分布马尾松、竹林等，中部主要分布麻栎、栓皮栎、枫香等树种；在土层较厚的中下部主要有湿地松、杉木等树种，而土层肥厚、湿润的下部南方黑杨派无性系树种表现优良。据南京林业大学研究，在进行杨树速生丰产林立地选择时，必须保证土层不小于1m和潜水埋深不超过1m这2个基本条件。另外，土层厚度还是决定森林生产力的重要因素，它决定着土壤水分和养分的总贮量大小，以及林木根系可分布的空间范围。

4.1.2.3 土壤质地和土壤结构对森林的影响

土壤质地和结构是森林土壤最重要的物理性质。土壤质地是指组成土壤的各种矿质颗粒（石块、沙、粉沙和黏粒）的相对比例。土壤质地对土壤的水肥状况影响甚大，反映土壤贮水能力大小的重要指标是田间持水量，而田间持水量与土壤质地密切相关。砂土渗水快，持水能力低；黏土渗水慢，但持水能力强。对林木生长最为有利的土壤质地是壤土或砂壤土，这种中性质地的土壤具有较强的水气平衡能力。如果说田间持水量反映了土壤的绝对含水量，那么凋萎系数则反映了土壤水分的可利用能力。所谓的凋萎系数是指维持林木生存的最低土壤含水量，它与土壤质地之间有着密切的联系。田间持水量与凋萎含水量之差，则反映了土壤有效水分范围的大小。从土壤有效水分范围来看，中等质地的壤土或砂壤土要高于粗质地砂土和细质地的黏土。一般情况下，在壤土和砂壤土质地上，林木生长良好。

一般而言，土壤质地越细，表面积越大，保持养分越多，土壤的肥力也越高。一般随着土壤中黏粒数量的增加，林分的木材产量也提高，但过于黏重的土壤肥力可利用性下降。

土壤结构是指土壤颗粒排列的状况，如团状、片状、柱状、块状和核状等。团粒结构是对林木生长最有利的土壤结构，在土壤水分和透气性之间，以及在养分的供给与保持之间具有最好的平衡能力。团粒结构的形成与土壤质地、腐殖质含量、土壤整地等因素密切相关。中性质地的砂壤土更有利于团粒结构的形成，增施有机肥、适时耕地和耙地等也都有利于创造理想的土壤团粒结构。

4.1.2.4 土壤水气条件和土壤温度对森林的影响

土壤内水分和空气的多少主要与土壤质地和结构有关。但任何土壤内的空隙不被水分所填充，便被空气所充满，前者增多，后者就自动减少。要使林木生长良好，既需要有足够的水分，又需要有适量的空气。土壤水分不仅为植物本身不可缺少，而且林木所需要的养分只有溶于水中才能被吸收并运输到树体各个部分。土壤空气也是林木生长发育的重要因素，它有利于林木根系呼吸及生理机能的活动，还影响到土壤微生物的呼吸作用和有机质的分解，从而间接影响林木的营养状况。

土壤温度与树木生长有直接关系。林木根系生长的最适土壤温度一般为20～25℃，过高或过低都不利于根系的生长活动，这是因为土壤温度影响到根系的呼吸、吸收和再生能力。土壤温度对根系吸收水分和矿质元素的能力也有显著影响，一般随着土壤温度降低吸收能力减弱。土壤温度还可通过对各种盐类溶解度、气体交换、微生物活动、有机质分解速度及养分转化等间接影响林木的生长发育。另外，土壤温度还影响种子萌发和扦插生根，土壤温度过高容易引起霉变或腐烂，过低则处于休眠状态甚至导致寒害或冻害，因此，种子萌发和扦插生根必须在一定的土壤温度条件下进行。

4.1.2.5 森林对土壤的影响

森林对土壤的影响，体现在无生命的枯落物和有生命的森林活体对土壤性质的影响，以及森林在矿质元素循环中的作用等3个方面。

森林活体对土壤形成和土壤性质有重要影响。地下部分根系的穿插、盘结和根系分泌物的产生，对土层厚度、土壤结构和水土保持有很大影响，有些固氮树种还能直接增加土壤中的氮素；地上部分的林冠则发挥着改善小气候、保持水土、涵养水源、改良土壤等作用。

林地上的死地被物包括当年的凋落物、累积的凋落物和生物残骸等。林内死地被物积累是土壤养分元素和腐殖质的主要来源。

森林中矿质元素的循环主要包括两大部分：一是森林内部的循环，即林木与土壤之间的养分元素交换，称为生物循环；二是森林外部的生物地球化学循环。森林生态系统除内部的生物循环外，还有外界养分的输入和系统本身养分的损失（输出）而参与生物圈内更大范围的生物地球化学循环。

4.1.3 生物因子

生物因子包括动物、植物和微生物。这些生物因子并不是孤立存在的，每个有机体不仅处于无机环境之中，而且也为其他有机体所包围。处于同一环境的有机体之间，在利用环境的物质和能量过程中存在着复杂的相互关系。

4.1.3.1 森林植物间的相互关系

森林植物之间存在有相互有利或不利的关系，或对一方有害或相互有害，这种利害关系可能发生在种内个体间，也可能发生在种间。发生在种内个体之间的关系，称为种内关系；发生在种与种之间的关系则称为种间关系。

（1）直接关系

①寄生关系　一种植物着生于另一种植物的体上或体内，并从其组织中吸取营养的生活方式。前者称为寄主物，后者称为寄生。寄生现象广泛存在于自然界中，我国常见的高等寄生植物有菟丝子（寄生于赤杨、柳树、杨树等树种上）、无根藤等。

②附生关系　一种植物的器官（干、枝、叶等）成为另外一些较小植物的居住地，这种现象称为附生。附生植物借助于吸根着生于附主植物表面，与附主没有任何营养关系，是自养植物。矿质元素来自附主植物表面的降尘和死的皮部分解物，水分来自大气。因而，在晴朗干燥的天气条件下，失水后便处于假死状态。在高纬度地区，附生植物有苔藓、地衣和一些蕨类植物；在热带雨林中，附生植物种类繁多、数量庞大，除苔藓、地衣、蕨类植物外，还有兰科植物。

③共生关系　两种植物共同生活在一起，或者一种生活在另一种体内，双方互相依赖都能取得利益的生活现象，如豆科植物和根瘤菌的关系就是共生关系，前者为后者提供水和营养物质，后者则为前者提供氮素，两者相得益彰。另外，林木根系与真菌之间的关系也是共生关系，并在生产实践中得到应用。

④树干摩擦作用　森林中的林木受风的影响经常发生相互撞击的现象，在针阔混交林中，这种作用常使针叶、芽和嫩叶受害。

⑤根系连生　这种现象大多发生在同一树种之间，不同树种之间罕见。相邻生长的林木根系，在接触处由于粗生长而产生的压力，使根系由简单的接触到根组织的连接，即根系连生。在密度较大的林分中，易出现连生现象，如三角枫、皂荚等。连生现象既可发生在同种树种之间，也可发生在不同树种之间。据报道，密集的欧洲松林、云杉林和栎树林中，根系连生比较普遍。

⑥攀缘　藤本植物具有缠绕和攀缘的茎以及各种不同的卷须和钩刺，利用树干作为支柱，向上攀缘生长，以便使它获得更多的阳光。藤本植物喜温暖湿润的环境条件，寒带不能生长，温带不多，亚热带和热带较多。在热带雨林中，木质藤本植物的直径可达20～30cm，长度可达300m。

（2）间接关系　任何植物都要与环境发生关系，这种关系一旦发生，就必然会影响到与其相邻的其他植物。森林植物的间接关系十分常见，主要有3种表现形式：

①竞争　植物对环境资源的要求在一定程度上超过了当时环境资源的供应能力，从而产生对空间和环境资源的争夺，这种现象即为竞争。竞争对于竞争双方的数量和生长发育都有影响。在资源不足时，只有那些最适生态适应性的个体，才能充分利用空间和环境资源，在竞争中获胜，也有在竞争中双方均受抑的现

象。因此，在森林培育和林业生态工程建设中，必须合理控制造林密度，避免过度竞争而使经济和生态效益下降。

②他感作用　又称异株克生。它是指一种植物产生的某些生物化学物质释放到环境中，对其他植物的生长发育产生抑制或有益的作用。例如，栎树根系对绿白蜡有良好的作用，而白榆则对它们都产生不利的影响。这些生物化学物质可来源于植物体的任何部分，但最大浓度出现在叶片、果实和根部，通过挥发、淋洗和渗透释放出来。挥发性物质可被其他植物直接从空气中吸收，如苹果的挥发物——乙烯，能促进周围果实成熟、提早落叶等。

③改变环境条件　在森林生态系统中，相邻的植物互为环境，某种植物所创造的环境对另一种植物可能有利，也可能不利。例如，阔叶树的枯枝落叶形成软腐殖质，对其他伴生树种的生长有利；而红松等针叶树的枯枝落叶形成粗腐殖质，不利于其他植物的生长，这是树木通过土壤环境影响另一个树种生长的实例。又如在荒山荒地上，马尾松作为先锋树种首先成林，但成林后形成了荫庇的环境，反而不利于其自身生长，这是树木通过改变小气候，影响自身及其他树种生长的实例。

4.1.3.2　动物与森林植物之间的关系

动物是森林生态系统中的重要组成成分，任何森林都有数目庞大、种类繁多的动物。森林与动物之间的关系可以概括为动物对森林的依赖和动物对森林的影响两个方面。依赖关系主要表现在以森林为居所和以森林为食物两方面。森林中的动物包括植食性动物、肉食性动物、杂食性动物和腐食性动物4种类型。

动物总是与森林相互依存和相互适应的，从而直接或间接地影响森林的生长发育。动物对森林的直接作用表现为以植物为食物、帮助传授花粉、散播种子、林木病虫害的生物防治等；间接作用包括对土壤理化性质的影响等。动物对森林的影响最终将以有利和有害2种基本形式综合作用于森林的生长发育过程。

（1）*森林对动物的影响*　动物生存最基本的条件有2个，一是要有采食、隐蔽和休眠的场所，以维持个体的生命；二是要有繁殖场所，以维持种的繁衍。从这两个方面来说，森林是动物最丰富、最理想的场所。森林与其他生态系统不同，拥有发达的空间构造和巨大的生物量。首先，森林空间层次多、地域广，环境条件各异，不同生境分别栖息着相应的动物类群。其次，森林能为动物提供充足的食物，加大个体数目的容纳能力，使生态习性类似的多种动物能够共存，如危害冷杉新芽的卷蛾有20多种全部栖息于同一林分中。森林越复杂，可以提供的生存空间和食物越多样化，动物就越丰富。华南地区温暖湿润，森林类型多、空间结构复杂，因而动物种类就比华北、东北多，华南有哺乳动物150种，而东北地区只有70~80种。

由于各种动物的生活习性不同，经常栖息的环境也不相同。麝、狍、野山羊等经常栖息于阔叶混交林内；紫貂、猞猁、松鸡等喜密林深处的针叶林。因此，不同森林类型动物区系有很大差异，如大兴安岭栖息着属于寒温带针叶林的动物类群，这里有世界上最大的鹿——驼鹿；而东北东部温带针阔混交林则栖息着温带森林的动物类群，如东北虎、梅花鹿、紫貂等；在四川西部、甘肃南部海拔2 000～4 000m的高山箭竹林内，栖息着大熊猫。

（2）*动物对森林的影响* 动物对森林的影响是多种多样的，通常依据动物生命活动过程中某一阶段对森林的作用，把动物划分为有益和有害两大类。其实，不少动物既有有益的一面，又有有害的一面。例如，朝鲜花鼠以松子为食，对红松天然更新是有害的，但在贮存种子过程中，将其散布到其他地方，扩大了种子分布范围，这又是有利的；再如，许多鸟类在育雏期以食虫为主，而秋冬季则以种子、芽为食物，危害森林。动物对森林的影响主要表现在以下几个方面：

①动物对种子的影响 有些昆虫、鸟类和啮齿类动物常以林木种子为食，影响天然更新。森林中的松鼠、田鼠等，能消耗大量种子。每公顷有400只鼠，一个冬季就要消耗0.5t橡实，几乎等于1年的产量。南京地区的麻栎和栓皮栎种子，约有30%～60%遭受象鼻甲的危害。许多鸟兽在采食、搬运种子时，一部分被食用，一部分被贮存，一部分种子由于具有钩刺和黏液，能附在动物身上散布到其他地方，并生根发芽，扩大了树种的分布范围。在苗圃和直播造林地上，常有鸟兽挖食播下的种子，从而影响出苗率，如松鼠挖食松子、野猪挖食栎实等。

②动物对森林生长发育的影响 动物对森林生长发育的影响很大，林内幼苗、幼树常遭到啮齿类、偶蹄类动物的危害。野兔、狍、鹿、山羊等常取食幼枝嫩叶，啃食树皮，使造林保存率大大下降；熊冬眠复苏后喜啃食树皮、吸吮树液，使冷杉等针叶树种受害。

③动物对植物授粉的影响 森林植物除靠风传粉外，还依靠昆虫和其他动物传粉，地球上的虫媒植物非常广泛，约占植物总数的90%，如椴树、刺槐、板栗靠昆虫（以蜂蝶类为主）传粉；芭蕉、木槿和刺桐则靠蜂鸟、太阳鸟等传粉。

④动物传播疾病 动物在森林中活动和取食的时候，也传播疾病，危害森林健康。如鸟类传播板栗疫病，蜜蜂传播病原细菌，蝉、蚜虫等动物吸器吸入林木液汁时也将病毒带入植株。

但是，森林动物之间存在着“捕食和被捕食”的关系，对森林生态系统起到稳定作用。如寄生蜂、步行虫、瓢虫及蚂蚁等肉食性昆虫能消灭大量害虫；另外，两栖类的蟾蜍、蛙、蛇、蜥蜴及蜘蛛也能消灭大量森林害虫。

4.1.3.3 微生物对森林的影响

土壤里有数量相当庞大的微生物。据计算，每克土壤里微生物的数目可达数千至数十亿个。种类也相当复杂，有细菌、真菌、放线菌、藻类等。它们在土壤里分布很不均匀，依土壤性质而定。在温湿和通气适宜的森林土壤条件下，土壤细菌的数量不仅多，而且单位容积质量也大，每公顷森林土壤内细菌质量可达1 600kg。土壤中存在着这么多的细菌，每年可以分解大量的枯枝落叶，补充土壤养分。北方的云杉、冷杉林或高海拔的森林内，在冷湿和酸性土壤条件下，一般不适于细菌生存，而真菌却能很好的生活，每公顷林地真菌质量可达1t之多，它们对于死地被物的分解，同样起着非常重要作用。

4.1.4 地形因子

地形是间接的生态因子，它通过对光、温度、水分、养分等的重新分配而起作用。大地形对生态因子的影响范围较广，而小地形的影响范围则相对较小。为了便于了解地形对森林的影响，可将地形分为平原、山地、丘陵、高原和盆地 5 种类型。大地形的差异形成了大生态条件的差异，并最终形成与各自生态条件相适应的森林类型。在山地条件下，可按海拔、相对高度的不同，将地形分为高山、中山、低山和丘陵 4 种类型。高山海拔超过 2 000m，相对高度在 1 000m 以上；中山海拔为 1 000 ~ 2 000m，相对高度为 500 ~ 1 000m；低山海拔为 500 ~ 1 000m，相对高度为 200 ~ 500m；丘陵海拔小于 500m，相对高度在 200m 以下。

地形是影响林木生长的重要因素，因此森林的培育和经营都必须考虑地形条件。现从海拔、坡向、坡度和坡位几个方面简单介绍地形对森林的影响。

4.1.4.1 海拔高度

海拔高度是山地地形变化最明显的因子之一。海拔的变化常常引起气温、降水量、空气湿度、云量、风速、太阳辐射、土壤肥力、土壤含水量等因子的明显变化，这些变化则导致了植物类型的变化。其中，海拔影响最大的是温度和水分条件的变化。一般来说，气温随海拔高度增加而降低，海拔每上升 100m，气温下降 0.6℃。温度变化影响微生物的活动，进而影响有机质的分解和积累。海拔对降水量的影响也表现出明显的规律性，在一定范围内，降水量则随着海拔的升高而升高，但超过一定高度后反而下降。

4.1.4.2 坡度

坡度的大小影响土层厚度、水分截留、土层养分等因子，因此对植物生长和分布也有较大影响。坡度越陡，土壤、水分越易流失，土层厚度越薄，土壤水分条件和养分条件越差，对植物的生长和分布也越不利。一般来说，平坦地土层深厚、肥沃，适于喜肥耐湿树种的生长，森林生产力高，但平坦地往往排水不畅、易积水，因而造林时要注意排水问题；缓坡（6° ~ 15°）及斜坡（16° ~ 25°）排水良好，土层较厚，适合许多森林植物的生长，生产力也比较高；而陡坡(26° ~ 35°)和急坡（36° ~ 45°）往往土层瘠薄、干燥，石砾多，森林生产力低。同一地区不同坡度山地森林生长发育的差异，很大程度上正是坡度对生态因子重新分配的结果。

4.1.4.3 坡向

山坡的光、温、水分状况还与坡向有关，因而坡向也影响森林生产力。在高纬度地区，由于南北坡太阳光的入射角度不同，所获得的热量和接受太阳照射的时间也不同。在同一个山地上，北坡多生长着耐寒、耐荫、喜荫湿植物，南坡多生长喜暖、喜光、耐旱植物，所以常把南坡称为阳坡，北坡称为阴坡。但在低纬度地区，南坡和北坡的温度差异一般不存在，因为热带地区南坡与北坡受热程度基本相同，当然，寒潮入侵可能会引起阳坡和阴坡的温度差异，因为南坡是背风坡，北坡是迎风坡。因此，在林业生产实践中，阳坡应栽植喜光树种，阴坡应栽植耐荫树种。

4.1.4.4 坡位

坡位是指山坡的不同部位。一般将山坡的坡位划分为上坡、中坡和下坡三部分。生态因子组合总的特点是从上坡到下坡光照强度递减，而土层厚度、土壤肥力、土壤水分和空气湿度递增，森林生产力也递增。一般来说，上坡多分布耐干旱、瘠薄的喜光树种，而下坡多分布喜阴湿肥沃的树种。例如，在南京紫金山南坡，上坡分布着耐干旱、瘠薄的先锋树种马尾松纯林，林冠稀疏，生产力低；中下坡分布着马尾松、麻栎、栓皮栎混交林；山麓缓坡也是混交林，但树种为枫香、黄连木、麻栎、白栎等，森林生产力高。

4.2 森林与环境作用的一般规律

4.2.1 环境因子与森林作用的规律

4.2.1.1 限制因子定律

(1) 限制因子　森林中生物的生存和繁殖依赖于各种环境因子的综合作用，其中限制生物生存和繁殖的关键性因子就是限制因子。任何一种环境因子只要接近或超过植物的耐受范围，它就会成为这种植物的限制因子。当生态因子处于最低状态时，生理现象全部停止；在最适状态下，生理活动达到最大观测值；在最大状态之上，生理现象又停止。植物对每一种环境因子都有一个耐受范围，只有在耐受范围内，生物才能存活。

如果某森林植物对一种环境因子的耐受范围广，而且这种因子又非常稳定，那么这种因子就不大可能成为限制因子；相反，如果一种植物对一种环境因子的耐受范围很窄，而且这种因子又易变化，那么这种因子就很可能是限制因子。限制因子的概念颇具实用价值，例如一种植物在特定条件下生长缓慢，这并非所有因子都具有同等重要性，只要找出可能引起限制作用的因子，便能找出生长缓慢的原因。

(2) 最小因子定律　最小因子定律是德国化学家利比希（Liebig）于1840年提出的，他分析了土壤与植物生长的关系，认为每种植物都需要一定种类与一定数量的营养元素，且在必需元素中，供给量最少的元素决定着植物产量，如硼、锌等。Liebig指出：“植物的生长取决于处在最小量状况的食物的量”，这一概念被称作“Liebig最小因子定律”。

不少学者认为，应对Liebig定律作2点补充，即一方面，这一定律只适用于稳定状态，即物质和能量的流入和流出处于平稳的情况下才适用；另一方面，要考虑生态因子间的相互作用。同一个生态因子，由于伴随的其他因子不同，对生物所起的作用也不一样。如光照强度不足时，提高CO_2浓度可使光合作用强度有所提高。因而，最低因子并不是绝对的。

4.2.1.2 耐性定律

生物的存在与繁衍依赖于综合环境因子，只要其中一项因子的量（或质）过多或不足时，超过了生物的耐性限度，则该物种不能生存甚至灭亡。这一概念被称作 Shelford 耐性定律。森林植物对生存环境的适应有一个最小量和最大量的界线，只有处在这两个界限范围之间植物才能生存，这个最小到最大的限度范围称为植物的耐性范围，即所谓的生态幅。耐性定律说明，植物只有在环境条件完全具备的情况下才能正常生长发育，任何一个因子数量上的不足或过剩，均会影响其生长发育。由此可见，任何接近或超过耐性限度的因子都可能是限制因子。

森林植物对一种生态因子的耐性是长期进化的结果，随着环境条件的变化，植物的耐性也不断变化。植物对不同环境因子的耐性限度不同，不同植物对同一环境因子的耐性限度也不相同。也就是说，植物可能对一个环境因子有较广的耐性范围，而对另一环境因子的耐性范围则很窄，如作物对磷、钾肥的耐性范围比氮肥的耐性范围宽的多。同种植物在不同发育阶段对多种环境因子的耐性范围不同，繁殖期通常是一个临界期，对生态条件的要求最严格，耐性范围最窄，生长期的耐性范围宽于繁殖期。有时，一种植物种对一个环境因子的适应范围较宽，而对另一个因子的适应范围很窄，这时生态幅常常为后面一个环境因子所限制。

森林植物的生态幅对植物的分布具有重要作用。但在自然界中，植物通常并不是处于最适环境条件下，这是因为植物间存在相互竞争，使它们不能得到最适宜的环境条件。因此，每种植物的分布区，是由它的生态幅与环境相互作用决定的。

4.2.1.3 生态因子作用的基本特点

（1）生态因子的综合作用　环境中各种生态因子不是孤立存在的，而是彼此联系、相互制约，任何一个单因子的变化，都会引起其他因子不同程度的变化及其反作用。环境因子所发生的作用可以相互转化，这是由于生物对一个极限因子的耐受限度，会因其他因子的改变而改变，所以环境因子对植物的作用不是单一的而是综合的。

组成森林环境的各个因子都有自己的发生发展规律，但它们作为森林环境的有机组成部分而结合在一起时，就形成了相互依存、相互制约和密不可分的整体。在整体中，一个环境因子的改变必将引起其他环境因子的相应变化。因此，对森林环境的研究、保护和开发利用，都必须从整体出发，忽视森林与环境的综合作用规律，就会造成森林的严重破坏。

（2）主导因子作用　在诸多环境因子中，有一个对森林生物起决定作用的生态因子，称为主导因子，其他的因子则称为次要因子。当植物在进行光合作用时，光强是主导因子，温度和 CO_2 为次要因子；春化作用时，温度为主导因子，湿度和通气条件为次要因子。如以土壤为主导因子，可将植物分成多种生态类型，有喜钙植物、嫌钙植物、盐生植物和沙生植物等。

生态因子的主次在一定条件下可以转化，处于不同生长时期和条件下的植物对环境因子的要求和反应不同，某特定条件下的主导环境因子在另一条件下会降为次要因子。

（3）直接和间接作用　依据环境因子对植物的作用关系不同，可以将环境因子分为直接作用和间接作用两种类型。区分环境因子的直接作用和间接作用对认识森林植物的生长、发育以及分布都很重要。环境因子中的地形因子，其起伏程度、坡向、坡度、海拔高度及经纬度等对植物的作用不是直接的，但它们能影响光照、温度和雨水等因子的分布，因而对植物起间接作用。例如，四川二郎山东坡湿润多雨，森林类型为常绿阔叶林；而西坡空气干热、缺水，只能分布耐旱的灌草丛，同一山体由于坡向不同，导致植被类型也不同。

（4）不可替代性和可补偿性作用 各种环境因子对森林植物的作用虽然不尽相同，但各自都具有重要性，尤其是作为主导作用的因子，如果缺少，便会影响植物的正常生长发育，甚至造成死亡。所以，作用于森林的环境因子，都具有各自的特殊作用和功能，每个环境因子对植物的影响都是同等重要和不可替代的，但局部是可以补偿的。在一个有多个环境因子综合作用的生态过程中，其中的一个因子在量上的不足，可以由其他因子来补偿，并获得相同的生态效益。例如，在植物的光合作用中，光因子的作用是提供光能，CO_2 的作用是提供碳源，它们同等重要不可替代；但如果光照不足，可以在一定范围内通过增加 CO_2 来补偿。

（5）阶段性作用 由于森林植物生长发育的不同阶段对环境因子的需求不同，环境因子对植物的作用也具有阶段性的特点，这种阶段性是由生态环境的规律性变化造成。一个环境因子在一个阶段是限制因子，而在另外一个阶段可能是非限制性因子；在一个阶段是主导因子，在另外一个阶段则可能是辅助因子；在一个阶段为有利因子，在另外一个阶段可能成为有害因子。例如，光照长短，在植物春化阶段并不起作用，但在光周期阶段则十分重要。

4.2.2 森林与环境相互作用的一般形式

森林与环境之间相互作用的形式主要有生态作用、生态适应和生态反作用3种。森林与环境因子的关系在各个等级层次上均存在，并且在方式上是相似的。

4.2.2.1 生态作用

由于环境因子对森林发生作用，使森林的结构和功能发生相应的变化，环境因子对森林的作用形式主要体现在因子的质、量和持续时间3个方面。

（1）环境因子质的影响 环境因子的质指的是因子的状态是否对森林有意义。例如，森林植物的生长发育是在日光的全光谱照射下进行的，但是不同光质对植物的光合作用、色素形成、向光性等影响是不同的。光合作用的光谱范围只有在可见光区（380~760nm）内才有意义，其中红、橙光对叶绿素的形成有促进作用；蓝、紫光也能被叶绿素和类胡萝卜素吸收，我们将这部分辐射称为生理有效辐射；而绿光则很少被吸收利用，称为生理无效辐射。可以说，环境因子的“质”相当于“开关变量”，对森林植物的生长发育来说是“有”和“无”的关系。

（2）环境因子量的影响 环境因子的量是在因子的“质”对森林有意义的前提下，环境因子对森林的作用程度随其“量”的变化而变化。例如，水因子是森林存在的重要条件，水量对森林植物的生长发育有一个最高、最适和最低3个基点。低于最低点，植物萎蔫、生长停止；高于最高点，植物根系缺氧、窒息和烂根；只有处于最适范围内，才能维持植物的水分平衡。由此可见，环境因子的量对森林来说是“多”与“少”的关系。

(3) 环境因子持续时间的影响　在质和量的基础上，环境因子对森林的作用必须有一定的持续时间才能起作用，使森林做出响应。例如，植物在不同季节、不同生境条件下，做出相应的节律性变化，只有一定时间的温度积累，才能呈现出不同的物候期。

4.2.2.2 生态适应

生态适应是森林处于特定环境条件（特别是极端环境）下发生的结构和功能的改变，这种改变有利于森林的生存和发展。生态适应有短期适应和长期适应两类。短期适应一般都发生在植物的生长发育当年或近年，特别是幼年时期，其结果表现为森林结构的改变，而在过程和功能上偏离了原来的状态。森林植物如果长期适应特定的环境压力，就可能引起基因的改变并保留下来。例如，长期生长在极端干旱条件下的植物形成了各种节水或贮水结构，比如仙人掌和瓶子树等，这是植物长期适应干旱环境的结果。

4.2.2.3 生态反作用

森林在生长发育过程中对环境也起着改造作用，森林对环境的反作用是人类利用和改造森林，特别是植物群落改善环境的基础。例如，森林可以调节气候、净化大气、蓄水固水、改良土壤等。

4.3 森林的分布

4.3.1 森林分布的地带性规律

我国地域辽阔，位于欧亚大陆的东南部，东南濒临太平洋，西北深处亚洲腹地，西南面又拥有“世界屋脊”的青藏高原与南亚次大陆接壤，境内山峦起伏，地势变化显著。这些地理环境因素使我国森林类型非常丰富，表现出明显的水平和垂直地带性。

4.3.1.1 森林分布的水平地带性

气候条件特别是热量和水分条件，在地球表面随纬度或经度有规律的递变，引起森林随纬度或经度成水平方向有规律的变化，这一现象称为森林分布的水平地带性。

(1) 森林分布的纬度地带性　主要是地球表面的热量差异造成的。在南方低纬度地区，太阳总辐射量大，季节分配又较均匀，终年高温，四季皆夏而无冬。随着纬度的增高，地面接受的太阳总辐射量减少，春夏秋冬四季分明。到高纬度地区，地面受热量更少，终年寒冷。这样，随着纬度的增加就形成了依次交替的各种热量带，与此相应，森林分布也成带状。在东部湿润的气候条件下，森林类型由低纬度到高纬度的顺序依次为热带雨林和季雨林、亚热带常绿阔叶林、暖温带落叶阔叶林、温带针阔混交林和寒温带针叶林。

(2) *森林分布经度地带性* 森林分布的经度地带性在我国亦有明显的表现，主要与不同经度水分条件差异有关。我国位于欧亚大陆东南部的太平洋西岸，因受海洋季风气候的影响，由近海到内陆、自东南向西北，降水量逐渐递减。这种由于海陆分布的地理位置所引起的水分差异，在昆仑山—秦岭—淮河一线以北的广大暖温带与温带地区表现更为明显，即从东南沿海的湿润区，经半湿润区到西北内陆的半干旱区、干旱区，植被类型依次为森林区、草原区和荒漠区。

4.3.1.2 森林分布的垂直地带性

在一定纬度地区的山地，森林类型随着海拔高度的变化而发生更替，这种现象称为森林分布的垂直地带性。森林分布的垂直地带性，是由于随着海拔的增高，年平均气温逐渐降低，降水量逐渐增加，太阳辐射增强，风速增大等综合因素造成的。这种垂直植被大致与山坡等高线平行，并具有一定的垂直厚度。山地森林垂直带依次出现的具体顺序，称为森林垂直带谱。各个山地由于所处的地理位置、山体的高度、距海的远近以及坡向、坡度的不同，垂直带谱是不同的，但仍可反映出一定的规律性。

4.3.1.3 森林垂直分布与水平分布的关系

森林垂直方向上的分布与水平方向上的分布有以下规律（图4-1）：

森林垂直带由下向上的变化规律，与森林水平带由赤道向极地变化规律一致。如以我国南方湿润热带地区的垂直森林带，与东部湿润区由南到北的水平森林分布带作比较，可以发现，从平地到山巅和自低纬度到高纬度，森林带的排列顺序大致近似，森林类型和外貌也有一定的相似性。

森林垂直带谱愈近赤道愈完整，愈向极地愈少。不同纬度起点的山地，森林垂直带数目不同，在低纬度的高山上，森林垂直带数目多于在高纬度的高山。如处于热带地区的台湾玉山，垂直带谱6~7个，温带山地的长白山只有4~5个，而寒温带的大兴安岭仅有2~3个。

森林垂直带的变化以水平带为基础。森林垂直带谱的基带是与该山体所在纬

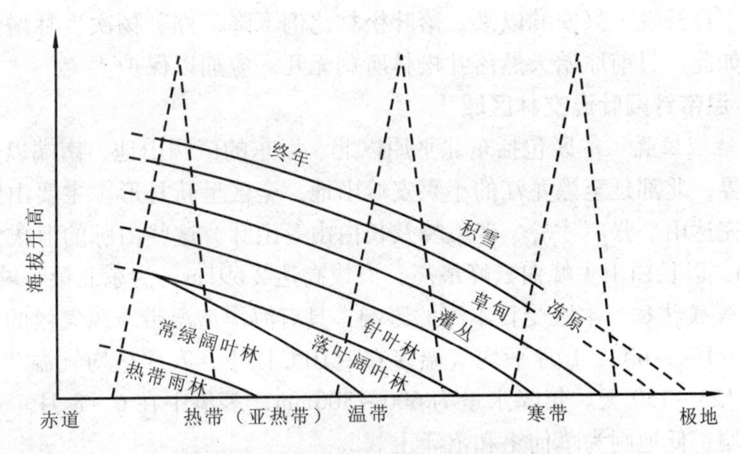

图4-1 森林垂直带和水平分布示意

度的水平地带性森林相一致。如台湾玉山位于热带地区，则其森林的垂直分布基带是热带雨林；长白山位于温带，其垂直分布的基带是针阔混交林。

森林垂直带幅窄，而水平带幅宽。一般森林垂直带幅度几百米，而森林水平带幅宽度一般有几十千米甚至几百千米。

4.3.2 中国森林植被分布

我国地域广大，位于东经71°77′~135°03′，北纬3°59′~53°33′；境内地质地貌十分复杂，自然条件多样，所以我国森林类型很多，几乎有世界上所有的各种森林类型；但是我国森林分布不均匀，主要集中在东半部和西南部的山地和丘陵。《中国植被》（1983）将我国森林植被划分为8个区。

4.3.2.1 寒温带针叶林区域

（1）地理位置 位于大兴安岭北部山地丘陵区，一般海拔700~1 100m。地貌呈明显老年期特征，河谷开阔，谷底宽坦，山势缓和，山顶浑圆而分散孤立，几无山峦重叠现象。

（2）气候特征 为我国最寒冷地区，年平均气温在0℃以下，最冷月平均气温-28~-38℃。1月平均气温-20℃，极端低温-60℃，最热月平均气温15~20℃，生长期90~110天。年降水量平均为400~500mm，80%集中降落在7~8月。全区较普遍的土壤是棕色针叶林土、沼泽地草甸土和沼泽土，且常间有岛状永冻层。

（3）森林特点 典型的植被类型是以兴安落叶松为主的针叶林，群落结构简单，林下草本植物不发达，下木以具旱生形态的杜鹃为主，其次为狭叶杜香、越橘等。乔木层中有时混生樟子松，尤其在北部较为多见，樟子松亦可组成小面积纯林，通常分布于土壤干旱的阳坡。在本区地势较低的东南部，因受毗邻的温带针阔混交林区的影响，常混生一些温带阔叶树种，以较耐旱的蒙古栎、黑桦等为主，其次还有紫椴、水曲柳、黄檗等。

本区为我国主要木材生产基地，兴安落叶松木材为工业上有名的用材。值得注意的是，自开发大兴安岭以来，落叶松林比例下降，桦、杨次生林增多，南部林区更是如此，目前原始天然落叶松林所剩无几，应加以保护。

4.3.2.2 温带针阔叶混交林区域

（1）地理位置 本区包括东北平原以北、以东的广阔山地，南端以丹东到沈阳一线为界，北部延至黑龙江的小兴安岭山地，全区呈新月形。主要山脉包括小兴安岭、完达山、张广才岭、老爷岭及长白山等山脉。这些山脉的海拔大多不超过1 300m，以长白山主峰白云峰最高，海拔高达2 691m，为东北第一峰。

（2）气候特征 本区受日本海的影响，具有海洋型温带季风气候的特征。年平均气温-1~-6℃，1月平均气温多在-10℃以下，7月平均气温20℃以上，生长期约125~150天。年降水量为600~800mm，多集中在6~8月。地带性土壤为暗棕壤，低地则为草甸土和沼泽土。

（3）森林特点 本区地带性植被为针阔叶混交林，最主要的特征是以红松为主构成的针阔叶混交林，一般称为“红松阔叶混交林”。针叶树种除红松外，在靠南的地区还有冷杉以及少量的紫杉和朝鲜崖柏。阔叶树种有紫椴、枫桦、水曲柳、黄檗、糠椴、千金榆、核桃楸、春榆及各种槭树等。林下层灌木比较丰富，主要有毛榛、刺五加、暴马丁香、猕猴桃、山葡萄、北五味子等。草本植物也有不少本地特有种，如人参、山荷叶等。

本区的垂直分布带较明显。基带的上限为海拔高度700~900m，其上则广泛分布着山地针叶林带，树种组成单纯，以耐荫性常绿针叶树——云杉和冷杉为主。

红松阔叶混交林遭受破坏后，衍生成各种次生林，常由所伴生的阔叶树种萌发成阔叶混交林或蒙古栎林，或由白桦、山杨等树种形成杨桦林。这些次生林经过长期封育和保护，在自然条件下可恢复为原有树种成分。

本区为我国木材生产重要基地之一，用材树种达30多种。林内还生长各种贵重药材，如人参、平贝母、刺五加等；并栖息着多种珍奇野生动物，如东北虎、金钱豹、梅花鹿、紫貂、猞猁等，从而更增添了这一地区森林的价值。

4.3.2.3 暖温带落叶阔叶林区域

(1) 地理位置　本区位于北纬32°30′~42°30′之间，北以温带针阔混交林区为界，南以秦岭分水岭、伏牛山、淮河一线为界，东至渤海和黄海之滨，西自天水向西南经礼县到武都与青藏高原相分。所包括的地域东为辽东半岛和胶东半岛，中为华北平原和淮北平原，西为黄土高原和渭河平原，以及甘肃成徽盆地，大致呈一个三角形。全区西高东低，明显地可分为山地、丘陵和平原三部分。山地和丘陵是落叶阔叶林的主要分布区，平原主要是农业区，天然林已不存在。

(2) 气候特征　本区处在中纬度以及东亚海洋季风的边缘，夏季酷热而多雨，冬季严寒而晴燥，具有暖温带的特点。年平均气温一般为8~14℃，无霜期150~210天。年降水量在500~1 000mm之间，由东南向西北递减。地带性土壤为褐色和棕色森林土，平原低洼地分布盐渍土和沼泽土。

(3) 森林特点　本区地带性植被为落叶阔叶林，以栎林为代表。由于热量和降水不同而引起植物群落组成上的差异，明显地反映出纬、经向的变化。在南部，主要建群种为麻栎、栓皮栎，向北则逐渐被蒙古栎和辽东栎所取代。在近海地区蒙古栎和麻栎占优势，而离海较远则以辽东栎和栓皮栎为主。东部沿海各省只分布着要求水湿条件较高的赤松林，向西则为比较耐旱的油松林；华山松林只限于西部各地。此外，在山区还可见到侧柏（石灰岩山地）、云杉、冷杉和落叶松所组成的针叶林。

黄河流域是中华民族的文化发源地，植被长期受到人为活动的破坏，出现大面积的次生性灌草丛。在山区，垂直带谱依次为山地落叶阔叶林、山地温性针叶林和亚高山灌丛草甸。针叶林主要为云杉、冷杉林，有时也有落叶松林，以及由于针叶林破坏后出现的次生杨桦林。

本区域内天然植物资源非常丰富，但森林的比重很少，并且多为次生林，今后本区应以恢复森林植被为主，并大力发展经济林。在平原地区，目前仅在村庄、河岸、渠道、路边有栽培的阔叶树，常见的有槐、臭椿、刺槐、榆、毛白杨、旱柳、梧桐、合欢、桑树等。今后应大力发展平原林业，建立高标准农田林网。

4.3.2.4 亚热带常绿阔叶林区域

(1) 地理位置 本区是我国面积最大的一个植被区，占全国总面积的1/4左右。其北界在淮河—秦岭分水岭一线以南，南界大致在北回归线附近，东界为东南海岸和台湾以及所属的沿海诸岛屿，西界基本上是沿西藏高原的东坡向南延至云南西疆国界线上。地貌类型复杂多样，平原、盆地、丘陵、高原和山地皆有。全区地势西高东低，西部包括横断山脉南部，以及云贵高原大部分地区，海拔多在1 000~2 000m；东部包括华中、华南大部分地区，多为海拔200~500m的丘陵山地。

(2) 气候特征 本区气候属于东亚的亚热带季风气候，最冷月平均气温0~15℃；无霜期250~350天；年降水量一般高于1 000mm，最高可达3 000mm以上。总的规律由东、南向西、北逐渐减少。本区东部和西部在气候上有明显差异，主要因夏季从太平洋吹向本区的暖湿气团仅影响华东、华南和华中，而未达到西部的云贵高原；冬季来自西伯利亚的冷气团，可以直接影响华中、华东，甚至华南，但对云贵高原影响甚小。所以，东部春夏高温、多雨，而冬季降温显著，但仅稍干燥。云贵高原和川西山地夏季主要受印度洋西南季风的影响，构成春秋多雨的雨季；冬季则受西部热带大陆干热气团的影响，冬春干暖的旱季比东部更显著。土壤以红壤和黄壤为主，在北部则为黄棕壤。

(3) 森林特点 本区东部，南北温度有明显差异。大致在北纬23°~31°为典型的中亚热带常绿阔叶林地带。北纬31°以北，常绿阔叶林逐渐向暖温带过渡，出现常绿、落叶阔叶混交林，构成一条狭窄的过渡带。另一方面，从中亚热带向南移，约在北回归线附近出现南亚热带季风常绿阔叶林地带。

①东部（湿润）常绿阔叶林亚区 地带性植被因不同的地带性而异，现分别就北、中、南亚热带作简略介绍：

北亚热带典型的地带性植被为常绿、落叶阔叶混交林，为亚热带至暖温带的过渡植被类型。乔木层的优势种主要由壳斗科青冈属、樟科润楠属的常绿种类和栎属、水青冈属的落叶种类等树种组成。灌木层主要由柃木属、山矾属、杜鹃属等组成。常绿、落叶阔叶林主要分布在海拔400~500m以下的丘陵，而在西部秦岭可上升到1 800m的中山地带。在海拔700m以下，马尾松林普遍分布。

中亚热带的典型植被是常绿阔叶林。组成乔木层的优势种主要是壳斗科的青冈属、栲属、石栎属；山茶科的木荷属；樟科的润楠属、楠木属、樟属的种类。马尾松林分布面积很广，海拔800m以下的丘陵山地几乎到处可见；杉木林、毛竹林分布也很广泛，在低、中山还分布着油松、黄杉、柳杉、金钱松、竹柏、福建柏、水松等纯林和混交林；中山有台湾松等所组成的人工或天然林。经济林如茶、油茶、油桐、漆、橘、樟、厚朴、棕榈、肉桂、八角等都是本区的特产。

南亚热带的典型植被为偏湿性的季风常绿阔叶林，主要分布在海拔100m以上的丘陵。优势种以壳斗科和樟科的热带性属、种及金缕梅科、山茶科的种类为主。另外，在群落中还掺杂有藤黄科、番荔枝科、桃金娘科、大戟科、桑科、橄榄科、无患子科、楝科、梧桐科、茜草科、紫金牛科、夹竹桃科、棕榈科、竹亚科等种类。林下植物均由热带科、属种类组成。本区次生林以马尾松群落最为普遍，面积最大。

②西部（半湿润）常绿阔叶林亚区　典型植物群落主要由壳斗科的青冈属和栲属的一些种组成。在本亚区中部，云南松广为分布，而南部低海拔地区，云南松林为思茅松林替代；在西北部，随着海拔的升高，云南松林逐渐过渡为高山松林，在高山上有亚高山针叶林，主要由云南铁杉、长苞冷杉、川西云杉等组成。在本亚区的川西、滇北和藏东南的中高山山地（海拔2 600 ~3 700m），还分布着较大面积的以硬叶栎类为主的硬叶常绿阔叶林，一般多分布于阳坡和土层浅薄处，具有高度低矮、结构简单、伴生种类少等特点。

亚热带常绿阔叶林区在我国分布最广，类型最复杂，在世界森林分布中占有非常重要的地位。但是由于人类活动的影响，原始的常绿阔叶林破坏殆尽，目前针叶林面积约占本区的70% ~80%，生态环境恶化，水土流失严重，1998 年夏季长江流域发生特大洪涝灾害就是例证。目前，应加大力度保护好现在的天然阔叶林，封山育林，恢复森林植被，提高森林覆盖率和森林质量。

4.3.2.5 热带季雨林、雨林区域

(1) 地理位置　我国最南的一个植被区域。东起台湾静浦以南，西至西藏南部亚东、聂拉木附近；北界基本上在北回归线以南（北纬21° ~24°），但到云南西南部，因受孟加拉湾暖气团的影响，北界移到北纬25° ~28°左右；在西藏东南部，则达到北纬29°；南界南沙群岛的曾母暗沙，已属于赤道热带的范围。地形从东到西逐渐上升，东、西两部地形有显著差异，东部地势较平缓，大多为海拔150m 以上的丘陵地，西部属于云南高原的南缘和东喜马拉雅山南翼的侧坡。在云南南部大部分山地海拔在1 000 ~1 500m 以上，山脉呈西北——东南走向，具有横断山脉的特点；喜马拉雅山南侧，高山深谷，起伏大而陡峭，最低谷底在海拔200m 以下，而高峰海拔常达5 000 ~6 000m 以上。

(2) 气候特征　本区气候属热带季风气候类型，高温多雨。年平均气温20 ~22℃，南部高达25 ~26℃；最冷月平均气温一般为12 ~15℃以上，全年基本无霜。年降水量大都超过1 500mm，多集中在4 ~10 月，为雨季，其余为少雨季或旱季，表现出干湿分明的特点。年蒸发量在东部大致同降水量基本平衡，但在西部和海南岛的西部由于地形的作用，年蒸发量大于降水量，生境比较干燥。典型的土壤为砖红壤，在丘陵山地随着海拔的增高逐步过渡为山地红壤、山地黄壤和山地草甸土等。

(3) 森林特点　本区森林类型丰富多样，但其中具有代表性的是热带季雨林、雨林。在海滨及珊瑚岛上，分布着红树林及珊瑚岛植被。

热带雨林在我国虽有一定的分布面积，但受破坏后残存不多，目前仅见于台湾南部、海南东南部、云南南部和西藏东南部。热带雨林是我国所有森林类型中

植物种类最丰富的一种类型。在种类组成上，有龙脑香科的龙脑香和坡垒、青皮、望天树、娑罗树等。此外，还有梧桐科、肉豆蔻科、橄榄科、棕榈科、茜草科、楝科、无患子科、山龙眼科、藤黄科等树种。乔木层结构复杂，一般可分为3~4层，高度一般可达30~40m，树干通直，分枝极高，树皮薄而光滑；花、果可直接生长在无叶的木质茎上（老茎生花现象），具板状根；树叶多为大、中型，具滴水叶尖。林内阴暗，草本植物稀少。地带性土壤为砖红壤。

热带季雨林在我国热带季风区有着广泛的分布，面积较雨林广阔。树木出现冬季干旱落叶现象，以喜光耐旱的热带落叶树种为主，60余种，其中以无患子科和楝科的属种特别丰富，柿科的树种也不少。季雨林的群落结构较雨林简单，乔木层高度亦较雨林为矮，一般在30m以下，树皮较厚而粗糙，除榕属、人面子属外，板根多不发达，藤本和附生植物都比雨林少。

红树林一般生长在风平浪静的海湾中、淤泥深厚的海滩上，主要分布于广东沿海、海南，以及广西沿海、福建沿海。土壤含盐量较高，达0.46%~2.78%，有机质含量3%~5%。我国红树林树种现有24种，分属12科15属。红树的特殊生态特征之一是“胎生”的繁殖方式；其次是耐盐、耐水性以及具有支柱根、板状根和气生根等。

4.3.2.6 温带草原区域

我国温带草原区域是欧亚草原区域的重要组成部分，主要连续分布在松辽平原、内蒙古高原、黄土高原等地，面积十分辽阔。地貌上大部分是以辽阔坦荡的高平原和平原为主；气候为典型的大陆性气候，冬季寒冷，年降水量少，一般为200~400mm，大部分属温带半干旱地区。

本区是我国的牧区，也有些森林，但主要是灌木，乔木树种主要有蒙古栎、山杨、黑桦、椴树等；在高山地带，还有西伯利亚落叶松及云杉林。

4.3.2.7 温带荒漠区域

（1）地理位置　我国西北部的荒漠区域，包括新疆准噶尔盆地与塔里木盆地、青海的柴达木盆地、甘肃与宁夏北部的阿拉善高平原，以及内蒙古鄂尔多斯台地的西端，约占我国面积的1/5强。

（2）气候特征　整个地区是以沙漠和戈壁为主。气候极端干燥，年降水量小于200mm。

（3）森林特点　本区有一系列巨大山系，如天山、昆仑山、祁连山、阿尔金山等，分布着一系列随海拔高度而有规律更迭的植被垂直带。天山北坡由于受西来湿气流影响，气候比较湿润，并随海拔高度上升降水量逐渐增加，在海拔2 000~2 500m范围内，年降水量可达600~800mm。森林带出现在海拔1 500~2 700m的坡面上，形成山地寒温带针叶林，由雪岭云杉组成优势种；在西部较干旱的博乐—精河一带，云杉林与草原群落相结合，形成山地森林草原。祁连山海拔一般都在3 500m以上，森林植被垂直带明显，在东部海拔2 500~3 300m阴坡、半阴坡比较湿润的生境下，分布着寒温带针叶林，阳坡则以草原为主，形成特殊的森林草原景观。

4.3.2.8 青藏高原高寒植被区域

（1）地理位置 青藏高原位于我国西南部，北起昆仑山、阿尔金山及祁连山，南抵喜马拉雅山，东自横断山脉，西至国境线，平均海拔在4 000m以上。

（2）气候特征 气候受两大基本气流的影响，即冬半年（10月至翌年5月）高空西风气流起支配作用，致使西北部气候寒冷、干燥、风大，再加上海拔高，成为高原区域；夏半年（6~9月）来自印度洋和南海的湿润气流，沿高原东南缘纵谷和各河谷北上，向高原内部减弱，形成东南温暖湿润、西北寒冷干旱的气候特点。

（3）森林特点 高原的东南部如以喜马拉雅山南翼为例，有低山热带常绿雨林、半常绿雨林、山地常绿阔叶林、针阔混交林、山地暗针叶林、高山灌丛等类型。高原的东部，以横断山脉中北部的高山峡谷为主体，包括藏东和川西。在海拔1 800m以下的干热河谷地带，普遍分布着刺肉质灌丛，1 800~2 400m残存有常绿阔叶林，2 400~3 200m阳坡为高山松林和栎林，阴坡则为铁杉林，以及铁杉、槭、桦组成的山地针阔混交林。海拔3 200~4 000m阴坡为大面积暗针叶林所覆盖，由多种云杉和多种冷杉以及圆柏等组成，阳坡则以硬叶高山栎类林及灌丛为主；4 000m以上的高山，则分布着灌丛和草甸。

复习思考题

1. 环境与森林环境的概念和内涵是什么？
2. 环境因子主要有哪些？环境因子是怎样和森林发生相互作用？
3. 环境对森林作用的规律及形式有哪些？
4. 森林分布的一般规律有哪些？

本章可供阅读书目

生态学基础．曹凑贵．高等教育出版社，2002
森林环境学．贺庆棠．高等教育出版社，1999
森林生态学．李景文．中国林业出版社，2001
普通生态学．孙儒泳，李博，诸葛阳等．高等教育出版社，2001

第5章 森林的功能与效益

【本章提要】本章着重介绍我国生态环境现状及存在的问题；森林的综合效益，森林的直接效益（包括木材的产出及其林副产品的作用）和间接效益（涵养水源，保持水土；调节气候，增加降水；降低风速，防风固沙；净化大气，改善环境；保护生态环境，提高生物多样性）；在此基础上，简要介绍了森林生态功能与效益计量和评价的方法、步骤。

5.1 我国的生态环境现状及存在的问题

建国以来，我国生态环境建设取得了巨大的成就，特别是改革开放以来，国家先后实施三北防护林、长江中上游防护林、沿海防护林等一系列林业生态工程，开展黄河、长江等七大流域水土流失综合治理，加大荒漠化治理力度，推广旱作节水农业技术，加强草原和生态农业建设，使我国的生态环境建设进入了新的发展阶段。但由于我国生态环境条件先天不足，人口压力大，普遍存在资源过度开发的情况；加之我国经济建设步伐加快，不合理的开发建设项目使生态环境遭到新的破坏，致使我国生态环境恶化的趋势还未得到遏制，生态环境问题仍很严重。主要表现在以下几个方面：

（1）*自然环境先天脆弱* 我国土地总量虽然较大，位居世界第三，但人均占有土地面积只有0.8hm^2，是世界平均水平的1/3，人均耕地只有0.1hm^2。山地、高原、丘陵面积占国土面积的69.27%，所构成的复杂地质地形条件，在水力、风力、重力等外营力作用下易造成水土流失，加上地质新构造运动较活跃，山崩、滑坡、泥石流危害严重。同时，还有分布广泛、类型多样、演变迅速的生态环境脆弱带，如沙漠、戈壁、冰川、永久冻土及石山、裸地等面积就占国土面积的28%。此外，还有沼泽、滩涂、荒漠、荒山等利用难度大的土地。特殊的地理位置使地区差异和年内、年际变化大，导致全国范围内洪涝灾害频繁，严重影响社会经济的可持续发展。我国暴雨强度大、分布广，是易造成洪涝、水土流失乃至泥石流、山崩、塌方、滑坡的重要原因。在我国独特的地质地貌基底上，一旦植被破坏，水热优势就会立即转化为强烈的破坏营力。

(2) 水土流失日趋严重 中华人民共和国成立时，中国有 $116 \times 10^4 km^2$ 的土地有严重的水土流失现象。到1989年底，这一面积增加了2.16倍，土壤侵蚀面积达到 $367 \times 10^4 km^2$，占国土总面积的38.2%。其中水蚀面积 $179 \times 10^4 km^2$，风蚀面积 $188 \times 10^4 km^2$。

每年流失土壤总量达 $50 \times 10^8 t$，占世界年流失量的19.2%。黄土高原面积约为 $64 \times 10^4 km^2$，是我国水土流失最严重的地区。由于气候干燥，植被稀少，增加了控制水土流失工作的难度，水土流失面积占该区总面积的70%，并成为黄河泥沙的主要来源。恶劣的气候和地形，加上人为的破坏因素，如不合理的耕作方式、过度放牧、乱砍滥伐和破坏植被等，也导致我国其他地区大范围的水土流失现象。土壤侵蚀带走了大量的有机质和氮、磷、钾等养分，使土层越来越薄、越来越贫瘠，直接导致耕地面积减少，肥力下降。我国经过几十年的治理，虽然取得了很大成绩，东中部地区水土流失有了一定好转，但由于"边治理、边破坏"严重，很多地区水土流失面积、侵蚀强度、危害程度仍呈加剧的趋势，全国平均每年新增水土流失面积 $10\ 000 km^2$，水土流失灾害严重的形势并没有发生根本性改变。

(3) 荒漠化面积不断扩大 我国荒漠化土地总面积为 $262.2 \times 10^4 km^2$，占国土总面积的27.3%，超过全国现有耕地面积的总和。其中，风蚀荒漠化 $160.7 \times 10^4 km^2$，水蚀荒漠化 $20.5 \times 10^4 km^2$，冻融荒漠化 $36.3 \times 10^4 km^2$，土壤盐渍化 $23.3 \times 10^4 km^2$，其他类型 $21.4 \times 10^4 km^2$。目前，荒漠化土地正以每年 $2\ 460 km^2$ 的速度扩大，相当于每年损失一个中等县的土地面积。全国有近4亿人口受到荒漠化的威胁，每年因荒漠化造成的直接经济损失高达540亿元。荒漠化主要分布在东北、华北和西北地区，涉及18个省（自治区、直辖市）的470个县（旗、市），形成万里风沙线。我国荒漠化不但影响范围大、类型多，而且程度严重。据综合评价，我国轻度荒漠化面积为 $95.1 \times 10^4 km^2$，中度 $64.01 \times 10^4 km^2$，重度 $103.0 \times 10^4 km^2$，分别占荒漠化总面积的36.3%、24.2%和39.3%。近半个世纪以来，我国荒漠化治理虽然取得一定成就，但荒漠化的发生、发展并未得到有效控制，总面积仍在扩大，且呈愈演愈烈的趋势。

(4) 森林覆盖率低，部分地区森林覆盖率减少 我国生态环境恶劣、自然灾害频繁的主要原因之一是森林覆盖率低，仅为16.55%，且分布不均。我国森林面积为 $158.9 \times 10^4 km^2$，主要集中在东北和西南地区，华东、华中、华南地区的森林面积只占全国森林面积17.96%，华北和西北地区森林则更少。广大的西部干旱、半干旱地区大片森林退化，覆盖率还不到1%。虽然我国每年都开展了大规模的植树造林，但成活率不高，而且通常是用稀疏、单一和较差的林分取代成熟和生物多样性丰富的森林。再加上管理水平低、乱砍滥伐以及林地逆转等问题，森林面积增长缓慢。因为不合理的砍伐，在一段时期内，某些局部地区森林覆盖率不但没有增加反而减少。如占长江流域上游面积56%的原四川省（含重庆），森林覆盖率由20世纪50年代的20%下降到80年代的13%；三峡库区从50～80年代森林面积减少一半以上。大面积的森林遭到破坏，大大降低了其防风固沙、蓄水保土、涵养水源、净化空气、保护生物多样性等生态功能。自1998年发生灾难性洪灾后，我国陆续启动了六大林业生态工程，森林面积正稳步增长。

(5) *生物多样性受到严重破坏*　我国是世界上生物多样性最丰富的国家之一，McNeely 等根据一个国家的脊椎动物、昆虫中的凤尾蝶科和高等植物数目评定出12个“巨大多样性国家”，我国位居第8位。我国的野生动物和植物分别占世界总数的9.8%和9.9%，陆地森林生态系统有16大类和185类，区系丰富，生态类型多，为野生动植物栖息和繁衍创造了优越的环境条件，其中陆地野生动、植物有80%以上在森林中生存。然而由于天然林遭到严重破坏，再加上人为的捕猎，物种数量减少，有的濒临灭绝。我国已有15%～20%的动植物种类处于濒危和受到威胁状态，高于世界10%～15%的水平。近几十年来，已绝迹的高等植物就有200多种，野生动物有10余种，还有20多种濒临灭绝。

(6) *水资源紧缺，污染严重*　我国是一个水资源短缺、水旱灾害频繁的国家。按水资源总量考虑，我国居世界第6位，但我国人口众多，按1997年人口统计，人均水资源2 220m^3，不到世界人均水平的1/4，在世界各国排名中仅列第121位，被联合国列为13个贫水国家之一。而且我国水资源分布严重不均，东南部水量占全国总水量的82.2%，西北地区仅占17.8%。城市缺水也相当严重，我国已有100多个城市地下水开采过量，导致地面下沉、塌陷，并有继续发展的趋势。在水质方面，我国7大水系均存在不同程度的污染，位于7条主要河流旁的15座主要城市中，13座城市已受到河水污染。对532条中国河流进行的调查表明，有82%受到了一定程度的污染。此外，我国各主要湖泊富营养化日益严重。

(7) *大气污染和酸雨*　据世界银行1997的报告，我国环境污染的规模居世界首位。1985～1994年间，全国废气排放总量年平均增长4.9%，二氧化硫排放量年平均增长0.98%。1992年，全国废气排放总量达$10.5\times10^8 m^3$，还不包括乡镇工业。其中，烟尘排放量$1\ 414\times10^4 t$，比1991年增长7.6%；SO_2排放量$1\ 685\times10^4 t$，比1991年增长3.9%。汽车尾气、工业锅炉和居民燃煤产生的污染物，使主要大中城市中的总悬浮颗粒物（TSP）和二氧化硫（SO_2）含量已超过世界卫生组织推荐标准的2倍。1996年，全国酸雨区面积已超过国土总面积的29%，我国南部和西南部广东、广西、四川、贵州4省（自治区）已成为继欧洲、北美之后的第三大酸雨区。酸雨造成粮食减产、水体酸化、建筑材料腐蚀受损、人体健康受到损害，生态环境严重恶化，每年因酸雨造成的损失高达140亿元。

因此，在社会经济发展中，应该确立科学的发展观，既要促进经济快速增长，又要保护和改善环境，珍惜我们赖以生存和发展的森林资源，充分发挥其功能和效益，提高人们的生存质量，促进社会经济的可持续发展。

5.2 森林的功能与效益

森林是以乔木为主体，包括灌木、草本植物以及其他生物在内，占有相当大的空间，密集生长，并能显著影响周围环境的一种生物群落。森林与环境是对立统一的，不可分割的总体，在森林生态学中，森林被看作一种生态系统，是一个整体。

森林与人类息息相关，它既是人类的摇篮，也是一种宝贵的资源，但是它与一般的资源如煤、石油、天然气等不同，是可再生性资源，具有再生性、多效益性、连续性和社会性几个特点。其中，再生性是指森林植物利用水和二氧化碳，在阳光的作用下合成有机物、能够生长的这种特性。煤和石油是现代工业社会的主要能源，但它们是非再生性的能源，用多少就少多少，总有用光的时候。由于森林具有再生性的特点，美国、加拿大某些公司已在研究怎样把木材转化成石油，并且已经取得了一定进展。森林的多效益性表现在森林具有各种各样的效益，概括起来说主要包括直接效益和间接效益，下面将作详细介绍，这里不再赘述。森林的连续性是指由于森林具有再生性，因而就可以“永续利用”。所谓永续利用，就是根据林分的生长量和蓄积量的关系，确定合理的采伐量，以达到合理轮伐，实现“越采越多，越采越好，青山常在，永续利用”的目的。永续利用又叫“永续作业”。此外，森林与社会发展密切相关，繁茂的森林是一个国家经济发达、文化繁荣的标志，表现出明显的社会性。日本是一个岛国，森林覆盖率高达66%，是我国的好几倍，但是他们并不大量地开采这些森林，而主要从第三世界国家进口。日本这样做，就是因为已经认识到了森林的功能和效益及其与社会发展的关系，森林不仅有生产木材等直接效益，还具有涵养水源、保持水土、净化空气、保护人们身心健康等许多间接效益。

森林的功能就是森林的功用、作用、用途，或在森林生态经济系统中的岗位职能，统称为森林在自然生态和经济社会中所起的功用、作用、用途或职能。森林能为人们提供多种功能，如森林用材功能、燃料功能、保持水土功能、涵养水源功能、保护野生动物功能、提供富氧环境功能等等。这些功能又同处于一个具体的森林生态系统中，森林诸功能有机地组合在一起形成森林的功能系统，各个功能之间具有内在的、不可分割的联系。

森林功能中种种使用价值的体现成了森林的效用。在森林效用中，对人类社会中有用的那部分效用，称为森林效益。因此，森林效益是人们对那些于人类社会有益的森林效用所作的评价。简言之，森林效益是对人类社会有益的森林效用。在人类社会诞生之后，改变环境的能力日益增强，人类社会与森林之间的物质交换日益扩大，对森林的认识日益提高，已由单一利用木材逐步转向综合利用森林效益。

5.2.1 森林的三大效益

作为林业经营对象的森林，既有有形的产品效益，同时在经营的过程中又发挥着巨大的系统效益，人们一般称之为三大效益，即经济效益、生态效益和社会效益。经济效益过去又称作直接效益，后二者称间接效益，总称为森林的综合效益。这些效益来自同一森林生态系统中，相互之间有密切的联系，但也各有特点。

（1）生态效益　人类在社会实践中通过劳动不断地扩大、深化对森林生态系统的系统功能、效用的认识。森林生态效益，是指在森林生态系统及其影响所及范围内，对人类有益的全部效用。它包括森林生态系统中，以木本植物为主体的生物系统，即生命系统所提供的效益，及与这些生命系统相适应的环境系统所提供的效益，生命系统和与其相适应的环境系统在进行各种生态生理作用过程中所形成的大于其组成部分之和的整体效益。

（2）经济效益　森林的经济效益主要是指在森林生态系统及其影响所及范围之内，被人们开发利用的那部分已变为经济形态的那部分效益，泛指被人们认识且可能变为经济形态的森林效益。由此可见前者特指森林实现的经济效益，后者特指森林潜在的经济效益。

森林光合作用生产的有机物是构成木材的主要成分之一，早就被人们开发利用实现经济价值，因此它作为森林的经济效益不难为人们理解。但对许多树种，在生产1t有机物质的同时释放出来的氧气的认识则很不充分，主要是没有被人们大量开发利用表现为经济形态，所以没有把它作为森林的经济效益。实际上，没有大量开发不等于不能开发。有的将森林里的富氧空气制成压缩罐头用于医疗、保健事业，这时氧气也是森林效益的一部分；有的将疗养院设在森林中，直接利用森林净化空气、降低噪音等，发挥多种卫生保健效能，这也是开发利用的一种形式，只要将它们变为经济形态，就是森林经济效益的一部分。

（3）社会效益　森林的社会效益，是指在森林生态系统及其影响所及范围内，被人们认识，并且为社会服务的那部分效益。其一是指是否对绝大多数人有益；其二是指是否已经为社会服务、为社会所利用。包括对人类身心健康的促进、对人类社会结构改进和对人类社会精神文明状态的改善。它是森林效益的最终归属，是林业经营的最后目标。

森林是陆地生态系统中的主体，森林释放的氧气比其他植物高9~14倍，在全球大气平衡中起主导作用，对全人类有益，因此从宏观的角度看，森林释放氧气的社会效益是好的；从中观或微观的角度看，如将疗养院设在森林中，或在城市中建森林公园等，除了表现为经济形态的那部分以外，都属于森林社会效益的范畴。

5.2.2 森林的直接效益

森林的直接效益包括3个方面：木材收益、能源收益、林副特产品收益。森林的直接效益是指人类对森林生态系统进行经营活动时所取得的，并已纳入现行货币计量体系，可在市场上交换而获利的一切收益，也称经济效益。包括以森林资源为原料的一切产品收入，以赢利为目的的利用森林非原料功能的收益，如森林公园、森林旅馆、疗养院、森林旅游业中相关的收益。

5.2.2.1　森林生产木材的作用

人类从原始社会到现代，从陆地到海洋再到天空，随时随处都离不开森林的生产品——木材。木材在国家建设和人民生活中起着越来越重要的作用，任何经济建设部门都需要木材，尤其是在钢铁、煤矿和建筑等方面更显得重要。

（1）*工、矿、交通事业方面*　在房屋建筑方面，据测算每修建 1 000m^2 厂房，用钢筋水泥结构，约需木材 100m^3，用混合结构则需木材 130m^3。尽管新技术、新材料层出不穷，木材已经有了代用品，但在人们崇尚自然、回归自然的今天，还是离不开天然、环保、无害的木材。

在铁路建设方面，每修建 1km 长的铁路，用枕木 1 800 根，约需 300m^3 木材，即约需采伐森林 1 ~ 1.5hm^2。由于森林资源日益紧张，目前在铁路建设中，人们越来越多地使用钢筋、水泥制品代替枕木。

在开采煤矿方面，为了防止坍塌、保障煤矿安全，需要用木材作支撑，每开采 100t 煤需要用矿柱材 2.5m^3。

此外，车辆、船舶、桥梁、码头、飞机以至家具、农具、文具、玩具、运动器具、乐器、火柴等的制造，无一不需要木材。

（2）*木材加工利用和林产化学方面*　木材经过机械和化学加工，可制成各种工业品，来满足工业、农业和人民生活的需要。

①造纸　造纸是我国古代的四大发明之一，曾推动了人类的文明进步，如今纸是社会经济生活和科学文化教育中不可或缺的用品。木材的重要成分是纤维和木质素，将木质素和其他杂质去掉，留下的木纤维就是纸浆，可用来造纸，世界各国所需的造纸原料 98% 是木材，每造 1t 纸约需木材 3 ~ 6t。

②制造人造丝和人造羊毛　1m^3 木材可制出 200kg 木纤维，再制成人造丝 160kg，相当于 0.5hm^2 棉田所生产的棉花，而成本只及天然丝的 1/10。人造丝比天然丝要细 8 ~ 9 倍，比棉花纤维细 7.5 倍。木材做成的人造丝和人造羊毛，质地柔软，色泽鲜艳，美观大方，经久耐用。

③代替钢铁　经过化学及物理加工过的压缩木及它的制成品，是木材在近代机械工业上的新用途。其结构紧密坚实，不怕摩擦和水泡，可代钢铁使用，硬度赛似钢铁，但却比钢轻且廉价，可制轴承、齿轮、飞机螺旋桨及各种耐高压的材料。

④制造板材　随着社会经济的迅速发展和人们生活水平的不断提高，在建筑装潢中需要大量各种各样的板材，最常见的是胶合板，花纹颜色比普通木材美观，又较抗压，不弯不裂，是建筑、装修、家具及包装的好材料。3.3mm 厚的胶合板可代替 12mm 的木板使用；其次是纤维板，是由木材废料的木纤维加胶加压制成的，3m^3 废材可制成 1m^3 纤维板，相当于 5.7m^3 好板材，且坚固、不扭曲、无裂缝，用途很广；再如刨花板，可充分利用木材废料，变废为宝，制成优良板材。

⑤代用淀粉　因木材纤维素的分子式与淀粉的分子式相同，木材经化学处理

可转化成糖再发酵成酒精，利用废弃的锯末制成酒精，可给社会节省大量粮食，同时降低成本15~20倍。

⑥电木制品　木纤维溶解后的胶液，可制成各种工业品，即电木制品。现世界上已有20 000种电木制品，如电讯工具、乐器、唱片、胶卷、笔杆、眼镜框、烟盒等。

5.2.2.2　森林林副产品的重要经济意义

森林除了能生产大量主产品——木材外，还能生产许多珍贵的林副产品，如树皮、树叶、树脂（树胶）、果实等，不仅是轻化工业和医药制造方面的重要原料，还可以食用、提高人们生活水平，其中有许多是重要的出口资源，其经济价值有的远远大于木材本身的收益，在国民经济中占有重要地位。

(1) 重要的工业、医药原料

①宣纸　青檀又名檀皮树，是我国特有植物，广泛分布于辽宁、河北、山东、河南、江苏、安徽、浙江、四川等地，尤以安徽分布最多，安徽则以宣城地区最为集中，其树皮是造宣纸不可缺少的原料。优质宣纸由80%的檀皮和20%的稻草混合制成，一般的宣纸则用60%的檀皮和40%的稻草制成。

②桐油　是油桐果实中的油，为我国特产，在中南地区产量最多，现已引种到欧美各国。桐油是举世无双的干性植物油，我国桐油产量占世界的90%左右。近代工业有1 000多种需要用到桐油，其主要用途是油漆、防水剂、油墨、防腐、医药等。

③樟脑和樟油　樟油是很好的溶剂，樟脑主要用于医药及化学和国防工业上。樟脑和樟油是从樟树的根、干、枝、叶中提炼出来的，樟树分布在我国台湾和南方各地，远在2000多年前，我国人民就已掌握了提炼樟脑和樟油的方法。我国的樟油和樟脑产量占世界的90%，居世界首位。

④松香和松节油　从松类树干中提取的树脂即松脂，松脂中含松香70%、松节油30%。松香和松节油都是工业不可缺少的原料，我国的马尾松、云南松、华山松和红松都能生产松脂。马尾松是我国主要的产脂树种，树脂产量占全国的90%。

⑤杜仲　杜仲树的干燥树皮，入药称为杜仲，为我国特产。它是珍贵的药材，能治高血压。杜仲树的叶、皮、果实含有丰富的杜仲胶，是一种硬性橡胶，绝缘性好，硬度大，是各种电器的优良材料。

⑥栓皮　即软木，是栓皮栎的树皮（东北的黄波罗也有栓皮层）。栓皮栎主要产于我国，遍布秦岭以南、南岭以北各省。栓皮比重小、浮力大、弹性好、不透水、耐酸碱，对热、声、电的绝缘性好，是重要的工业原料。

⑦橡胶　是橡胶树的副产品，而橡胶树是天然橡胶的主要原料植物。它不仅是国计民生中的重要物资，而且它还和钢铁、石油和煤炭合称为世界四大工业原料。橡胶树原产南美亚马孙河流域，主产巴西，现已引种到世界上30多个国家，以东南亚各国栽培最盛，马来西亚、泰国、斯里兰卡、印度尼西亚和印度产量占世界总产量的90%以上。到目前为止，橡胶树栽培不过100多年的历史，年产胶

350×10^4t，我国年产干胶超过13×10^4t（占3.7%），居世界第6位。

我国自1904年以来，在云南、广东和台湾进行引种栽培。从50年代起我国注意了橡胶树的发展，在引种栽培和抗寒育种等方面做出了巨大贡献。在云南研究成功的人工生态群落——胶茶群落，无论在理论还是在实践上都取得了重要突破。茶树在橡胶林下间作，密度适当时可产生干热效应，使冬季温度比对照高0.5℃，从而对胶树越冬起到保护作用；茶树间作可减少冲刷量，减轻水土流失，据研究胶茶群落的冲刷量是76.05kg/（hm^2·a），而农田则是54.71t/（hm^2·a），相差竟达700倍以上。

此外，花椒、八角、厚朴、白蜡、枸杞、棕榈、紫胶、五倍子、三尖杉、喜树等都是工业和医药原料及调味品，也是我国重要的出口商品。

（2）食用珍品　在古代，我国就有栽培经济林的习惯，春秋战国时代的《战国策》记述“北有枣、栗之利，民虽不田作，枣、栗之实，足是于民矣。”可见在当时栽培枣树和栗树已有相当的规模。在我国森林植物中，可用来食用的植物非常丰富，常见的有：

①松子　我国松树种类很多，松类种子中可食用的主要有红松、华山松、白皮松等，其营养价值高，是珍贵的食品。

②茶油　从油茶种子中提取，是我国南方重要的食用油，加工后可作工业和医药原料，也是国际市场上的畅销商品。

③榛子　是榛树的果实，含油率高达50%~60%，高过油茶、芝麻、花生，而与核桃不相上下，但其蛋白质含量超过核桃，每年大量出口外运。

④香榧　是榧树的果仁，我国特产，熟食生食均可，香脆可口，为干果中的上品名产。

⑤板栗　是我国特产的主要干果，营养丰富，味美适口，驰名中外。在国际市场上称为“中国甘栗”，是传统的出口商品。

⑥银杏　又名白果，是银杏树的种子。可供食用和医用，为我国特产，一直属于我国传统的出口商品。

⑦枣　是我国传统的出口商品，既可食用又可药用。华北和西北地区数量最多，质量也好。枣树是栽培历史最悠久的果树之一，至少有3 000年的历史。

此外，还有众所周知的茶、竹笋、椰子等许多有价值的食品。

（3）其他林副产品　森林不仅本身能出产木材和食用珍品，它又是野生植物和动物资源的宝库。在我国的南疆北域广大的天然林中，出产许多名贵的药材、美味的食品和大量的珍禽异兽。现将主要的说明如下。

①蘑菇　在东北大多自然生长，在南方均是人工栽培，尤以安徽、福建、浙江、江西等地最为丰富。蘑菇是人们日常生活中最常见的食品。

②木耳　在栎树类腐木上培育，以陕西、四川、贵州、湖北为主要产区。东北的木耳也很有名。木耳有3种：黑木耳，普通作为菜食用；白木耳，是贵重的补品，可与人参齐名；红木耳，更是名贵，又称“金耳”。

③人参　是东北林区的特产，尤其以长白山区较多，是中药中最珍贵的补

品，有温补的特效，除供应国内市场外，还向南洋和其他国家出口。

④竹荪　在竹林下培育的一种食用菌，很名贵，市场上少见，现已可以人工栽培。

此外，我国森林中还有贝母、党参、当归、白芍、半夏等，非常丰富，举不胜举。

我国森林中动物资源也很丰富，有珍贵的药材如虎骨、熊胆、蛇胆、犀角、羚羊、麝香等，有珍贵的毛皮兽如水獭、灰鼠、紫貂、猞猁、狐、旱獭等。

5.2.3　森林的间接效益

森林除具有直接效益外，还有许多间接效益，主要包括涵养水源，保持水土；调节气候，增加降水；降低风速，防风固沙；净化大气，改善环境；保护生态环境，提高生物多样性等。

5.2.3.1　涵养水源、保持水土

水在自然界起着循环作用，人们对水调节的好，就是水利；调节的不好，就是水害。有森林的山丘区，在下暴雨的时候，很少出现水土流失现象，暴雨之后，不致造成洪水泛滥，也不会因为干旱而使河川枯竭；而光山秃岭，一旦遇到暴雨，水土大量流失，甚至引起山洪暴发，洪水泛滥，造成很大危害。俗语说："山上没有树，水土保不住；山上栽满树，等于修水库；雨多它能吞，雨少它能吐。"大量研究表明，我国各地河流含沙量与流域内森林覆盖率成明显的正相关关系，森林覆盖率越高，河流含沙量越低；反之，含沙量越高（表5-1）。森林之所以具有这种功能作用的原因在于以下几个方面：

表5－1　我国各地河流含沙量与流域森林覆盖率的关系

地区或河流	森林覆盖率（%）	径流总量（$\times10^8m^3$）	含沙量（kg/m^3）	年输沙量（$\times10^8t$）
东　北	29.6	1 702	0.51	0.86
华　北	4.5	172	8.72	1.50
黄　河	6.7	430	37.00	15.93
淮、沂、沭河	16.2	598	0.25	0.15
浙闽区各河流	43.7	2 462	0.11	0.26
长　江	20.8	9 293	0.54	5.02
珠江及华南各河流	28.6	467	0.22	0.95
西南地区各河流	19.1	2 158	0.75	1.62

（1）*林冠对天然降雨的截留作用*　在降雨过程中，雨滴对裸露土壤表现出直接的侵蚀破坏作用。郁闭的森林，枝叶繁茂，树冠相接，直接承受着雨水的冲击，使林地土壤免受暴雨的打击，削弱了雨滴对土壤的击溅作用，减轻了土壤侵蚀，延长了产生地表径流的过程（图5-1）。

由图5－1可以看出，在中等降雨强度下（10～20mm/h），由于森林的存在，林冠可截留降雨量的15%～30%，而后再蒸发到大气中去。但大部分降雨落到林

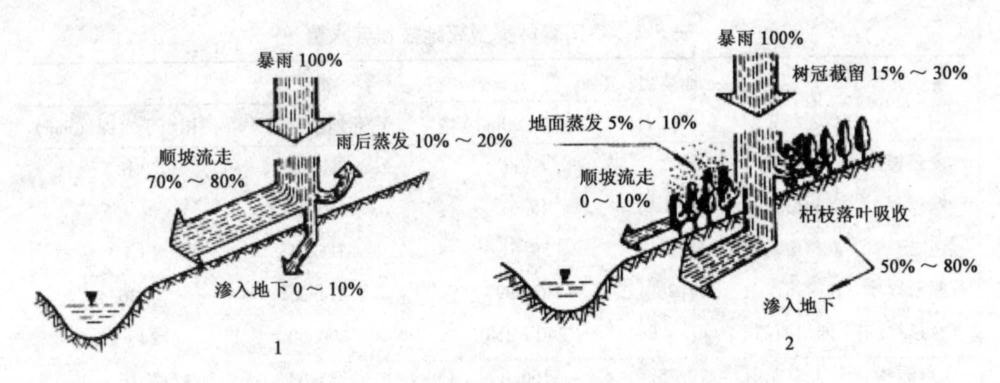

图 5-1 不同地面（裸露地、林地）承接降水情况示意

1. 裸露地 2. 林地

内，一部分被林内枯枝落叶吸收，一部分则渗入土壤变成地下径流，两者之和为降雨量的 50% ~80%，还有 5% ~10% 的雨水从林内蒸发掉，只有 0 ~10% 的降雨形成地表径流。而裸露地上，渗入土壤内的雨水只有 0 ~10%，形成地表径流的则高达 70% ~80%，加之裸露地表几乎没有什么障碍，地表径流速度快，极易引起土壤侵蚀。

（2）*林地死地被物层的水文和水土保持功能* 森林死地被物层是指覆盖在林地表面的枯枝落叶、落花、落果，以及其他动植物残体。因为该层主要由森林凋落物组成，故又称凋落物层或枯枝落叶层。死地被物层不仅是土壤有机养分的重要来源，而且在森林涵养水源和保持水土中具有极其重要的意义。

死地被物的水文效应主要取决于森林凋落物的种类、成分、数量和分解程度等因素。一般情况下，森林通过凋落物每年可给每公顷林地增加 1.5 ~ 10.0t 有机物质。据报道，四川西部高山冷杉林，每年凋落物量为 1.05 ~ 3.01t/hm^2，但不同地区、不同的森林类型、密度和林龄等，林下凋落物种类、成分和质量都有很大差异。死地被物层的生物量还与自然地理分布带有密切关系。据报道，高山森林每年可产生凋落物量为 1.6t/hm^2，寒温带和暖温带分别为 3.6t/hm^2 和 5.8t/hm^2，热带森林则高达 9.2t/hm^2。低纬度地区虽然凋落物量大，但气温高、湿度大，分解速度快，现存量少；高纬度地区则相反，凋落物量少，但分解慢，现存量大。

良好的死地被物层具有相当大的容水性和透水性（表 5-2）。森林凋落物层吸水性能的大小，一方面与其厚度成正比，另一方面与形成凋落物的树种及其年龄有着密切的关系。一般说来，混交林凋落物层比纯林的厚度大；阔叶林的凋落物层比针叶林厚度大；树龄大的凋落物层要比树龄小的厚度大。据南京林业大学对江苏沿海几种人工林的测定，15 年生的刺槐林，其凋落物层厚度和吸水能力分别为 2.3cm、15.4t/hm^2；7 年生的意大利杨林为 1.5cm、9.2t/hm^2；10 年生的柳杉、水杉混交林为 2.5cm、18.7t/hm^2；经营 12 年的竹林为 3.5cm、26.5t/hm^2。凋落物层厚度越大，吸水能力越强，对涵养水源和保持水土的作用也越大。

表5-2 不同森林类型死地被物容水量

森林类型	地 点	死地被物（t/hm²）	容 水 量		
			质量（t/hm²）	占死地被物的%	相当于水深（mm）
红皮云杉林	内蒙古	21.2	6.36	298.58	6.3
杨桦林	吉林松花湖	9.91	45.61	460.29	4.5
落叶松林	吉林松花湖	18.92	59.61	315.06	5.9
苔藓云杉林	甘肃祁连山	97.26	363.99	374.25	36.4
冷杉林	四川西部	40~43	240~258	600.00	24~25.8
辽东栎林	陕北黄龙山	70.45	166.0	235.63	16.6
油松林	陕北黄龙山	41.3	72.6	175.79	7.3
杉木林	福建	10.06	30.18	300.00	3.0

森林凋落物层不仅能吸收降水、保护表土免遭雨滴的直接冲击，防止土壤板结，而且还可增加地面粗糙度，起到阻挡、分散径流和调节河川流量、削弱洪峰的作用。由于凋落物层的挡雨、吸水和缓流作用，使径流不能短时间内集中，因而可减缓洪峰流量、降低洪枯比。但是，森林削弱洪峰流量的作用是有限的，对一次暴雨比较明显，对连续暴雨或多年一遇的暴雨就不那么明显了，其作用多在25%以下。

（3）*林地土壤的渗水、蓄水作用* 森林有改良土壤结构的作用，表土一般为团粒结构，土壤孔隙率特别是非毛管孔隙率大，为水分渗透、蓄积降水创造了良好条件。

①森林土壤的透水作用 林地土壤具有强大的透水性和容水性，这是因为森林改善了土壤理化性质。森林每年都产生大量的枯枝落叶，同时土壤中还有相当数量的树根和草根腐烂，可大量增加土壤中的有机质。有机质经分解，变成黑色的腐殖质，与土壤结合形成良好的团粒结构，使土壤密度减小、孔隙度增大。据测定，林地土壤具有大量大团粒结构的土层可深达40~50cm，而一般草地和农田土壤只有少量小团粒结构，且主要分布在土壤表层。

其次，根系腐烂形成了大量孔道。森林土壤中林木根系盘根错节，且分布较深，林木采伐后，这些根系逐渐腐烂，形成根系孔道。据研究，黄土高原20年生的刺槐人工林，每公顷垂直根系通道在15 000条以上，许多侧根是从中心辐射出去的，因而腐烂后也形成辐射状的孔道，有利于水分迅速地分散到较深的土层中。

此外，土壤动物活动形成了大量洞穴、孔道。森林中大量的枯枝落叶，给土壤动物提供了丰富的食物和良好的隐蔽场所，这些动物不仅疏松了土壤，产生了大量的洞穴、孔道，而且其排泄物能在土壤表面形成良好的水稳性团粒结构，增大土壤空隙。

由于上述原因，在森林土壤中水分下渗速度很快（表5-3）。如果林地渗透速率以100计，则采伐迹地、草地、崩塌地分别为62、39和39，步道土壤紧实，

表5-3 林地与非林地土壤渗透能力

调查内容	林地			非林地			
	针叶林	阔叶林	计	采伐迹地	草地	崩塌地	步道
调查样点数	13	10	23	13	3	8	4
渗透能力（mm/h）	246	272	259	160	191	99	11
相对值（%）	96	106	100	62	39	39	4

仅为4。处在斜坡上的森林不仅有能力接纳林地上空的降水，而且可能还有余力接纳来自上方（农田、牧场或荒地）的地表径流。

②森林土壤的蓄水作用　土壤能够贮存水的总量取决于它的孔隙率和土层厚度。由于森林土壤的孔隙率远比其他形式的用地大，因而其贮水能力很强。在土壤孔隙中，毛管孔隙所贮存的水分能够抵抗住重力作用而保持在孔隙中，这种水分对江河水流和地下水不起作用，但坡地植被所需的水分几乎全靠它们供应。非毛管孔隙除形成水分运动的通道外，还为水分的暂时贮存提供了场所。当水分进入土壤的速度大于它流到底层的速度时，水分就贮存在孔隙中，延长了水分向底层渗透的时间。森林的这种减少地表径流，促进水流均匀进入河川或水库，在枯水期间仍能维持一定水位、水量的作用，称为森林的水源涵养作用。而森林涵养水源能力可用贮水量来表示，其公式为：

每公顷林地降水贮存量（t）=10 000（m^2）×土层深度（m）×土壤非毛管孔隙率（%）×水的密度（t/m^3）

这里的非毛管孔隙，是指土壤能使降水凭借重力渗透下去的孔隙。非毛管孔隙率越大，土壤贮水量也越大，越有利于涵养水源，而毛管孔隙中的水分粘附在土壤颗粒上，不能再往下层渗透移动，也就不能发挥涵养水源的作用。必须注意，由这个公式计算出来的林地贮水量是静态蓄水量，而森林涵养水源的过程是一个动态过程，因而它不能完全反映森林涵养水源的功能。

5.2.3.2 调节气候，增加降雨

（1）森林对气候的影响　当大面积的森林郁闭成林后，它能有效地促进林地及其周围地区的热量和水分状况的变化，森林对气温的影响主要表现在降低平均气温，缩小年温差、日温差，使温度变化趋于缓和。据测定，在森林上空500m范围内，有林地年平均气温比无林地低0.7~2.3℃。夏季林内气温比林外低3~4℃，冬季气温则高于林外1~2℃。一天之中最高温度林内低于林外，而最低温度则林内高于林外；一般白天林内温度低于林外，夜间和黎明则高于林外。

森林对气温的这种影响，主要是通过林冠层的活动达到的。在晴朗的白天，太阳辐射强烈，由于林冠层的遮挡，约有80%的太阳辐射被茂密的林冠阻挡而不能直射林地，穿透林冠的部分，又为林内灌木、地被物所吸收，因而辐射能量大大降低。据观测，白天林内辐射强度只有林外的10%~15%。林冠遮荫，加之本身的蒸腾吸热，使林内气温在一定时间和时期（白天、夏季）较无林地低；而林冠的覆盖又使林内空气对流大大减弱，因此又使林地气温在一定时间和时期

（夜间、冬季）较无林地高。

森林对气温、土壤温度和空气湿度的调节作用，不仅对林木本身的生长发育十分有利，而且对林地附近农作物的生长也十分有利，并且还可减少各种灾害性天气的发生。夏季白天气温、地表土温降低，可以减少蒸发，抗旱保墒，另外因林冠强大的蒸腾作用降低了气温，从而可避免气流急速上升，破坏产生冰雹的条件，故有林地区很少有冰雹危害；春季和秋冬气温和土壤温度升高，则可延长林木生长期，提高生长量，还可减轻霜害。农田防护林就是通过这种作用对农作物起保护作用的。若城市周围有森林，这种空气环流可减轻热岛效应，同时消散城市上空的废气。

（2）*森林对降雨的影响* 森林对降雨的影响，主要是因为森林具有强大的蒸腾作用。一个地区降雨多少很大程度上取决于大气中水汽含量的多少。在无林空旷地，只有地表蒸发，蒸发量小，对空气中水汽含量影响不大。而在有林地区，林木在生长过程中以其强大的根系吸收土壤深层水分，向上空大量蒸腾。据测定，在夏季，1株树一天中散失的水分相当于本身叶重的5倍，而1株树枝叶面积要比这株树所占的土地面积大75倍，由于蒸腾面积比空旷地大得多，这就大大增加了输送到空气中的水量。由林冠蒸发的大量湿气被迅速带到上空，由于森林附近空气湿度大、温度低，为水分凝结形成降水创造了条件。

在一个地区，当有较大规模的森林时，不论是集中成片还是均匀成块状或带状分布，就能形成一个优越的气候区，有效地增加降水量。甘肃是我国有名的干旱少雨省份，但“森林雨”现象比较明显，存在着以林区为中心的多雨区，如以陇南白龙江为中心的多雨区，面积约5 000km^2，年降水量达700mm，比周围无林区多100～200mm。广东雷州半岛在新中国成立前，林木稀少，干旱严重；新中国成立后，造林$24\times10^4hm^2$，森林覆盖率达23%，年降水量增加32%。据前苏联资料，有林地区降水量比无林地区多3.6%～17.6%，最高可达26.6%。对法国南锡地区的研究表明，林区比无林区年降水量多16%。一般认为，森林面积在7 000hm^2左右，即可起到增加降水的作用。

5.2.3.3 降低风速，防风固沙

空气流动就成为风。同其他任何事物一样，风既有有利的一面，又有有害的一面。风可以将海洋的湿气吹至大陆，还可以调节植物体温，促进植物生长等。但当风速大于5m/s时，轻则可以使农作物倒伏，重则毁地扒苗，吹落枝叶，吹折茎秆，使植物过度蒸腾，造成凋萎，落花、落果、落叶，发育不良，生长衰退，甚至死亡等。在风沙区危害更大，陕西榆林地区北部沙地，每当大风一来则飞沙走石，沙丘移动，威胁村镇，填塞河渠，破坏农田，阻碍交通等。

（1）*林带降低风速的作用* 俗话说：“树大招风”。其实，风是大气环流、空气流动形成的，树不仅不会招风，反而能挡风。那么，在风大的天气站在树下，为什么觉得风大呢？实际上，那是树木在和狂风展开激烈搏斗所发出的回声，由于响声大，使人感到风也大，树招来了风，这是一种错觉。

当前进中的风遇到林木后，一小部分从枝、叶、干的空隙中挤过去，在这个

过程中经过摩擦、碰撞，风力就减弱了（参见表5-4）；大部分风由于林木阻挡、迫使它沿林冠向高空吹去，然后再逐渐回到地面，这本身就会使风速减小，而且当和透过林木的气流会合时，又削弱了一部分风力。

表5-4 风速在林内的变化情况 %

林分密度（m×m）	林内深度（m）				
	林前	10	20	40	60
2.3×3.3	100	64.4	52.9	45.3	31.4
4×5	100	93.4	73.4	64.7	50.2

如果是成片林，人们只听到风声，却感觉不到有大风。由于动能削弱，越向林内风速越小。由表5-4可以看出，林分密度为2.3m×2.3m时，在林缘及林内距林缘10m、20m、40m和60m处，风速分别为100%、64.4%、52.9%、45.3%和31.4%，越向林内风速越小。如果是防护林网，被削弱的风在没有恢复到原来的风速时，就被另一条林带所阻挡。这样，经过几次阻挡，强风就被驯服了。据测定，在疏透结构林带背风面相当于树高20~25倍的地方，风速才恢复到原来的80%；如果遇到第2道林带，风力又要在同样的距离按同样的百分比递减。这样，风力就由强变弱、由弱变无了。

(2) 林带防风固沙作用　由于防护林降低了风速，故有效地起到防风固沙作用。以“风库”著称的新疆吐鲁番，在1961年5月31日刮了一场持续了13h的12级大风，由于没有林带防护，全县受灾农田达$1.5\times10^4hm^2$，其中$1\times10^4hm^2$基本无收。但在1979年4月一场持续20h的12级大风中，由于有了防护林带的保护，全县受灾面积只有$0.23\times10^4hm^2$，只占前次的18%。现在，8级以下的大风基本无灾害。所以，群众说：“沙地没有林，有地不养人；沙地有了林，沙地变黄金。”

(3) 林带改善小气候和增产作用　林带风速降低后，引起了一系列气候因子的变化，改善了气候条件，给农作物稳产高产创造了有利条件。我国黄淮海地区，在小麦灌浆期有一段持续较长的干热风，常使小麦减产。据观测，在农田中间栽植泡桐（7年生），同未栽植泡桐的农田比较，风速降低35%~58%，地面蒸发减少20%~40%，空气湿度增加9%~29%，土壤湿度提高24%，温差缩小。这样就能有效地减轻干热风危害，为小麦生长创造了良好的环境条件，使小麦增产10%~30%，获得桐粮双丰收。

5.2.3.4 净化大气，改善环境

森林通过吸收同化、吸附阻滞等形式成为污染物归宿的浩大汇库，能使污染物离开对人畜产生危害的环境而转移到另外一个环境，这种功能称为净化作用。据测定，树木每生产1kg干物质就要过滤3 111m^3的空气。每公顷热带雨林每年净化空气为$6\ 813\times10^4m^3$，亚热带杉木林为$3\ 000\times10^4m^3$，东北混交林为$2\ 000\times10^4m^3$。全世界森林每年生产的干物质约为$737.5\times10^8m^3$，能净化空气量约为$229\ 436.25\times10^{12}m^3$，把这些洁净的空气平铺在地球表面足有449m厚，可供40

亿人呼吸消耗1万余年。

（1）*森林的除尘功能*　据统计，全世界每年向大气排放烟尘约10^8t。每燃烧1t煤，就给空中增加十几千克煤烟，烟尘中最有害的部分是<0.05mm的颗粒，即粉尘。其组成因地区、燃料的种类和工业原料的不同而异。除尘埃外，尚含有油灰、炭粒、铅、汞等金属小粒以及附着在烟尘中的微生物和病原菌等。它们通过肺直接进入血液，较大的颗粒沉积于肺中，使人易患气管炎、支气管炎、尘肺、矽肺、肺炎等疾病。当悬浮在大气中的灰尘浓度较大时，能降低太阳照明度和辐射强度，特别是减少紫外线辐射，从而降低太阳光的杀菌和医疗作用。

而森林对大气中的烟灰和粉尘却具有吸附和阻滞作用。一方面，森林以它高大的树干、稠密的林冠减弱风速，降低空气携带灰尘的能力，使空气中混杂物沉降下来。另一方面，树木叶片有一个较强的蒸腾面，晴天要蒸腾大量水分，使树冠周围和森林表面保持较大湿度；同时它可以利用自身不同的生物学特性，如叶表面粗糙、多绒毛、分泌黏液可滞留空气中的飘尘，从而大大降低空气中灰尘的含量。在城镇中，街道林带的减尘率为44.2%，乔木行道树减尘率为63.1%～89.7%，乔木和绿篱结合的绿化带减尘率可达95.7%。以森林面积而言，1hm^2云杉每年能滤尘约320t，1hm^2水青冈可滤尘68t，每1株树滤尘量相当于本身重的几倍。森林蒙尘后，经雨水淋洗，还可以恢复滞尘作用。

（2）*森林吸碳放氧的功能*　森林通过光合作用吸收二氧化碳、放出氧气，又通过呼吸作用吸收氧气放出二氧化碳，从而起到调节大气中氧气、二氧化碳浓度的作用。森林有很大的叶面积，吸收二氧化碳的能力很强，叶片要形成1g葡萄糖，需要消耗2 500L空气中所含的二氧化碳，而形成1kg的葡萄糖，就必须吸收250×10^4L空气所含的二氧化碳。如樟树在进行光合作用时，每平方厘米的樟树叶片每小时就能吸收0.07cm^3的二氧化碳。1hm^2的阔叶林在生长季节一天可以消耗1t二氧化碳，放出0.73t的氧气。落叶林每年释放氧气16t/hm^2，针叶林每年释放氧气30t/hm^2，常绿阔叶林每年释放氧气20～35t/hm^2。一个成年人每天呼吸需要消耗氧气为0.75kg，排出二氧化碳为0.9kg。如果在晴天最适宜生态条件下，有25m^2的树林叶面积，就可以释放一个人所需的氧气和吸收掉二氧化碳。

大量研究表明，森林生产干物质的能力，就是生产氧气的能力。大气中的氧气是亿万年来植物生命活动所积累的，地球上60%的氧气来自陆地植物，尤其是森林（表5-5）。

表5-5　地球上各种生态系统放氧量

生态系统类型	面积（$\times10^6 km^2$）	放氧量［t/（$hm^2\cdot a$）］	放氧总量（$\times10^8$t/a）
北方针叶林	15	15.6	23.4
温带森林	8	31.2	25.0
热带、亚热带森林	10	39.0	39.0
干旱林地	14	5.2	7.3
农用地	15	10.4	15.6

（续）

生态系统类型	面积（$10^6 km^2$）	放氧量［t/（hm^2·a）］	放氧总量（10^8 t/a）
草 地	26	7.8	20.3
冻 原	12	2.6	3.1
荒 漠	32	2.6	8.3
冰 川	15		

(3) 森林吸收有害气体的功能　树木一方面受毒气所害，另一方面对有毒气体具有抗性和除毒能力。不少树木，可把浓度不大的有毒气体吸收掉，从而避免在大气中累积达到有害的浓度，在有毒气体浓度太大时也会伤害树木，因此在一定浓度下，才能发挥林木净化大气的作用。

大气中常见的污染气体如二氧化硫、氟化物等均可被森林吸附。二氧化硫常和飘尘结合在一起，进入人体肺部危害人体健康。二氧化硫被树木吸收后形成硫酸盐，贮存在林木体内，只要二氧化硫的浓度不超过临界浓度，树木叶片可以不断吸收二氧化硫（表5-6）。空气湿度的大小，对吸收能力影响很大，相对湿度为80%以上时，比湿度10%～20%时吸收速度要快5～10倍。由于森林能提高空气湿度，所以在吸收二氧化硫方面有特殊重要的意义。如柳杉林每年吸收二氧化硫720kg/hm^2，华山松林在1个月内可吸收二氧化硫70kg/hm^2。

表5-6　树叶吸收SO_2和F的能力

树 种	每克干叶含SO_2数量（mg）	树 种	每克干叶含F数量（mg）
合 欢	7.54	大叶黄杨	0.15
悬铃木	7.14	臭 椿	0.095
加 杨	7.08	加 杨	0.084
臭 椿	6.56	泡 桐	0.056
梧 桐	6.12	女 贞	0.048
构 树	4.74	榉 树	0.045
夹竹桃	4.22	桑 树	0.035
女 贞	3.54	垂 柳	0.021

树木吸收氟化物的能力亦很强。氟及其化合物是一种毒性较大的污染物，它比二氧化硫的毒性要大10～100倍。在正常情况下，树木体内的氟含量为0.5～25mg/L。但在氟污染地区，树木叶片含氟量可为正常叶片含氟量的几百倍至数千倍。如在氟化氢污染情况下，侧柏树叶中含氟量可为正常含氟量的1 387倍，槐树为1 488倍，泡桐为1 580倍，华山松为1 616倍。其他有害气体如氯气、氨气、汞和铅的蒸汽也可被树木吸收。

(4) 森林的杀菌功能　种类繁多的细菌，散布在广阔的大气中。空气中通常含有37种杆菌、26种球菌、20种丝状菌和7种芽生菌以及各种病毒，给人们身心健康带来很大威胁。大量研究表明，森林具有杀菌作用，可有效地降低空气中的含菌量。例如，在南京市闹市区空气含菌量高达 49 700 个/m^3，公园为 1 372 个/m^3，而郊区植物园只有 1 046 个/m^3，仅为闹市区的 2.1%。

树木具有杀菌作用。有些树木的叶、花、果、皮等产生一种挥发性物质，称为“杀菌素”，能杀死伤寒、副伤寒病原菌、痢疾杆菌、链球菌、葡萄球菌等。杀菌素是由树木的特殊组织——油腺在新陈代谢过程中分泌出来的香精、酒精、有机酸、醚、醛、酮等。愈是芬芳的树种，分泌的杀菌素愈多，它一方面以其香味掩蔽有臭味的空气污染物，另一方面以其杀菌素杀死污染物中的有害细菌。由于森林的杀菌作用，使有森林的地方与无森林的地方空气含菌量差别极大，森林外细菌含量为 3×10^4 ~ 4×10^4 个/m^3，而森林内仅为 300 ~ 400 个/m^3，如松树、圆柏、云杉、桦木、山杨、椴树、樟树、圆柏等都有这样的特性。据测定，1hm^2 阔叶林整个夏季可分泌 3kg 杀菌素，针叶林为 5 ~ 10kg，而圆柏林则达 30kg。

一般来说，能分泌挥发油类的树种其杀菌能力都比较强。在城市绿化中，具有很强杀菌能力的树种有：黑胡桃、柠檬桉、悬铃木、紫薇、圆柏、橙、柠檬、茉莉、薜荔、复叶槭、柏木、白皮松、柳杉、稠李、雪松等。

另外，树木根系的分泌物也能杀灭土壤中的病原菌，从而对土壤起消毒作用。据报道，水流在通过 30 ~ 40m 宽的林带后，细菌量减少了 1/2；在流经 50m 宽、30 年生的杨桦混交林后，含菌量减少 90% 以上。由此可见，森林对净化空气和水质都有显著作用。

5.2.3.5　保护生态环境，提高生物多样性

远古时代，人们靠狩猎和采集野生植物的果实过着茹毛饮血的生活，虽然有时也放火围猎大型哺乳动物，刀耕火种地破坏森林，但当时人口稀少，对森林生态环境影响不大。但随着人口激增，对资源的消耗急剧增加，于是人们大肆采伐、破坏森林资源。由于森林环境为许多动、植物的生存和发展创造了条件，森林的破坏就必然使许多生物失去生存环境，其物种也必然随之消亡。据估计，在人类主宰地球后，每天有 100 种生物消失，地球上 30% ~ 50% 的植物在今后 100 年内将不复存在。目前，全球物种灭绝速度比自然进化灭绝速度至少高 25 000 倍。我国生物多样性丰富程度虽然很高，但由于种种原因，已有 15% ~ 20% 的生物物种受到严重威胁，高于世界 10% ~ 15% 的平均水平，天然林毁灭的速度大大高于世界平均水平的每年 1%。目前，由于我国实施天然林资源保护工程，天然林及野生动植物资源受到了良好的保护。

森林之所以能够保护自然生态环境，是野生动植物的乐园和庇护所，主要是因为它具有时空优势、种群优势、生产优势和演替优势。地球上凡是能够生长森林的地方，不管它目前是什么样的陆地生态系统，最终都将演替为森林生态系统。如南京中山陵风景区在 20 世纪初基本上没有森林，后来广植马尾松，马尾松成为主要树种，在林分中占绝对优势。随着林分的自然演替，落叶和常绿树种侵入，现马尾松逐渐衰退，生长势下降，终将形成亚热带常绿阔叶林。再如大兴安岭火灾之后，以兴安落叶松为主要树种的林分被破坏，喜光的落叶树种首先侵入，但经过若干年后又形成对兴安落叶松有利的环境条件，最终将形成以落叶松

为主的林分。森林的这种演替优势为丰富生物多样性提供了良好的环境。

生物多样性是一定空间范围内多种活有机体有规律地结合在一起的总称，包括所有植物、动物、微生物以及所有的生态系统和它们形成的生态过程。1995年，联合国环境规划（UNEP）在《全球生物多样性评估》中给出一个较简单的定义是：生物多样性是生物和它们组成的系统的总体多样性和变异性。森林对生物多样性的保护作用主要表现在以下3个方面：

（1）维护生态系统的多样性　我国幅员广大，地域辽阔，南北跨越热带、亚热带、暖温带、温带和寒温带，气候类型多，再加上地质地貌复杂多变，为我国丰富生物多样性提供了优越的自然环境条件。不同地带具有不同地带性森林植被类型，这些类型又由地带性的植物、动物、微生物等共同构成地带性的森林生态系统。我国陆地生态系统有27大类、460类，其中森林生态系统占16大类和185类，在保护生态系统多样性方面发挥了巨大作用。

在各类生态系统中，森林生态系统拥有的生物多样性最高。我国生物资源无论种类和数量都在世界上占有重要地位。从植物区系的种类数目看，我国约有高等植物30 000种，居世界第3位。全世界裸子植物共12科71属700余种，我国就有11科41属近300种。此外，我国许多古老的特有种在世界上也占有重要地位。我国还是世界上野生动物资源最丰富的国家之一，有许多特有珍稀种类。据统计，我国陆栖脊椎动物约有2 340种，约占世界陆栖脊椎动物的10%，我国鸟类是世界上种类最多的国家之一，约占世界鸟类的13%。

截至1999年，全国已建立各种类型的自然保护区1 146个，总面积$8\,815.2\times10^4hm^2$（其中陆地面积$8\,450.9\times10^4hm^2$，海域面积$364.3\times10^4hm^2$），约占陆地国土面积的8.8%。国家级自然保护区155个，面积$5\,751.5\times10^4hm^2$。

（2）保护物种的多样性　物种多样性常用物种丰富度来表示。所谓物种丰富度是指一定面积内种的数量。我国有木本植物8 000多种，其中2 000种乔木树种，这是构成森林生态系统的主体。森林是物种最丰富的区域。森林不但为植物和微生物提供了生存的基底和营养来源，也为动植物提供了栖息场所和丰富的食物。在森林生态系统中，植物多样性决定了动物多样性。我国陆生的野生动物有80%以上在森林中生存。全世界热带森林虽只占陆地总面积的7%，然而它却集中了世界物种总数的50%～70%。我国热带森林生态系统面积只占国土面积的0.5%，却拥有全国物种资源总数的25%左右。

森林是许多生物的摇篮，任何生物要生存和发展，仅靠自己的能力是不够的，需要生物之间相互依存、协调发展，这种需要是全方位的，植物与植物，植物与动物，植物与微生物，以及动物与动物，动物与微生物，这种复杂的关系链群相互联系，相互支撑；物种越丰富，链群越复杂，支撑越牢固，生态系统就越稳定，从而更好地满足人类的需要。

（3）保护遗传基因多样性　森林物种的多样性孕育着遗传基因的多样性，森林生态系统的多样性是遗传多样性和物种进化的保证。林木种质资源蕴藏着极为丰富的遗传变异，变异越丰富，物种对环境的适应能力愈强，物种进化的潜力也越大。人们可以利用这些遗传特性，运用基因工程的方法，培育出高产、优质、抗病的经济动植物品种。

众所周知，每一个物种都是一个宝贵的基因库，这些基因是在生物进化的漫长岁月中形成的，也许要经过几百万年甚至上亿年的历史。生物种的灭绝，其基因也随之消失，就会造成不可弥补的损失。例如，杂交水稻在我国粮食生产中起了很大作用，可是其父本却是在海南发现的野生水稻，如果这种水稻灭绝，也许我们今天就培育不出杂交稻。水杉在发现以前，仅天然生长于湖北利川县和四川石柱县的天然林中，试想如这两地的水杉被砍完了，基因消失了，那么人类就可能失去一个优良的用材、观赏树种。因此，保护森林是保护遗传基因多样性的有效途径。

5.3 森林功能与效益的计量和评价

森林是自然存在和自然赋予的一种自然资源，在未经人类开发利用之初，是纯自然品，当然不含有价值，这是天然林无价的根据。但是，随着天然林的减少，人类恢复森林和为了获得持久的森林效益，必然要投入劳动和资本，森林也就从自然物转变为资本物。随着市场经济的发展，森林（包括天然林）无价论已被有价论代替。森林作为一个生态系统，不仅具有经济价值，而且具有生态价值和社会价值，从而构成森林的多效价值观。但由于计量上的复杂性以及效益的共享性，其价值计量和补偿问题一直成为人们探讨的热点。

5.3.1 计量和评价的目的和意义

森林效益的计量评价分单项评价与综合评价，在进行森林价值的综合评价时，应做两个方面的工作。一是森林自身价值的评价，二是森林生态系统环境和对社会影响的价值评价。前者就是通常所说的经济效益，后者就是生态效益和社会效益。森林经济效益最主要的方面是木材和林副产品生产效益，比较简单，本章不予讨论；而森林的生态效益和社会效益的评价较复杂，本章主要就这个问题进行介绍。

森林社会效益计量研究是林业经济学中最复杂的课题之一。人们对森林生态效益进行计量研究，不是为了确定森林中凝结了多少社会必要劳动时间，即经济学意义上的价值量，而是为了通过货币计量，在价值方面提出一整套较完整的核算方案，以便与国民经济其他部门进行比较，反映森林资源与森林环境为社会做出的贡献，为森林经营和制定林业发展战略提供基础数据，并为政府部门制定有关方针政策提供决策依据。

5.3.2 计量和评价的指标体系

由于任何指标都有特定作用和适用范围，有其局限性，只能反映森林生态环境效益的某一侧面。因此，在实际评价时必须选一套相互联系、相互补充，又简明扼要的指标体系，以便从不同侧面和不同角度反映其效益。设置指标体系需要把握以下原则：

①指标意义要明确，数据易得到，便于计算、比较和分析。

②指标体系要具有一定的层次性，以便于计算和指标的分类使用。

③要考虑指标的适用范围。根据各地区特点，应建立一套适用于不同地理条件和社会经济条件的规范化指标，而在实际应用中因地制宜地选用。

④对计量经济评价而言，指标体系中各项指标既要相互联系，又不能重叠，而且能够全面反映系统的功能与效益。

根据上述要求，下面给出森林生态环境效益评价的指标体系，仅供参考。应该强调的是，在进行效益计量评价时，有些指标虽很重要，但难以货币化或效益重叠，请斟酌使用（已用＊号标出）。

5.3.2.1 生态效益指标

（1）涵养水源指标

①林冠截留量（t/hm^2）；

②土壤（包括死地被物）贮水增加量（t/hm^2）；

③地表径流减少量［$t/(hm^2 \cdot a)$］；

④土壤入渗率*（mm/h），反映地表水转化为土壤水或地下径流的能力；

⑤洪枯比*（无量纲），反映流域内森林减缓洪峰的能力，即洪水期的水位（或水量）与枯水期的水位（或水量）之比。

（2）水土保持指标

①土壤侵蚀模数减少量［$t/(hm^2 \cdot a)$，$m^3/(hm^2 \cdot a)$］，土壤侵蚀模数为土壤侵蚀总量与总土地面积之比；

②土壤营养元素流失减少量（kg/hm^2），主要指氮、磷、钾，包括速效养分和全量；

③减少江河下游河床淤积量［$m^3/(hm^2 \cdot a)$］；

④河渠等坍塌减少量［$m^3/(hm^2 \cdot a)$］；

⑤土壤抗冲性*：土壤抵抗径流和风等侵蚀力机械破坏作用的能力，用抗冲指数表示；

⑥土壤抗蚀性*：土壤抵抗雨滴打击和径流悬浮的能力，可用水稳性指数表示；

⑦径流系数*（%）：平均地表径流深（mm）与年平均降水量（mm）之比；

⑧侵蚀速率*（a）：有效土层厚度（mm）与每年侵蚀深度（mm/a）的比值，是反映土壤侵蚀潜在危险程度的指标；

⑨输移比*（%）：流域输沙量与侵蚀量之比，其值越大说明水土流失越严重。

（3）提高土壤肥力指标

①土壤有机质的增加量（kg/hm^2）；

②土壤含水量的增加（%，t/hm^2），对干旱地区而言；

③土壤营养元素的增加量（kg/hm^2），主要反映氮、磷；

④土壤密度的降低*（%）；

⑤土壤孔隙度*（%），包括毛管孔隙度、非毛管孔隙度和总孔隙度；

⑥土壤团聚体的增加*（%）；

⑦土壤酶活性的增加*；

⑧土壤呼吸强度*（CO^2mg/g 土）；

⑨土壤微生物的增加量*（个/g 土）；

⑩地下水位的降低*（m），对低湿地区而言。

（4）防风护田和固沙指标

①农作物增产量［kg/（hm^2·a）］；

②稳定沙源，避免流沙吞没农田的数量（hm^2/a）；

③对灾害风（>4m/s）风速的降低*（%），每年减少灾害日的天数（d/a）；

④干热风减少的天数*（d/a）；

⑤林带疏透度*（%）：表示林带疏密程度和透风程度的指标，可用林带纵断面透光孔隙总面积与林带纵断面积之比来表示。

（5）调节气候指标

①蒸散量（叶面蒸腾+地面蒸发）增加量（t/hm^2），对低湿地区而言；

②春秋增温（℃）或无霜期延长天数（d/a）；

③高温天气（>35℃）减少的天数（d/a）；

④地温上升或下降*（℃）；

⑤空气相对湿度*（%）的增减。

（6）改善大气质量指标

①释放氧气量［t/（hm^2·a）］；

②二氧化碳吸收量［t/（hm^2·a）］；

③对二氧化硫或其他有毒气体的吸收量［kg/（hm^2·a）］；

④滞留灰尘量［t/（hm^2·a）］；

⑤负离子增加量［kg/（hm^2·a）］；

⑥杀菌素——芬多精增加量［kg/（hm^2·a）］。

（7）提高土地自然生产力指标

①总生物量增加值［t/（hm^2·a）］；

②光合生产力提高量［t/（hm^2·a）］；

③生物量转化率*（%）：指次级生产力与初级生产力的比值，用百分数表示。其中，初级生产力指植物的生物量，次级生产力指转化为动物有机体的生物量；

④病虫害减少（%）；

⑤害虫天敌的种群数量增加*（%）；

⑥生物多样性增加*，包括植物、野生动物、鸟类等种类的组成成分和数量

的变化。

（8）森林分布均衡度* （E）

$$E = 1 - \frac{\sum_{i=1}^{n} \left| (\text{总覆盖率} - \text{第}\ i\ \text{个统计小区的覆盖率}) \right|}{n \times \text{总覆盖率}}$$

当 $E=1$ 时，表明森林分布最均匀，最有利于环境功能的提高；当 $E=0$ 时，表明森林分布最不均匀，最不利于环境功能的提高。

5.3.2.2 社会效益指标

社会效益是森林生态环境效益的一部分，由于它比生态效益更难于在货币尺度上加以定量评价，因而人们对其认识也不统一，无论社会功能子项目的设立，还是相关指标的选择，都有待进一步研究，这里我们引用张建国等的观点，将社会效益分成以下几个方面：

（1）社会进步系数　森林经营的社会效益对社会进步的影响，通常并不是直接和决定性的因素，有些影响往往很少而不易觉察，具有间接和隐蔽的特点。社会进步是一个复杂而内涵丰富的概念，可用社会进步系数表示，它是以下 5 个反映社会进步的主要指标的连乘积。

①人均受教育年数（a）；

②人均期望寿命（a）；

③人口城镇化比重（%）；

④计划生育率（%）；

⑤劳动人口就业率（%）。

（2）增加就业人数　指评价区内以森林资源为基础的一切有关从业人员。

（3）提高健康水平　可由地方病患者减少人数乘上一个调整系数（一般为 0.2～0.4，表明森林经营的社会效益作用）来反映。

（4）精神满足程度　可通过对人们观感抽样调查来反映森林景观改善的美学价值。

（5）生活质量改善　可由人均居住面积变化来反映。

（6）社会结构优化

①区域产业结构变化（第一、二、三产业结构）；

②区域农业结构变化（农、林、牧、副、渔各业）；

③区域消费结构变化，可由恩格尔系数反映。

（7）犯罪率减少（%）　应当指出，在具体计量评价时，有些指标作用微弱甚至根本就没有意义，可舍之不计量；有些指标不够详细或没有设立，则应酌情补充。总之，应按评价的具体目的、要求，当地的林情和社会经济特点，对以上指标加以适当的增减取舍。

5.3.3 计量和评价的方法

森林功能和效益的计量和评价，必须寻求与其他商品可比的计量方法，这就是货币价格计量。即以货币为统一的计量单位，对森林实现的三大效益进行综合评价，而在现实中生态和社会效益都是以实物、能量等分值为计量单位的，货币化法就是要将这些效益进行货币化，以货币量来反映森林综合效益。森林的经济效益直接以货币计量，只要用实物量乘以市场价格就可以得到；而生态效益和社会效益大多不能直接计量，常用等效益物替代法、促进因素的余量分析法、相关比例法和补偿变异法等进行计算。

5.3.3.1　等效益物替代法

自然环境是由各种自然资源要素相互联系、相互制约而构成的。一般来说，大部分资源都具有多种功能和多种用途，而人类社会对资源的需求也是多方面的、多层次的，在一定区域某种资源有限的条件下，人们往往可以用另一些资源作为替代物加以利用，从价值观点看，这两者之间具有等效益的必然联系性。森林一旦遭到破坏，是不易在短期内恢复的，由此导致的森林综合效益某些子项目的短缺，会给环境带来损失，人们需要付出一定代价加以弥补，如水库防护林破坏，必然导致水土流失加剧，泥沙淤库，为保证水库库容，必然采取一定措施加以疏淤，付出一定费用，那么这种受害部门付出的费用价值大体可以反映水库防护林的水土保持效益。在农田防护林、水源涵养林、防风固沙林、珍贵野生动物保护区的生态和社会效益的计量中，等效益物替代法已得到广泛的运用。

在运用中，必须考虑 2 个问题：①价格问题。价格水平的高低影响到效益值的大小，如果某些等效益物的市场价格有人为支持或限制因素在内，影响其真实性，我们可用计算价格（影子价格）代之，例如森林减缓洪水功能的经济效益可以水库蓄洪的工程投资费用来代替，若水库蓄水拦洪 100m^3 需工程投资 30 元，那么森林蓄涵 100m^3 水也相应为 30 元。②等效益物的稀缺性。对于人虽然重要，但目前尚不稀缺的某些森林间接效益，应按一定比例折扣后再纳入综合效益计量范围，以求得既有科学性又能为社会认可的效益值。

5.3.3.2　促进因素的余量分析法

社会经济的发展，是包括森林在内的众多促进因素共同作用的结果，在一定的时空内，社会经济发展的增量是促进因素贡献值的总和。采用一定的计量方法，可对主要的促进因素贡献值进行分析。在贡献值总量中，扣除其他因素的贡献值后的余量，就可视为森林生态经济的效益值，这种方法，称为促进因素的余量分析法。如农田防护林对促进农田粮食稳产高产有一定作用，只要扣除了其他农业生产技术措施的增产贡献值，就可以将余量的增产粮食作为等效益物，计算出农田防护林的防护效益。

这种方法理论上成立，应用上比较成熟，而且社会认可度较高，计算机和数学模型的使用更为这种方法提供了有力手段。但是，在选择和确立主要的促进因素时，它需要大量翔实的资料，因而在实际应用中受到一定限制。

5.3.3.3　相关比例法

森林的综合效益是一个整体，在不同的区域、不同的期间对不同的林种和树种，可通过一定的评价方法，计量出三大效益之间的比例关系。由于生态和社会效益具有外部经济性的特点，它无法通过市场的价格机制表现出来，而是作为森林经济效益的伴生物为社会无偿享用。因而，在计量时只要计算出森林的经济效益，再按比例推导出社会生态效益值即可，这种方法称为相关比例法。

在具体运用中，可就不同情况做如下处理：①在生态社会效益指标数据难以取得的条件下，可借鉴国内外已有的研究成果，并结合专家调查法，来确定森林的经济效益和生态社会效益的相关比例，从而得出森林生态社会效益的相关货币值；②若森林经济效益和生态社会效益的相关比例难以确定，或是确定的比例难以为社会接受，而生态社会效益的指标数据又较为完整时，则可通过综合指数的方法，得到生态质量改善综合指数和社会进步综合指数（分别反映森林生态、社会效益的目标）。在此基础上，分别建立森林经济效益与生态和社会综合指数之间的相关方程式，并求得两者之间的比例关系，然后用内插法推出综合指数增量反映出来的相关货币值的大小，作为森林生态和社会效益的等效货币值。

5.3.3.4 补偿变异法

事实上，世界上许多有价值的东西，是难以用货币衡量的，但有时有必须予以衡量，以便在这些有价值的东西被破坏或损失后，能通过一定的机制得到相应的补偿。如企业对工伤死亡者的补偿、保险公司支付的人身保险费，这些补偿的货币值，虽难以与生命价值相提并论，但从心理平衡的角度看，这笔补偿还是很有必要的。由此，一些无法用货币评价的东西，便通过心理补偿的中介与一定量的货币等效，把此原理应用于森林生态和社会效益货币化计量中，便称之为补偿变异法。如果森林生态和社会效益的受益者，要为此支付一笔金额，有了这笔支出同时享受这种效益，同非受益者没有这笔支出也没有这种受益，感觉相似。同时，森林生态和社会效益的生产者，相应得到一笔补偿收入，有了这笔收入和付出这种劳动，同非生产者没有这笔收入也没有这种产出，感觉相似。这笔收入和支出，从补偿变异角度看，可视为森林生态和社会效益的货币等效值。

5.3.4 计量经济评价的步骤

根据森林生态系统的特点及其在环境保护和社会发展中的作用，首先确定评价对象，如农田防护林、水土保持林、防风固沙林等的生态效益评价，并确定评价的目的、要求。

5.3.4.1 效益的分解

森林的生态环境效益表现形式多种多样，作用和社会效果均不同，研究方法各异，因此必须分别计量和估价。例如，水土保持林的防护效益可以分解为：①保持水土、减轻水土流失的效益；②涵养水源效益；③减少下游河床淤积的效益；④减少下游水库淤积，延长水库使用寿命的效益；⑤减少冲毁农田，扩大耕地面积的效益等。

5.3.4.2 效益的计量

对分解出的各项效益分别采用适当方法和合适的量纲进行测定。例如，维持大气中氧气和二氧化碳平衡的计量，可通过光合作用的测定或净生产力的测定，直接或间接得到林地放出氧气和吸收二氧化碳的数量；水源涵养效益可通过林地死地被物和土壤的最大持水量等方法测定森林的持水能力；固土效益可在林内和无林地对比测定土壤侵蚀量，其差值即为森林固土数量。

5.3.4.3　单项效益的经济评价

森林有多种生态效益，其意义各不相同，量纲各异，无法直接比较和累计。为了便于比较，必须将效益换算成统一的货币单位。换算方法上面已做了介绍，这里不再赘述。

5.3.4.4　生态环境效益的总体评价

在各种效益单项评价的基础上，将其累加求和就能得到某项所要评定的生态效益的总值或整个森林生态效益的总值。必须注意，这种简单的累加，操作起来虽然很容易，其缺点是忽略了各项效益之间可能存在的交互作用，使整体效益增大；或忽视了各项效益相互作用所产生的整体附加效益而使整体效益减少。然而，要确切地对它们进行计量和评价，理论和实践上都比较困难，这也是目前生态经济学所要解决的热点问题。

20世纪90年代以来，世界各国对森林生态效益进行了大量研究，获得了丰富的研究成果。日本1971～1973年曾估算出全国森林生态效益总值为128 000亿日元，相当于1972年全国经济预算总值；芬兰森林一年生产木材的价值为17亿马克，而生态环境效益总值高达53亿马克；美国森林生态效益总值为木材价值的9倍。因此，尽管各国情不同，但森林生态效益均比木材价值大得多。

5.3.5　森林功能与效益经济评价实例

现以森林涵养水源效益的经济评价为例，说明如何对森林的功能与效益进行计量评价。森林涵养水源的功能效益主要包括2个方面评价：①由于森林对暴雨的层层拦截和蓄存，使大量雨水滞留于林内，从而削减了洪峰，减轻了暴雨、洪水对工农业生产和人民生命财产造成的危害所产生的效益，即森林防洪效益。这部分效益，一般用“等效益物替代法”计算。②森林涵蓄的水对农业生产和城市供水所产生的效益。

5.3.5.1　防洪减灾效益

水利部门一般采用修筑水库和堤坝的方式来防止洪水灾害。森林作为一个巨大的“绿色水库”“绿色工程”，它在防洪抗灾方面的功能决不亚于水利工程。如果将森林拦蓄洪水的量换算成水利工程要拦蓄这些洪水所需要的费用，再乘以效益/投入比值则为森林的防洪效益值。计算公式为：

$$V_1 = \sum S_i(H_i - H_o) \cdot b \cdot \beta$$

式中：V_1——森林防洪效益经济评价值（元）；

S_i——第i种森林类型面积（hm^2）；

H_i——第i种森林类型的拦洪能力（m^3/hm^2）；

H_o——无林地的拦洪能力（m^3/hm^2）；

b——拦蓄 $1m^3$ 洪水的水库、堤坝修建费（元）；

β——效益/投入比值。

根据黑龙江省水利设计院资料，在黑龙江拦蓄 $1m^3$ 水的水库、堤坝的修建费平均为 0.47 元，其中使用寿命一般在 50 ~ 100 年（平均 75 年计），依此拦蓄 $1m^3$ 水的工程修建费应除以 75，又根据《黑龙江水利效益四十年》得知，水利工程防洪效益与总投入的比值为 12.7。

因此，黑龙江省现有森林防洪效益的经济评价值：

$$V_1 = 2.03 \times 10^9 \text{（元）}$$

5.3.5.2 增加水资源效益

由于森林涵养水源，增加了江河的径流量，延长了丰水期，缩短了枯水期，从而提高了农田灌溉及工业供水的能力。由此而产生的效益即为森林增加水资源的效益。计算公式如下：

$$V_2 = Vz_1 + Vz_2 = M \cdot P_1 \cdot \eta_1 + M \cdot P_2 \cdot \eta_2$$

式中：V_2——森林增加水资源效益经济价值（元）；

Vz_1——提高农田灌溉能力的经济价值（元）；

Vz_2——增加城市供水能力的经济价值（元）；

M——森林增加水资源总量（m^3）；

P_1，P_2——分别为单位灌溉和供水费用价格（元/m^3）；

η_1，η_2——分别为农田灌溉和城市供水的利用系数（%）。

根据黑龙江省水利设计院资料，黑龙江地表水资源主要用于农田灌溉，约占 90%，工业供水约占 10%。目前，黑龙江省提供给农田灌溉用水的价格约为 0.2 ~ 0.4 元/m^3 水，这里取平均值为 0.3 元/m^3，提供给工业用水的价格在 1 元/m^3 水左右。

将以上调查数据代入上式，得到森林增加水资源效益值为：

$$V_2 = 2.3 \times 10^{10} \text{（}0.3 \times 0.90 + 1.0 \times 0.10\text{）} = 8.51 \times 10^9 \text{（元）}$$

通过上面的计算，可得到黑龙江省森林涵养水源效益值（V）为防洪效益与增加水资源效益之和，即

$$V = V_1 + V_2 = 2.03 \times 10^9 + 8.51 \times 10^9 = 1.054 \times 10^{10} \text{元}$$

复习思考题

1. 我国生态环境现状以及存在的问题是什么？
2. 森林资源具有哪几大特点？
3. 森林的功能和效益分别有哪些？是怎样发挥功能与效益的？
4. 森林生态功能与效益计量和评价的方法、步骤有哪些？

本章可供阅读书目

水土保持及防护林学．张金池，胡海波．中国林业出版社，1996
林学概论．万福绪．中国林业出版社，2003
中国森林与生态环境．周晓峰．中国林业出版社，1999
中国林业生态环境评价、区划与建设．张佩昌，袁嘉祖等．中国经济出版社，1996

第6章　林木种子与苗木培育

【本章提要】本章重点介绍了林木种子生产、采集、调制、贮藏以及品质检验的理论基础和技术方法；苗木培育的理论基础、方法及苗木管理技术。同时，简要介绍了现代苗木繁育的新方法及新技术。

林木种子是指林业生产中被作为苗木繁育的所有播种材料的总称。包括植物学上所称的由胚珠发育成的真正种子，由子房发育的果实以及能进行无性繁殖的各种林木营养器官。苗木培育是指运用生产和管理技术把种子育成苗木的过程，其目的是为造林绿化提供大量优质苗木。在现代苗木培育过程中，为了保证苗木质量，提高造林绿化的苗木成活率、木材的生产率，林分质量以及林分的各种生态效益，主要以遗传性优良的种子（即良种）作为繁殖材料。良种指遗传品质和播种品质均优良的林木种子。遗传品质包括用良种造林形成林分的速生性、丰产性、优质性和抗逆性等方面的特点。播种品质包括种子的物理特性、使用特性、发芽特性等方面的特点。林木种子选择和苗木培育是林业扩大再生产的基础工作，其正确与否直接关系未来林业的生产效率和林业可持续发展。

6.1　林木种子的采集、调制与贮藏

6.1.1　林木种子采集、调制与贮藏的理论基础

6.1.1.1　林木结实周期性与种子生产

（1）林木结实周期性　林木到一定年龄后开始结实，不同树种结实年龄不同。同一树种结实量在不同年份间有较大差异，一般把结实多的年份称种子年、大年或丰年。结实量中等的年份称平年。结实量小的年份称小年或歉年。林木结实的丰年和歉年经常交替出现，这种现象称为林木结实的周期性。两个相邻丰年间的间隔年数称种子年间隔期。

不同树种间结实间隔期长短差异很大。有的树种每年结实，似乎无间隔期，如胡枝子、紫穗槐等。而一些树种结实间隔期较长。如白桦间隔期1年，红松2~5年，水青冈5年以上，云杉、冷杉、桦木3~4年。同一树种分布在不同气

候区，其结实间隔期亦不同，欧洲松在欧洲北端间隔期长达25年，越向南则间隔期越短。

林木结实周期性产生的主要原因在于，一方面是营养问题，林木结实时，不仅消耗当年营养，同时也消耗过去积累的营养，由于营养不足，导致花芽分化难以进行，即使形成一些花芽，也难以充分发育，而且以后因营养问题还会造成落花、落果。此外，营养不足，降低了新梢生长，影响果枝形成。另一个方面原因是树体内激素的影响。树体内有抑花激素和成花激素。种子年时，林木种子内含有大量抑花激素，残留在树体内的抑花激素也较多，使体内两种激素失衡，花芽难以形成，致使次年结实量减少。

（2）林木种子生产　要培育优质苗木，必须有优良种子。为了获得优良种子，应建立良种生产基地。林木良种基地包括母树林、种子园和采穗圃。

①母树林　是在天然林或人工林中，选择优良林分并通过留优去劣的疏伐措施而营建的，其目的是提供遗传品质较好的林木种子。母树林应建立在与造林地气候条件相近的地段，且土壤肥沃，地处背风向阳位置；母树林年龄应为壮龄林，以便生产大量种子，同时，母树林应选在交通方便地段，以便经营管理。母树林的主要经营措施是疏伐、施肥、灌溉和土壤耕作。

②种子园　是由优树的无性系或家系营建而成，是以生产优良种子为目的的特种种植园。它面积集中，管理方便，开花结实早，遗传品质优良，遗传增益高，种子产量大。目前，种子园是世界林木良种基地的发展方向。

建立种子园时应注意两点：一是种子园内无性系和家系的数量要大；二是这些无性系和家系要合理配置，只有注意这两点，才能避免近交和自交造成种子活力衰退。

③采穗圃　采穗圃是以优树或优良无性系作材料，为林业生产提供优质种条和接穗的场圃。采穗圃是一种穗条产量高、成本低、易于集约经营管理、遗传品质有保障的林木良种繁育方式。采穗圃应建立在地势平坦，土壤肥沃，排灌条件好，交通方便的地段。采穗圃要加强管理，主要有土壤管理、抹芽、种条更新、病虫害防治和建立技术档案等。

6.1.1.2　种子成熟与采集

（1）种子成熟　种子成熟是指受精的卵细胞发育成具有胚根、胚芽、子叶、胚轴的种胚过程。当种子内部营养物质积累到一定程度，种胚具有发芽能力时，即称为生理成熟（physiological maturity）。生理成熟的种子含水量较高，营养物质处于易溶状态，种皮不致密，抗性较差。当种子具有发芽能力，营养物质积累已经终止，外观具有成熟特征时，称为形态成熟（morphological maturity）。形态成熟的种子含水量较低、营养物质处于凝胶态，呼吸代谢较弱，颜色变深，种皮致密坚硬、抗性较强。采种时期主要以形态成熟为依据。

林木种子的成熟期因树种而异。有些树种其种子在春末初夏成熟，如杨、榆、桑等种子；有些树种在冬季种子成熟，如圆柏、苦楝、樟、楠等种子；大多数树种其种子在秋季成熟，如松、槭类、杉、槐树等。对于同一树种，其种子成熟期也会受到分布、海拔、坡向的影响。一般来讲，处于高纬度地区、高海拔及阴坡的个体种子成熟晚；而处于低纬度地区、低海拔及阳坡的个体种子成熟早。

（2）林木种子的采集　林木种子成熟后应适时采集方可获得优质高产的种子。采集过早，种子未完全成熟，获得的种子质量较差，进而影响种子贮藏和未来苗木的质量；采集过晚，容易出现种子散落，采集困难，影响种子产量。因此，适时采种非常重要。对种子成熟后很快脱落的小粒种子或带翅、带毛的种子，在种子成熟后应及时采集；而对有些种子成熟后长期悬挂在树上不落，采种期可适当延长。

6.1.1.3 林木种实类型

林木种实指针叶树球果、阔叶树果实和种子的总称。我国树种繁多，种实各式各样，生产上为了种实调制，一般将调制方法相同或相似的归为一类，这与植物学的分类方法不尽相同。按调制要求，林木种实可按下列分类法分类。

（1）球果类　如松科、柏科和杉科等球果。

（2）干果类

①蒴果　果实成熟时果皮开裂，如杨、柳、泡桐、桉树、香椿等果实。

②荚果　豆科植物特有，果实成熟后沿腹背两条缝开裂，如刺槐、皂荚、合欢、相思树等果实。

③蓇葖果　如木兰科、火力楠等果实。

④翅果　种实有翅，如榆、杜仲、白蜡、槭、臭椿等果实。

⑤坚果　如栎类、桦属、山核桃属、木麻黄等。

（3）肉质果

①浆果　如樟树、银木、小檗等果实。

②核果　如檫树、黄檗、川楝果实等。

③肉质果　如银杏、紫杉等果实。

6.1.1.4 影响种子生命力的因素

影响种子生命力的因素概括起来分为种子内在因素和外部条件两大类。

（1）种子内在因素　影响种子生命力的内在因素包括种皮结构，内含物构成，种子含水量以及种子成熟度等方面。一般来说，种皮坚硬、结构致密的种子比种皮柔软、结构松弛的种子保持生命力的时间长；含脂肪、蛋白质多的种子比含淀粉多的种子保持活力长；含水量高的种子，会加剧种子的呼吸作用，引起自热、自潮和窒息现象，使种子迅速变质，失去生命力。没有充分成熟的种子因含水量较高比充分成熟的种子寿命短。延长种子生命力的关键在于控制种子的含水量。因此，贮藏时应尽量使种子含水量处于能够维持种子生命力的最低限度，即安全含水量。种子的安全含水量因树种不同而异，干藏种子 $<12\%$，而湿藏种子在 $20\% \sim 30\%$。

（2）外部条件　影响种子生命力的外部条件主要包括空气相对湿度、温度、通气条件以及生物因子。种子具有很强的吸湿能力，相对湿度愈高，种子含水量增加愈快，从而加剧呼吸作用，缩短种子寿命。因此，种子贮藏时，不仅要求入库种子充分干燥，而且要求种子库环境干燥。种子库的相对湿度控制应根据种子贮藏时间长短来确定，要求贮藏一个季度的种子，仓库相对湿度不应超过65%，贮藏一年的仓库相对湿度不应超过45%，更长时间贮藏的不应超过25%。

种子的生命活动与温度有着密切关系，温度增高，种子呼吸作用增强，不利于延长种子寿命，温度低，又易使含水量高的种子受到冻害，因此，控制种子库温度非常重要。一般来讲，种子贮藏的适宜温度是0～5℃，充分干燥的种子在-20℃贮藏效果较好；安全含水量高的种子不耐干燥，也不耐低于0℃的低温贮藏。

通气条件对种子生命力的影响同种子本身的含水量有关。含水量低的种子，在密封条件下也能长久地保持生命力；而含水量高的种子，若通气不良，会引起种子变质腐坏，进而丧失生命力。因此，对安全含水量高的种子，创造良好的通气条件是维持种子生命力的关键。种子及仓库中的真菌、细菌及昆虫是造成种子变质霉坏的根源，仓库中高湿、高温会导致这些微生物大量繁殖。因此，种子贮藏时，对种子库进行消毒也十分重要。

6.1.2 林木种子采集、调制与贮藏技术

6.1.2.1 林木种子采集技术

林木种子成熟后应及时采集，其方法应根据种子的大小、散落方式及树体大小来确定。主要方法有地面收集、立木采集和机械采集3种。地面收集适用于大粒种子，如核桃、板栗、油茶等，利用种子成熟后脱落或打落到地面进行收集；立木采集适用于小粒种子或成熟后易被风吹散的种子，如杨、榆、桦等，人工利用其他工具如绳套、脚踏梯、折叠梯、软梯、升降机、剪枝剪、高枝剪进行收集；机械采集适用于地势平坦、种实散落的树种，如落叶松、杉木、五角枫等，利用振动机使种实散落进行收集。

6.1.2.2 林木种子调制技术

为了获得纯净、适宜贮藏和播种的优质种子，采集的种子应进行调制。种子调制是指对采集的果实和种子进行干燥、脱粒、净种和分级等技术的总称。由于树种种类繁多，种子结构和特点千差万别，为了方便调制加工，常将种实特点相近的归类，采用相似的调制方法。

(1) 脱粒

①球果类　利用日光暴晒或人工干燥法进行脱粒。适用于含水量低，球果易开裂的树种，如落叶松、油松、马尾松、侧柏、云杉、杉木等。选择向阳通风的地方，将球果放在日光下暴晒，并经常翻动，使球果干燥，暴晒约5～10天，球果鳞片即可开裂，种子自然脱出。对于未脱落种子的球果，可采用木棒敲打，使种子脱落。对于马尾松、火炬松等松脂多的球果，浇2%～3%的石灰水后，堆放，经10天左右后摊开暴晒脱粒。若采用人工干燥法脱粒时，应特别注意调控温度和湿度，确保种子质量和生命力。

②干果类　调制方法因含水量高低而异。坚果类如栎、栲、板栗等，含水量

高，阳光暴晒后易失去活力，采种后进行水选，除去虫蛀粒，然后在通风处阴干。对桦木、赤杨等小坚果，含水量不高，可摊开晒干，然后用木棒轻打，揉搓取出种子。翅果类如枫杨、槭、臭椿、榆、杜仲等，不必除去果翅，干燥后除去杂物即可。对在阳光下暴晒易失去活力的榆、杜仲等，应阴干。荚果类含水量低，晒干后用木棒轻打，取出种子。对含水量大的蒴果，如油茶、油桐等，应采用阴干法脱粒。杨、柳等蒴果采集后应立即在干燥室干燥，然后脱粒。泡桐、香椿、桉树等蒴果则晒干后蒴果开裂，即可取得种子。

③肉质果类　果皮肉厚多汁，极易发酵腐烂，因而采收后应及时脱粒调制。脱粒方法采用捣烂果肉后用水淘洗取出种子，然后将种子放置于通风干燥处阴干。对于银杏、核桃等果肉较厚、不易捣烂的种实，多采用采集后堆积浇水并盖上草帘，待果肉腐烂后，搓去果肉，取出种子，并阴干。

(2) 净种　又称种子精选，是清除种子中各种夹杂物，如种翅、鳞片、果皮、果柄、枝叶碎片、破碎种子、石块、土粒及异类种子等，其目的是提高种子纯度和质量，以便于贮藏和播种。净种的方法主要有：

①风选　是利用饱满种子和夹杂物比重不同，借助风力将种子与夹杂物分开，如利用风车、簸扬机、簸箕等工具将种子与夹杂物分开。风选适用于多数树种的种子，特别是中小粒种子。

②筛选　是根据种粒和夹杂物的体积大小不同，用不同孔径的筛子将夹杂物与种子分开。

③水选　利用种子与夹杂物的比重不同进行净种的方法。通常将种子置于水中，饱满的种子比重大而下沉，而空粒及夹杂物比重小而上浮，经水选的种子摊开阴干即可。适宜水选的种子种类较多，如松类、栎类、侧柏均可利用此法。

④粒选　对一些大粒种子，如核桃、板栗等，均可人工挑选，将质量好的种子与劣质种子分开。

(3) 分级　对同一批种子，利用不同孔径的筛子，按种粒大小分开称为种子分级。种子分级有利于提高种子质量，同时在播种育苗时，把不同级别的种子分别分块播种，可使出苗整齐，生长均匀，便于管理。

6.1.2.3 种子贮藏方法

林木种子的寿命和安全含水量因树种不同而具有很大差异，林木种子贮藏法应根据种子这些特点来确定。通常种子贮藏方法有干藏和湿藏2种。

(1) 干藏　将充分干燥后的种子置于干燥环境中贮藏称为干藏。该法适于安全含水量较低的种子。大部分树种如落叶松、油松、马尾松、冷杉、铁杉、刺槐、白蜡、元宝枫等种子均可采用此法贮藏。应用此法贮藏种子时，要求贮藏库温度较低，湿度较小，通风条件良好，否则会导致种子自潮变质，甚至丧失生命力。干藏又根据种子贮藏时间和方式，分为普通干藏和密封干藏。

①普通干藏法　将充分自然干燥的种子装入布袋、麻袋、木桶、筐、缸、罐等容器中，置于低温、干燥、通风、阴凉的库内或室内的贮藏。此法适用于大多数树种种子的短期贮藏。该法操作简单易行，要求条件低，贮藏成本小，但贮藏

效果不如密封贮藏。应该注意的是，对于易遭虫蛀的种子如刺槐、皂角等采用此法贮藏时，应用少量的石灰或木炭屑（用量约为种子重量的0.1%～0.3%）拌种后贮藏，以防止虫蛀危害。

②密封干藏法　将干燥和经过精选的种子装入消毒过的玻璃，金属或陶瓷容器中，密封贮藏。为了防止种子自潮，种子不能装得过满，要留一定空间，并放入干燥剂，如生石灰、木炭、氯化钙、变色硅胶等，然后加盖，并用石蜡或火漆密封。此法适用于普通干藏时容易丧失发芽能力的种子以及需要长期贮藏的含有脂肪和蛋白质的种子。密封贮藏使种子与外界空气隔绝，种子长期处于干燥状态，种子呼吸代谢过程较弱，消耗物质较少，能够使种子长期保持生命力。若用此法贮藏大量种子，也可用双层塑料袋，将种子装入袋内放入干燥剂，热合封口，放入库内或室内贮藏。

长期贮藏大量种子时，为了做到安全贮藏，应建造专门的种子库。目前我国已经建造了许多低温种子库，控制温度在－5～5℃，相对湿度40%～60%，贮藏效果较好。

（2）湿藏　湿藏是将种子放置于湿润、低温、适度通气条件下的贮藏。主要适用于安全含水量较高的种子，如栎类、板栗、油茶等种子。湿藏不仅能够使种子保持生命力，同时还可以打破种子休眠，促进种子萌发，为播种育苗创造良好条件。湿藏方法主要有：

①层积沙藏法　层积沙藏是生产上应用较广，贮藏成本低，操作简单，而且比较安全的一种方法。此法是在晚秋选择地势较高、排水良好的背风背阴处挖坑，坑宽1m，坑深在地下水位以上，冻土层以下大约1m，坑长视种子数量多少而定，一般为2m左右。贮藏种子时在坑底铺一层厚约10～20cm的石砾或粗沙，坑中每隔1～1.5m插一束秸秆或草把，以便通气。然后将种子进行消毒，并与湿沙按1:3～1:5的容积比混合或一层种子一层沙交错层积，每层厚度约5cm，一直堆至离地面20cm左右为止，上面覆盖一层湿沙。沙子湿度以手握成团，不出水，松手触之即散开为宜。上面覆盖一层秸秆，其厚度应根据当地气候条件而定。贮藏期间用增加或减少坑上覆盖物厚度来控制坑内温度。为了防止坑内积水，四周应挖好排水沟。

该方法主要适用于一经脱水、生命力就丧失的种子（如板栗、七叶树、檫树等）、需要后熟的种子（如山楂、银杏、松树等）、休眠时间较长的种子（如白蜡、元宝枫、杜仲、栾树等）以及一些较珍贵的种子。此法的关键在于贮藏期间的环境条件，即较好的通气条件，低温（一般0～5℃）和保持一定的湿度，防止种子失水。贮藏期间要经常检查。

②堆藏法　堆藏法是一种最为简单的种子贮藏方法，主要适用于短期贮藏中长寿命的种子。选择干燥通风的屋内或地下室，先在地面洒水铺沙，然后一层种子一层沙交错堆放，堆高50～60cm为宜。如果种子堆较大，应在堆的中心插放一束秸秆，以便通气，种子堆完后盖上草席或草帘，并用重物压住。堆放期间，定期检查和翻动种子并保持湿度和低温。

③流水贮藏法 适用于含水量较高，又需要保持含水量的种子，否则易丧失生命力，如栎类、板栗等。其操作方法为选择河面较宽、水流较慢、水流稳定的河段，将种子装入麻袋或竹篓，然后放入河水之中贮藏，水面应恰好没过篓或麻袋顶部，并在种子周围用木桩、绳等固定种子，以防水流冲走种子。

6.1.3 种子品质检验

种子品质检验是指对播种品质的鉴定，即对播种后场圃发芽能力、出苗时间、整齐程度以及抗性大小的测定。鉴定的目的是判断了解各批种子的使用价值和品质，正确的使用种子为林业生产服务。

6.1.3.1 取样

鉴定一批种子品质时，不可能将整个种批全部的种子进行检验，而是从种批中随机抽取一部分种子作为样品，通过测定样品的品质来反映整个种批的质量。种批是取样的基本单位，它是指同一树种、种源相同、采集时间相同及播种品质基本一致的一批种子。为了使鉴定结果具有充分的代表性，鉴定之前取样必须均匀。取样的具体操作程序如下：

首先从装有种批的各容器中，随机布设若干个取样点，并在各点抽取一定量的种子（初次样品），将其充分混合（即混合样品），其重量应是送检样品重量的10倍以上。其次将混合样品随机逐步缩小并抽取3份作为送检样品。一份作为含水量测定之用，一份作为常规检验，另一份作为复检或仲裁之用。每份送检样品重量要大于检验种子质量各项指标所需数量的2倍。小粒种子应至少是10 000粒种子的重量。

6.1.3.2 种子的物理性状鉴定

（1）净度 又叫纯度，指纯净种子重量占供试鉴定种子重量的百分率。净度越高，播种品质越好。因此，测定净度的关键是将纯净种子与废种子及其他夹杂物分开。

（2）重量 常以千粒重表示。它是指1 000粒纯净种子在自然干燥条件下的重量，以克表示。千粒重是反映种子品质的重要指标，也是计算播种量的重要依据。同一树种的种子，千粒重越大，说明种子质量越好，播种后出苗越整齐而且健壮。

（3）含水率 指种子的含水分重量占种子重量的百分数。含水率是反映种子贮藏品质最重要指标。贮藏种子时，含水率必须在安全含水量以内。种子含水量有相对含水量和绝对含水量两种。相对含水量指水分含量占种子湿重的百分率；绝对含水量指水分含量占种子干重的百分率。

6.1.3.3 种子发芽力鉴定

种子的发芽力指成熟种子在一定室内环境条件下的发芽能力，是反映种子播种品质好坏的重要指标之一。种子发芽力的测定通常是在室内环境条件下进行的。因此，种子的发芽力测定结果并不代表场圃环境条件下种子的发芽力。表示种子发芽力的指标主要有：

（1）*发芽率* 指在规定环境条件下和时间内，正常发芽的种子占供试种子的百分数。品质合格的种子必须达到一定的发芽率，对于大多数种子来说，发芽率要求达到85%以上。

（2）*发芽势* 指种子发芽达到高峰时，正常发芽种子的粒数占供试种子的百分数。其大小反映了种子发芽的整齐程度。对于发芽率相同的两批种子，发芽势高的种子品质好。

（3）*绝对发芽率* 指在规定环境条件下和时间内，正常发芽的种子粒数占供试饱满种子粒数的百分率。林木种子中常存在许多空粒，这是林木种子在形成过程中由于雌配子体在受精后败育所致。为了确切了解某批种子的发芽能力，常把供检样品中的空粒和涩粒除去不计，只计算饱满种子的发芽率，即绝对发芽率。计算公式如下：

$$\text{绝对发芽率} = \frac{n}{N-a} \times 100\%$$

式中：n——正常发芽粒数；

N——供检种子总数；

a——空粒数和涩粒数。

（4）*平均发芽速度* 指供测种子发芽所需的平均时间，通常用天数表示。平均发芽速度是反映种子发芽快慢的指标之一，对于同一树种两批种子，平均发芽速度小的种批，种子发芽快，发芽力高。

（5）*场圃发芽率* 指在场圃条件下，发芽种子总数占播种种子总数百分率。场圃发芽率受环境影响较大，中小粒种子的场圃发芽率较低。

6.1.3.4 种子生活力测定

种子的生活力是指用化学方法或物理方法所测定的生理休眠种子的潜在发芽能力。在实际工作中，有时由于条件限制不能进行种子发芽试验或种子休眠期较长，但需要在短期内知道种子的品质时，常测定种子生活力。测定种子生活力的常用方法为染色法，即用某些化学药剂溶液浸泡种子，根据种胚和胚乳的染色情况逐粒判断种子是否有生活力的方法。

（1）*碘化钾法* 松属、云杉、落叶松等种子在发芽过程中会产生淀粉，将浸种后的种子置于发芽环境2～3天，取出种胚，放入碘液20～30min，根据淀粉的着色反应判断种子的生活力。具有生活力的种子呈蓝色，否则不着色。

（2）*硒盐法* 常用2%的硒酸氢钠溶液，具有生命力的种子其种胚进行呼吸作用而被溶液染成红色。

（3）*靛蓝法* 靛蓝胭脂红很容易透过种子死细胞使其染成蓝色，但不能透过活细胞使其着色。对于含单宁较高的种子不宜采用此方法。

（4）*四唑法* 把浸种后的种子用刀切开放入浓度为0.1%～1.0%的2，3，5-三苯四唑的氯化物溶液中，置25～30℃的环境中24～48h，使其染色，具有生命力的种子成红色，而死亡种子不着色。

6.2 苗木培育的理论与技术

6.2.1 苗木培育的理论基础

苗木是指用于绿化造林的树木幼苗。目前，对凡在苗圃中培育的树苗不论年龄大小，在未出圃之前，一律称作苗木。对萌芽力强的树种，可将苗干大部分截掉再栽植，故称作截干苗。可见，苗木至少包括根系和部分苗干。根据繁殖材料，苗木分成实生苗和营养繁殖苗。实生苗是用种子繁殖的苗木，营养繁殖苗是用树木营养器官繁殖的苗木。根据苗木出圃时带土与否将苗木分成裸根苗和容器苗。根据苗木移植与否将苗木分成留床苗和移植苗。在生产实践中，以上方式相互交错，培育出复合类型的苗木，如在容器中插条形成的插条容器苗。

6.2.1.1 苗圃土壤耕作的意义

苗圃的土壤是苗木赖以生存的基础，要培育优质、高产的苗木，就必须保持并不断提高土壤肥力。土壤耕作能改善土壤理化性质，调节土壤中的水、热、气和养分间的关系。

土壤耕作结合施有机肥料，能促进土壤中团粒结构的形成，改善土壤结构，提高土壤通气透水性能，有利于苗木生长。土壤经翻耕之后，切断了耕作层的毛细管作用，大大减少了蒸发量，同时，也防止因土壤水分蒸发使下层盐分上升。耕作后，土壤疏松，土壤孔隙度增加，蓄水能力提高。这一点对干旱地区尤为重要。土壤耕作后，土壤疏松，孔隙度增加，透气性能大大改善，这给好气性土壤微生物创造了条件，有利于土壤养分释放，有利于有害气体排出（如 H_2S），也有利于根系呼吸。土壤通气性好，好气性微生物占优，可加速土壤中有机物分解矿化，释放养分。通过翻耕，土壤垡块经过冻、晒，促进土壤风化。土壤耕作后，土壤孔隙被水或空气充满，水的比热大，空气又是热的不良导体，因此降低了土壤昼夜温差。此外，土壤翻耕会把土壤表层的种子、虫卵、病菌孢子一起翻入土壤深层，将其消灭。对怕低温，在土壤深层越冬的害虫，随翻耕将其翻耕到土壤表层，可被冻死或被鸟啄食。

6.2.1.2 苗圃施肥意义及常用肥料

（1）苗圃施肥的意义　在苗圃培育苗木时，苗木要吸收土壤中的氮、磷、钾和其他营养元素，起苗时，要求尽可能挖出主要根系，常常还要带土坨起苗，因此苗圃土壤中养分消耗很大。

施肥的作用首先在于给土壤补充被苗木带走的营养元素，特别是氮、磷、钾。其次，施用有机肥料可增加土壤中有机质，这对于被带走表土的苗圃特别重要，有机质增加有利于土壤形成团粒结构，土壤通气，透水性能增强，热条件改善，减少了土壤养分的淋洗和流失，为苗木生长提供了良好的土壤环境。施用有机肥料的同时，也把大量微生物带入土壤，良好的土壤环境又给微生物创造了适宜的生活条件，土壤微生物的增加，加速了土壤中矿质养分的释放，并能提高难溶性磷的利用率。此外，在某些情况下，施肥能调节土壤的化学反应。

（2）苗圃常用肥料 从植物分析和栽培试验结果来看，苗木生长必需的元素多达30余种，根据苗木吸收的难易程度，苗木需要的多少，土壤含量的多少，大致可分为以下三类。

由空气和水中获得的元素，包括碳、氢、氧。这3种元素占植物干重95%以上，但在科学研究和生产实践中，往往将它们排除在肥料范畴之外。大量元素，包括氮、磷、钾、钙、镁、硫、铁。这7种元素中的每一个都占植物干重的1/10 000以上，故称大量元素。其中植物对氮、磷、钾需要量最大，而土壤中含量较少，植物常感不足，故人们常把它们称作肥料的三要素。至于钙、镁、硫、铁，只在某些地区出现缺乏现象。微量元素，除了上述10种元素外，苗木正常生长还需要其他元素，这些元素苗木生长所需甚少，故称微量元素。其中铜、锰、锌、钼、硼、钴等在某些地区，苗木常表现缺乏症状。

苗圃常用的肥料大致可分为三大类，一类是含有大量有机物的肥料，称作有机肥料。例如堆肥、厩肥、绿肥、泥炭、腐殖质酸类肥料、人粪尿、家禽粪便、油饼和鱼粉等。有机肥料中含大量有机物，内含多种元素，故称完全肥料。有机质要经过土壤微生物分解才能被植物利用，肥效慢，故称迟效肥料。有机肥的肥效长，能保持2~3年，宜作基肥。有机肥的最大优点是利于土壤形成团粒结构，改善土壤理化性质。另一类是矿质肥料，又称无机肥料，不含有机质。它包括化学加工的化学肥料和天然开采的矿质肥料，多为工业产品。矿质肥料的特点和有机肥正好相反，某种元素含量高，但不含其他对苗木有用的元素。其主要成分溶于水，易被植物吸收，肥效快，故称速效肥料，宜作追肥。常用的氮肥种类很多，最常见的有尿素、磷酸铵、硝酸铵等。磷肥最常见的为过磷酸钙，钾肥有硫酸钾、氯化钾等。近年来出现复合化肥，它含2种以上营养元素，如磷酸氢二铵、硝酸钾等。微量元素在近年来也被频繁应用，如硼酸、硫酸锰、硫酸铜、硫酸锌、钼酸铵等。第三类是生物肥料，它是把土壤中对苗木生长有益的微生物经过培养而制成菌剂肥料的总称，包括固氮菌、根瘤菌、磷化菌、菌根菌等。

6.2.1.3 种子催芽的作用和机理

（1）种子催芽的作用 所谓催芽，是人为打破种子休眠，使种子胚根露出的处理措施。通过催芽的种子，可使幼芽适时出土，出苗整齐，提高了场圃发芽率。同时还增强了苗木的抗性，提高了苗木的产量和质量。因此，播种前催芽，在育苗工作中具有非常重要的意义。

（2）种子休眠的类型和原因 有生活力的种子，由于某种因素，一时不能发芽或发芽困难的现象称为种子休眠。种子休眠现象是植物适应外界环境，保持物种不断发展而形成的特性，是自然选择的结果，对物种生存和繁荣十分有利。

种子休眠的原因有2种情况。一种是种子得不到发芽所需的生境（如温度、水分、光、氧气等），如能满足这些条件，种子就能发芽，这种休眠称作强迫休眠。强迫休眠的树种有杨、柳、榆、桦、麻栎、油松、马尾松、樟子松、杉木、侧柏等。另一种是种子成熟后，即使处在适宜的生境下，也不能发芽或发芽率很低。这种休眠称为生理休眠或长期休眠。生理休眠的树种有红松、白皮松、银杏、卫矛、白蜡、黄波罗、椴树、漆树、皂荚、黄栌、山楂等。

生理休眠的种子，不能发芽的原因多种多样。有的树种不能发芽的原因比较单纯，有的则是几种原因综合造成的。形成生理休眠的原因有：种皮（或果皮）坚硬、致密或有蜡质，使种皮（果皮）不易透水、透气，或产生机械约束作用，阻碍胚根突破种皮，如漆树、皂荚、相思树、核桃、桃、杏等。抑制物质引起休眠，在胚、胚乳或种皮（果皮）内含有抑制发芽的物质，影响种子发芽。抑制物质化学成分因树种而异，有植物碱、有机酸、酚、醛、挥发油等。如红松种子的种皮、胚、胚乳均含抑制发芽物质。胚未成熟引起休眠，如银杏、七叶树、冬青等树种，种子形态上已经成熟，但种胚发育不完全，不能发芽。如达到形态成熟的银杏种子，种胚较小，发育不全，在采收后，经过一段时间后熟和种胚发育后才能发芽。

(3) *种子催芽机理*　要解除种子休眠，必须先搞清休眠原因，特别是其中的主要原因，对症下药，即可达到解除种子休眠的良好效果。

①强迫休眠的种子，给予适当的萌发条件即可解除休眠。

②种皮（果皮）引起的休眠，弄破种皮（果皮），除去种皮蜡质，使种皮透水透气等，即可打破休眠。

③抑制物质引起的休眠，目前常用的方法是在一定温度、湿润条件下进行层积处理。降低或消除抑制物质的作用，如对红松和山桃进行层积处理后，其种子所含抑制生长物质脱落酸的含量下降。

6.2.1.4　插穗成活的机理

营养繁殖育苗方法很多，在林业生产上应用最广泛的方法是插条育苗。所谓插条育苗是用充分木质化的苗干或休眠枝作繁殖材料，扦插、生根、成苗的育苗方法。这种方法简单易行，成活率和产苗量高，适于多种针、阔叶树种。插穗成活与否，主要取决于它能否生根。同时，生根快慢对成活率也有影响。插穗生根部位因树种不同而异，大体可分为3种类型：皮部生根、愈合组织生根和综合类型（皮部和愈合组织都生根）。

(1) *皮部生根原理*　皮部生根是由于枝条皮下有根原始体（原生根原基），它是产生不定根的基础。根原始体多的树种，插穗成活率高。以皮部生根为主的树种有：杨、柳、沙棘、水杉等。

根原始体实际上是一群薄壁细胞，它多位于枝条内最宽髓射线与形成层的结合点上，其外端通向皮孔，由皮孔得到氧气，内端通髓，获取营养物质。插穗中的根原始体在扦插后，若遇适宜条件，则由皮孔生出不定根，所以皮部生根又称皮孔生根。不过，皮部生根的根原始体也有的不在皮孔下，但数量少。水杉的根原始体是由木射线细胞经过分裂而成的。

根原始体形成时期因树种而异，杨、柳在6~9月形成，根原始体形成最快时期是7月中旬到9月下旬。

(2) *愈合组织生根原理*　植物受伤后，具有在伤口形成愈合组织的能力。插穗的下切口因受愈伤激素的刺激，引起形成层及其附近的薄壁细胞分裂，在下切口表面形成半透明不规则的瘤状突起物，它就是初生愈合组织，实际上是一群有明显的胞核的薄壁细胞。愈伤组织作用是保护伤口，并可吸收水分和养分。初生愈合组织继续分生，逐渐形成与插穗相应的组织发生联系的形成层、木质部和韧皮部等组织。这些愈合组织及其附近的细胞，在生根过程中形成生长点，在适宜的条件下，由生长点形成层中产生根原始体，这些根原始体不是原生的，它是由愈合组织诱生的，称诱生根原始体。最后由诱生根原始体生出不定根。根原始体向外生长过程中，能"吃掉"阻挡它们生长道路上的细胞，将其弄碎或水解掉，这就是愈合组织生长过程。

愈伤激素因极性关系向插穗下部流动积累，所以不定根在插穗下端形成。此外，在叶痕下面的切口上，愈合组织发育特别旺盛，因而生根最多。以愈合组织生根为主的树种有：柳杉、悬铃木、胡枝子、落叶松、金钱松、赤松、黑松和紫杉等。愈合组织生根，须先形成愈合组织。因此，生根时间较长，成活率较低。

（3）综合类型　实际上，不少树种既可皮部生根，又可愈合组织生根，称作综合类型。在综合类型中，先从皮部生根的树种成活率高，先从愈合组织生根的树种成活率低。

嫩枝扦插形成根的过程是嫩枝切口处的细胞破裂，流出细胞液。切口上的活细胞的渗透压提高，细胞间隙中充满了细胞液，这些细胞液与空气接触，迅速被氧化，形成一层很薄的保护膜，内部形成木栓层，逐渐形成愈合组织。愈合组织不断分裂，分化，形成输导组织与形成层，进一步分化出生长点，由生长点长出不定根。

6.2.1.5 苗木移植的作用

移植是在苗圃中将苗木更换育苗地的过程，又称苗木换床或分床。凡经过移植的苗木称为移植苗。为了提高单位面积产苗量，在刚开始育苗时，苗木密度一般较大，培育2～3年后，苗木显得拥挤，平均单株苗木营养面积小，光照不足，通风不良，因而苗木生长细弱，地上枝叶和地下根系少，影响造林成活率。移植后，通风透光条件得到改善，营养面积扩大，苗木质量提高。同时移植时，苗木根系被切断，重新生长出侧根和须根，抑制了苗高生长，使根茎比值增加，此外，移植还可防止秋季二次生长。适于移植的树种有落叶松、柳杉、云杉、冷杉、樟子松、油松、侧柏、圆柏、红松等。

目前，很多地方用大苗造林，大苗对自然灾害抵抗力强，造林成活率高，减少补植投资。所以对大苗需求量较大，需要移植的苗木也不断增加。另外，近年来，随着我国经济高速发展，城市绿化苗木需求量剧增，城市绿化对大苗需求量增大，对树形树龄也有更高的要求，要培育绿化大苗，必须进行苗木移植。

6.2.1.6 苗木质量评价与表示方法

苗木质量是指苗木在其类型、年龄、形态、生理及活力满足特定条件下实现造林绿化目标的程度。对苗木质量进行评价的指标有形态指标、生活指标、苗木活力指标等，这些指标随树种、苗木种类、年龄的变化而异。

(1) 形态指标

①苗高 指苗木高度，以厘米（cm）表示。同一块造林绿化地，苗高要求整齐，高度适宜，过高会降低造林成活率。

②地径 又称地际直径，指苗木土痕处的粗度，读数应精确至0.1mm。同一块造林绿化地，地径要求整齐。在一定范围内，地径与苗木根系大小、苗木重、抗逆性、造林成活率等成正相关。地径大，苗木质量高，但过分粗大的苗木不利于起苗，包装，运输和栽植，加大了造林成本。所以，苗木地径并非越大越好。

③苗重 指苗木鲜重或干重。在一定范围内，苗木重量与造林成活率、地径成正相关，故苗重大，苗木质量好，竞争力强，苗重是反映苗木竞争力的最好指标。

④根系 根系发达，主根短而直，有较多的侧根和须根，根系要有一定长度。由起苗到栽植，特别是起苗，对根系造成损伤，使得根系长度、根幅、须根量等关系不紧密。现在，评价根系质量的方法虽有一些，但多用于科学研究中，生产实践中较难应用。有人建议用大于5cm长一级侧根（由主根上直接分出的侧根）数量来评价根系质量，简单易行。据报道，该指标与须根数量和造林成活率成正相关。

⑤高径比和茎根比 高径比指苗高和地径比值；茎根比指苗木地上部分与地下部分重量（干重或鲜重）之比。一般地讲，在苗高达到要求的情况下，这两个指标越小，则苗木质量越好，造林成活率越高。不同树种，或同一树种不同苗龄的这两个指标差异很大。

⑥顶芽 大小可用其长度或直径表示。一般来说，萌芽力强的树种，顶芽对苗木质量影响不大。萌芽力弱的树种，如油松、樟子松，顶芽的有无和大小是苗木质量的重要指标。顶芽缺失的苗木为废苗。研究证明，顶芽大小与苗木第二年高生长呈正相关。反映了苗木生长潜力。

⑦病虫害、机械损伤和其他 凡有病虫害、机械损伤严重（如苗梢或根端劈裂较大、树皮撕裂等）、苗木主干分叉（大苗正常分叉除外）者，均属废苗，不得出圃。

(2) 生理指标 用生理指标评价苗木质量方法很多，如测定苗木含水量，水势，苗木组织外渗液电导率，苗木组织电阻率，矿质营养含量，叶绿素含量，TTC染色法测定根系活力等。

苗木从起苗到造林栽植前的各个环节，苗木很易失水，进而影响苗木生命力，导致造林成活率下降，故测定栽植苗木生活力十分重要。形态指标很难准确解决这个问题，只有应用测定苗木水势或TTC染色等生理指标。

①水势 苗木水势反映了苗木由于水分缺乏而造成的伤害。用水势反映苗木质量。测定苗木失水过程中的水势和造林成活率，找出苗木致死及造林成功的临界水势。苗木水势的测定目前用压力室法，该法技术简单，便于野外准确、快速测定苗木水势。压力室由压力瓶、压力表和一个压力室组成。测定水势时，将苗木叶或茎剪断后插入压力室，切口向外，打开压力室，让高压空气进入，当苗木

的叶或茎切口出现水珠时，压力表的读数便是苗木水势。

②TTC 染色法测定根系活力　TTC 简称四唑，化学名为 2，3，5－三苯氯化四氮唑，为白色粉末，水溶液无色。根系在正常呼吸过程中因脱氢酶产生氢，被根系吸收的四唑参与活细胞还原过程，从脱氢酶接受氢被氢化，四唑生成稳定的不溶于水的不扩散的红色物质 TTCH（三苯基甲），脱氢酶活性与细胞呼吸有关，故可根据红色深浅所反映的脱氧酶活性评价苗木活力。

（3）*活力指标*　苗木活力是指苗木被栽在特定（最适生长）环境条件下使其成活和生长的能力。目前常用指标是根生长潜力（Root growth potential, RGP），它是指将苗木置于最适生长环境中生根能力。

测定 RGP 时，是将苗木所有白根尖取掉，栽于容器中培养，基质可用混合基质（如泥炭和蛭石混合物）、砂壤或河沙，置于最适宜根生长的环境中（如白天温度 25℃ ±3℃，光照 12～15h，夜间温度 16℃ ±3℃，黑暗 9～12h，空气湿度 60%～80%，保持苗木所需水分）培养。28 天后将苗木小心取出，洗净根系泥沙，统计新根生长点数（TNR），大于 1cm 长新根数量（TNR >1），大于 1cm 新根总长（TLR >1），新根表面积（SAI），新根重等。不同指标反映了苗木生根过程中不同生理特点。

不分树种、苗木类型及大小，苗木各部状况和生长发育阶段，RGP 均反映苗木成活潜力，它是评价苗木活力最可靠的方法之一。其缺点是测定它所需时间较长。所以它不能快速评定苗木活力，但将它作为苗木活力测定基准方法，用于科研和因苗木质量发生纠纷时的仲裁手段是非常有用的。另外，RGP 能指示不同季节苗木活力变化情况，这对了解苗木抗逆性，选择最佳起苗和造林时期有重要意义。

6.2.1.7　苗木年龄的计算及其表示方法

苗木年龄以苗木主干的年生长周期为计算单位。完成一个生长周期为 1 龄，称 1 年生苗，完成 2 个生长周期称 2 年生苗，依此类推。移植苗年龄应包括在移植前的年龄。

苗木年龄表示方法为：播种苗、插条苗、埋条苗用一个数字表示，例如1－0 表示油松 1 年生播种苗未移植。移植苗用 2 个数字表示，中间用横线联接。前者表示苗木总年龄，后者表示移植次数，如 5－2 云杉苗，表示云杉苗 5 年生，移植 2 次。桉树苗 1－1，表示 1 年生桉树苗，移植 1 次。截干苗和嫁接苗用一个分数表示，分子为苗干年龄，分母为苗根年龄。如刺槐截干苗 1/2，表示刺槐苗 1 年生干，2 年生根。嫁接苗与此类似，用分数表示，如 1/2 表示该苗接穗为 1 年生，砧木为 2 年生。

有些苗木培育较为复杂，表示方法也相应较难，如毛白杨埋条苗，1/2－1 表示毛白杨埋条移植苗，1 年生干，2 年生根，移植 1 次。

6.2.1.8　容器育苗的意义

容器育苗是利用各种能装营养土的容器（如营养杯、营养袋等）培育苗木。用容器培育的苗木称容器苗。容器育苗的优点为，不需占用大量肥沃的土地，无须起苗、包装，苗木出圃率高。避免了由起苗到栽植各环节中苗木损伤和失水，提高造林成活率。省种子。造林不受造林季节限制，利于劳力安排。对栽植技术要求不高，栽植后无缓苗期，有利于机械化育苗、造林。育苗期短，针叶树 24 周即可出圃。此外，营养土经过处理，草种被杀死，无须除草。

容器育苗也有许多缺点，诸如苗木产量低，仅为 100～200 株/m²，若用小容器育苗，将产苗量提高到 400 株/m²，则苗木质量差，根不发达，造林质量差。容器育苗成本高，在我国，其成本比裸根苗高出数倍，运苗费比裸根苗高出 2 倍。营养土配制复杂，费工，且需大量肥沃土壤。最大的问题是容器苗小，难以与杂草灌木竞争，因而对造林地整地、除草要求较高。

容器苗在造林困难地区（如干旱、土层薄、生长期短）造林可取得较好的效果。但在生境较好的土地上造林，并不比裸根苗优越。

6.2.2 苗木培育管理

6.2.2.1 土壤耕作

土壤耕作的环节包括浅耕、耕地、耙地、镇压和中耕。

浅耕是在苗圃起苗后或在收割农作物的茬地上进行浅层耕作，故又称浅耕灭茬，前茬收获后及时浅耕是其要点。浅耕深度一般为 4～7cm，在生荒地或采伐迹地开辟新苗圃时，杂草多，浅耕深度要达 10～15cm，一般用圆盘耙或钉齿耙。

耕地又称犁地。它是土壤耕作最主要的环节。耕地的要点是季节和深度。耕地深度影响苗木根系分布范围。一般播种苗以 20～25cm 为宜，插条苗和移植苗以 25～35cm 为宜。耕地深度还应该考虑气候和土壤质地，一般气候干旱、土壤质地较重宜深，秋耕宜深，反之宜浅。盐碱地为改良土壤要深耕 40～50cm，但不能翻土。我国大多数地区适合秋季耕地，秋耕宜早。但秋、冬季风大，砂性土壤不宜秋耕，还有一些地方不宜秋耕，只能春耕，春耕最好是圃地解冻后立即进行。耕地时，土壤含水量对耕地质量及动力消耗影响较大，当土壤含水量为其饱和含水量的50%～60%时最好。耕地机具有三铧犁、五铧犁，畜力农具有新式步犁。

耙地有的地方叫耙耢、耙磨，是在耕地后进行表土耕作的环节。要求耙碎垡块和结皮，以利作床或作垄。耙地的时机非常关键，农谚说："随耕随耙，贪耕不耙，满地坷粒"。但有两个情况例外，在我国北方冬季多雪地区，为了保存冬季积雪，秋耕后不耙，待来年春天"顶凌耙地"。另一个是在盐碱和水湿地，土壤太湿，耕后应有晒垡过程，促进土壤熟化，等能耙碎垡块时再耙。常用的耙地机具有钉齿耙、圆盘耙和柳条耙等。

镇压的作用是压碎土块，压紧地表松土，防止地表水分蒸发损失。耙地后若需压碎土块，可立即镇压，用机械耕作时，镇压与耕地同时进行。另外，作床或作垄后要进行镇压。当土壤黏重或土壤含水量大时不宜镇压，否则易造成土壤板结。镇压的机具有无柄镇压器、环形镇压器、木磙子、水泥磙子等。

中耕常与除草同时进行，有时需要中耕时，即使无杂草也应进行中耕。中耕深度视苗木大小而定。小苗根系浅，一般深度2~4cm；大苗根系较深，可加深至7~8cm。垄作时为了向垄上培土，可增至10~12cm。

6.2.2.2 苗木施肥

只有合理施肥，才会取得好的效果。要做到合理施肥，应遵守下列施肥原则，注意肥料的搭配、施肥量和施肥方法等。

（1）施肥原则 我国劳动人民由生产实践中总结的施肥经验是4看，即看天、看地、看苗木、看肥料。

看天，即施肥要依气候条件而定。在气候温暖多雨地区，有机质分解快，矿质养分容易淋失，施有机肥时，宜用半腐熟的分解较慢的“冷性”肥料有机肥，施追肥要少量多次。在气候寒冷地区则相反，有机肥宜用腐熟的“热性”肥料。施追肥次数适当减少，用量适当增加。

看地，即施肥要依土壤条件而定。影响施肥的土壤条件主要是土壤养分状况和土壤反应。原则是土壤缺什么元素补什么元素，缺多少补多少。对于酸性土壤，磷极易被固定，磷、钙、镁易淋失，故应施钙、镁、磷肥或磷矿粉。碱性土壤应施酸性肥料，氮肥应以硫酸铵、氯化铵为宜，磷在碱性土壤中也易固定，应选用过磷酸钙。

看苗木，即施肥要依苗木状况而定。苗木状况是指树种、苗木生长发育时期等。不同树种的苗木对氮、磷、钾需要的数量差异颇大，如豆科树种可依靠根瘤菌固定空气中的氮，氮的需求量少，而磷的需求量多。苗木在幼苗期对养分需要量少，但对缺肥反应很敏感。这个时期氮、磷对幼苗生长起重要作用，若能满足幼苗需要，则给培育壮苗打下基础。苗木在速生期对各种养分需求数量最多。所以速生期施肥对苗高、地径影响很大，但要注意，在速生期后期要停止施氮肥，以利苗木充分木质化，安全越冬。

看肥料，即肥料种类多，要配合施用。首先是基肥和追肥配合，这样既保证苗木在整个生长期对养分的需要，又能减少矿质肥料的淋失，如果配合施种肥则效果更佳。基肥以有机肥为主，磷肥作基肥时，最好与有机肥混施。氮肥作基肥以尿素、硫酸铵为佳，绝不能用硝态氮作基肥。在冬春降雨多的地区，矿质肥料易淋失，不宜用氮肥作基肥。其次，要注重氮、磷、钾按适当比例配合。实验证明，多种肥料配合施肥效果好。表6-1显示了不同比例配合对侧柏苗质量的影响。

表6-1 氮、磷、钾不同配合对侧柏苗质量影响

序号	配比	平均地径(cm)	平均苗高(cm)	平均单株干重		合格苗产量	
				干重(g)	%	$\times 10^4$ 株/hm^2	%
1	对照	0.24	13.27	1.08	100	177.90	100
2	1:1:1	0.28	16.24	1.13	105	189.84	107
3	2:1:1	0.26	14.46	1.26	117	207.37	117
4	3:1:1	0.28	15.64	1.23	114	199.18	112
5	3:2:1	0.30	16.48	1.29	119	212.46	119

（续）

序号	配比	平均地径 (cm)	平均苗高 (cm)	平均单株干重		合格苗产量	
				干重（g）	%	$\times 10^4$ 株/hm^2	%
6	3: 3: 1	0.28	16.04	1.24	115	196.83	111
7	4: 2: 1	0.25	14.46	1.13	105	181.65	102
8	4: 3: 1	0.27	16.44	1.20	111	189.55	107

引自《林业科学》，1989（5）。

在肥料配合施用时，要注意有些肥料不能混合施用问题，若混合施用就会降低肥效。如草木灰不能和硝酸铵混合。

（2）*施肥量* 苗木施肥，施肥量非常关键。施肥少，满足不了苗木需要，苗木生长达不到要求；施肥量过多，会引起其他问题，如病虫害增多，有时也会抑制苗木生长，甚至烧苗。所以，施肥要掌握最佳施肥量。

最佳施肥量因土壤条件、树种、苗木密度、苗龄、肥料利用率等而异。因此，最佳施肥量应通过科学实验来确定。

（3）*施肥时期与方法* 基肥，最好在耕地前撒施，肥料随耕地翻入土内，在较深的耕作层中，湿度、温度对微生物活动非常有利，既利于肥料分解，也有利于氨态氮的保存。种肥，一般采用拌种施用。但磷肥应制成颗粒肥料作种肥，用粉状磷肥拌种会烧死幼苗。追肥，追肥适时与否对苗木质量影响较大。施肥时期应根据苗木年龄、肥料种类而定。

对1年生播种苗，氮肥作追肥应从幼苗前期开始，到幼苗速生期中期终止，分次施肥。磷在土壤中易固定，故一般不宜作土壤追肥，更不宜在秋季施用。对2年生以上留床苗，施肥应由苗木生长初期开始，磷肥一次施完，氮肥分数次施用。对整个生长季都生长的苗木，施肥期同1年生播种苗。对高生长仅在春季进行的树种，以生长初期到高速生期为重点，高生长停止后，为了促进苗木根系和直径生长，可在直径速生期前施最后一次氮肥。移植苗和扦插苗应在苗木生根成活后施追肥，施肥时期可参照留床苗的施肥时期。

追肥施用方法有沟施、撒施和浇灌3种方法。沟施是在苗圃开沟，将肥料施于沟中，然后覆土。撒施是将肥料撒于苗行间。浇灌法是将肥料溶于水再浇于苗行间，生产实践中常和灌溉同时进行。

将速效肥料溶于水喷于叶面的施肥称根外追肥，又称叶面追肥。根外追肥的优点是肥效快，能及时供给苗木所急需的营养元素，喷后0.5～2h开始吸收，24h吸收50%以上，2～5天可全部吸收。根外追肥不仅避免了肥料被土壤固定和淋失，而且可节省化肥2/3。

根外追肥多用磷、钾、微量元素，氮肥也可作为根外追肥施用。根外追肥一般要喷数次才能取得较好效果，喷洒以早晨、傍晚或阴天进行。根外追肥一定要注意施肥浓度，浓度高易灼伤苗木。一般尿素浓度0.2%～0.5%，过磷酸钙0.5%～2.0%，磷酸二氢钾0.3%～1.0%，微量元素0.28%～0.50%。若喷后遇雨，肥料被淋洗，应及时补施。

6.2.2.3 除草

苗圃杂草不但与苗木争夺光照、水分和养分，而且还可能是某些病虫害的根源。因此，苗圃必须进行除草。

（1）*除草方法* 有人工除草、化学除草、机械除草和生物除草4种，其中人工除草、化学除草应用最广。人工除草应掌握“除小、除了”的原则，但人工除草效率低，它往往是苗圃管理工作中最费时、费工的工作。因此，应提倡化学除草。

（2）*除草剂分类* 除草剂按其性能和杀草方式分为以下几种类型：

①选择性与灭生性 只杀草不伤苗木者称选择性除草剂；杀死所有接触除草剂植物者称作灭生性除草剂。这两者并非绝对，选择性除草剂若使用剂量过大，也会伤害苗木。除草剂的选择性可分为生物学选择和非生物学选择。生物学选择由苗木与杂草的形态、生理差异引起，而非生物学选择往往是人们利用除草剂和生物的某些特点造成“时差”和“位差”形成的。如五氯酚钠是灭生性除草剂，但在规定剂量下施用后5～7天分解失效。若能掌握苗木与杂草发芽期的差异，即可达到除草保苗的目的，这是“时差”选择。在果园用三氮苯除草时，由于杂草根浅，果树根深，果树很难吸收到药，从而保证了果树的安全，这就是“位差”选择。

②内吸型与触杀型 除草剂进入植物体内，随代谢物质一起运转，引起植物某些部位生理发生变化，从而造成杂草死亡。内吸型除草剂能被植物哪个器官吸收是各不相同，因此，施用时要注意方法。触杀型除草剂不能在植物体内传导，因此，植物只是接触药剂的部分死亡，未接触部分则无影响。

（3）*化学除草剂使用方法* 化学除草剂使用方法分为茎叶处理法和土壤处理法。其中茎叶处理法是把除草剂溶液喷洒在杂草及苗木茎叶上。因此，必须选择对苗木安全的除草剂。在气温高，植物生长旺盛时，药效大，反之，药效低，喷药后遇雨会降低药效。而土壤处理法则是把除草剂溶液喷在苗圃地或制成毒土撒于苗圃，一般在播种前或播种后未出苗时施用。

不论哪种处理方法，施药时应注意用药量和浓度，并严格遵守操作要求。

6.2.2.4 灌溉

土壤水分对种子萌发、插条生根和苗木生长有重要作用。苗圃中仅靠降水是不够的，特别是在干旱地区或培育对水分要求较高的树种时，灌溉是培育壮苗不可缺少的条件。虽然水是苗木生长不可缺少的物质，但并非越多越好，实践证明，土壤水分过多会妨碍苗木吸收根的生长，造成苗木生长不良，甚至死亡。此外，灌溉过多会造成土壤次生盐渍化。合理的灌溉量应根据树种生物学特性，苗木生长规律，苗木根系分布的深度，土壤的保水性能和气候条件而定。

灌溉方法有侧方灌溉、畦灌、喷灌、滴灌和地下灌溉。其中，侧方灌溉用于高床或高垄作业，水从侧方渗入床内或垄中。在平作或带状育苗中，在带间开临时灌水沟，把水引入沟中灌溉。该法优点是灌后土壤仍有良好通透性，不易板结，缺点是耗水量大。畦灌用于低床或大田育苗中的平作。畦灌时水不宜淹没苗木叶子，缺点是水渠占地多，易使土壤板结、灌溉效率低、费工费水。喷洒灌溉简称喷灌，滴水灌溉简称滴灌，它们是通过管道把水喷洒或滴到土壤中。地下灌溉是将管道埋在地下，通过土壤毛细管作用使水分上升到根系层，直达土壤表面。这3种方法的共同优点是省水，便于控制灌溉量，可防止土壤盐渍化和板结，效率高，省劳力；缺点是设施复杂、投资费用高。

灌溉时要充分考虑苗木生长状况，幼苗根系少而浅，怕干旱，要求水分不多，但对干旱十分敏感，故应勤浇少灌。苗木速生期需水多可大水灌溉。育苗地灌溉工作一旦开始，就必须使苗圃土壤水分经常处于适宜状态，一旦该灌不灌，将对苗木生长产生不良影响。另外，施追肥后应立即灌溉。灌溉水的温度若较气温低，对苗木生长不利，在夏季可能引起苗木生理干旱，同时也不宜用水质太硬的水灌溉。最后，要及时掌握停止灌溉时间，对多数苗木而言，大约在霜冻到来之前6~8周为宜。

6.2.2.5 苗木的密度管理

(1) 苗木合理密度及确定的原则　苗木密度是指单位面积上苗木的株数。它不仅影响苗木的数量和质量，而且直接影响苗圃的经济效益。评价密度是否合理，应该是苗木质量和数量并重。在我国制定的《主要造林树种苗木》（GB6000－1985）中既规定了苗木产量指标，也规定了Ⅰ、Ⅱ级苗木（合格苗）所占百分率指标（表6-2）。

表6-2　部分树种1年生苗木产量及质量指标

树　种	苗木种类	产量（株/m^2）	合格苗百分率（%）	树　种	苗木种类	产量（株/m^2）	合格苗百分率（%）
柳　杉	播种	120~140	80	樟　树	播种	30	75
马尾松	播种	250~300	75	新疆杨	插条	10	80
水　杉	播种	40~50	85	泡　桐	埋根	1.4	90
湿地松	播种	75~90	85	合作杨	插条	11	85
池　杉	播种	45~50	80	檫　树	播种	25	75
侧　柏	播种	250~300	70	香　椿	播种	20	80

引自GB6000－85。

合理密度是相对的，上述苗木密度是面向全国而言的，要确定具体某地区、某树种的苗木密度时，还应参照以下原则：

①树种生物学特性　生长快，冠幅大者应稀，反之应密。

②苗龄及苗木种类　年龄越大越稀，不经移植直接出圃造林绿化的苗木密度要稀。

③苗圃的环境条件　土壤、水肥、气候条件越好越密。

④育苗水平　技术水平高要密。

⑤作业方式及耕作工具　苗床作业比大垄式作业密度要大。根据苗期管理所

使用的机械、机具，确定合理的行距或带距，这与密度密切相关。

（2）播种量的计算 对播种苗来说，要使苗木达到合理密度，必须计算播种量。播种量过大，既浪费种子又间苗费工；播种量过小，则达不到合理密度。播种量可用下式计算。

$$X = \frac{CAW}{PG} \times 10^{-6}$$

式中：X——单位面积实际所需播种量（kg）；

A——单位面积产苗数；

W——千粒重（g）；

P——净度（%）；

G——发芽势（%）；

C——损耗系数；

10^{-6}——常数。

C值因树种、苗圃地环境条件、育苗技术水平不同而异，各苗圃可通过试验来确定。C值大致范围为大粒种子（千粒重在700g以上），$C \geqslant 1$；极度小粒种子（千粒重在3g以下），$C \geqslant 5$；中小粒种子（千粒重在3～700g之间），$1 < C < 5$。如核桃种子大，C值近似于1。杨树、泡桐种子极小，C值达20。油松种子属中粒种子，C值介丁1～2之间。

（3）间苗 播种时，为了保证足够的产苗量，一般有意加大播量，结果是幼苗密度往往大于合理密度。苗木过密，营养面积小，光照不足，通风不良，苗木生长差，还易招来病虫害。要使苗木达到合理密度，提高苗木质量，就需要间苗，间苗就是有目的的根除部分苗木。

间苗宜早不宜迟，阔叶树间苗一般在幼苗期前期，当幼苗展开3～4个（对）叶即应间苗。针叶树幼苗适宜密集生长，间苗开始时间应比阔叶树晚。

间苗次数，一般分2～3次进行，其间隔期视幼苗密度和生长速度而定，一般在10～20天。最后一次间苗称定苗，定苗不宜过晚，否则影响苗木生长量，生长快的树种可在幼苗期末期或速生初期定苗，生长慢的针叶树种可在速生期初期定苗。

间苗对象，应间去有机械损伤，生长不正常，有病虫害或生长不良的苗木。对生长过密的也应间掉一部分。有的树种、幼苗分化严重，间苗时应除掉少量生长过快的“霸王苗”。

第一次间苗时，留苗数应比原计划产苗多50%～60%，第二次留苗数应比原计划多20%～30%，定苗时应比计划产苗多5%，以备弥补损失。

要使营养繁殖苗达到合理密度无需采取过多的措施，因为在插条、埋根之初就是按计划的合理密度进行的。

6.2.3 播种苗培育

6.2.3.1 育苗方式

育苗方式又称作业方式，生产上常用以下 2 种方式。

(1) *苗床育苗* 苗床育苗又分高床和低床。其中，高床育苗的特点是床面高于步道，其横断面如图 6-1，苗床长度依地形而定。在便于灌溉和管理的条件下，苗床越长，土地利用率越高。高床的优点是利于排水和侧方灌溉，增加肥土层厚度。主要适于对土壤水分敏感的树种，如云杉、冷杉、马尾松、红松、杉木等。降水量多的南方多采用高床。

低床育苗的特点是床面低于步道，其横断面如图 6-1，苗床长度确定原则同高床。低床适于对水分要求不严的树种，如多数阔叶树和部分针叶树如侧柏、圆柏等。低床保墒比高床好，故在较干旱的地方应用。

(2) *大田育苗* 大田育苗的作业方式和农作物相似，其优点是便于机械作业，效率高、省劳力。由于行距大，苗木质量高，但产苗量低。大田育苗也有 2 种形式，即高垄和平作。

高垄的横断面如图 6-1，由于垄的宽度对垄内土壤水分影响较大，在干旱地区垄宜宽，在湿润地区垄宜窄。高垄适于的树种与高床相同，最适宜速生树种。

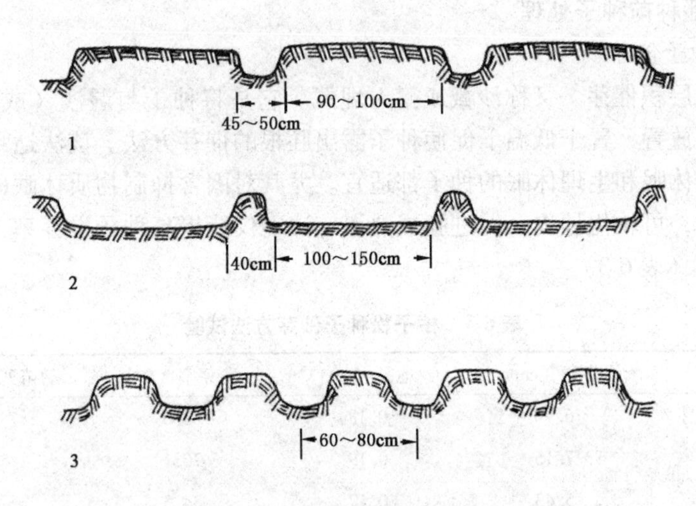

图 6-1 育苗方式

1. 高床 2. 低床 3. 高垄

(引自孙时轩主编《造林学》, 1992 年)

平作是将苗圃地整平后直接播种或移植育苗。平作可用带状配置，每带有数行，其配置横断面如图 6-2，适宜树种与低床相同，因其行距小，不适宜速生树种。带状配置，由于带内行数不同有 2 行式、3 行式、4 行式，有时在带内分组，有 4 行 2 组式、6 行 3 组式等。带的宽度决定于机具的大小和灌溉方法，要保证拖拉机跨过 1 条带或 2 条带。带间距离指相邻两带（边到边）间的距离，它应保证拖拉机自由通行，一般要在拖拉机轮与苗行间留有足够的保护带，以免拖拉机

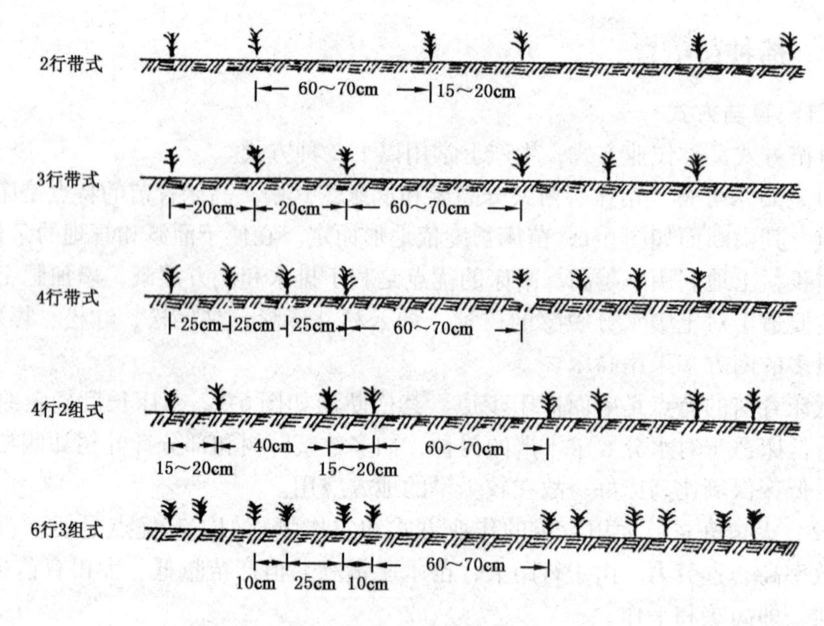

图6-2 大田式平作示意

（引自孙时轩主编《造林学》，1992年）

轮损伤苗木。

6.2.3.2 播种前种子处理

（1）种子催芽

①低温层积催芽 又称沙藏或露天埋藏。它是将种子与湿沙（或湿泥炭等）分层或混合放置，置于低温下促使种子露出胚根的催芽方法。该法适用的树种广泛，对强迫休眠和生理休眠的种子都适宜。尤其对因含抑制物质休眠的种子效果显著，同时，可软化种皮，促进胚成熟。该法不仅能提高种子发芽率，而且能提高苗木质量（表6-3）。

表6-3 樟子松种子催芽方法试验

处理	苗高（cm）	地径（cm）	发芽率（%）	幼苗死亡率（%）
低温层积催芽	6.70	0.18	62.5	10.7
混雪催芽	7.15	0.19	70.1	3.5
温水浸种	5.43	0.17	34.5	13.5
对照	4.70	0.16	32.0	17.9

引自阜新市防护林试验站。中国林业科学，1976（2）。

低温层积催芽要求创造适宜的温度、湿度和通气条件，多数树种要求的温度为0～5℃，极少数树种可达6～10℃，温度再高则效果不良。对经过干藏的种子，催芽前应进行浸种，不同树种浸种时间不同，短者1天，长者达7天。湿沙含水量应为饱和含水率的60%为宜。具体操作方法可参看6.1.2.3。

②变温层积催芽 它是用高温与低温交替进行的层积催芽法。即先高温，后

低温。该法对低温层积催芽效果不良的鹅耳枥属、桑属、榛子等树种的种子特别有效。对低温层积催芽有效的红松种子，若用该法催芽则效果更好，且幼苗出土整齐，抗性增强。

该法先用高温（15～25℃），再用低温，一般高温时间短，低温时间长。不同树种所需高温和低温时间差异较大。多在室外进行，催芽沟的规格、选地、种沙混合比、种子处理等方面和低温层催芽相似。

③混雪催芽　该法催芽沟与层积催芽法相似，只是沟宽50～70cm。在沟底铺塑料，当雪不再融化时收集雪，在塑料布上铺雪10cm，再按1∶3的比例将种子与雪混合并放入坑中，其上加雪20cm，为防止雪融化，最上层应用草覆盖数十厘米。第二年春，取出种子，使其在雪水中浸1～2天后即可播种。该法对樟子松、落叶松种子最为适宜。

④高温浸种催芽　适用于种皮致密的种子，如刺槐、皂荚、相思树等种子。先用热水浸种，不同树种种子对水温要求差异很大。一般来讲，种皮（果皮）越厚、硬，温度越高。待水自然冷却后再浸种。浸种时间长短因种子特性而定，种皮薄者1～2天，种子厚、硬者可长达7天，原则是保证种子吸水、膨胀。浸种超过12h者，应定期换水（室温）。浸种后再进行催芽，催芽时应注意温度和通气，温度在25℃左右为宜。

（2）种子消毒，接种，防鸟兽害　种子消毒的常用方法有：敌克松粉剂拌种，药与种子重量比为0.002∶1～0.005∶1；福尔马林0.15%溶液浸种15～30min，再取出密闭2h；硫酸铜0.3%～1%的溶液浸种4～6h；高锰酸钾0.5%溶液浸种2h等。最简单的办法是用40～60℃的热水浸种，但对种皮薄的种子和小种子不宜。

与菌根菌共生的树种，如松属、壳斗科等，在无菌根菌的地方育苗时，应进行菌根菌接种，可大幅度提高苗木质量。

许多针叶树种子发芽出土后，子叶带着种皮，易遭鸟类啄食，若将种子用Pb_3O_4染成红色，可防鸟害。栎实、板栗、核桃等大粒种子易被动物偷食，一般拌上煤油播种即可。

6.2.3.3　播种

（1）播种期　播种期不仅指播种季节，也包括播种的时间。适期播种是获得优质高产苗木的关键。

春季是许多树种的主要播种季节。春季土壤水分足，种子在土壤中时间短，受害机会少，苗木生长期长。春播时，在幼苗出土后不致遭受低温危害的前提下，以早为好。夏播，多用于夏季成熟的种子，如杨、柳、榆、桑、桉等，可随采随播。秋播，多用于休眠期长的种子，如山桃、山杏、白蜡等，该法不仅使种子在苗圃内完成催芽过程，而且秋播时间长，便于劳力安排。但种子在苗圃时间长，易遭鸟兽害，且翌春出苗早，易受晚霜危害。秋播时，休眠期长的种子应早播，强迫休眠的种子宜晚播。冬播，在我国南方，冬季土壤不结冻，杉木与马尾松可在1～2月播种。

(2) 播种方法 常用的播种方法有条播，即按一定行距，将种子均匀播在播种沟中。条播便于苗期管理，节省种子，苗木行距大，利于通风透光，苗木质量好，起苗方便。适于一切树种。点播，按一定株行距将种子播于圃地，适于大粒种子。撒播，将种子均匀撒于床面或垄面上，适于小粒种子。

播种后一般应覆土，其目的是为了保墒和防止鸟兽害。覆土厚度应根据种子大小而定，小粒种子0.5~1.0cm，大粒种子3cm，极小粒种子如杨、柳、桉、桦等，覆土很薄，若用播种地面土壤覆盖，很难掌握厚度，故一般用沙子、腐殖土、锯末等进行覆盖。

6.2.3.4 育苗地管理

育苗地管理指从播种到幼苗出土期间播种地的管理工作，包括覆盖、灌溉、松土、除草和防鸟兽害等。这里着重介绍覆盖。

覆盖的目的是为了保持土壤水分，这对小粒种子特别重要。覆盖的材料有稻草、秸秆、帘子、苔藓、腐殖土等。近年来塑料薄膜大量应用，它对提高土温，防止鸟兽危害十分有利，并能提高发芽率。使用塑料薄膜覆盖时，应使薄膜与床面紧贴，周围用土压实，在幼苗出土时，应在幼苗顶部划口。当幼苗大量出土(60%~70%)时，应及时分次撤掉覆盖物。

6.2.3.5 苗期管理

苗期管理指幼苗出土到起苗期间对苗木的管理工作。

(1) 降温 在夏季，地表温度较高，容易灼伤幼苗根颈，甚至导致苗木死亡。为了防止这类伤害，应及时对苗木进行遮荫，其材料多用苇子、秸秆、小竹子制成的帘子等。若遮荫太大，透光度较小，苗木光照不良，会使苗木质量下降，故应保证透光1/3~2/3。遮荫时间应由气温升高，苗木可能受到伤害开始，到苗木不易受日灼危害时止。

(2) 切根 又叫断根、截根。是把生长在苗圃里的苗木主根由根梢部割断。目的是促使苗木多生侧根，达到根系发达，提高苗木质量。适用于主根发达的树种，如核桃、板栗等。对1年生苗进行切根，可得到与移植苗相似的效果。

幼苗切根应当在幼苗展开2片叶子时进行，切根深度为8~12cm。1年生播种苗切根在秋季进行比春季效果好，在高生长停止时进行切根效果最佳，因为这时根的生长将进入高峰，因此，切根有利于形成愈伤组织。

(3) 苗木冬季保护 在寒冷地区，冬季常出现大量苗木冻死现象，其原因是由土壤结冻开裂，拉断苗木根系和生理干旱引起。同时，早春地上部分萌动，而土壤冻结，苗木难以吸水，加上干旱风吹袭，极易造成苗木生理干旱死亡。

我国东北寒冷地区常用土埋法保护苗木越冬，埋土厚度3~10cm，苗木过高时，可让苗木卧倒再埋，埋土在土壤冻结前开始。本法适用于红松、云杉、冷杉、樟子松等。搭防风障也可保护苗木越冬，风障不仅降低风速，而且减少了苗木蒸腾，从而使苗木避免发生生理干旱。风障一般用秸秆搭成，在苗圃中每隔2~3个苗床搭成一排，其长度、方向应与主风方向垂直。

(4) 防霜冻 幼苗、幼树、插条发芽后如遇晚霜，常对苗木造成伤害，甚至死亡。防霜冻常用灌水法，即在可能霜冻之前，给苗圃灌水。熏烟也可预防霜冻。

（5）防治病虫害　病虫害是苗木大敌，它轻则降低苗木质量，重则导致苗木大批死亡。因此，应及时进行病虫害防治。

6.2.4 营养繁殖育苗

营养繁殖是利用树木的营养器官，根、干、枝、叶和芽作为育苗材料进行育苗的方法。

6.2.4.1 插条育苗

（1）采条与制穗　落叶树种采条时间在落叶后到树液流动前进行，常绿树种在芽苞开放之前进行。由于枝龄和枝条部位对苗木成活率及质量有显著影响，因此，采条时应采年幼母树上的枝条，可以提高插穗的成活率。

秋季种条采好后，如不及时扦插，应进行沙藏，或制成插穗再沙藏。插穗的下切口的形状对生根慢者削成斜切口，生根快者削成平切口，上切口要平，2个切口均要平滑，插穗上端的第一个芽要保护好，距上切口1～2cm。常绿树种要摘掉下部叶子，摘掉的叶数量占插穗全长1/3～2/5。

（2）插条育苗方法　为促进插穗生根，常用ABT生根粉、萘乙酸、吲哚乙酸等激素处理，也可用蔗糖、高锰酸钾、磷酸等化学药剂处理，或在清水中浸泡。

插条育苗大行距、小株距较正方形配置苗木生长好（密度相同），大田高垄比平作生根快，且易管理。

扦插可在秋季土壤结冻前随采（条）随插，亦可在翌年春季土壤解冻后扦插。落叶树种在扦插时，若环境条件优越，地上露一个芽，而在干旱地区插穗上端可覆土，将要发芽时再扒开覆土。常绿树种扦插深度为插穗1/3～1/2。

扦插时若土壤松软，且直接插入土壤。若土壤坚实、扦插有困难，可先灌水，待水渗后再插。扦插角度，一般短穗直插，长穗斜插，干旱直插，湿润斜插。

对插穗上萌出的多个萌芽，应保留生长最好的一个，及时抹掉其他萌芽。速生树种当年生腋芽常萌发成侧枝，也应及时抹掉。

（3）嫩枝扦插育苗　嫩枝扦插育苗，是用半木质化嫩枝作插穗进行育苗。对于一些用休眠枝扦插不易生根的树种，如银杏、侧柏、松属、油橄榄、雪松等，用嫩枝扦插效果良好。

嫩枝扦插采条应在5～9月进行。插穗长度为4～14cm，粗度越粗生根率越高。扦穗下切口为斜口，并应在叶柄之下。插穗上的叶子全留或除去少部分。扦插前用吲哚丁酸处理，插入土壤0.5cm。

嫩枝扦插容易失水，故应及时喷水，宜全光，若要遮荫，透光度要大。插穗成活后移到大田或容器中继续培育。

6.2.4.2 埋条、埋根、根蘖与压条育苗

（1）埋条育苗　埋条育苗是将1年生苗干横埋于圃地，使其生根的育苗方

法，一般用于毛白杨育苗。用低床育苗，床长为种条长的2倍。顺床长度方向作沟，沟深、宽各8cm。把2个种条梢对梢的放入沟中，种条基部埋入苗床两端的渠埂中（图6-3），下切口不露出灌水沟壁。用土覆盖种条，覆土厚度约1cm，在种条梢部搭接处堆一小土堆压住种条。要注意种条下切口必须与灌水沟壁相连，以利吸收水分。

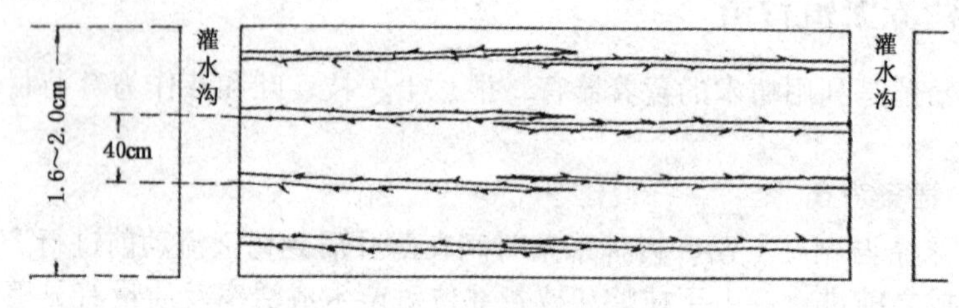

图6-3 基部灌溉埋条法示意

（引自孙时轩主编《造林学》，1992年）

埋条后立即灌水，以固定种条，以后灌水渠要经常放水灌溉，保持沟壁潮湿，苗床不应灌水，避免土壤板结，只在幼芽出齐后才灌水。带根埋条与埋条区别是用1年生苗木作埋条材料，由于带根，成活率较高。

（2）埋根育苗 通过截取树木或苗木的根，埋入圃地的育苗方法称埋根育苗，又叫插根育苗。该法适于插条成活困难而根蘖性强的树种，如泡桐、毛白杨、桑、枣、漆树等。在树木休眠期采根，采集的根应进行沙藏。在埋根前剪穗，根插穗长15～20cm，大头粗0.5～2cm，泡桐以1～3cm为好。上端为平切口，下端为斜切口。一般随剪随插，但对泡桐根应晾晒1～2天再进行扦插。

根插穗细而软，难于插入土中，故必须细致整地，灌足底水，保证发芽前土壤湿润，对泡桐埋根后不要灌溉。

埋根多在早春进行，对冬季不太寒冷的地区也可在秋季埋根。扦插角度有直插和斜插2种，泡桐直插埋根效果较好。埋根时上切口与地面平，泡桐还应在根插穗上方堆一小土堆，直径8～10cm。

（3）根蘖育苗 又称留根苗，是利用遗留在圃地中根系育苗的方法。其苗称作根蘖苗。适于根蘖能力强的树种，如毛白杨、泡桐、刺槐等，但此法所育苗木分化严重，合格苗较少。

埋条育苗当年不起苗，平茬采条。第二年秋起苗留根，起苗前要将苗木周围侧根切断，翌春平整床面并松土，幼苗出土前避免灌溉。根蘖幼苗丛生，每丛先留壮苗2～3株，经过1～2周后再定苗，保留1株，余者除掉。

（4）压条育苗 它是将未脱离母体的枝条埋压在土壤中或用湿润物包裹其局部促使生根，然后切离母体的育苗方法。具体包括：

堆土压条法：定植当年秋或翌春平茬，促其萌条，在6～7月当新枝长到30～40cm时，堆土压埋，促其生根（图6-4-1）。

偃枝压条法：早春在树木开始生长前，将1～2年枝条弯曲，压入沟穴中，覆土10～15cm，梢部仍露出地面，枝条将在覆土处生根（图6-4-2）。生根后与母体切离。

高压条法。对木质硬，不易弯曲或树体高大枝条难以弯到地面的树木可用高压条法。繁殖压条时，略伤树皮，然后用湿苔藓和肥土混匀敷于枝上受伤处，外面用塑料薄膜包扎，保持其湿润，待其生根后再与母体切离即可（图6-4-3）。

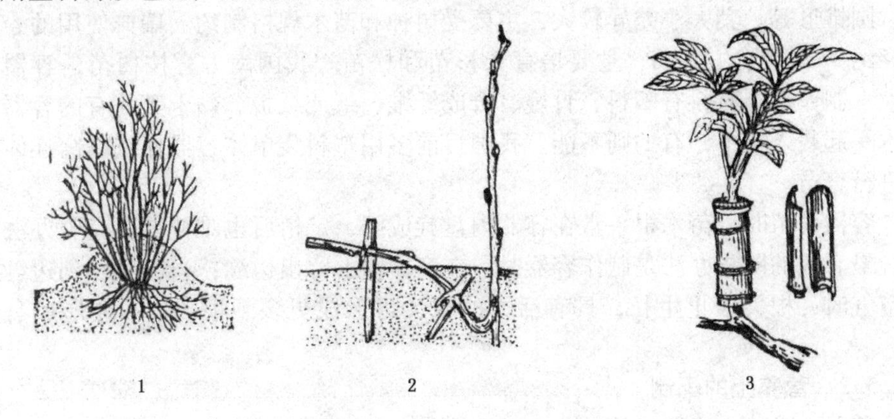

图6-4　压条育苗的方法示意

1. 堆土低压条法　2. 偃枝压条法　3. 高压条法

（引自孙时轩主编《造林学》，1992年）

6.2.4.3　嫁接育苗

嫁接是利用两个不同植株将其接在一起的育苗方法。用作繁殖对象的枝或芽称接穗，承接接穗的部分称砧木，用该法育成的苗木称嫁接苗。

（1）*枝条和砧木的选择*　要繁育优良品种，接穗一定要在优良母树上选择，且母树无检疫病虫害，枝条要充实，芽要饱满。枝条一般用1~2年生枝。

采穗期因树种、嫁接方法不同而不同。落叶树种在落叶后到发芽前2~3周进行。针叶树在春季母树萌动前进行。采集的接穗要存放在湿度适宜、温度较低的地方。夏季采集接穗要剪去叶片，留下1cm叶柄，以便检查成活率，保存期不得超过10天，最好随采随接。

砧木要根据育苗需要选择，应选择本区适生、根系发达、生长健壮的树种，且嫁接亲和力强。要充分利用砧木某些优良特性，如抗性强、易生根等特性，以增强嫁接苗适应性。

（2）*嫁接方法*　目前，嫁接方法很多，有芽接、枝接、根接、靠接等。芽接有丁字形和方块形2种方法；枝接有切接、劈接、插皮接、髓心形成层对接法等。

（3）*嫁接苗管理*　嫁接后10~20天即可检查其成活与否，凡接芽新鲜，叶柄一触即落者说明芽已成活。待新梢长到20~30cm长时应解除绑扎物。未成活者应补接。

芽接剪砧可分2次，第一次在接口以上，留一定高度砧木代替支柱，新梢长至20cm以上时，绑新梢防风，等风季过后第二次剪砧。剪砧后要及时除掉砧木上的萌蘖条。枝接时，当接穗成活后，要分次将土轻轻扒开，解除绑扎物，接穗萌发后，保留一个健壮芽，其余摘除。

6.2.5 容器育苗

6.2.5.1 容器种类

育苗容器的形状、大小和制作材料多种多样。形状有六角形、四方形、圆形、圆锥形等。其大小差异较大，主要受树种和苗木规格制约。瑞典使用的容器直径约3cm，高约15cm，主要培育云杉苗和松苗。我国南方育桉树苗，容器则较大。制作容器材料有塑料、竹篾、合成纤维、纸或纸板、黏土等。有的容器与苗木一起栽入土中，有的则不能。我国目前多用塑料袋单体容器杯或蜂窝连体纸杯进行育苗。

容器育苗时，苗木根系常在容器内盘旋成团，定植后也难伸展，克服办法较多，最有效的防止办法是制作容器时，在容器壁上留出边缝，当侧根长到边缝接触空气时，根尖停止生长，具有活力的根尖可形成更多须根，且不会形成盘旋根。

6.2.5.2 营养土的配制

营养土是装在容器里的育苗基质，有人称作培养基，它是容器育苗成功与否的关键。营养土应有较好的保水能力和空隙度，有适当的阳离子交换能力，结构致密、重量轻，无病虫和杂草种子。一些国家用泥炭和蛭石的混合物，比例为1∶1。我国各地区都根据本地实际情况确定了适合本地区树种的基质成分和比例。如陕西、甘肃等地使用营养土为黄土50%～70%，腐殖土30%～50%，过磷酸钙2%，适用树种为油松、侧柏、云杉、冷杉、落叶松等。广东、海南等地使用的营养土为火烧土30%～50%，黄心土40%～60%，菌根土10%～20%，过磷酸钙3%，适用于马尾松、火炬松、黑荆树等。我国营养土多用天然土壤配成，其缺点是重量大，理化性状也不如泥炭和蛭石，优点是就地取材，成本较低。

菌根对与其共生的树种作用很大，容器育苗时，菌根菌难以传播，故在需要时应进行人工接种，往往从同树种森林中林木根系周围取土，或由同树种前茬苗床取土，拌入营养土或在播种后作覆土材料。

为防止病虫害、营养土应进行消毒。消毒方法有用蒸汽加热处理，也有拌入杀菌剂或用化学药剂熏蒸处理。

6.2.5.3 装杯播种

营养土内若施基肥，必须充分混匀，以防烧苗。在对容器装营养土时，土面应比容器边缘低1～2cm，防止灌水溢出容器。容器不应接地，以防苗根穿出容器长入土中，否则苗木难以形成发达根团。容器要紧凑地排列成行，既防干燥，又提高土地利用率，但容器间应留有空隙，抑制苗木向外生长。

培育容器苗必须使用良种，播前种子应进行消毒、催芽。每个容器中要求出幼苗2～3株。种子应播在容器中央，覆土厚度视种子大小而定，其材料可用沙子、泥炭，也可用营养土。为减少水分蒸发，可用切碎的稻草覆盖容器，再用稻草覆盖，撤草时，仅撤掉未切碎的稻草。

6.2.5.4 苗期管理

灌溉是容器育苗成功与否的关键，一般使用喷灌。幼苗期水量要足，速生期要控制灌溉，促进苗木木质化，提高耐旱性。为促进苗木生根，应采取喷水与适当干燥交替进行。追肥应和灌水同时进行，但要防止肥料烧苗。

每个容器中最后只留 1 株，其余的应分次间掉。对于死亡或生长不良者要及时补苗。

6.2.6 设施育苗

6.2.6.1 设施育苗的主要类型及优缺点

设施育苗指塑料大棚育苗和温室育苗。塑料大棚是利用塑料薄膜覆盖而建成的大棚，温室育苗则是在室内育苗。

塑料大棚的优点在于它可提高棚内温度和湿度，这对气候寒冷、生长季节短的地区十分重要，提高了温度就等于延长生长期。棚内湿度大，有利于光合作用，种子发芽快，缩短发芽期。棚内育苗的苗高、地径明显提高。另外，大棚内环境条件易控制，可防止风沙和霜冻。大棚设备良好，易于管理。

塑料大棚的缺点是投资大，育苗成本高，培育的苗木质量较差，这是由于棚内光照弱，CO_2 不足造成的，表现为苗木干重小，耐低温能力差，造林成活率低。棚内温、湿度为病虫发生也提供了有利条件，故棚内病虫害较多。

温室内设备千差万别，简陋者可控制室内温度和湿度，现代化者还可控制 CO_2 浓度，甚至有补充光照设备，它可按人的意志调控室内环境。因此，可给苗木提供各种需要的环境条件，它的缺点是设施多、投资大、成本极高，病虫害易滋生。

6.2.6.2 设施育苗中的水、热、肥、光、气管理

控制塑料大棚中温度是成功育苗的关键。在无特殊升降温设备的情况下，通常以通风口进行调节。白天温度不要超过 30℃，夜间保持 15℃，降温可用喷灌和遮荫方法。有调温设备的大棚，要根据苗木需要调节。

适时适量喷灌是塑料大棚育苗的主要环节。喷灌不仅供给苗木所需水分，还有调节空气湿度和降温作用。塑料大棚内空气流通差，常会造成 CO_2 短缺，所以夏季应及时通过通风补充 CO_2。在温度较低时，则可用燃煤或丙烷补充 CO_2，同时还可使棚内温度升高。

当夜间温度高于 15℃ 时，应适时逐步撤掉塑料棚，先撤周围塑料膜，再撤顶盖的薄膜，使苗木逐步适应露天环境，经受锻炼，在全光照下苗木易充分木质化，且提高苗木质量和造林成活率。

6.2.6.3 设施育苗在现代苗木培育中的作用

塑料大棚育苗的优点较多，但它投资大、成本高、易生病虫害。所以该法在气候寒冷、生长期短或晚霜危害大、风沙灾害重的地方应用，由于生长期延长，苗木生长量显著提高，并且可缩短育苗时间。温室育苗成本更高，所以只在培养一些珍贵苗木或科学实验中使用。

6.2.7 移植育苗

6.2.7.1 移植季节

大多数树种在苗木休眠期移植，对常绿树种也可在雨季移植，南方常在梅雨期移植。

我国北方春季多干旱，故有“春雨贵如油”之叹。移植苗成活与否取决于苗木水分状况。在早春土壤解冻后立即移植最好，这时树液尚未流动，芽未萌发、蒸腾小，土壤湿度大，温度虽低，但根系已开始生长，所以，早春移植苗木较易成活。

在冬季苗木不会遭低温危害和春季不会有冻拔发生的地区可在秋季移植。初冬或深秋，落叶树叶柄已形成离层时即可移植，常绿树种在生长高峰过后可开始移植，这时温度虽然较低，但根系仍未停止生长，移植后利于根系愈合伤口。

6.2.7.2 移植技术

移植苗的密度影响苗木的产量和质量，一般密度不能低于《主要造林树种苗木》（GB6000－1985）中所规定的标准。在同样密度条件下，应采用大行距、小株距，事实证明它比株行距相等的苗木质量高。移植苗的作业方式不受树种限制，若工作量大，应采用机械作业，最好用高垄作业，一般多用苗床作业。

移植的苗木应进行分级，不同等级的苗木应分别栽植，剔除不合格苗，这样可以避免苗木的严重分化现象，使苗木生长整齐。为了减少水分过分损耗，提高移植成活率，对常绿苗木地上部分应适当短截侧枝。对根系要剪去劈裂的和过长的根系，根系保留12～15cm，苗木修剪后应立即栽植。否则应进行假植。移植后要及时灌水，保证苗木水分供应。

6.2.7.3 移植后管理

移植苗成活后，应及时施肥、灌溉、中耕、除草、防治病虫害。这些工作要按具体树种移植苗的生长规律进行。

6.2.8 苗木出圃与贮藏

苗木育成后应适时出圃。在起苗、分级、包装、运输过程中，苗木离开了土壤，体内水分散失，苗木的失水速度和多少决定了苗木活力维持时间，对造林成活率影响很大。从解剖学看，苗木茎、叶调节蒸腾组织发达，而根系组织不发达，失水较快，容易失去活力，故应从起苗到栽植过程中必须注意保护苗木活力，特别是根的活力。

6.2.8.1 起苗

苗木应随起随栽，但在实践中，由于各种原因，很难做到，为了保护苗木活力，应选择起苗最佳时间。

（1）起苗季节　春季起苗，随起随栽，对苗木活力影响最小。土壤解冻后应立即起苗，但在某些地区土壤未解冻而地上部分已开始萌动，春季起苗栽植，成活率并不高。

秋季起苗有两种情况，一种是随起随栽，这时地上部分已停止生长，而地下根系仍在活动，有利于提高成活率和翌年苗木生长。另一种是起出的苗木进行贮藏，有利于人为控制苗木在翌年春季的萌动期。但有些常绿苗木不易贮藏，如油松、樟子松等，贮藏后苗木造林成活率会明显下降。

在干旱地区常利用雨季造林，所以要雨季起苗，适宜树种有侧柏、油松、樟树、水曲柳、核桃楸等。

(2) *起苗技术* 起苗方法有机械起苗和人工起苗。机械起苗有U型犁，起苗效果好，根长、根幅一致。机械起苗时每台机器需20人随机检苗。人工起苗时，先在苗床边行外顺着苗行方向、距苗行的15~20cm处挖一条沟，沟壁下部挖出斜槽。根据对苗木根系的深度要求切断苗根，最后，在苗行间切断另一边侧根，将苗木与土坨一起推倒到沟中，取出苗木。对较大移植苗，要单株挖取。

起苗时应尽量不要损伤苗木，特别不要损伤根系，但并不是保留全部须根。根愈细，失水愈快，须根只要暴晒数分钟就死亡。实验证明，须根过多，苗木反而易失水。所以起苗时应保证苗木的根幅和深度即可，深度比合格苗根长应多2~5cm。起苗时，如果苗木周围土壤太干，应在起苗前3天灌水。同时应注意不要在大风天起苗，最好边起苗，边分级，边假植。

6.2.8.2 苗木分级与统计

苗木分级往往和起苗工作同时进行，分级的标准依据《主要造林树种苗木》(GB6000-1985)中所规定的标准。计算产量的苗木分3级，其中Ⅰ、Ⅱ级为合格苗，Ⅲ级苗不准出圃造林，其中有培育前途者，应移植继续培养，无培育前途者，视作废苗。

苗木分级以地径大小为主要指标，它与苗木质量其他指标及造林成活率相关紧密，苗高为次要指标，根系按统一标准，不分级。对于针叶树苗高小于15cm，阔叶树小于20cm者，苗木等级由地径、苗高二者最小值确定。对于苗高大于上述指标者，以地径确定等级，苗高、地径不在同一等级中，以地径所属级别为准。但地径Ⅰ级，苗高Ⅲ级者，要按Ⅱ级苗处理。

苗木统计指统计各级苗木及废苗数量，一般与苗木分级同时进行。在实际工作中，苗木计数太费工，有人用平均苗木重来推算苗木数量。苗木分级后，因苗木大小各异，可按25、50、100或200株捆扎成捆。

6.2.8.3 苗木包装和运输

将苗木由苗圃运到造林地之前，苗木应进行包装，以防日晒、风吹、损伤引起造林成活率下降。包装的材料有草包、蒲包、塑料袋、麻袋、纸箱等。不同材料关系到苗木保温、隔热、通气及防止碰撞、挤压等方面的要求，选择材料要依树种、气候条件、存放及运输条件而定。

包装苗木前要对苗木根系处理，处理的目的是尽量延长苗木活力。处理方法有蘸泥浆、浸水、蘸吸水剂等。蘸泥浆是将苗木放在泥浆中蘸根，使泥浆在根外形成保护层。泥浆种类及物理特性对蘸根效果影响很大，理想的泥浆是在苗根形成一个薄保护层而非一个大泥团。浸水是在起苗后苗根部浸水，定植前再浸水。浸水最好用流水，时间为1～3天。将强吸水性高分子树脂（又称吸水剂）按一定比例加水制成水凝胶，用它蘸根使其均匀附着根表面，形成保护层防止水分蒸发。

包装时先将湿物放在包装材料上，再将苗木根对根放好，在根间加湿稻草或苔藓，最后将苗木卷成捆，用绳子捆绑，外面挂好标签，注明树种、苗龄、数量、等级及苗圃名称等。

苗木在运输过程中容易失水，故运苗应选用速度快的工具，运输期间，要检查包内的温、湿度，适时降温加水。

6.2.8.4 苗木贮藏

苗木贮藏方法较多，常用的是假植和低温贮藏，另有窖藏、坑藏等。

（1）*假植* 假植是将苗木根系暂时埋于湿润土壤中，以防苗木失水的贮藏苗木措施。通常分临时假植和越冬假植。假植要选择排水良好、背风、背阴地段挖假植沟，沟深视苗木大小而定，一般在20～100cm，沟宽100～200cm。将苗木放于沟内，阔叶树成排放置，每排数量相同，苗梢向下风方向倾斜。针叶树苗小，可成捆放置，根部用沙土隔开。树苗不要太挤，然后埋好，踏实，适当浇水，保持湿润。越冬假植时，一定要保证土壤湿润，但切忌水分过多。寒冷地区可用草类，秸秆覆盖苗木防寒。

（2）*低温贮藏* 低温贮藏是将苗木置于0～3℃，湿度在85%以上，并有通风设施的地方。低温高湿能降低苗木生理活动强度，保持苗木活力。

6.2.8.5 苗木保护

由起苗到苗木栽植各项工作环节中都要保护苗木活力，以提高造林成活率。除前述保护措施之外还应作好以下工作：

在造林地尽量减少对苗木不必要的处理，如苗木截干、分级、剪根等，这些工作应在苗圃起苗时完成。

苗木运到造林地后最好立即栽植，若不能很快栽完，应临时假植。

在造林地将苗木分发给每个造林者，要求该过程中根系不要裸露，分发过程最好在包装袋内进行，或放在水桶中进行，这样有充分时间分发苗木，又可让苗木吸收水分。有人建议这时用激素蘸根，所用激素有萘乙酸、吲哚乙酸、ABT生根粉等。造林者领到的苗木应放在塑料桶中，用湿苔藓保护，若在桶内放少许水更好。

6.3 种苗培育新技术

近年来，随着科学技术的发展，种苗生产新技术不断涌现，如组培繁育、花药培养、人工种子生产、原生质体培养、细胞融合、转基因技术等，这里我们并不过多涉及未成熟技术，只对那些在科学研究中已成为现实，在苗木培育中有美好前景的技术进行简要介绍。

6.3.1 组培繁育

6.3.1.1 组培繁育的概念、现状及评价

植物组织培养是利用植物的离体器官、组织、细胞或原生质体，在适宜的人工培养基和无菌条件下培养，使其增殖，生长、分化形成小植株的方法。利用组织培养技术进行植物快速繁殖的方法称组培繁育，又叫试管繁殖。所得的苗木称试管苗或组培苗。

近年来，组培繁育技术的研究发展很快，不仅在花卉繁殖上取得了极大的成功，在林木试管苗培育中，已有百余树种取得了成功，有些树种试管苗，如桉树、杨树、北美黄杉已在生产上大面积应用。

组培繁育的优点是短期在实验室内可获得大量优质试管苗，一个 $20m^2$ 实验室，一年可生产 100 万株试管苗。若用茎尖组织培育技术，可从感染病毒植株中，经过培养获得无病植株。有利于保存优良品种、好的变异。它的缺点是初期投资大，技术性强。

6.3.1.2 组培繁育方法简介

(1) 培养基及配制　培养基的成分有水、无机盐（主要是植物所需矿质营养)、有机营养（糖、维生素、烟酸、肌醇、吡哆醇、甘氨酸等)、植物生长调节剂（包括生长素、赤霉素和细胞激动素三类物质)。天然提取物（实际是有机物，但分子较大）和琼脂，配方很多，配制好后灭菌保存。

(2) 外植体制备　由植物体上切取下来用于组织培养的部分称作外植体。理论上，植物的任何一部分均可做外植体，考虑到方便、难易、效益等方面，对取材部位、生理状况、发育年龄、取材季节、材料大小和质量要严格选择，一般选择幼苗、芽、茎尖等部位。取下后要对其消毒，消毒的药剂、浓度、时间因树种及部位不同而异，然后在解剖镜下，按预定大小切取生长点并保存。

(3) 试管苗培养　组培繁育要在无菌条件下进行，故所用工具应严格消毒，将制好的外植体在超净工作台上分离，接种于培养基上。

培养基需置于严格控制的环境中，温度在25℃ ±2℃，湿度60% ~80%，光照10 ~16h，光照强度，小苗要小，大苗要大，变动在1 500 ~10 000lx 之间，必要时通风，但换入的空气必须无菌。

由外植体上生芽并使其增殖是快速繁育苗木的关键之一。为了扩大繁殖系数，当诱发的芽长度大于1cm 时，切下转入生根培养基中，对剩下的新梢切成若干段，转入增殖培养基中，培养一段时间后，再选取大的进行生根培养，剩下的再切成小段转入增殖培养。

(4) 试管苗出瓶移植和管理　移苗前应先炼苗，所谓炼苗是为了试管苗能适应外界环境条件，保证移栽成活，将瓶置于自然光下，打开瓶盖3 ~5 天即可。

当试管苗在生根培养基上根尖突出的时候应将其移出瓶外，此时苗木适应性强，生根快，易成活。

移苗时要洗苗，通常是给瓶内注入清水，取出小苗，并洗掉黏在苗上的培养

基，然后将苗上的水分吸掉，洗苗的水温16～20℃，若瓶内有许多小苗，应将其分开并消毒。然后移栽于培养钵中，培养基质要通透性好。移植后要立即浇清水，不要浇灌营养液。扣上拱棚，湿度保持70%，温度为16～20℃，及时浇灌营养液，直至成苗。

6.3.2 细胞融合

6.3.2.1 细胞融合的概念及意义

细胞融合又称体细胞杂交。它是通过将两种异源细胞融合产生杂种细胞，再将杂种细胞培育成新的植株，获得杂种的方法。这种方法克服了远缘杂交中不亲合性和子代不育的障碍。目前木本植物中柑橘的体细胞融合已取得重要进展，获得了柑橘属与蚝壳刺属，柑橘属与非洲樱桃橘属的杂种细胞。我国科学家也得到了金橘属与柑橘属杂种。

6.3.2.2 细胞融合的方法

（1）*原生质体的分离* 植物由细胞构成，但细胞有细胞壁，要使两个细胞融合，必须取掉细胞壁。取掉细胞壁以后的那部分细胞质称原生质体，原生质体是细胞融合的好材料。

目前普遍采用酶法降解细胞壁，这样可在短时间内获得大量有生活能力的原生质体。为了使分离出来的原生质体易融合，且能培育出完整的杂种单株，要对起始材料的种类、年龄、生理状态仔细分析。另外，原生质体分离过程的技术操作对原生质体数量、活力、分化潜力都有较大影响。起始材料细胞经过质壁分离，用酶降解细胞壁，然后用不锈钢网过滤、离心，除去酶和细胞碎片，获得纯原生质体。

（2）*原生质体的融合* 两个异源的原生质体融合成功与否并培养出杂种与正确选择原生质体有密切关系，首先原生质体要有活力，遗传一致；其次，双亲中至少有一方具有植株再生能力；第三，带有可供融合后识别异核体的性状，如颜色、染色体数等；第四，在异核体发育中，有能选择杂种的标记性状。这样才能达到预期效果。

融合的方法有离子诱导融合（采用的离子有 Na^+、Ca^{2+} 等）、高分子诱导融合（如用聚乙二醇诱导融合）、电场诱导融合等。由于方法多式多样，目前融合频率已大大提高。

（3）*体细胞杂种再生* 当两个异源原生质体融合后就将其放入培养基中，培养基配方差异大，但它们都含有机物、矿物盐、天然提取物、激素、水等。

融合的原生质体培养方法很多。目前，浅层培养法被广泛应用，它适于原生质体分裂强的杂种。此外，有琼脂包埋培养、铺垫聚酯纤维培养等。不论哪种方法，都要给以适当的温度和光照。原生质体经过培养，首先形成细胞壁，继而细胞分裂，并形成细胞团的愈伤组织，愈伤组织再增殖，最后诱导出芽和根，再培养成完整植株，在这个过程中，不同阶段使用不同培养基。

6.3.3 林木基因工程

6.3.3.1 基因工程的概念及意义

遗传转化指通过某种途径将外源基因导入受体基因组中，使之在受体细胞内发生功能表达。若将受体细胞培育成植株，则称为转基因植株。

在植物基因工程研究中，可用的目的基因很多，根据其功能有抗病、抗虫、抗除草剂、抗逆、抗污染等抗性基因，光合作用基因，雄性不育基因，改善蛋白和改善木材成分基因等。目前，根据不同育种目的已成功地将有价值基因转入相应的树种中，获得转基因植株。

6.3.3.2 遗传转化方法简介

基因工程的最终目的是把有用基因转移到受体基因组，随着科技的发展已经寻找了相当多的有用基因。关键就看如何把它移到受体基因组中，目前已建立了许多不同途径的转化技术。

(1) *根癌农杆菌介导的遗传转化系统* 根癌农杆菌宿主很多，该菌内含有一种 Ti 质粒，它可以向许多植物转移外源基因，并使之表达。根据外植体的不同，转化方法有二：其一是叶圆片法，先用打孔器取好叶圆片，再切成若干小块，在带有外源有用基因农杆菌液中浸数秒钟，置于培养基上培养 2～3 天，再转到培养基上培养，使转化细胞长成再生植株。其二是原生质体和农杆菌共同培养法，将处于再生壁时期的原生质体与带有外源有用基因的农杆菌一起培养 36～48h，离心、洗涤、去菌后培养在含有抗生素的选择培养基上，就可得到转化的细胞增殖。

(2) *DNA 直接转化* 最常用的是聚乙二醇，将原生质体悬浮于含有 DNA 的介质中，用聚乙二醇促进 DNA 摄取，从而使细胞转化。电穿孔法原理是在高压电脉冲作用下，原生质膜上形成可逆的瞬间信道，从而发生外源 DNA 的摄取。基因枪法基本原理是将有用的 DNA 包在钨粉或金粉微粒表面，在高压下使粉末喷射，高速穿过受体细胞或组织，使外源基因进入受体细胞核中整合并表达。

当 DNA 分子进入受体细胞核后，对该原生质体进行培养，使之长成植株，该植株即为转基因植株。

复习思考题

1. 什么是林木结实周期性？造成林木结实周期性的主要原因有哪些？
2. 什么是种子生理成熟和形态成熟？它与种子采集和贮藏有什么关系？
3. 林木种子贮藏方法选择应根据种子什么特点来确定？不同贮藏方法有何特点？
4. 什么是种子生活力？测定种子生活力的方法有哪些？
5. 苗圃土壤耕作和施肥有何意义？它与农田土壤耕作和施肥相比有何特点？
6. 什么是种子催芽？种子催芽的作用和意义有哪些？
7. 苗木培育有哪些方法？不同方法有何特点？

8. 什么是种子休眠？试述种子休眠的类型和打破休眠的技术与方法。
9. 什么是组培繁育和细胞融合？它们的应用在林业生产上有何意义？

本章可供阅读书目

造林学．第 2 版．孙时轩．中国林业出版社，1992
森林培育学．沈国舫．中国林业出版社，2001

第 7 章　森林植被恢复与重建理论

【本章提要】 本章从不同分类标准介绍各种森林类型、森林立地的相关概念、立地质量评价及立地类型划分的常用方法，阐明适地适树概念、适地适树途径、树种选择的原则与方法，介绍相关密度的概念、密度的动态变化、密度对林分的作用规律，论述混交林的特点、混交林的种间关系混交理论。

7.1　森林类型

7.1.1　森林类型的含义

森林是地球上最大和最重要的生态支持系统，在这个支持系统中，有不同的森林类型，根据其面积、稳定性、结构的复杂程度等因素，决定其在支持系统中发挥的不同作用。如热带雨林、季雨林的面积大、结构复杂、物种丰富，它在全球生态系统中发挥着明显的作用，被称为“地球的肺叶”。

森林类型就是根据森林的不同特征而对森林的划分，这些森林特征包括森林的地带性、森林外貌特征、森林的起源、森林的结构、森林的功能和所发挥的作用等。

7.1.2　森林类型的划分

由森林的含义可以看出，根据森林的不同特征，可以把森林划分为不同的类型。

7.1.2.1　根据森林的地带性特征划分

根据森林的地带性特征，可以把森林划分为如下类型：

(1) 热带雨林、季雨林　大部集中于南、北回归线之间。我国主要分布于海南的全部、广东、广西、云南、西藏和台湾的部分地区。主要特点是年平均气温在20℃以上，极端最低温度在0℃以上，常年降水量1 000mm 以上（少部分地区略低于1 000mm），部分雨林的降水量高达4 000mm 以上。林分结构复杂，林冠分层现象不明显，林分的季相变化不明显，其主要的优势树种 80% 以上是常绿树种。

（2）亚热带常绿阔叶林　主要分布于亚热带地区，由常绿树种为主组成的一类森林。其主要特点林分的分布区春、夏、秋三季比较温暖湿润，常年降水量在800mm以上。林分的结构复杂，树种组成以常绿树种为主，混生有落叶树种。林分的分层现象不明显，但在冬季林分中落叶树种落叶后有比较明显的季相变化。

（3）暖温带落叶阔叶林　主要分布于暖温带地区，由落叶树种组成的一类森林。这类森林的主要特点是构成森林主体的乔木树种为落叶树种，所以在冬季整个林分处于一种休眠状态，季相变化非常明显，并以夏季林相外貌最好，也称为“夏绿林”。大部分林分的成层现象明显，基本为乔、灌、草三部分。

（4）温带针阔混交林　主要分布于温带地区，由落叶阔叶树和常绿针叶树组成的一类森林，这是我国的最重要的木材基地。这类森林的主要特点是林分的季相和成层现象比较明显，森林分布区的气候为湿冷类型，雨热同季，四季分明。

（5）寒温带针叶林　主要分布在寒温带地区，在我国的分界线为北纬45°以北地区，由耐寒针叶树种组成的一类森林。分布区年平均气温低于8℃，林分结构比较单一，天然林中林冠分层现象不明显，最多有乔、灌分层，草本层不明显很稀疏。

7.1.2.2 根据森林起源划分

（1）天然林　天然林是指林分的最初起源为天然繁殖未经人工栽植或培育而形成的森林。

天然林中，将没有经过任何干扰，林相完整的天然林称为原始天然林（原始林）。原始天然林是经过多代不同树种演替形成的天然植物资源宝库，它结构完整，林相整齐，林分内各种生物成分协调，形成了稳定的生态系统，并且这种生态系统抗干扰的能力强，人为或自然干扰后，恢复起来的能力强。我国目前仅在东北林区和西南高山峡谷地带残存有少量的原始天然林。保护这些珍贵的自然资源，是全体国民的共同任务。

原始天然林经过砍伐或火烧，然后又自然恢复起来的天然林又被称为天然次生林。天然次生林是林分经过强烈干扰后（砍伐、火烧），未经人为栽植而自然恢复起来的天然林，一般由喜光树种组成。天然次生林一般没有经过演替或最多1~2代演替形成的森林。相对来说，天然次生林的林相不完整，林分抗干扰的能力小，人为或自然干扰后，林分恢复的能力差。天然次生林经过若干代的自然演替，就会形成结构完整的原始天然林。我国在东北、西南和华南3大林区中，天然次生林的面积比较大。由于次生林的抗干扰能力差，保护它们不被再次破坏，将成为当前中国天然林保护工作的重要任务。

（2）人工林　人工林是林分的最初起源是由人为种植（播种、植苗和扦插）而形成的森林。

根据《中华人民共和国森林法》的规定，森林分为5大林种，即用材林，以收获用材为目的而营造的人工林；防护林，以充分发挥森林的防护效益为目的而营造的人工林；薪炭林，以收获薪材为目的而营造的人工林；经济林，以收获木材之外其他森林产品为目的而营造的人工林；特种用途林，以发挥森林特殊作用为目的而营造的人工林。

在我国的人工林中，绝大多数的林种为用材林和经济林。随着我国自然环境的持续恶化，保护环境的任务会越来越重。在环境保护作用方面，防护林是最经济有效的手段。所以，提倡大力营造各种类型的防护林，以改善我国的生态环境。

另外，根据森林起源不同，还可以划分实生林和萌生林。其中，实生林是指由种子繁殖形成的森林；萌生林是指由无性繁殖形成的森林。

7.1.2.3 根据林分的外貌特征划分

（1）常绿林　常绿林是由冬季不落叶的树种组成的森林。其中，由阔叶树组成的常绿林称为常绿阔叶林；而由针叶树组成的常绿林称为常绿针叶林。

（2）落叶林　落叶林是由冬季落叶的树种组成的森林。同样，将由针叶树组成的落叶林称为落叶针叶林；而将由阔叶树组成的落叶林称为落叶阔叶林。

另外，根据林分的外貌特征，可以把森林划分为单层林和复层林。单层林指林地的垂直面上，只有1层林冠的森林，一般是由同树种、同年龄形成的森林。复层林是指林地的垂直面上，有2层或2层以上的林冠分层的森林，一般是由混交树种或异龄形成的森林。

7.1.2.4 根据林木的年龄划分

（1）同龄林　林分中相同种林木或不同种林木的年龄一致。一般这样的林分起源相同，林相比较整齐，结构不是十分复杂。

（2）异龄林　林分中相同种林木或不同种林木的年龄不一致。一般天然林或天然次生林形成这样的林分，林分的生物多样性高，结构比较复杂。

7.1.2.5 根据林分的年龄划分

（1）幼龄林　林木的树冠郁闭前的林分。

（2）中龄林　从林木郁闭到林木达到生物学成熟或工艺成熟的林分。

（3）成熟林　林木达到了生物学或工艺成熟的林分。

（4）过熟林　林木生长基本停止，并开始出现心腐、干梢现象。

7.1.2.6 根据林木的叶形状划分

（1）针叶林　由针叶树种组成的林分，并且大多数树种是常绿的。

（2）阔叶林　由阔叶树种组成的林分，并且大多数树种是落叶的。

7.1.2.7 根据林分的组成划分

（1）纯林　由单个树种组成或一个树种占林分总株数的90%以上的林分。

（2）混交林　由两个或多个树种组成的林分。

另外，根据林木的乔灌情况，可划分为乔木林、灌木林；根据森林的作用，可以将林分划分为公益林和商用林；根据林分的权属，可以把林分划分为国有林和集体林，等等。

7.2 森林立地

对于森林的影响力来说，森林立地是最重要的影响因子。我们可以通过对森林立地的研究，选择最适宜的造林树种，提出合理的育林措施；通过对森林质量的评价，预测森林生产力及最终的木材产量或所发挥的生态效益；同时，结合国家需要能够提出森林的分类经营方案等。总之，森林立地是其他育林、营林研究或措施的基础，研究森林立地将对提高育林质量、发展持续高效林业、天然林的保护和更新、恢复和扩大森林资源发挥重要作用。

7.2.1 森林立地的基本概念

7.2.1.1 立地与生境

美国林业工作者协会（1971）将立地定义为“林地环境和由该环境决定的林地上的植被类型和质量”。德国学者认为，立地是对林木生长发育起重要作用的物理的和化学的环境因子的总和，这些因子应对森林世代的延续基本保持稳定，或者其变化有规可循。美国林学家 D. M. Smith（1996）在《实用育林学》中提出，立地在传统意义上是指一个地方的环境总体，生境是指林木和其他活体生物生存和相互作用的空间场所。今天，林学上的“立地”和生态学上的“生境”内涵已趋于相同。

7.2.1.2 立地质量与立地条件

立地质量是指某一立地上既定森林或其他植被类型的生产潜力，所以，立地质量与树种相关联，并有高低之分。立地质量包括气候因素、土壤因素及生物因素。一个既定的立地，对于不同的树种来说，可能会得到不同的立地质量评价结果。立地条件（即立地）在林学意义上是指在造林地上与森林生长发育有关的自然环境因子的综合。立地质量是立地条件的量化，有时可以通用。

7.2.1.3 立地质量评价

就是对立地的宜林性或潜在的生产力进行判断或预测。立地质量评价的目的，是为收获预估而量化土地的生产潜力，或是为确定林分所属立地类型提供依据。立地质量评价的指标多用立地指数，也称地位指数，即该树种在一定基准年龄时的优势木平均高或几株最高树木的平均高（也称上层高）。

7.2.1.4 立地分类与立地类型

对于一个广阔的区域，立地存在着很大的差异。为更好地反映不同立地的特性，以对应不同树种的特性，达到适地适树的目的，必须对立地进行分类。立地分类就是根据特定的标准，把大地块逐级划小的过程。广义上讲，根据不同标准划分的不同级别的立地，均可称为立地类型；但狭义上讲，根据生态学特性相对一致而划分出的立地组合，称为立地条件类型，简称立地类型。一般意义上的立地条件类型，多指狭义分类。

7.2.2 森林的立地因子

在进行森林立地分类与评价时，一般采用的立地因子主要包括有气候、地形、土壤、植被、水文和人类活动。

7.2.2.1 气候因子

水热条件是气候因子中，对森林分布起主要作用的因子。正是由于水热的巨大差异。造成我国由北向南，形成了寒温带针叶林、温带针阔叶混交林、暖温带落叶阔叶林、亚热带常绿阔叶林、热带季雨林及雨林等森林植被类型。此外，在同一个热量带内还由于纬度不同及大地形的干扰，水热条件还有一定差别，使得森林植被类型的种属组成及森林的生产力上发生变化。

大气候主要决定着大范围或区域性森林植被的分布，而小气候明显地影响树种或群落的局部分布。由于气候的这一特性，在立地分类系统中气候一般作为大地域分类的依据或基础。在生产力评价上目前气候因子通常只用于提供粗略生产力的指标，提供一个不同气候带（区域）间的生产力的相互比较概念。小气候对林木生长的影响也很重要，但很少用于立地质量评价和分类。这是因为小气候变化常常与地形变化紧密相关，而地形的变化还伴随着土壤等因子的改变。如坡向、坡位的不同，小气候与土壤条件同时发生改变，因此很难单独获得小气候因素与林木生长良好的相关的精确资料。

7.2.2.2 地形

地形包括海拔、坡向、坡度、坡位、坡形、小地形等。地形主要通过对与林木生长直接有关的水热因子、土壤因子的再分配而影响林木的生长。如在山区，海拔的影响能够直接作用于降水量和空气温度，从而影响林木的生长，使森林呈现明显的地带性特征；坡向不仅影响热量，也影响降水和空气温度。我们常观察到大地形的阴阳坡，植被呈现比较明显的变化，就是坡向通过影响上述因子而对植被的巨大作用；坡度、坡位和坡形等也是通过影响林木发育过程中的热量、水分、养分等因子，而对林木生长发育起作用。

局部地形的特点是：①比其他生态因子稳定、直观，易于调查和测定；②常常与林木生长高度相关，地形稍有变化就能在林木生长上明显反映出来；③每一个局部地形因素，如坡向的阳坡与阴坡，坡位的山脊、山坡与山洼，都能良好地反映出一些直接生态因子（小气候、土壤、植被等）的组合特征。如山脊（或坡的上部）阳光充足、干燥、风大，土层较薄（为残积母质），水分较少，生长比较耐瘠薄的地被植物；山洼（或坡麓）则比较阴湿、风微、土层厚（通常为坡积土），而生长着喜湿喜肥的地被植物。局部地形对森林生产力有重要的影响，一个局部地形因素有综合反映环境特征的作用，目前国内外的森林立地工作者都在用地形来划分立地类型，并与林木生长建立回归模型，评价立地质量。

7.2.2.3 土壤

土壤包括土壤种类、土层厚度、土壤质地、土壤结构、土壤养分、土壤腐殖质、土壤酸碱度、土壤侵蚀度、各土壤层次的石砾含量、土壤含盐量、成土母岩和母质的种类等。

土壤既是林木生长的支撑基质，也是森林生长发育的物质基础。土壤因素本身受气候、地质、地形等多种因素的影响，形成不同地理区域的土壤差异性，而不同的土壤也决定了不同树种的分布和生长潜力。在评价造林地的生产潜力以及制定造林技术措施时，一般都离不开对土壤条件的分析。在所有的土壤因子中，土层厚度是表达山区土壤综合性状比较好的因子，因此在分析土壤时，常作为首先考虑的因素之一。需要指出的是，在平原地区，土壤质地也常作为首先考虑的因素，如沙地的黏质夹层的有无、厚度及其与地表的距离等对造林和以后林木生长起着巨大的作用。

此外，土壤与其他环境因子间的关系也极为密切，比如，土层厚与地形、腐殖质与植被、盐碱与地下水位等都存在密切的关联性。

7.2.2.4 水文

包括地下水深度及季节变化、地下水的矿化度及其盐分组成，有无季节性积水及其持续期等。对于平原地区的一些造林地，水文起着很重要的作用。在平原地区的立地分类中，水文因子特别是地下水位经常成为主要考虑的因子之一。而在山地的立地分类则一般不考虑地下水位问题。

7.2.2.5 植被因子

在没有受到人类干扰的立地，植被因子最能代表立地质量，因为它们综合反映了立地对植被的影响力。那些反映生态系统特征、组成森林群落的主要植物种的存在、相对多度及相对大小，是立地质量最好的指示者。从大的森林类型到林下植被，从不同生态特性的建群树种，到一些非建群植物种分布，在不同层次及不同程度上反映着森林生长的环境特征。如从东北的兴安落叶松林、红松阔叶林到华北的松栎针阔混交林，到南方的常绿阔叶林，这些大的森林植被类型是组成地理景观的主要成分，这些植被显然对水热条件有不同的要求，从而反映从寒温带、温带、暖温带到亚热带的大气候带的植被差别。从树种分布讲，红松代表温带湿润地区的树种，油松代表暖温带耐旱树种，而马尾松、杉木则代表喜湿热的亚热带树种。在植被未受严重破坏的地区，植被状况能反映出立地的质量，特别是某些生态适应幅度窄的指示植物，更可以较清楚地揭示造林地的小气候、土壤水肥状况规律，帮助人们深化对立地条件的认识。例如，蕨菜生长茂盛指示宜林地生产力高；马尾松、茶树、映山红、油茶指示酸性土壤；黄连木、杜松、野花椒等指示土壤中钙的含量高；柏木、青檀、侧柏天然林生长地母岩多为石灰岩；仙人掌群落指示土壤贫瘠和气候干旱等。

由于森林植被类型及树种分布综合地反映着不同的大气候条件，因此，在立地分类中，它们主要作为大区域划分（区域分类）的依据，如张万儒在《中国森林立地》一书中将植被类型作为划分立地带的依据。在前苏联、北欧、加拿大等寒温带森林中，广泛应用植物种或植物群落的指示意义来评价立地并可作为立地分类系统中基层分类单元的分类依据。但在中国，多数造林地植被受破坏比较严重，用指示植物评价立地受到一定的限制。

7.2.2.6 人为活动因子

土地利用的历史沿革及现状反映了各项人为活动对上述各项因子的作用。不合理的人为活动，如取走林地枯枝落叶、严重开采地下水，会使立地劣变，发生土壤侵蚀，降低地下水位。由于人为活动因子的多变性和不易确定性，在森林立地分类中，一般只作为其他立地因子形成或变化的原动力之一进行分析，而不作为立地类型的组成因子。

7.2.3 森林立地质量评价

通常用林地上一定树种的生长指标来衡量和评价森林的立地质量。由于不同树种的生物学特性并非一致，各立地因子对不同树种生长指标的贡献或限制存在一定的差异，立地质量也往往因树种而异。同一立地类型，有的适宜多个树种生长，有的则仅适宜于单个树种生长，通过森林立地质量评价，便可确定某一立地类型上生长不同树种时各自的适宜程度。这样就可在各种立地类型上配置相应的最适宜林种、树种，实施相应的造林经营措施，使整个区域达到“适地适树”和“合理经营”，土地生产潜力得以充分发挥的目的。

森林立地质量评价历史悠久、方法甚多。它始于18世纪初的德国，19世纪以来，各国林学家、生态学家对立地评价方法进行了大量的研究和探讨。由于各国自然地理背景、历史条件、经营目标和研究者经历的不同，形成了许多不同的森林立地质量评价方法。这些方法可以概括为直接评价和间接评价两种类别。直接评价法指直接利用林分的收获量和生长量的数据来评定立地质量，如地位指数法、树种间地位指数比较法、生长截距法等。间接评价法是指根据构成立地质量的因子特性或相关植被类型的生长潜力来评定立地质量的方法，如测树学方法、指示植物法、地形学立地分类法、群体生态坐标法、土壤—立地评价法、土壤调查法等。当前，国内采用的立地质量评价方法主要为地位指数的间接评价方法。下面仅对此方法进行介绍。

地位指数的间接评价方法是一种定量分析的方法，也称多元地位指数法。这种方法能解决有林地和无林地统一评价以及多树种代换评价的问题，因而被认为是最终解决问题的根本方法，一般用多元统计方法构造数学模型，即多元地位指数方程，以表示地位指数与立地因子之间的关系，用以评价宜林地对其树种的生长潜力，其关系可表示为：

$$SI = f\ (x_1,\ x_2,\ \cdots,\ x_n,\ Z_1,\ Z_2,\ \cdots,\ Z_n)$$

式中：SI——立地指数；

X_i——立地因子中定性因子（$i=1,\ 2,\ \cdots,\ n$）；

Z_j——立地因子中可定量因子（$j=1,\ 2,\ \cdots,\ m$）。

多元地位指数法的基本内容为：采用数量化理论Ⅰ或多元回归分析的方法，建立起树种的立地指数即该树种在一定基准年龄时的优势木平均高或几株最高树木的平均高（也称上层高）与各项立地因子如气候、土壤、植被以及立地本身的特性，还有人在预测方程中包含了诸如养分浓度、C/N、pH值等土壤化学特性之间的回归关系式，根据各立地因子与立地指数间的偏相关系数的大小（显著性），筛选出影响林木生长发育的主导因子，说明不同主导因子分级组合下的立地指数的大小，并建立多元立地质量评价表，以评价立地的质量。不同的立地因子组合将得到不同的立地指数，立地指数大者立地质量高。

目前在中国各个地区对许多树种（落叶松、杉木、油松、刺槐、泡桐、马尾松等）进行了立地质量评价的研究。例如，翟明普、马履一等人（1990）采用数量化理论 I 的方法，对基准年龄为 30 年的大兴安岭地区兴安落叶松人工林上层高 y 和立地（土层厚、坡位、坡度、坡向、黑土层厚、海拔高度等）的关系做了研究，得出土层厚 X_{1i} 和坡位 X_{2i} 为研究区的 2 个主导因子。

$$Y = 11.56 - 3.92X_{11} - 1.46X_{12} + 0.95X_{13} + 2.62X_{14} - 0.31X_{21} + 0.62X_{22} + 0.10X_{23} - 0.99X_{24}$$

复相关系数：$R = 0.963$，偏相关系数：$R_1' = 0.935$，$R_2' = 0.626$

用这个方程式计算，可得到不同立地因子组合下的兴安落叶松上层高的生长预测表（表 7-1）。通过该表可评价研究地区的立地质量。

表 7-1 大兴安岭地区 30 年生兴安落叶松上层高的生长预测表 m

土层厚度（cm）	坡位			
	上部（X_{21}）	中部（X_{22}）	下部（X_{23}）	谷地（X_{24}）
<15（X_{11}）	6.65	7.74	8.26	7.33
15~25（X_{12}）	9.42	10.51	11.03	10.11
25~35（X_{13}）	11.83	12.92	13.44	12.51
>35（X_{14}）	13.50	14.59	15.11	14.18

7.2.4 森林立地分类

7.2.4.1 森林立地分类的途径

从 200 年前，人们有目的地培养森林开始，森林立地质量分类的研究就开始了。归纳起来，立地分类大体上可概括为植被因子途径、环境因子途径和综合多因子途径 3 个方面。

（1）植被因子途径　植被是环境的最好反映者，所以许多学者主张把植被作为立地类型划分和立地质量评价的重要依据，利用植被因子进行立地分类和评价。目前，利用植被因子途径对立地质量分类主要有如下几种方法。

①林木生长效果方法　林木生长效果应用于立地分类和评价，主要采用的指标有地位级、地位指数、生长截距等。地位级是指林地生产力的一种相对量度，常以林分平均树高和年龄的关系制定。地位级能反映出林地生产力的相对等级，从而为立地类型的划分提供尺度。地位指数反映树种在某一基准年龄的优势木的高度与立地生产力的关系比其他任何一种量度更为密切，并且受林分密度和树种组成的影响最小。地位指数在欧美及日本等国家得到了广泛应用。近些年来，地位指数方法广泛应用于立地分类研究，把立地分类和立地质量评价与收获量预估联系起来，共同为各种营林管理措施提供依据，是一个重要的发展方向。生长截

距法是利用所选定的早期树高生长估计立地质量，从而消除基准年龄的限制，多数研究认为胸高以上3~5节（一般为5节）的节间长度较适于作为轮生节清楚的针叶林立地质量的量度。尽管这种方法有它的简便特点，但它不能代替地位指数，它只能在未编制地位指数表的情况下作为一种临时替代办法来应用。

②植被特征方法 在森林生态系统中，森林植物与环境是相互联系的，植被的组成、结构和生长情况与立地条件有密切的关系，特别是一些生态幅度较窄的植物种类，可用于评价生产潜力。因此，一些学者主张采用植被作为立地分类与评价的标志。但在很多地区，特别在人为干扰严重的地区，用个别指示植物鉴别立地类型是很困难的，甚至是不可能的，于是一些学者研究用生态种组的方法来指示立地特征，即列出反映生境的指示植物谱系。这种方法，在德国（1946）巴登—符腾堡立地分类系统中和美国（1952）生境分类系统中得到应用。

③植被因子方法 欧美国家一些研究植物群落学的学者做过不少研究，认为在高纬度地区，植被与环境间的相关程度较高，加之人为干扰较少，用植被指示立地特征效果较好。特别在北美，已成功地应用后演替植物群落作为立地分类的基础，在这种方法中，被称为生境型的一系列立地单元，以占据特定海拔和地形条件的上、下层典型植物种为标志，这些生境型用每一层面的优势种取名生境型。植物在森林立地分类中应占有很重要的地位，任何分类方法不能忽视植被因子，因为立地分类本身就是研究环境与植被间的生态关系，否则就失去了林学意义。但是，这种分类途径对立地性质的解释是间接的，森林的空间格局受到人为因素影响大的地区，植被应用于立地分类受到一定的限制。但植被因子途径在天然林地区具有非常重要的应用价值。

（2）环境因子途径 一般情况下，植物在与环境的相互作用中，环境总是起着决定性的作用，所以长期以来，人们在不断地研究和应用环境因子预测森林生产力。其中最常用的是以立地指数为因变量，一系列立地因子为自变量建立起多元回归方程，以揭示预测的机制，并用于立地分类。这些因子主要指7.2.2节提到的环境因子，它们能对立地性质提供直接的信息。这些环境因子相对比较稳定，根据它们的差异性，可以从性质上划分各种立地类型。

①气候与林木生长方法 气候与林木生长关系密切，它可以作为立地分类系统中立地区域、立地带、立地区等区划单位的依据。在同一气候区内，大气候条件趋于一致，小气候差异一般可通过地形、土壤因子反映。

②地形与林木生长方法 在山区条件下，气候和土壤可以通过地形来反映，因此可采用地形作为鉴别立地类型的依据之一。Smalle（1979）对美国Comberland高原提出的森林立地分类系统具有综合自然地理的特点，它主要根据地貌划分立地单元，虽然对每个立地单元的描述还包括土壤肥力、指示植物和一些主要树种的地位指数等。在我国南方山区，由于地形复杂，地形因子在立地分类中占有重要地位。地形特征还可利用航片、卫片或通过地形图来分辨和估测，因而使遥感技术在森林立地分类中的应用成为可能。但采用地形进行分类有其局限性。首先，它不适于地形简单的地区或平原地区；其次，地形对林木生长的影响，最

终是通过气候和土壤发生作用，因此，用它来划分立地类型显然要比直接利用气候和土壤的方法精度低，特别是当它与土壤、气候相关不密切时，甚至出现错误。此外，有些学者还认为利用地形因子作为分类依据，有时会掩盖某些立地类型形成的本质原因，不利于正确制定营林措施。

③土壤与林木生长方法　在相对一致的气候条件下，土壤对森林生产力具有决定性的直接的影响，常被作为立地类型划分的最重要的依据。土壤—立地关系研究方法近年来在世界各国都得到了发展，它将环境因子途径与植被因子途径结合起来，通过立地因子与地位指数的关系，建立多元回归方程，进行立地质量评价和立地类型划分。这种技术在森林植被稀少或缺乏的地区，营建大面积人工林是非常有用的。

(3) 综合多因子途径　从世界规模来看，目前应用最为广泛的森林立地分类途径还是综合多因子途径，即通过对气候、地形、土壤、植被的综合研究，划分立地类型或立地单元。在综合途径中，还可分为因子路线和景观路线，前者以前苏联乌克兰学派和德国巴登—符腾堡立地分类系统为代表，后者则以加拿大的生物物理分类系统为代表。

7.2.4.2　森林立地分类的依据

森林立地分类系统中，高级单位的划分依据，主要为地貌、水热状况、岩性等。如《中国森林立地》中“森林立地带”的划分，主要依据气候，特别是其中的空气温度（≥10℃日数、≥10℃积温数），还参照地貌、植被、土壤以及其他自然因子的分布状况。对人工林栽培来说，还要考虑到最热月气温（℃）、最冷月气温（℃）、低温平均值（℃）等辅助指标。中国森林立地分类系统的一级区划单位“立地区域”主要依据大尺度地域分异规律，即纬度地带性热力分异，经度地带性干湿分异，大地貌、巨地貌分异以及立地生产潜力和利用改造方向等。

对于基本的立地分类单位其依据主要是地形、土壤、植被、水文等立地因子的差异。

7.2.4.3　森林立地分类系统

森林立地分类系统是指以森林为对象，对其生长的环境进行宏观区划和微观分类的分类方式。一个森林立地分类系统一般由多个（级）分类单元组成。如德国的立地分类系统由4级组成，分别为生长区、生长亚区、立地类型组、立地类型，前两级是宏观区划单位，立地类型则是微观的基本的立地分类单元。

(1) 森林立地分类系统的单位　在建立立地分类系统时均需设立系统的单位。立地分类系统的单位具有两层含义：一是系统划分的分层数或级数，二是各个级别的名称。不同的分类系统，分类的着眼点不一样，相应地形成了不同的分类级数和单位名称。系统的划分级数和级别名称见以下内容。

(2) 中国森林立地分类系统简介　进入20世纪80年代后，我国的立地分类系统应如何建立，曾展开了广泛的讨论，并相继提出了一些分类系统。杉木栽培科研协作组曾于1981年提出过杉木林区立地类型分类系统。周政贤和杨世逸曾就此做了进一步的发挥（1987），强调了地质地貌因子在分类系统中的重要性。

沈国舫、石家琛、徐化成等也曾就此发表了一些看法（1987，1988）。1989 年，以詹昭宁为代表的《中国森林立地分类》编写组在该书中提出了立地分类系统方案，以张万儒和蒋有绪为代表的用材林基地森林立地分类系统研究组于 1990 年提出另一立地分类方案，并在 1997 年出版的《中国森林立地》一书中正式确立了他们的立地分类系统。1993 年杨继镐等人在《太行山适地适树评价》一书中提出了太行山立地类型分类系统。尽管这些系统尚需要在实践中进一步验证，但他们的确做了大量和长期的研究工作，就我国的情况而言，这些立地分类系统是我国目前比较完善的立地分类系统。由于《中国森林立地分类》和《中国森林立地》提出的 2 个系统是全国性分类系统，下面仅就此 2 个系统进行简要介绍。

①《中国森林立地分类》提出的系统　该系统由詹昭宁等人建立，被称为中国森林立地分类系统。

其立地分类的依据主要包括立地基底（母质、母岩）、立地形态结构（大地形地貌、山地、河谷及小地形）、立地表层特征（土壤及其特征）和生物气候条件 4 个方面。

将立地区划和分类单位组成同一分类系统，划分为 6 级，即

立地区域（Site Area）
　立地区（Site Region）
　　立地亚区（Site Sub-Region）
　　　立地类型小区（Site Type District）
　　　　立地类型组（Group of Site Type）
　　　　　立地类型（Site Type）

该系统的前 3 级，即立地区域、立地区、立地亚区是区划单位，后 3 级为分类单位。系统建立者认为这个系统是由森林立地分类本身特点所决定的。森林立地分类中的基本单位是“立地类型”，而立地类型的区域性很强，即某一立地类型只能在某一区域重复出现，而不能在其他区域出现，即使有土壤、地形等形态上完全相同的 2 个立地类型，但由于分布在不同的区域，其高一级的自然地理因素不同，这 2 个立地类型的生产力或森林经营措施和利用改造方向等也不同，所以仍是 2 个不同的立地类型。这与其他一些分类工作中的“类型”不尽相同，如植物分类学中的一个“种”，它可以在很多区域中重复出现，而其“种”不变。同时，根据森林经营特点与经营强度，一般来说立地类型划分不宜过细，等级不宜过多。按照这一分类系统的分类，在全国范围内共划分了 8 个立地区域、50 个立地区、166 个立地亚区、494 个立地类型小区、1 716 个立地类型组、4 463 个立地类型。

②《中国森林立地》提出的系统　该系统由中国林业科学研究院张万儒、蒋有绪等人建立，也被称为中国森林立地分类系统。该系统其高级单位的分类依据为大气候、大地貌和社会经济发展状况；中低级分类单位以地形、土壤、植被、水文等因素为分类依据。

分类系统的单位由包括 0 级在内的 5 个基本级和若干辅助级的形式组成。其

中1、2级为森林立地分类系统的区域分类（regional classification）单元，3、4级为森林立地分类系统的基层分类（local classification）单元。

0级 森林立地区域（Forest Site Region）

1级 森林立地带（Forest Site Zone）

2级 森林立地区（Forest Site Area）；森林立地亚区（Forest Site Sub-area）

3级 森林立地类型区（Forest Site Type District）

森林立地类型亚区（Forest Site Type Sub-district）

森林立地类型组（Forest Site Type Group）

4级 森林立地类型（Forest Site Type）

森林立地变型（Forest Site Type Variety）

该系统把全国共划分成3个立地区域、16个立地带、65个立地区、162个立地亚区。该系统的特点是其第0级区划与中国科学院中国自然地理编辑委员会编著的《中国自然地理总论》中“中国综合地理区划”的第一级区划——三大自然区相一致，其他1、2级则参考中国综合自然区划的成果进行区划，区划单位的依据主要着眼于自然地理环境因素。

7.2.4.4 森林立地类型的划分

森林立地类型是森林立地分类系统中的最基本的分类单位。它的实际含义就是把立地条件相近，具有相同生产力而不相连的地段组合起来，归并成类。森林立地条件类型是造林规划设计最基本的单位，所以在营造林工作中，立地条件类型就显得十分重要。

（1）*立地类型划分的方法* 立地类型划分是营造林工作的基础，所以其划分的准确与否，直接关系是否达到适地适树标准的原则性问题。选择正确的划分方法是类型划分准确的基础。立地类型的划分，可以分为以环境因子为依据的间接方法和以林木的平均生长指标为依据的直接划分方法。由于我国造林区多为无林地带，因此，间接的方法最为常用。

①利用主导环境因子分类 环境决定植被，但在环境因子中，对植被分布、组成和结构等方面起作用的程度不一，特别是在营造林工作中的树种选择方面，有些环境因子起着决定性的作用，有些环境因子起着相对小的作用。那些起决定性作用因素的环境因子就是森林立地主导因子（简称主导因子）。所谓主导因子就是在森林生长发育过程中起决定性作用的环境因子，可能是林木生长的限制性因子，也可能是对光、热、水、气、养分等林木生长所必需的生活因子再分配作用最大。一般而言，在分析立地与林木的关系时，没有可能也没有必要对所有立地因子进行调查分析，只要找出主导因子，就能满足造林树种选择和制定造林技术措施的需要。

由于立地因子千变万化，要找出主导因子，关键是要对具体问题做具体的分析。主导因子可以从2个方面去探索。一方面是逐个分析各环境因子与植物必需的生活因子（光、热、气、水、养分）之间的关系，从分析中找出对生活因子影响面最广、影响程度最大的那些环境因子；另一方面则是找出处于极端状态，有可能成为限制植物生长的那些环境因子，按照一般规律，成为限制因子的多是起主导作用的因子，如干旱、严寒、强风、过大的土壤含盐量等。把这两方面结合起来，从造林地如何保证林木生长所需的光、热、水、养分等生活因子着眼，逐个分析各环境因子的作用程度，注意各因子之间的相互联系，特别注意那些处于极端状态有可能成为限制因子的环境因子，主导因子就不难找出。主导因子的确定可采用定性分析与定量分析相结合的方法，具体方法参见 7.2.3 森林立地质量评价中地位指数的间接评价方法。

在分析主导因子时还需要补充说明两点：一是探索主导因子不能只凭主观分析，而要依靠客观调查，要善于从各环境因子对林木生长影响程度的客观现象中总结出主导因子，对不同生态要求的树种，立地条件中的主导因子是不同的，应分别加以调查和探索；二是主导因子的地位离不开它所处的具体场合，场合变了，主导因子也会发生变化。前面提到的坡向在一些场合下起重要作用，而在另一些场合就没有明显作用了，低纬度地区的平缓坡就是一个例证。所以不能用固定的眼光来看待主导因子。

找到主导因子，就可以对主导因子进行分级、组合，形成不同的立地类型。根据不同气候区立地类型划分的研究结果，主导因子的数量不宜过多，根据所划分区域的大小一般选择 2～4 个为宜。表 7-2 为湖南省杉木协作组对杉木中带东区湘东区幕阜山地亚区的立地条件类型的划分。

表 7-2 杉木中带东区湘东区幕阜山地亚区的立地类型

坡位	坡形	立地类型序号/20 年生杉木优势木平均高（m）		
		薄层黑土	中层黑土	厚层黑土
上部	凸	1/7.71	2/9.70	3/10.59
	直	4/8.40	5/10.39	6/11.28
	凹	7/9.13	8/11.13	9/12.02
中部	凸	10/9.22	11/11.21	12/12.11
	直	13/9.92	14/11.91	15/12.80
	凹	16/10.65	17/12.64	18/13.54
下部	凸	19/8.50	20/10.49	21/11.38
	直	22/9.19	23/11.18	24/12.07
	凹	25/9.92	26/11.91	27/12.81

从表 7-2 可以看出，这种划分方法比较简单，可操作性强，在实际工作中易于掌握；不利的因素是这种方法比较粗放，某些重要的影响因子由于受到因子数的限制可能未被选作主导因子，造成相同类型中林木生长的差异。

②利用生活因子分类　对于所有的生物来说，光、热、气、水、养分是必不可少的环境因子，所以称为生活因子。它们对生物包括林木的作用最大，可以作为划分立地条件类型的依据。但是，从可操作性角度看，只有水、养分因子最具有实际意义。下面以对华北石质山区立地类型划分为例说明（表 7-3）。

表7-3 华北石质山区立地类型

指 标	瘠薄的土壤A（<25cm粗骨土或严重的流失土）	中等的土壤B（20~60cm棕壤或褐色土或深厚的流失土）	肥沃的土壤C（>60cm棕壤或褐土）
极干旱0（旱生植物 覆盖度<60%）	A_0		
干旱1（旱生植物 覆盖度>60%）	A_1	B_1	C_1
适润2（中生植物）		B_2	C_2
湿润3（中生植物，有苔藓类）			C_3

这种方法反映的因子比较全面，类型的生态意义比较明显。但主要缺点是生活因子不易测定，比如表中的水分级很难界定。在立地调查过程中，一次测定代表不了造林地的情况，需要长期定位观测才能够比较客观地反映造林地的水分状况，而且水分和养分受地形的影响较大。另外，不同树种的嗜肥性和喜水性差别很大，很难用统一的标准进行说明；还有为准确测定上述因子，必须布设大量的定位观测点进行长期测定，这在大面积造林调查规划设计中很难执行。

③利用立地指数代替立地类型 用某个树种的立地指数来说明林地的立地条件，具体做法见立地质量的评价。这种方法有如下特点：应用于大面积人工林地区评估立地质量；能够预测未来人工林的生长和产量；编制立地指数类型表外业工作量大；易做到适地适树；某一树种的立地指数类型表仅适用于该调查地区该树种，不同的树种要制作不同的立地指数类型表；立地指数只能说明立地的生长效果，不能说明原因。例如京西山区低山带25年生油松人工林，上层高5m左右的既有阳坡厚土层类型，也有阴坡中土层类型，而这2个类型显然是很不相同的，前者可用栓皮栎替代油松造林，或与之混交，后者则不能这样做。

立地指数法对立地因子进行定量评价，准确地划分立地类型具有十分重要的意义，但要用立地指数完全代替立地类型则是困难的。

7.3 适地适树与树种选择

7.3.1 适地适树

7.3.1.1 适地适树的含义

经过千百万年的不断适应和改变，林木与环境之间已经建立了相互适应的机制，在这个相互适应中，环境起决定性作用；环境决定林木的进化方向，林木在不断地改变着环境。造林工作就是要顺应这种关系，了解“地”（这里即环境）和“树”的特征，使它们达到和谐统一。

所谓的适地适树就是指在造林工作中，努力使造林树种的生物学、生态学特性与立地条件之间达到和谐统一。但在现实中，我们应该正确看待这种适应关系，明白“地”与“树”之间的适应是相对的，既没有绝对的适应，也没有绝对的不适应。明白了这种关系，就可以指导我们在实际工作中，既要充分发挥林木对环境较强的适应性，积极大胆地引进和试验新树种或新品种，也要防止盲目夸大林木的适应性，盲目引进树种或盲目扩大树种的种植范围。

7.3.1.2　适地适树的评价标准

考察造林工作是不是达到适地适树要有一个标准。实际上，要对所有的造林树种在不同的立地条件均制定一个操作性很强的标准，既不可能也没有必要。目前，评价适地适树的标准主要采用通用的定性、定量的评价方法。

（1）定性标准

①成活的标准　指在技术得到的情况下，林木不受任何限制的成活。

②成林的标准　是指到达一定的年龄后，林木如期郁闭。

③成材的标准　是指到达一定年龄后，林木具有正常的高度和粗度。

④稳定性　是指从栽植到主伐更新的时间内，林木不因病虫危害或气候波动的影响而大量死亡。

（2）定量标准

①利用立地指数评价适地适树　立地指数可以作为衡量林木生长状况的指标。采用立地指数评价适地适树时，可根据林学知识和栽培经验确定一个适宜值表示适应性。表7-4用立地指数表示的不同树木的适地适树关系。

表7-4　湖北省桂花林场主要立地因子与杉木、马尾松立地指数的关系（基准年龄20年）

土层厚度（cm）	坡位	树种	土壤质地					
			黏壤、砂壤			中壤、轻壤		
			平、凸	凹	梯田	平、凸	凹	梯田
<40	上、全	杉木	8.89	9.25	10.15	10.07	10.47	11.33
		马尾松	9.86	10.08	10.60	10.56	10.78	11.31
	中、下	杉木	10.04	10.40	11.30	11.22	11.58	12.40
		马尾松	10.55	10.76	11.30	11.25	11.46	12.00
40~80	上、全	杉木	10.25	10.61	11.51	11.46	11.79	12.69
		马尾松	10.67	10.58	11.42	11.37	11.59	12.12
	中、下	杉木	11.46	11.76	12.66	12.58	12.94	13.84
		马尾松	11.36	11.57	12.10	12.06	12.27	12.81
>80	上、全	杉木	11.10	11.46	12.36	12.28	12.64	13.54
		马尾松	11.18	11.39	11.93	11.88	12.09	12.63
	中、下	杉木	12.25	12.61	13.51	13.43	13.79	14.69
		马尾松	11.86	12.07	12.61	12.56	12.78	13.31

引自沈国舫主编《森林培育学》，引用时略有改动。

表7-4说明，在立地质量比较差的情况下，马尾松比杉木的生长量高，说明马尾松比杉木更适应立地条件较差的立地；而杉木却相反，在立地条件较好的条

件下，杉木比马尾松生长更快。但应该指出的是：一方面，上述结论只能说明，对不同立地2个树种相比哪个更适应的问题，不涉及2个树种在何种条件下生长最好。因为任何树种都会在立地条件好的情况下，生长量最大，如表中马尾松在厚层土和凹坡生长明显比薄层土和凸坡生长的好。另一方面，适地适树是相对的，评价某树种是否适地适树，还要考察树种特性和与何种树比较。

②根据平均材积生长量评价适地适树　实际上，评价树木是否达到适地适树，最直接的方法是林木的生产力的指标，因为我们关心的是林木的生长量和林木的蓄积量。表7-5为长春净月潭林场立地生产力预测。

表7-5　长春净月潭林场立地生产力预测

树　种	立　地			
	红松人工林	杨树人工林	樟子松人工林	赤松人工林
平地	3.63	7.41	5.18	6.93
阴坡	3.80	3.68	5.73	4.80
阳坡	2.68	2.85	5.17	8.85

引自尹泰龙，1978。引用时有删改。

采用这种方法可以明确知道不同立地条件下、不同树种的生产力，这样可以在造林中，根据对木材的不同需要，有针对性地选择树种造林。但这种评价方法的缺点是要有足够长的观测时间才能收集到各种树种的生产力资料，对于长寿命树种来说，做到这一点十分不容易。

7.3.2　适地适树的途径和方法

7.3.2.1　适地适树的途径

（1）选择的途径

①选树适地　是指在确定造林地以后，选择合适的树种进行造林。这是最普遍和最多的途径。

②选地适树　是指确定了造林树种，寻找与之相适应的造林地。一般情况下是新树种引进所采取的方法。

（2）改造的途径

①改树适地　是指在树木与立地不相适应的情况下，通过对树木的改造，使之与立地相适应。其中选种、育种途径是利用树木的个体之间的差异性进行杂交或选育等，提高树木的适应性，如抗旱、抗寒、抗盐碱等。引种驯化途径是通过循序渐进的方法及科学锻炼的方法，使林木由适应区逐步向不适应区过渡，如“斯巴达克”锻炼法、米丘林的逐步锻炼法，使苹果向北移了5个纬度。

②改地适树　主要是通过土壤管理措施，改变造林地的某些立地条件，使之与树种相适应。主要的技术措施包括整地、施肥、灌水（排水）等。

在所有的途径中，以改树适地为最主要的途径。

7.3.2.2　研究适地适树的方法

(1) 单因子对比法　在其他各项立地因子相同或相近的情况下，以某单个因子影响林木生长状况的对比方法。

(2) 分立地类型对比方法　首先划分立地条件类型，然后对不同立地条件下生长的林木进行比较和分析，以此确定树木是否适合立地。

(3) 多因子逐步回归的分析方法　如前所述，主要是把立地因子数量化后与林木生长建立起数学模型，用于生长预测和适地适树判断。利用这种方法既可以知道整个立地与树种生长的关系（复相关系数），也可知道某单个因子与树木生长的关系（偏相关系数）。所以，相对来讲，这是一条比较理想的方法。

7.3.3　树种选择的原则与方法

7.3.3.1　树种选择的意义

新中国成立以来，我国的造林成活率大约30%。造成这种结果的原因多种多样，其中树种选择不当就是一个很大的原因。据福建省1993年的调查结果说明，建国以来福建省造林失败的面积中，有大约47.6%是由于树种选择不当造成的。那么，树种选择不当会出现什么样的结果主要有以下几点：

①造林不成活，造成大量的人力、物力和财力的损失；

②成活不成林，除上述的直接经济损失外，间接的损失更大；

③成林不成材，损失是最严重的。

7.3.3.2　造林树种选择的原则

(1) 适地适树的原则　适地适树是林业工作者应该遵循的第一原则。

适地适树的原则，实际上是把林木的生物学、生态学特性与立地条件相协调。这就需要对立地特性和林木的特性作全面的了解。如在干旱瘠薄的立地，绝对不能选择喜水喜肥的树种造林；而在低洼且常有积水的立地，在不进行排水的条件下就不能营造不耐水湿的树种。只有这样，才能达到适地适树，使林分形成相对稳定的生态系统。

(2) 经济性原则　为提高造林者的积极性和经济效益，在树种选择上，应该考虑树种的经济形状。在达到适地适树的基础上，如果有许多树种均适合造林，那么就要根据树种的社会商品价值进行选择；同时，在进行选择时，不仅要看到树种现实价值，还要对市场预测进行必要的了解，对树种的期望值也要进行了解，以利正确选择造林树种。

(3) 生物多样性原则　保护生物多样性是全民的一个共同任务。所以，无论营造何种林种，均要在尽可能的情况下，保持物种的多样性。如营造用材林时，可以考虑进行多树种混交；造林时，在不影响目的树种成活的前提下，可在造林地尽量保持其他植物的种类和数量。这可能会损失一部分目的树种的生长量，但可保持林地的持续性，保持生物的多样性。

另外，还应考虑造林栽培技术的难易程度和栽培历史、苗木来源、是否是乡土树种等。

7.3.3.3 不同林种对造林树种的要求

(1) 用材林对树种的选择

①速生性 人工造林中，对树种速生性的追求是世界性的，发展速生型用材林是当今的发展趋势。在发展速生林方面，有两个成功的范例。一是意大利发展杨树速生林所取得的巨大成功；二是新西兰发展辐射松速生林所取得的巨大成功。目前我国最需要大面积发展人工林，因为中国实行了天然林资源保护工程，而国民经济的迅速发展需要大量的木材。它们之间的矛盾需要人工林来解决。

②丰产性 丰产性是指在采伐时，单位面积的蓄积量高。如天然红松林、云杉林和冷杉林，采伐时每公顷的蓄积量可高达800～1 000m^3。一般情况下林木的速生性和丰产性之间是有关系的，但也有不同。有以下3种情况：

其一，既速生又丰产，大多数树种属于这种情况，如落叶松、杨树、杉木、马尾松、湿地松、火炬松、桉树等。其二，速生不丰产，少数树种单株生长较快，一旦郁闭成林，生长就迅速下降，丰产性差。如泡桐、楝树、旱柳等。其三，丰产不速生，也有很多树种是属于此类。如红松、云杉、冷杉、榉类等，它们成熟后单位面积的蓄积量很大，但需要的时间太长，一般需要100年以上。

③优质性 林木的优质性体现在2个方面：外部形态指标和内部材性特征。

外部形态特征：各种用材种类对林木的外部特征是不一致的。其中以胶合板用材林对树种的要求最突出，如树干通直、圆满、枝下高高、枝下高以下部位无结疤、无虫孔等；而纸浆林相对来说就不需要树干通直、圆满，而要求木材洁白等。在木材的外形指标方面，针叶树比阔叶树有比较大的优势。但并不是所有的阔叶树均是这样，如被称为“伟丈夫”的毛白杨或银白杨，有“才貌双全”之称的楸树以及高大通直的柠檬桉等，均是树木中的佼佼者。

内部材性特征：各材种的要求也不一致，如纸浆材的要求是木质素的含量低一些、木纤维的含量高一些，同时要求纤维的长度和宽度比合适等；而坑木则需要抗压、抗拉、抗冲击、耐腐能力强一些等；家具用材更是需要有美丽的花纹、幽香的气味和耐腐的能力等。所以，对用材林树种的总体要求是速生、丰产、优质。

(2) 经济林对树种的要求 对应于用材林的速生、丰产、优质，经济林对树种的要求是优质、丰产、早实。详细内容，可参考有关书籍。

(3) 防护林对树种的要求 不同的防护林对树种的要求略有差别。

①农田防护林 农田防护林包括两方面的内容，农田林网和农林间作。其主要作用是防止有害风（干热风）和平流层霜害对农作物的影响。对树种的基本要求是：抗风力强、枝繁叶茂；树体高大、寿命长、生长稳定；根系具深根性，侧根相对不发达；经济价值高。

②水土保持林 水土保持林是种植在水土流失严重的地段，对树种的要求是：根系发达，根蘖性强；树冠浓密、落叶丰富、易分解；生长迅速，能够密植；适应性强。

③防风固沙林 防风固沙林是营造在风沙危害严重的地方。对树种的主要要

求是：侧根发达、根蘖性强；耐干旱瘠薄、耐地表高温；耐沙割、沙埋；落叶丰富、易分解。

（4）能源林 能源林对树种的总要求是：生长快、生物量大、木材密度高、热值高、易燃烧；具备萌蘖更新的能力，能适宜干旱贫瘠的立地条件。

目前国外能源林的研究方兴未艾，特别是美国、印度等。瑞典计划在肥沃的土地上，大规模栽植能源林，并逐步关闭核电站，停建水电站。同时，进行了大规模能源林树种试验等。试验结果表明生产 10～12m^3/（hm^2·a）（相当于 4～5t 石油）的木材，各种林木所需的生产周期分别为山毛榉 80 年、云杉 30 年、白桦 20 年、桤木（赤杨）10 年、杨树 8 年、柳树 3～5 年，其中柳树最高可达 30t/（hm^2·a）。美国的试验结果也说明，一般试验树种的干物质生产力是 20～25t/（hm^2·a）。

7.4 密度作用规律

7.4.1 有关密度的概念

林分密度特别是人工林的密度，是人为干扰森林生长发育进程最主要的手段，可以说从森林的起源到采伐均可人为随时控制和调节。所以，美国著名林学家 T. W. 丹尼尔认为，林分密度是评价某一立地生产力仅次于立地质量的第二个重要因子。由于林分密度是林分结构的主要因子，所以可以通过调节林分密度来调节森林的结构，使之发挥更大的功能；另外，了解密度作用规律，可以防止极端化，使造林密度不至于过大或过小，减少不必要的浪费。目前，描述林分密度主要有以下概念。

（1）造林密度 也称初植密度，指单位面积上栽植点或播种穴的数量。通常用单位面积上株数或穴数来计算。

（2）林分密度 也称立木度或经营密度，是指林分的密集程度。用单位面积上活立木的个数表示。

（3）合理密度 是指在一定立地、一定年龄阶段各个树种都有一个最适宜的密度。在该密度下，林木个体与群体的关系比较协调，个体的发育潜力得到充分的发挥，群体的生产力最高。

（4）森林的群体结构 指森林各组成成分在空间（水平方向和垂直方向）上的分布格式，是森林的外部表现形式，包括树种结构、年龄结构、树种分布形式和树种密度等指标。

7.4.2 造林密度的作用规律

7.4.2.1 造林密度对苗木成活的作用

一般来说，造林密度对林木成活无关，但有些为了保证造林一次成功，不再进行补植，适当加大造林密度。这是保证造林一次成功的一种方法，但不是最好的方法。这种方法的前提是有比较充足的苗木来源和低廉的苗木价格。但是，最根本的解决办法是提高苗木质量和栽植、管护质量。

7.4.2.2 造林密度在郁闭成林过程中的作用

林木及时郁闭，是林木顺利战胜杂草、灌木的竞争的有效手段；同时，由于郁闭，林木整体抗御灾害的能力大大提高，对林木生存是有利的，也会更有效地利用空间。一般情况下，略微加大造林密度对林木是有利的，但不能为追求郁闭而盲目扩大造林密度，还要考虑苗木的竞争力、苗木的来源和立地条件。

7.4.2.3 造林密度对林木生长的作用

（1）*造林密度对树高生长的作用* 世界各国在密度对树高的作用方面研究很多。有的研究结果是林木密度越大，树高就越高，而有的相反；还有的研究结果是密度对树高没有影响。现在通过大量的研究表明，密度对树高的作用很小。

耐荫树种的顶端优势不明显，如云杉、冷杉等，在一定范围内，树高有随密度的增大有增加的趋势。这主要是光照的因素。

喜光或顶端优势明显的树种，树高有随密度增大而减小的趋势。主要是由于林木密度大，竞争激烈，分配给每个单株的空间和养分太少，从而影响高度。这类树种如杨树类、柳树类、落叶松类、桉树类等。

在某些极端条件下，密度过大或过小，均使林木高度下降。如干旱、高寒等，只有密度适中树高才最大。

总之，无论是耐荫树种或喜光树种，树高与密度的关系不显著，这也是为什么以林木的上层平均高作为评价立地质量的原因。

（2）*密度对树冠的影响* 不同密度的林分，在其郁闭前，树冠的生长速度基本一致。以后，随林木的生长，密度大的林分郁闭早，树冠过早进入竞争，树冠的生长受到一定的限制，结果是密度大的林分林木的树冠小。而且这种规律是普遍存在的，不受立地条件和年龄的限制。所以，密度与树冠指数（包括冠幅和冠长）的关系是显著负相关。

（3）*密度对直径生长的影响* 密度对直径的影响是通过密度对树冠的影响和对地下部分的影响而实现的，特别是对树冠的作用更大。树木直径与树冠指标呈典型的正相关关系，其相关系数在0.8以上，且这种关系不受树种、时间和立地条件的限制（图7-1）。

所以，密度与直径的关系是：密度越大，林木平均直径就越小，这种关系是直线的正相关关系。用公式表示：

$$D-1=A+BN \quad \text{（称为密度与直径的倒数式）}$$

$$D=KN-a \quad \text{（称为密度与直径的幂指式）}$$

（4）*密度对单株材积的影响* 从公式 $V=\pi f\times H\times R^2$（$f$ 指形数；H 指树高；R 指林木胸高处半径）看出，林木平均单株材积与形数、树高和胸高直径成正比。由于密度对树高基本没有影响，所以平均单株材积的大小与形数和胸径有关。从前述可以看出，密度越大胸径越小，它们是反比关系；但密度越大形数就越大，是正比关系。这样，平均单株材积随密度的变化规律取决于胸径和形数的

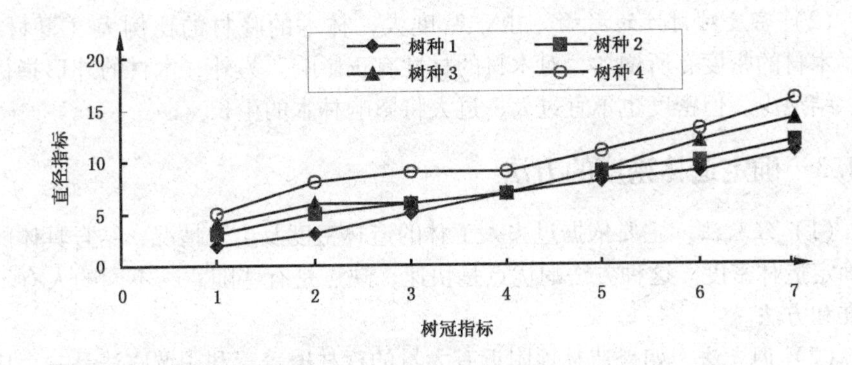

图 7-1 不同树种树冠与直径的关系

随密度变化而变化的梯度。

实际上，形数随密度变化的幅度非常小，以欧洲赤松为例：密度由 2 500 株/hm^2增至 30 000 株/hm^2，增加 11 倍；而形数则由 0.618 增至 0.689，仅提高 11%。所以，平均单株材积随密度变化的规律与胸径相似，即

$1/V = A + BN$ 称为密度与平均单株材积的倒数式

$V = KN - a$ 称为密度与平均单株材积的幂指式

该公式是从农业上引入的，在应用到其他农作物时，发现它具有普遍的适应性。因此，将其应用到林业上，也具有普遍意义。

当式中的 N 接近环境容量时，a 接近于 1.5，即

$V = KN^{-3/2}$ （称为 3/2 乘则）

(5) 密度对木材蓄积量和生物量的影响

①密度对蓄积量的影响 蓄积量（M）是单位面积林木株数（N）和平均单株材积（V）的乘积（$M = N \times V$）。在幼林阶段，由于密度的作用不是很明显，不同密度的 V 相差不大，所以幼林阶段的林木蓄积量的大小取决于密度的大小。在成熟阶段，密度对林木作用越来越大，不同密度的 V 相差很大，蓄积量中 V 的比重也越来越明显。所以，在成熟林阶段，林分蓄积量的大小，取决于林分密度和林木的平均单株材积。

②密度对生物量的影响 在一定密度范围内，任何密度的林分最终的生物产量是基本一致的，产量的高低取决于树种、立地及栽培集约的程度等非密度因素，称为收获密度效果理论或最终产量恒定法则。

7.4.2.4 密度对根系生长和林分稳定性的影响

一般情况下，密度过大，对根系发展具有不利的影响，易使根系发育受阻，造成易倒、易折等自然灾害和病虫害的侵袭；密度过小，林分迟迟不郁闭，易造成大量杂草、灌木滋生，与林木争水争肥等。

7.4.2.5 密度对干形材质的影响

(1) 密度对尖削度的影响 尖削度是指平均单位长度（1m）树干的直径差值（绝对尖削度）。一般来说，树干的尖削度随密度增大而递减，由此提高了树干的圆满度。

（2）密度对材性的影响　由于密度大，林木的晚材的比例大（夏材）。所以，木材的密度有所增加，对木材的材性有正影响。另外，木材的外形指标也较好、结疤少。但密度也不宜过大，过大将影响林木的生长。

7.4.3 确定造林密度的方法

（1）经验法　主要依据过去人工林的造林密度及生长情况，结合具体的实际而确定造林密度。这种方法的优点是快速，缺点是有些随意，不同的人有不同的标准和方法。

（2）调查法　如果造林地附近有大量的森林覆盖，利用调查法是一个比较省力、省时的方法。调查的内容包括：造林密度与郁闭的关系；立地条件与造林密度的关系；密度与生长的关系；密度与间伐开始期的关系等。特别是密度与生长的关系的调查结果，可以对新造林密度有直接的参考作用。

这种方法的缺点是造林地附近必须有大量的有林地存在。

（3）查图表法　我国对有一些树种特别是某些重要的树种已经进行了大量的密度研究，并且研制了密度管理图表，所以这些树种造林时，可以参考密度管理图表。这些树种包括落叶松、杉木、油松等。

（4）试验法　一个新的造林树种的引入或确定不同材种的培育年限与密度的关系，其初植密度的大小应该进行必要的试验（表7-6）。

表7-6　不同初植密度条件下毛白杨的生长结果（河北大名卫东林场，林龄8年生）

株行距 (m×m)	平均树高 (m)	平均胸径 (cm)	平均单株材积 (m^3)	单位面积蓄积 (m^3/hm^2)
2×2	15.29	12.40	0.087 4	211.75
2×2×6[a]	15.55	13.83	0.100 5	125.58
3×3	15.42	13.37	0.089 9	99.88
3×3×6[a]	15.54	17.08	0.149 1	110.44
4×4	15.78	16.64	0.135 7	84.84
3×6	15.55	18.06	0.167 0	92.75
5×5	15.20	19.72	0.191 2	76.46
6×6	15.62	20.92	0.223 8	62.15

注：a. 表示大小行配置，前者为株距2m，小行距2m大行距6m；后者为株距3m，小行距3m大行距6m。

7.4.4 种植点的配置

一定密度的植株在造林地上的分布形式称为种植点的配置。

（1）行状配置　有利于机械化施工，能够充分发挥林木的生长潜力和充分利于空间。其配置主要有：

①正方形　$N=A/a^2$ N是株数；A是造林面积；a是边长。

②长方形　$N=A/(a\times b)$，b 为边长，其他符号的含义同上。利于机械化操作、间作和抚育管理。

③三角形　其中正三角形 $N=A/0.866a^2$。主要用于防护林、水土保持林等。实际上，这种配置方式的树冠发育最好，但定植麻烦。

（2）*群状配置*　也称簇式配置、植生组配置。它是指植株在造林地上不均匀的分布，群内植株的密度较大、群间距离较远。这种方法的优点是能够在杂草丛生的地段，林木很快战胜杂草，另外也可以在寒冷的地段保持林木的稳定生长。同时，该种配置方式也比较省工和使干性不良的树种保持优良的干性。其缺点是不能很好地利于空间和资源，一般是在自然条件恶劣的地段和低价值林改造时采用。

7.5　树种混交理论

自然界中，几乎没有由单个树种组成的林分，均为两个或两个以上树种组成的天然混交林，而且形成的天然林形式多样，有针叶树与针叶树混交林，有针叶树与阔叶树混交林，也有乔木与灌木形成的混交林等。人们在对自然界中的这些形式多样的混交林长期观测和研究中发现，混交林具有比较明显的优势，如生物多样性高、结构比较合理、形成的生态系统稳定等。所以，为使人工林也具有天然林的特点，人们在造林过程中，模拟自然林分，营造混交林。营造人工混交林，其中重要的内容是树种组成问题。

7.5.1　混交林的特点

（1）*林产品的数量和质量*　一般来讲，由于空间利用上和树种间相互促进作用，混交林的生长量高于纯林，即：（A+B）混 > A 混或 B 混，A 纯 > A 混，B 纯 > B 混（A、B 分别代表林分）。

（2）*林分稳定性*　一方面，由于混交林树种相互促进，生长健壮，能够提高抗御病虫害的能力；混交林小气候特征明显，使病虫害失去了大发生的条件；混交林食物丰富，可以吸引大量有益的鸟兽、抗击病虫害的大发生；混交林由不同树种搭配而成，可以形成一定的隔离，防止病虫害的过快蔓延，因此提高了混交林的抗病虫害的能力。如：19 年生油松×蒙古栎混交林，油松毛虫为 4 条/株，而同龄油松纯林油松毛虫则多达51 条/株；20 年生油松×色木混交林，松梢螟危害率为 15%，而同龄油松纯林松梢螟危害率高达 61%。

另一方面，因为混交林的树冠形成复层林，抗风折、雪折的能力提高，进而增强了混交林抗风、霜、雪的能力。

（3）*防火能力*　混交林的优势也较明显，因为混交林枯落物分解速度快，林内湿度大，最高温度低等。

（4）*森林综合效益的发挥*　首先，混交林由于林冠层厚，群体结构复杂。改善小气候的作用明显，环境的保护功能好。其次，由于混交林主要是树种多，枯枝落叶丰富且养分相对平衡，微生物种类丰富，枯落物分解快，表现出明显的改善立地条件的作用。如油松枯落物能够吸收水分达自身重量的150%，而油松×落叶松枯落物能够吸收水分达自身重量的175%。此外，混交林结构复杂、层次分明，景色美丽，具有较高的美学价值和旅游价值。

(5) 造林与营林　营造混交林，目前有些树种已显示出优越性，如华北平原及丘陵贫瘠土壤上的杨树造林，由于树种选择不当或管理不当，造成许多“小老头林”，通过引进刺槐后，可以明显地改善林分状况，促进杨树“返老还童”。

纯林在造林、管理、主伐更新的全过程中，技术较简单统一，而混交林由于树种多，在造林、营林、主伐更新时，需要在树种搭配、混交方法和比例、抚育调节方面花费人力、精力、物力，且技术复杂，所以营造纯林比营造混交林更容易。

从以上几个方面的对比中，可以看出混交林在许多方面均具有优势，所以应积极探索营造混交林的技术和方法。

7.5.2 树种混交的基本理论

7.5.2.1 种间关系的实质

由于树种的特性各异，所以在它们共同的生长过程中，不可避免地产生相互影响、相互作用。这种影响和作用就是树种的种间关系。它们关系的实质是一种生理生态关系，在形式上表现为有利和有害2个方面的关系。

7.5.2.2 树种种间关系的表现形式

树种种间关系的表现形式是指两个或两个以上的树种，通过相互作用对另一方面生长发育及生存所产生的利害关系的具体表现。树种相互作用后，一般会产生如下的结果：

①形成双方有利的树种组合，如杨树×刺槐、油松×侧柏、杉木×马尾松等；

②形成单方有利的树种组合，如榆树×刺槐中对榆树有利，油松×紫穗槐中对油松有利；

③形成一方有利一方有害的树种组合，如加杨×黄栌，其中对加杨有利对黄栌有害；落叶松×水曲柳混栽对水曲柳有利，对落叶松有害；

④形成双方有害的树种组合，如榆树×加杨；

⑤双方无利无害的树种组合；

⑥单方有害的树种组合。

不过，应该清楚的是，树种之间的有害有利的关系是相对的，不是绝对的，这种关系会随时间的变化、立地条件的变化而不同，而且有时会在一定的条件下相互转化。一般来讲，适应性强和生态习性悬殊的树种间进行混交，其有利的一面较多，有害的一面较少。

7.5.2.3 树种种间关系的作用方式

树种种间关系的作用方式是指树种间相互作用、相互影响的具体途径，表现为：

(1) 机械的作用方式（物理的作用方式） 指混交林中林木个体之间相互发生的机械作用，从而造成一个树种对另外一个树种的伤害。具体作用的方式包括：摩擦、撞击、缠绕、绞杀等。一般来讲，这种机械作用对树种关系是负作用，对林分的稳定性不利，但不会产生决定性的影响。在营造人工林时，一般不会出现营造有害树木的情况，主要是林地清理不完整的情况下出现的现象。

具有对林分有绞杀、缠绕作用的木质藤本植物主要有：东北山葡萄、中华猕猴桃、五味子；南方的木本植物主要是马前属、羊蹄甲属的一些种。

(2) 生物的作用方式 是指树种间的根连生、杂交、授粉、共生和寄生而发生的种间关系。如云杉和蒙古栎混交林根连生的现象很普遍；名贵木材树种檀香木，必须与南洋楹、裸花紫珠等寄生，因为它的根尖吸盘吸附在寄主植物上，吸收它们的养分，如用其他寄主，檀香木马上就会死亡。

(3) 生物物理的作用方式 由于树种形成的生物场而使另外一个树种的生长受到影响，生物场包括辐射场、电磁场、热场等。

(4) 生物化学的作用方式 指某树种的地上或地下部分在生命的过程中，不断分泌或发挥某种化学物质，从而影响其他树种，这种作用过去叫异株克生，现在称为他（化）感作用。这些物质包括碳水化合物、醇、醛、有机酸、生物碱、萜类、酚类、维生素、激素、甙、酶等。

目前，资料证明，桃树根系分泌物抑制桃树幼苗的生长，这种物质被证明是扁桃甙-苯甲酸；黑胡桃的叶含有胡桃酮，抑制许多植物生长，其中有美国五针松等；一般的阔叶树均能分泌异戊二烯，如辽东栎分泌该物质的速度是0.3~2.2μg/（g·h）。

(5) 生理生态的作用方式 是指一个树种通过改变小气候和土壤水肥条件而对另外一个树种产生影响的作用方式。生理生态的作用方式是人们能够容易观测到，并且被认为是最主要的种间关系的作用方式，也是营造混交林树种搭配及选择混交方式、比例的主要依据。

7.5.2.4 树种种间关系的主要类型

(1) 混交林中的树种分类

①主要树种 是人们栽培的目的树种，经济价值高或防护性能高，在混交林中数量最多，是优势树种。同一混交林中主要树种一般有1个，有时会有2~3个。

②伴生树种 是在一定时间内与主要树种相伴而生，为其生长创造有利的条件的乔木树种。它属于次要树种、经济价值相对较低，一般为中小乔木。其主要作用是辅佐、护土、改土作用。辅助是指给主要树种造成侧方庇荫，使树木通直、自然整枝良好；护土作用是指以自身的树冠和根系遮蔽地表、固持土壤，减少水分蒸发，防止杂草丛生等；改土作用是指将森林枯落物回归土壤或利用某些树种的生物固氮能力，提高土壤肥力，改善理化性质。伴生树种的作用可有以上三项作用中的任一项或兼而有之。

③灌木树种 是指一定时期与主要树种生长在一起，并为其生长创造有利的条件的灌木树种。灌木树种属次要树种，经济价值高，其主要作用是护土和改土，但在早期也有一定的辅助作用。

(2) 树种的混交类型 所谓混交类型是将主要树种与伴生树种或（和）灌木树种人为搭配而成的不同组合。常见的混交类型主要有以下4种。

①主要树种与主要树种混交（乔木混交类型） 反映两种或两种以上目的树种的混交时的种间关系。主要在立地条件较好的地段应用，同时也要求经营的水平较高。

②主要树种与伴生树种混交 应该认为这是最理想的混交类型，一般形成复层林，主要树种处于第一林冠，伴生树种处于第二林冠，这种组合的林分生产力较高，防护性能好，稳定性强。该类型的矛盾比较缓和，伴生树种多为耐荫的中小乔木，生长较慢，一般不会对主要树种产生威胁，即使种间矛盾变得尖锐时，也比较容易调节，如油松×元宝枫、油松×黄栌。该类型应用于立地条件较好的立地。

③主要树种与灌木树种混交（乔灌混交类型） 这种树种组合，种间的关系缓和，林分稳定，混交初期灌木树种为林木提高较好的条件，使之战胜杂草，主要树种郁闭后，灌木树种逐步退出林分，等林冠疏开后，就又重新生长。如果种间矛盾尖锐后，矛盾易调节。如杨树×紫穗槐、油松×紫穗槐等。该类型一般用于立地较差的地段。

④主要树种、伴生树种和灌木树种混交（综合混交类型） 兼有②、③类型的特点，适应于立地条件较好的地方。如油松×元宝枫×胡枝子等。

7.5.2.5 树种种间关系的发展变化

(1) 树种种间关系随时间变化 一般情况下，树种混交在初期时有利的一面多一些，以后随着树体的不断增加，林木对空间和营养的需要不断增加，就加重了种间的竞争。所以，林木种间关系是随时间发生变化的。

(2) 树种种间关系随立地条件变化 一般情况下，在立地条件好的地方，矛盾也相对较小；而在立地条件差的地方，矛盾就大一些，竞争就激烈。

(3) 树种种间关系随技术措施变化 树种种间关系随混交树种的搭配、混交方法、混交时间不同而不同。如华北石质山区的油松×栓皮栎混交林，采用宽带状混交容易成功，而采取行间或株间混交就易造成油松生长不良而失败；杨树×刺槐混交，一般使杨树处于第一林冠，从而使林分比较稳定。

复习思考题

1. 根据森林的地带性特征可以将森林划分为哪些类型?
2. 如何正确区分和理解天然林、人工林?
3. 如何正确区分立地与生境、立地质量与立地条件的异同?

4. 森林立地分类与评价时采用的立地因子有哪些?
5. 通过实例掌握立地质量评价和立地分类的方法。
6. 何为适地适树? 评价标准有哪些?
7. 适地适树的途径和方法?
8. 举例说明树种选择的意义。
9. 树种选择原则与方法是什么?
10. 造林密度对林分生长发育的作用表现在哪些方面?
11. 从混交林特点出发，论述为何营造混交林?
12. 混交林种间关系的实质与动态变化是什么?

本章可供阅读书目

林学概论. 沈国舫. 中国林业出版社，1989
林学概论. 邹铨，赵惠勋. 东北林业大学出版社，1986
森林培育学. 沈国舫. 中国林业出版社，2001
造林学. 孙时轩. 中国林业出版社，1992

第8章　人工植被调控技术

【**本章提要**】从遗传控制（包括遗传控制技术的内涵，良种化技术）、立地控制（包括造林地的选择、整地、立地管理技术、新材料应用技术）和结构控制（造林密度的确定、种植点配置、混交林营造技术关键、幼林林木管理技术以及林农复合技术等）阐述了人工植被调控技术体系。

随着生态学、遗传学等理论和技术的发展，人们不再是盲目地进行森林的培育与利用，而是有目的地进行定向培育，以满足社会对森林生态和产品的需求。具体地说，可以对人工植被实施较为严格的遗传控制、立地控制，并以多年的研究成果为依据，对人工植被结构进行科学合理的动态调控。

8.1　遗传控制技术

8.1.1　林木遗传控制概说

8.1.1.1　遗传与变异林木的重要属性

常言道，种瓜得瓜、种豆得豆，这种亲本性状在子代中的重复现象，就是遗传。例如，杨树种子培育出来的是杨树，松树种子培育出来的是松树；由树干通直的母树上采集的种子育成的苗木常常也是通直的，由主干扭曲的母树上采集的种子育成的苗木常常也是扭曲的。但是，由同一母树上所采集的种子育成的苗木在形态、结构等方面也不尽相同，并且与母树表现出一定的差异。所谓“一母生九子、九子各不同”，这种亲本和子代以及子代个体之间在各个性状上的差异现象，称为变异。例如，许多广布树种不仅在地理类群之间表现出明显的差异，而且地理类群内个体之间也表现出一定的差异。

遗传和变异既相互对立又相互依存，是物种延续和进化的根本驱动力。通过遗传，各个物种保持自身特有的主要性状，从而使其种群得以延续；通过变异，可使物种产生不同的生态类型，以便适应不断改变着的环境条件。地球上形成生物的初期，只有结构非常简单的细菌、藻类，正是通过漫长的变异与遗传，才形成今天结构复杂、种类繁多的各种生物类群。因此，没有变异，生物界就失去了进化的动力，遗传只能是简单的重复；没有遗传，变异不能积累，变异就失去了意义，生物也不能进化。

变异分为遗传变异和不遗传变异。在遗传育种上，把个体内在的遗传基础称为遗传型（或基因型），个体外在的表现称为表现型（或表型）。只有当遗传基础发生改变时，其相应的性状变异才能遗传给下一代；仅仅性状发生变异而遗传基础保持不变，这样的变异不能遗传给下一代。因为，树木个体的外部表现，既受内在的遗传基础所制约，又受立地环境条件的影响。例如，来自同一对父母双亲的一批种子培育的苗木，如果将一部分栽植在土壤肥沃、管理精细的条件下，另一部分栽植在土壤贫瘠、管理粗放的条件下，几年之后，这些苗木便会表现出明显的差异，如此之变异是由环境条件不同引起的，不会遗传给下一代。也就是说，对遗传型进行选择是有效的，而对表现型的选择是无效的。用简单的公式可将其关系表示为表现型 = 遗传型 + 环境作用。显然，表现型可以通过眼睛判断而获得，而遗传型则不能用眼睛判断来鉴定。因此，鉴别遗传型的优劣，是育种工作者的主要任务之一，为此目的而布设的试验被称为遗传测定。

8.1.1.2 变异是林木的普遍现象

从形态、结构到功能，树木的各种性状普遍存在着不同程度的变异。其中，以形态变异最容易识别，包括树干、枝条、叶片、种子等。在立地条件相似的同龄松树林中，常常可以看到这样的现象：有的高大健壮、通直挺拔，有的矮小纤细、扭曲偏倚；有的树冠宽阔，有的树冠狭窄；有的枝条粗而短，有的细而长；有的枝条分枝角度（枝条与主干的夹角）较大，有的分枝角度较小；每盘轮生枝的数量多的可达 7 ~ 8 条以上，少的只有 2 ~ 3 条。同时，在这些明显的变异之间还有很多中间类型。至于针叶的长度、色泽以及存留年限，球果的大小、形状等，也存在一定的差别。根据树木种内群体之间的形态特征差异，可以划分形态类型（形态型），它们适合于不同的用途。

除了上述形态特征变异外，在物候和生理等方面个体之间也有差别。此外，在眼睛不能判断的性状上，也同样存在差别。美国对火炬松的研究表明，生长在立地相似的同龄林分中，个体之间的木材密度通常相差 0.15 ~ 0.20g/cm^3。这个差别具有重要的经济意义，如密度为 0.37g/cm^3、0.42g/cm^3 和 0.48g/cm^3 的木材，每立方米可分别生产纸浆 160kg、191kg 和 224kg。

上述变异，为林木的遗传改良提供了丰富的物质基础。但必须强调，树木形态、生长等方面的性状，有时是相互关联的，如侧枝纤细的松树，常常分枝角度较大，容易自然整枝，树皮较薄，生长速度可能较快。另一方面，树木的某些性状，尤其是生长量，在早晚龄之间存在着一定的相关性。叶培忠、陈岳武等报道，杉木苗分级造林 16 年生时，6 个级别的生长顺序没有改变，而且 1 ~ 4 年生树高与 16 年生材积秩次相关大于 0.90。马常耕总结了我国水杉的育种成就后指出，水杉生长量早—晚龄相关十分密切，甚至 1 年生时就表现出优良的特性直到 12 ~ 13 年生时仍处于领先地位。Loo（1984）发现，火炬松 2、4、6、8、10 年生与 10 ~ 22 年生木材密度的遗传相关为 0.88 ~ 0.99，认为 2 年生木材密度能预测25龄的木材密度。叶志宏等（1990）对杉木的研究表明，5、10、15年生木材密度与28年生的相关系数分别为0.69、0.86、0.91，管胞长度的相关系数分别为0.72、0.94、0.99。这些特性，给林木优良性状的相关选择和早期选择提供了理论依据。

8.1.1.3 遗传变异与林木育种

遗传、变异、选择是物种进化的3个要素，变异是选择的基础，遗传是选择的结果。所谓林木育种，就是根据这一原理，为某种明确的目标培育栽植材料，如提高产量、改善品质、增强抗逆性和适应能力等。林木育种工作的任务，就在于发现、创造和鉴别变异，选择出优良基因型，并通过有效的繁殖手段使优良性状遗传下来，对现有群体进行遗传改良。林木遗传改良的途径，概括起来包括以下两种途径：一是充分利用现有基因资源，选择优良群体和优良个体，或引进外来的优良树种；二是人工创造育种材料，培育速生、优质、抗逆性强的新品种，如种间和种内不同类型的杂交以及人工诱变育种。换句话说，林木遗传改良的具体方法包括选择、引种和育种。林木基于这些途径，林木遗传改良的基本程序是：发现和创造变异，分离和筛选变异，选出最符合选种要求的变异材料，扩大繁殖使其应用于林业生产。

上述情况表明，育种目标只有满足社会需求，才会具有强大的生命力。但是，过去由于受到森林经营目的制约，林木遗传改良工作多集中在提高木材产量和改善木材品质方面。自20世纪中叶以来，人们对森林资源的利用从单一的木材生产转向发挥森林的多种效益。因此，我国的育种工作必须为建立林业产业体系和生态体系两大目标服务，具体任务包括：提供人工工业林遗传控制技术与理论，为实现定向、速生、丰产、优质、稳定和高效6项目标服务；为非木质产品生产提供遗传品质优良的繁殖材料，提高商品价值以及对市场的适应能力；为荒漠化治理和各种防护林建设提供抗逆性与再生能力强的优良繁殖材料，提高森林生态系统的保护功能、稳定性以及对不良环境条件的适应能力；结合生物技术以及育种学现代理论与技术，缩短育种周期、提高育种效益和可靠性。

8.1.1.4 定向改良与遗传控制

人们一旦掌握了林木遗传变异的基本规律，就可以根据社会需求，对林木进行定向遗传改良和实施较为严格的遗传控制。例如，为了提高森林生产力可以对其生长性状进行改良，其典范是被誉为“林木遗传研究中一场革命”的桉树无性系育种，其无性系林的生产力与未加改良的林分相比翻了一番，使巴西从一个纸浆进口国一跃成为纸浆出口国。其次，杨树的研究也取得了丰硕成果，意大利应用杨树优良无性系培育胶合板材，其种植面积仅占森林总面积的2.5%，却向市场提供50%的木材。国内以杨树育种最能反映定向遗传改良的历史，20世纪60年代以速生为目标，培育的代表性品种（或无性系）有北京杨、群众杨、合作杨等；70年代以速生兼抗病为目标，培育的代表性品种（或无性系）有中林系列和NL系列；80年代以抗病兼速生为目标，培育的代表性品种（或无性系）有毛白杨系列等。除杨树外，有人对柳树育种也进行了比较系统的研究。目前，杨树、杉木、泡桐、刺槐等基本采用优良品种或无性系造林。

我国历来非常重视林木的遗传改良工作。自70年代以来，各地广泛开展了林木种子的遗传改良工作。首先，以选择优良林分为手段来划定或改建母树林，陆续建立起红松、油松、樟子松、马尾松、云南松、刺槐等树种的采种基地。接着，进行了主要树种优树选择和种子园营建技术，为初级种子园、采穗圃的建立提供了宝贵材料，初步扭转了我国种子生产的落后状态。同时，我国各地进行了大规模的种源试验和种子区划试验研究，基本摸清了10多个树种的地理变异规律，为合理调运种子、使用种子提供了科学依据，对选优建园以及制定适合不同树种自身特点的最佳良种繁育体系具有重要意义。这些成就使人工林的营造不仅可以按预定的培育目标和立地条件选择所需要的树种，而且可以选择最适宜的优良种源与品系。例如，工业用材林由于良种控制高度纯化，使木材增益提高到15%~20%以上，轮伐期缩短、经济效益增加，同时可以获得更适于加工工业所要求的规格一致的木材，有利于木材产品的市场竞争，以获得更多的利润。

综上所述，良种生产体系的建立，尤其是无性系育种和无性系林业的发展，为我国林木遗传改良和遗传控制提供了必要的物质条件。因为，与传统的林业相比，无性系林业不再以大量不能确切认识其本性的基因型混合体为营林材料，又不像杨树那样单系利用，而是以对其本性有较好认识的无性系分生林为对象，易于进行遗传控制。

8.1.2 引种

8.1.2.1 引种的意义

在自然条件下，每个树种都有一定的分布范围，当该树种在其自然分布区生长时，称为乡土树种；当将其栽植到自然分布区以外时，该树种就被称为外来树种。引种就是把树木引到它原有天然分布区以外的地方栽培。从广义上讲，引种就是扩大树种的栽培范围和将野生种变为栽培种。驯化具体的定义表示采取各种措施使引进树种能适应于（驯服于）新地区的自然条件并正常生长。虽然说，引种和驯化有时是两个概念，但引种必然要进行驯化，要驯化必先引种。因此，引种和驯化是统一的，引种是驯化的开始，驯化是引种的措施。

引种是林木改良的基本技术之一，是多、快、好、省的育种途径，在丰富树种资源、提供育种原始材料、保护珍稀濒危树种方面也具有重要的意义。首先，引种可提供育种原始材料。通过引种人们可获得所需性状的育种原始材料。例如，美国板栗（*Castanea dentata*）不抗栗疫病，而中国板栗（*C. mollisima*）对栗疫病具有特殊的抗性。美国引进中国板栗与国产板栗进行杂交，获得新品种并挽救了他们的板栗产业。又如，中华猕猴桃于1906年被引进到新西兰，经过几十年的栽培和杂交等育种过程，他们不仅实现了品种化，而且成为世界上主产猕猴桃的国家，并垄断国际市场。其次，通过引种可以丰富树种资源。例如，新西兰、澳大利亚、智利、阿根廷等引进辐射松，在长纤维纸浆林及其速生丰产上获得了良好的效果；我国引种的刺槐、紫穗槐、黑荆树、桉树等，已经成为水土保持林、防风固沙林和薪炭林的主要树种；悬铃木、法桐等绿化树种比比皆是，乡土树种银杏、水杉、杉木也被世界各国广泛栽培。此外，引种是保护珍稀濒危树种和开发利用种质资源的手段。通过引种可对珍稀濒危树种遗传资源进行异地保存，也能对某些树种进行异地开发利用，如银杏、银杉、秃杉等。

8.1.2.2 选择外来树种的依据

树木种类繁多，经济价值和生态习性不同，外来树种的选择是引种的首要问题之一。首先，外来树种必须适合引种的目的，即引种地区对树种的要求。例如，是引进育种原始材料，还是为干燥立地引进抗旱造林树种，或为人工工业林引进种植材料。因此，了解树种在原产地的经济性状和生态特性，可作为引进树种筛选的初步标准。其次，必须考虑外来树种适应新环境的可能性，目前公认的原则是生态条件既要相似，但不要求严格一致。主要考虑的生态因子有热量、光照、降水和土壤。

(1) 温度（气温） 极端最高温度和极端最低温度是限制树木分布的主导因子，并确定其水平分布区的南北界限，即北面的低温界限和南面的高温界限，中间地带就是分布区的中心。例如，白桦、云杉的自然分布不达华北平原，是受高温的限制；樟树不过长江，杉木不越淮水，则是受了低温的限制。因为，高温会使树体水分失去平衡，导致生理缺水而生长衰退或死亡；高温也造成呼吸强度大于光合强度，致使树木因“饥饿”而死亡。低温则引起各种生态或生理伤害，或降低树木的生理活性。同时，高温和低温持续的时间也是引种的限制性因子之一，有些树木可忍受-20℃的低温，但-15℃的长期低温却不能忍受。所以，第一步引种最好不要超过临界温度，一般引种的温度幅度不超过10℃。根据计测，由南向北每移动1km，温度下降0.6℃，这一指标可以作为温度变化的参考依据。

树木生长发育还需要一定的热量及其分布，包括年均温度、最热月均温、最冷月均温、有效积温和温周期现象。例如，柑橘完成整个生长发育需要的有效积温是4 000~4 500℃，而椰子为5 000℃以上。此外，有些树种要求一定的持续低温，即只有经过春化作用才能有营养生长转入生殖生长。

(2) 光照（日照） 光照长度、光照强度、光谱成分和光周期等对树木的发芽、生长、开花、结实均有直接影响。根据树种对光照长度的要求可将其划分为长日照、短日照和日中性三类。原产赤道附近的树种多数是短日照类型，北纬60°以北地区生长的树种多数是长日照类型，北纬60°以南地区长日照和短日照树种均能生长。我国广大地区属于后一种情况，因此南北树种相互引进的可能性很大。

南树北移由于生长季节内的日照时间加长，造成生长期延长、无休眠准备，影响枝条封顶和促进秋梢生长，从而消耗体内营养，导致抗逆性下降、无抗寒能力，常受早霜危害。北树南移由于生长季节的日照缩短，促使枝条提前封顶、落叶，缩短了生长期，影响光合产物积累，抑制了正常的生命活动。有时因南方气温还处于高温、高湿状态，会造成二次生长受冻而死。

树种不同对光照强度的敏感性也不同，喜光树种和耐荫树种在苗期、开花结实期对光照强度的要求不同。值得注意的是，我国西南高原紫外线强，光线成分（光质）和低海拔完全不同。

(3) 降水与湿度 树木所吸收的水分来源于土壤，土壤水分的主要来源是降水。因此，降水量是决定树种分布、植被类型的限制性因子之一，随着降水量的减少，植被类型由热带雨林、亚热带常绿阔叶林、落叶阔叶林、针叶林到森林草原（稀树草原）、草原、干草原、半荒漠、荒漠。我国降水的分布规律是由东南向西北逐渐减少，自沿海到内陆逐渐减少。但在局部环境中，降水的多少和土壤水分的丰歉没有直接关系，某个树种能否生长取决于局部环境条件。因此，树木引种时要选好小地形，以求得对某种小气候的适应。

雨型（不同季节的降水量大小与分布）也是限制引种的因子之一，一般分为夏雨型（冬季干燥、夏季多雨湿润）、冬雨型（冬季湿润、夏季干燥）。我国大部属于夏雨型（东南沿海及北方大陆），引种地中海地区和美国西海岸冬雨型树种，如油橄榄、海岸松、美国黄松和辐射松等往往不易成功，而引进夏雨型的加勒比松、湿地松生长良好。我国西南属于高原气候、紫外线强，干季（11 月至翌年 6 月旱季）和湿季（7～10 月低温多雨）分明，这和我国其他地区明显不同。

空气湿度对外来树种也有影响，南方树种一般不能忍受和抵抗北方冬季的干旱。根据北京植物园的观察，许多南方树种在北京不是在最冷的时候冻死，而是在初春干风袭击下因生理缺水而干死。黄河流域引种毛竹（南方竹种），凡是湿度大、能灌水的地区都获得了成功，而湿度小、无灌水条件的地方都落叶枯死。

(4) 土壤 一般情况下，土壤 pH 值（酸碱度）和盐分含量对引进树种影响最大（华北黄土碱性至中性、东北黑土中性偏酸、南方红土酸性至中性）。土壤酸碱度决定了植物的分布范围，从而使不同土壤种类发育不同的植被类型。植物对土壤酸碱度的不适应，往往造成生长不良，甚至死亡。例如庐山植物园的土壤 pH 值一般在 4.8～5.0，在建园初期，对土壤酸碱度未加注意，引种了大批中性和偏碱性土壤树种，如白皮松、日本黑松。经过十多年试验，逐步死亡淘汰。又如，茶树是喜酸性的，前苏联在中亚地区搞了 80 多年的茶树引种都失败了，因为中亚地区大多是灰壤，碳酸钙含量很高，极不利于茶树生长。后来把茶树引种到在有庇荫的微酸性坡地，冬季用积雪覆盖防寒才获得成功。所以，北树南移和南树北移土壤酸碱度是必须考虑的因子之一。

我国西北大部为黄土高原和沙荒地区，降水量少、蒸发量大，地下水位深，土壤极为缺水，而低洼处盐渍化。沿海地区多为冲积砂土或壤土，地下水位高，加之海潮渗透，亦存在大片盐碱土。一般引种不易成活，主要耐盐树种有胡杨、柽柳、沙枣（耐 0.5% 盐分），刺槐、紫穗槐、桑、苦楝、乌桕（耐 0.3% 盐分），白蜡、椿树、青杨、柳树、山杨（耐 0.25% 盐分）。

树木吸收土壤中的营养元素与土壤酸碱度关系很大，铁在碱性土壤中不能为树木所吸收。调整土壤酸碱度的主要办法是酸性土壤加施石灰，碱性土壤施用硫酸铵或有机肥等酸性肥料。土壤中缺乏某种元素也会影响树木正常生长，油橄榄在南方某些土壤上因缺硼而变黑，辐射松因缺锌和磷生长不良。

树木的原生境土壤微生物和菌根区系对于引种十分必要，在引种工作中必须注意，施用菌肥可以提高生长量和适应性。

(5) 风 风具有加大蒸腾、降低空气相对湿度的作用，大风影响传粉和结实。例如，巴西橡胶原产赤道附近的高温、高湿的无风环境，与广东、广西沿海一带温度和湿度条件相似，但因台风侵袭致使引种不易成功，而在广西西部和云南南部大陆深处却生长良好。此外，内陆沙荒地区由于风力作用，引起流沙，造成沙埋、曝根等现象，是该地区引种造林的一个重要障碍。

(6) 生物因子 外来树种的病虫害是其中应首先考虑的因子。例如，榆树荷兰病原来主要分布在西欧，现已扩散到中欧和美国；云杉卷叶蛾是由于引种传入美国的，后来形成大面积危害林地。此外，某些树种如松、赤杨等，其根系与菌类形成共生体，成为树木正常生长的必要条件，引种时必须加以考虑。

通过上述生态条件分析，可以将精力集中在少数有希望的树种上。但必须强调，原产地和引种地区生态条件的相似性分析只能作为选择外来树种的重要线索，而不能作为惟一的标准。因为，树木引种成功的可能性不仅取决于现代分布及其相应的生态条件，而且与其历史分布等因素密切相关。

8.1.2.3 引种中应该注意的事项

(1) 引种必须坚持试验，推广要逐步进行 引种是否成功有一定的衡量标准，当外来树种完成一个生命周期以后，可以逐步扩大种植面积，向生产推广过渡。同时，一个树种的推广是多年试验的结果，如果不通过一定时间的试验就推广，势必要冒风险，有时会造成不可挽回的重大损失。一般情况下，应该近区采种、逐步迁移、逐步适应、逐步锻炼、逐步定向选择和培育。

(2) 选择适宜种源或优良个体，提高引种效果 一个树种群体间、个体间存在一定变异，具有适应不同环境条件的能力。对于广布树种，如银杏、水杉、核桃、板栗、桃、葡萄、云南松、马尾松、油松、柏树等而言，不同地理分布的群体和个体之间差异可以达到令人难以置信的程度。因此，比较妥善的做法是先了解地理变异，再在优良种源中作强度选择。

过去，在引种中忽视了种源之间的差异，忽视了种内个体的变异和差异，往往达不到令人满意的效果。引种时选择适宜的种源，可以提高引种成活率、保存率和成功率。

(3) 要选择多种立地条件进行试验 在同一个地区，要选择多种立地条件进行试验，尤其是不同的坡向造成明显的水热差异，对引种成败具有重要影响。众所周知，树木的表现型是基因型和环境互相作用的结果，通过多点试验可以选择出最佳的适生立地环境。因此，“适地适树”原则在外来树种引进中同样适用。

(4) 加强引进种子和苗木的检疫工作 严防带进检疫对象，避免蔓延传播。必须强调，对已经受到检疫对象感染的树种或地区引种时，应该特别慎重。

(5) 最好采用播种育苗 采用播种育苗可利用种子的幼年性、发育阶段低和可塑性，容易驯化和适应。同时，播前可以进行处理、促进早发芽，以便经历低温或适应性锻炼。同时，在有条件的地方，结合引种进行杂交，以提高引进树种的适应性。当外来树种不适应在新地方生长时，可采取与本地品种杂交育种的方法，引入外来基因培育和选择具有杂种优势的杂种群体或优良无性系，从而提高引进树种的适应性和生长量。例如，北方苹果引种到长江以南的高温多雨地区后，病虫害严重，产量低、品质退化。华南农业大学用华农1号（当地品种）与元帅苹果杂交，选育出了狮子山1号，不仅树形矮小、结实早，而且产量高、色泽美观、品种优良、抗性强，适应于南方地区大面积栽培。

此外，通过改善土壤和水肥条件，创造适宜于外来树种生长的环境和栽培措施。

8.1.2.4 引种成功的标准

引种是否成功，主要有以下衡量标准，即与原产地相比较，在引进地区不需要特殊保护措施能正常生长，并开花结实；与原产地相比较，在引进地区没有降低经济价值；在新地区能以原来的繁殖方式进行后代繁殖；没有明显或致命的病虫害发生。

8.1.3 选择育种

8.1.3.1 选择育种的意义

所谓选择育种，简称为选种，就是从林木自然群体（天然有性群体）中挑选符合人们需要的群体、类型或个体，通过繁殖、比较、鉴定和栽培试验，选育出优良群体（无性系或家系）的过程，其最终目标是改良现有群体的遗传结构、提高遗传品质。

选择是一条既简便又行之有效的育种途径，它不仅是独立培育良种的手段，而且是其他育种途径如杂交育种、引种及非常规育种途径（诱变育种、倍性育种、辐射育种、生物技术、体细胞融合和杂交等）中不可缺少的环节。所以，美国著名育种学家布尔班克（Luther Burbank）指出："关于植物改良中任何理想的实现，第一个因素是选择，最后一个因素还是选择。"对于林木来说，自然界蕴藏着丰富的群体和个体变异，选择育种潜力很大。同时，选择育种可以在较短时间内得到人们需要的基因型，比杂交育种所需时间短。因此，选择是林木改良最重要的手段。

通过选择育种不仅可以达到提高木材及非木质产品产量和品质的目的，也可以增强抗逆性提高种群的适应性和稳定性。例如，福建洋口林场选择的杉木优树子代，7年生时单位面积产量可提高20%~30%，最好的可提高30%~40%。广西崇左油桐试验站和广西林业科学研究院选出的17株千年桐优树，8年生时产量比一般高出7倍。

选择育种的方法，按照后代的利用和鉴定情况不同，可分为群体选择和个体选择。群体选择如优良林分和种源选择，个体选择如优树选择；按照繁殖方式不同，可分为无性系选择、家系选择和家系内选择。所选择的材料目的是建立良种生产基地，优良林分可以改建为母树林，优良家系可用于建立种子园，优良无性系用于营建采穗圃。

8.1.3.2 种源选择

同一树种不同产地的种子或其他繁殖材料，被称为不同的种源。由于长期的进化和选择作用，不同种源在同一地方以及同一种源在不同地方的生长和适应性是不相同的。例如，樟子松种源可分为红花尔基、大兴安岭和章古台3个，在章古台地区章古台种源表现最好。这种将同一树种不同的种源集中在同一地区进行栽培对比试验，称为种源（产地）试验。如果是为某种造林目的选择适宜的种源（或产地），就是种源选择。种源和产地经常混称，但如果采集繁殖材料的地点不属于自然分布区时，应该加以区别。

在种源试验时，往往是将从几十株树上采集的种子混合起来代表一个种源。因此，繁殖的子代只知道来自某一个群体，而不能确知来自该群体的某一个体，这种选择方式称为混合选择。混合选择是林业中应用较为广泛的选种方法，苗圃的间苗、林分的抚育间伐、母树林的去劣疏伐都属于混合选择。种源选择一般属于混合选择，其特点是工序简单、工作量小，对于遗传力较高的性状在变异大的情况下，可以得到较好的选择效果。

（1）*种源试验的意义* 种源选择是最早受到重视的树种改良方法之一，法国人于1821年开始就对欧洲赤松进行试验。我国先后对马尾松、杉木、油松、樟子松、侧柏、落叶松、白榆以及外来树种湿地松、火炬松等进行过试验，对这些树种的发展提供了极其重要的理论依据。归纳起来，种源试验的目的主要包括3个方面：一是在理论上研究树种的地理变异规律，阐明其变异模式，变异与生态环境以及进化因素的关系；二是从生产实践考虑，为各个造林地区选择适宜的种源，并为种子调拨区划提供科学依据；三是为今后进一步开展选择育种、杂交育种提供繁殖材料和数据。这3个方面相互联系，但就当前林业生产实践来说，选择最佳种源和制定种子区划方案更为重要。

由于种源试验与林业生产密切相关，因此世界各地对其进行了持久而广泛的研究。大量试验表明，适宜的种源不仅能够提高单位面积的木材产量和林分稳定性，还可以改善木材品质。例如，湖南太子山林场引进了7个不同地区的马尾松，11年生时最好种源的平均高生长量为当地种源的187%，平均直径为225%。对欧洲赤松和挪威云杉种源研究表明，在13个松树种源中最好的比最差的木材密度大95%，而21个云杉种源之间的差异为12.2%，木材密度还与产地纬度和海拔显著相关。

根据国内外资料报道，适宜种源的增产潜力一般在20%~40%以上，少数增产1~4倍。除此之外，同一树种的不同种源，对温度、湿度，甚至病虫害的抵抗能力等，都可能表现出差异。例如，江苏林业科学研究院等对杉木苗期寒害观测表明，不同种源冻害率差异极显著，总的趋势是南亚热带种源受害最重，中亚热带次之，北亚热带最轻。进一步分析表明，杉木种源苗期受寒害率与产地地理纬度呈负相关。

（2）*种子区区划* 对某个树种不同地点采集的种子进行供应范围的水平或

垂直区划，称为种子区区划。所谓种子区，就是种子区区划的基本单位，也是生产和使用种子的地理单元。现在，许多国家已经划分了种子区，规定了种子调拨范围。例如，瑞典将全国欧洲赤松划分成 12 个区、将欧洲云杉划分成 16 个区。欧洲赤松除南部地区可略向北调运外，原则上在本区供应，或由北稍向南调运，但欧洲云杉却允许在全国范围内由各区稍向北调运。这些规定，都是根据种源试验结果做出的。目前，我国正在组织力量对主要造林树种进行区划工作。在种源试验尚未全部完成以前，区划种子区或确定种子调拨范围时，可根据气候、土壤等生态条件分析进行，其指导思想是造林采用当地种源或邻近种源。这是由于当地种源不一定生长量大，但适应性最强、稳定性最好。

(3) 种源试验的若干趋势

①南-北或冷-热趋势　北温带的树种大多做过种源试验，许多树种具有某些共同的趋势。其中，多数树种南北调运时都明显地表现出下列倾向：同一树种的南方种源通常比北方种源生长快；春季发叶较晚，受晚霜危害较轻；秋季落叶较晚，生长时间较长，易受早霜危害。但是，这种倾向不能当作绝对规律，必须从实际试验中收集数据、分析变异规律。

②干-湿趋势　与干旱地区调进的种苗相比，由湿润地区调进的则生长较快、种子小、根系较浅，且枝叶更绿。

③高-低海拔的趋势　垂直高度相差 1 km 而产生的气候变化，往往相当于水平距离几百公里的变化。从理论上讲，不同高度的种群之间应该存在差异。但是，分布在同一座山体不同垂直高度的种群之间，由于花粉传播容易，基因交换频率要比水平相距几百公里种群间的高得多。由于基因的不断交换，阻止了高、低海拔种群之间发生遗传变异。所以，从陡峭地区取样试验，往往看不到高、低海拔种源之间的差异。

④连续变异和不连续变异　如果树种的分布是连续的，则其遗传变异类型多数也是连续的，形成渐变群（遗传性状逐渐变异或连续变异的种群）。如果树种的分布间断，则倾向于发生不连续的遗传变异类型，形成小种。

⑤随机地理变异　南-北、干-湿之间的变异趋势，只能在两地相距几百公里以上，且生态条件差异明显的情况下才能表现出来。当树种分布范围较小时，尤其是气候条件变化不大的情况下，往往只能看到不大的地理差别。在这种情况下，一般不能观察出遗传变异与环境之间的关系。

(4) 种源试验步骤与注意事项

种源试验的步骤：①确定采种地点，并进行采种；②进行苗期试验，目的是确定各个种源在苗期的差异，并为造林试验培育所需苗木；③进行造林试验，主要目的是观察不同种源的生长状况和适应性等；④进行试验结果分析，为试验区选择适宜的种源。根据试验步骤和采种范围，种源试验一般分为两类：全面种源试验，或称为全分布区试验；局部种源试验，或称为局部分布区试验。

所谓全面试验，就是从全分布区采种，试验的目的是确定分布区内各种群之间的变异模式。根据试验树种的地理分布特征等，一般选用 10 ~ 30 个种源。通过全面试验，希望为造林试验点所代表的地区选择较好的种源，试验期限较短，一般为1/2～1/4轮伐期。所谓局部试验，一般是在全面试验的基础上进行，是全分布区试验的继续，其目的是为造林试验点所代表的地区寻找最佳的种源。由于对该树种的变异模式已经有所了解，因此供试种源可比全面试验少，试验期限较长，一般为轮伐期的1/2。如果对试验树种的地理变异模式已经有所了解，这两个阶段可适当调整，在广泛采种的同时，对有希望的地区进行较为密集的采种，以便缩短试验时间。

种源试验是一种混合选择，要做到具有代表性和可比性，必须注意以下几个问题：

①采种点和造林试验点应该具有代表性。一个试验中不可能包括一个树种分布区内的所有林分，也不可能布置过多的造林试验点。由于试验规模过大，必然要投入更多的人力和财力。因此，为了提高试验效果，采种点必须能够代表林区的基本情况，试验点必须能够代表造林地区的生态条件。这样，试验的结果可以直接应用于生产实践。

②要保持各个采种林分和采种树的可比性。首先，采种林分最好是天然起源，林分组成和结构要比较一致，密度不能过低，以保证异花授粉。其次，采种林分应该达到结实盛期，生产力较高，周围没有低劣的林分和林缘木。此外，采种林分要达到一定的面积，以保证今后生产用种的供应。采种树一般不少于20株，采种树之间的距离不小于树高的5倍，以便减少子代的亲缘关系。

③育苗造林时要严防混杂，抚育管理措施必须一致。同时，试验要有科学的设计和统计分析方法。

8.1.3.3 优树选择

优树，也称正号树（plus－tree 或 superior tree），是指在一些主要性状（如生长、形质、抗性和适应性等方面）上远远超过同等立地条件下同种、同龄树木的单株。优树选择，是根据选择标准，按照表型进行一株一株地挑选、评比。从中选的优树或优株上采种（采穗或采根）育苗，进行遗传测定以评价遗传品质的优劣，并根据遗传品质对其亲本进行再选择。因此，这种方法是谱系清楚的单株选择，改良效果较好，特别是当优树环境复杂多变、性状遗传力不高的情况下更是如此。

建立种子园或采穗圃，繁育良种用于造林和栽植的过程。优树选择亦称优株选择、单株选择或选优，属于表型选择和人工选择。对于有性繁殖情况下的优树选择也属于混合选择，对于无性繁殖情况下的优树选择属于单株选择。

（1）*优树选择林分条件* 对于用材树种，为使选择出来的优树尽可能具有优良的遗传基础，必须考虑如下林分条件：

①林分起源要清楚，必须是实生起源。如果林分内属于同一个无性系，由于遗传基础一致，因此选择无效，除非无性系内发生基因突变。

②选优林分的年龄，一般在1/3轮伐期以上。如果林分的年龄过小，树木的许多性状往往不能充分表现出来，选择的可靠性较差。

③经过“拔大毛”的林分不宜选择；林相要整齐，郁闭度在0.6以上，以免因光照条件不同造成的林木生长差异。对于林缘木、孤立木的选择要慎重。

④一般认为，树木的生长特性只有在立地条件较好的地方才能充分表现出来。因此，一般应在立地较好的林分中选择，如Ⅰ、Ⅱ地位级。但是，在立地较差的林分中，如果有突出的优树也不该遗漏。因为，它们的适应性已经得到了验证，完全可用于贫瘠和立地条件较差的地区造林或栽植。此外，在特别优异立地林分中选择的优树，不宜供应立地较差的地方造林之用。

⑤确定选优林分时，应该和种子园、采穗圃建设以及生产种子的供应范围等联系起来。一般情况下，应该在中心分布区多选。

（2）优树选择标准　优树的标准因树种、育种目标、当地需求不同而异。用材林树种一般以生长量、材质（抗压、抗弯、翘裂指标）、形质指标（干形、通直度、木材纤维长度、木素含量等）和抗性（抗病虫能力、适应性大小等）为目标；经济林树种以经济性状的产量、含量、品质和抗性（抗病虫能力、适应性大小等）为育种目标。

用材林树种的优树标准包括数量指标和形质指标，其中，数量指标主要指速生性的具体数量标准，如高、径和材积生长量以及形数等。形质（形态与质量）指标，一般包括树干通直度、圆满度，单主干性，顶端优势明显；树冠较窄，冠幅不超过树高1/3～1/4；树冠尖塔形、圆锥形、长卵形，自然整枝（疏枝）良好，枝下高不小于树高1/3，无大的死节，侧枝较细；树皮较薄，纹理通直，无扭曲；生长长势健壮，无病虫危害。

经济林树种的优树标准包括：①数量指标，主要包括单位面积产量、含量、品质的具体数量标准，因树种而异。②形质指标，一般要求树势旺盛，树体匀称，树冠开张，结实空间大；大小年现象弱，产量高而稳定，结果多，果实大小与树冠分布均匀；无病虫危害，抗性强，适应性好；林分为实生壮龄林；具有某些特殊的性状，如结果早、成熟期特早和特晚，色泽特异等。

（3）用材林优树的评选方法　优树评选实际上属于多性状选择，通常采用评分法或独立标准法。具体包括以下几种：

①优势木对比法　在符合形质指标要求的前提下，先选出生长量最大的候选树，并以候选树为中心，在立地条件相对一致的10～20m半径范围内（至少包括30株以上树木）选出仅次于候选树的优势木3～5株，实测、计算其平均树高、胸径和材积，将其结果与候选木进行比较，如果候选树的生长指标达到要求即可入选，并填写优树登记表各项内容和要求、照相和采集标本。该方法在人工林和树龄较为一致的天然林中广泛采用，简便易行。

②小标准地法　以候选树为中心，逐步向四周展开设置样地，在坡地样地可呈椭圆形，长轴平行于水平方向，面积为200～700m^2。然后，实测30～50株以上树木的胸径、树高，求出材积，并把候选树与平均值比较，超过标准者入选。测量的株数愈多，愈精确，但工作量愈大。

③绝对值法　在实际工作中，常遇到候选树周围都是被压木或选择在异龄混

交林、四旁中进行，无法确立对比木，这时可采用绝对值法，即根据生长量、形数大小的绝对值进行选择。

④独立标准法　对所选择的性状都规定一个最低标准，只要有一个性状不能达到标准，不论其他性状如何优越，都不能入选。用材树种经常采用年均树高生长量、年均胸径生长量、侧枝的粗细、分枝角度、干形、形率等指标。

⑤评分法　就是对选择性状的表型值（表现型值）划分成不同的级别，并根据性状的相对重要性给予权重，累加各性状的得分（评分）就可以对选择对象作出总的评价，达到一定标准即可入选。

8.1.3.4 无性系与家系选择

（1）无性系选择　所谓无性系，是指由一株树木通过无性繁殖，如扦插、嫁接、组培、压条、分根产生的所有植株的总称。繁殖形成无性系的最初那株树木，被称为无性系原株（ortets）；由它繁殖出来的每一个体，称为无性系分株(ramets)。

无性系选择，就是将挑选出来的优良单株繁殖成无性系，并通过无性系测定对其进行选择的过程。无性系选择最大的优点就是可以完全继承原株的优良特性；无性系林产品规格一致，便于经营管理和收获。对于经济林树种来说，还可以促进早开花结实。此外，相对于有性选择（如家系）而言，无性系选择方法简便、育种周期较短、单位时间遗传增益高。因此，无性系选择和栽培迅速发展。例如，目前生产中大量推广的桉树、杨树等阔叶树种等，大多数都是通过人工选择和测定培育出来的。在针叶树中，日本柳杉的无性系选择和造林已经有上百年的时间，我国南方的杉木无性系造林也有悠久的历史。近年来，我国开展无性系选择的用材林树种主要有杨树、柳树、水杉等；经济林树种主要有油茶、油桐、核桃、板栗、漆树、乌桕等。可以预见，随着无性繁殖技术的提高，无性系选择的应用将会越来越广泛。

过去，无性系选择通常只适用于能够进行大量扦插繁殖的树种，尤其是某些阔叶树种，或易于进行嫁接繁殖的经济林树种。但是，世界各地正在研究云杉、松树的无性系选择问题，将有家系选择和无性系选择结合起来，它不仅有可能解决种子园结实量低的问题，而且会缩短育种周期。也就是说，这种方法是在最优家系中再作无性系选择。那么，首先要培育各个家系的杂种苗，并对其进行遗传测定；对于挑选出来的优良家系中的优良单株，培育成无性系，再作无性系测定。这样，可以缩短等待结实再建立种子园的漫长过程。

（2）无性系测定　无性系测定就是在相同立地条件下，对入选优树的无性系进行比较试验，根据主要性状的表现对其基因型的优劣及优良性状的遗传能力作出评价，达到留优去劣之目的。同时，通过无性系测定还可以为生产提供优良种条，并为优良无性系的推广提供育苗、造林及抚育管理的技术措施。因此，无性系测定是无性系育种的一个重要环节。

无性系测定可分为苗期测定和林期测定，测定对象是来自优树的无性繁殖苗木。苗期测定的目的是对基因型优劣及原株优良性状在无性繁殖（无性系）中的重演能力做出早期评价，初步筛选出优良无性系。苗期是无性系测定的初始阶段，可结合繁殖无性系苗木在苗圃进行。由于这一阶段需要测定的无性系树木较多，因此一般进行单因子试验，即在相同的环境条件和一致的管理措施下，对选出的无性系进行比较试验。对于用材树种，测定的项目应该包括主干的高生长、主干的顶端生长势、分枝特征、保存率和抗性等。根据测定结果，对无性系的适应性等做出初步评价，并进行第一次筛选。

林期测定是将苗期测定中选的无性系种植材料进行造林试验，对苗期入选的无性系进行进一步的筛选，了解无性系和立地的互作效应，为区域化栽培提供依据。林期测定最好分为 3 个阶段或 3 轮；第 1 阶段是在同一立地上对全部入选无性系进行初次筛选，一般在速生期到来后 2 年即可根据表现做出选择（必须注意，生长力选择既要依据总树高，同时要考虑最近 1 ~ 2 年的生长活力，即年生长量大小）。第 2 阶段试验必须同时在 3 个以上的立地类型上进行，目的是把不同适应型的无性系区分开来，并为相应的立地选择适宜的无性系。第 3 阶段主要测定生产力，检验参试者的株间竞争，以便确定今后采取何种适宜的经营方式。测定时间依据选择性状及其表现特征来确定，每轮（包括苗期到林期的测定）淘汰率约 50%，入选者进入下一轮测定。最后，根据对数量指标和形质指标的观测结果，分析无性系的适应性和稳定性。

（3）家系选择　凡由单株树木所产生的子代，总称为家系；来自相同母本或相同父本的子代，即一个母本与若干父本或一个父本与若干母本所产生的子代，称为半同胞家系；来自相同母本和父本的子代，则称为全同胞家系。所谓家系选择，就是对入选优树的半同胞或全同胞家系分别作遗传测定，并根据子代的性状和平均表现，挑选优良家系、淘汰低劣家系的过程。如果在同一家系内进一步挑选优良个体，称为家系内选择。

家系选择通常用于难以进行无性繁殖的树种，如松树、云杉等。这种选择方式要等待结实，所需时间较长，而且子代分离现象比较明显，比无性系选择难于实施遗传控制。此外，这种选择通过种子园形式实现，但种子园不仅产量低，而且通常具有比较明显的大小年现象。因此，正如前述，对于有望克服无性繁殖困难的树种，将家系选择和无性系选择结合起来，将是今后林木遗传改良的发展方向。

8.1.4 杂交育种

8.1.4.1 杂交育种的意义

对不同基因型的个体进行人工交配，取得杂种，再通过鉴定、选择，以获得优良品种的过程，称为杂交育种。林木的杂交育种，通常指不同树种，或同一树种不同地理小种之间的杂交。根据杂交亲本双方的亲缘关系远近，可分为近缘杂交和远缘杂交。同一树种不同品种或类型之间的杂交，称为近缘杂交；种间或属与属以上的杂交称为远缘杂交。

杂交是引起生物产生变异的主要原因之一。通过杂交得到的杂种，可能会综合双亲的优良性状，同时长势、生产力或抗逆性等方面胜过亲本。杂种的这种优越性，称为杂种优势。杂交育种的目的，就在于获得并利用杂种优势和综合双亲的优良性状。

杂种优势在自然界普遍存在，但并非所有的杂种，或杂种的性状，都表现出优势。因此，不能将杂交育种简单地理解为基因型不同的个体相互授粉，取得杂种便可以获得杂种优势。为了达到杂交育种的目的，要从亲本选择开始，取得杂种只是育种的第一步。对取得的杂种，还必须经过鉴定和选择，最后才能选育出有价值的新品种。

杂交育种是国内外农林业育种中最广泛、成效最显著的育种方式之一。如农业上杂交水稻、杂交玉米等，品种多、产量高。树木杂交育种的历史较短，但林木杂交的优点被普遍重视，所选育的优良品种已经发挥出速生、优质、丰产的作用，尤其是杨树、柳树等。

8.1.4.2 杂交亲本的选择

亲本的选择，包括杂交组合的选择和杂交个体的选择。前者指选择哪些种类（属、种或种内类型）之间进行杂交，后者指选择所确定种类的具体植株进行杂交。杂交通过基因重组，可以出现不同的变异类型。但是，只有选择优良的亲本，才能培育出优良的品种。因此，杂交育种必须重视亲本的选择，具体要求如下。

①亲本具有育种目标所要求的优良性状和特性。例如，育种目标是速生，应选择速生的树种为亲本；如果育种目标是抗旱，则应选择能抗旱的树种为亲本。

②亲本双方的优点多、缺点少，优缺点能够互补，同时不能有共同的缺点。

③地理上相距较远或生态类型不同，它们的遗传基础差异较大，杂种分离将比较丰富，有利于培育成适应性广、生长优势明显的杂种。

④要考虑双亲的可配性，一般种内杂交可配性高，容易成功；种间、属间可配性低，杂交不易成功。

此外，杂交个体的选择原则可参考优树标准。

8.1.4.3 杂交方式

杂交时，供应花粉的植株称为父本，以“♂”表示；接受花粉，产生果实和种子的植株，称为母本，以“♀”表示；父本、母本统称为亲本，以“P”表示；杂交以“×”表示。书写时，母本在前、父本在后。例如，杂交组合小叶杨×黑杨，表示小叶杨为母本、黑杨为父本。由杂交所得种子培育成的植株，称为杂种第一代，用 F_1 表示；由 F_1 所结种子长成的植株，称为杂种第二代，用 F_2 表示。其余依此类推。

根据参与杂交亲本的多少和杂交的次数，可将杂交方式分为以下几种：

（1）单交　指两个亲本之间的杂交，两个亲本可以互为父本或母本，即 A×B 或 B×A。如果认定前者为正交，则后者为反交。由于母本具有较强的遗传优势，因此正交和反交的结果会有所不同。

（2）复交　两个以上亲本进行两次或两次以上的杂交，称为复交。复交可以综合多个亲本的性状。复交又分为多种形式：

①三交　单交所得到的杂种再与第三个亲本进行杂交，即（A×B）×C。

②双交　两个单交所得的杂种之间进行杂交，即（A×B）×（C×D）。

③回交　单交所得到的杂种再与亲本之一进行杂交。具有优良特性的品种，一般第一次杂交时作母本，而在以后各次回交时作父本。

8.1.4.4　杂交技术

（1）了解开花习性　在杂交之前要了解树木开花的年龄、每年开花的时间、花的结构以及授粉方式，如自花授粉或异花授粉等，以便制定适宜的杂交方案。

（2）及时取得花粉　多数树种的花粉，即使在常温条件下也能保持1～2周以上的生活力，但雌花可授期短。因此，在杂交授粉前就应该取得花粉，如果暂时不用，可以保持在低温条件下等待使用。

（3）控制授粉　树木的授粉方式有两种，即切枝杂交和树上杂交。例如，杨树、柳树花期短，可以将带有雌花的枝条剪下来在实验室进行培养杂交；而松树从授粉到结实需要2年的时间，只能在树上进行杂交。同时，为了防止自花授粉或自然杂交，雌花要套袋隔离。如果是雌雄同花或雌雄同株，则必须除去隔离袋内的雄蕊或雄花，即去雄。

（4）精心管理　花期过后，可以除去隔离袋，以利于正常发育。同时，要细心观察，及时防治病虫害，严防人为破坏。杂种成熟前，要及时套上纱布或尼龙袋，以避免混杂。

8.1.5　林木良种繁育基地建设

林木良种基地主要是为林业生产提供通过遗传改良的种子，是林木良种化的必要手段。林木良种繁育基地包括母树林、种子园和采穗圃。母树林由优良林分改造建成，而种子园和采穗圃均由优树繁殖材料建成。

8.1.5.1　母树林

采种母树林简称母树林或种子林，是从现有人工林或天然林中选出优良林分，然后通过改造建成。对于速生树种，也可以采用优良苗木造林建成母树林。虽说母树林的遗传增益不如种子园和采穗圃，但它具有操作简便、投产见效快的特点，仍然是我国林木良种化不可缺少的方式。母树林建设主要包括以下步骤：

（1）优良林分选择　由于优良林分选择是一种群体选择，因此必须注意其结构、年龄、立地条件和组成等。具体要求包括以下内容：

生长状况方面，由于树体的生长状况与种子的遗传品质和播种品质密切相关，只有生长良好的母树，才能产生遗传品质和播种品质优良的种子。因此，母树林应该主要由生长迅速而健壮、树干通直圆满、出材率高的个体组成。也就是说，根据克拉夫特分级标准，母树林Ⅰ级、Ⅱ级木应该占到一定的比例。根据国外的分级标准，母树林中应以优良木为主。当然，其具体标准应根据树种确定。

林分年龄上，要求母树林应该是壮龄林，即将要进入盛果期或者已经进入盛果期的林分，这样才能保证母树林种子的产量和质量。

在气候适宜、土壤肥沃的立地条件下，树木才能生长旺盛、种子产量高、质量优良。因此，良好的立地条件是母树林能否完成生产优质种子的必要保证。

树种组成上要求阔叶树种的母树林可以选择纯林，针叶树种的母树林应该选择混交林，但采种母树至少应占到50%以上。此外，母树林应该地形平缓、交通方便、集中成片。

(2) 母树林区划　对母树林进行区划，主要是设置道路和建立隔离带。建立隔离带是为了防止周围不良个体的花粉传入母树林，降低母树林种子的遗传品质。此外，应该建立母树林的技术档案，观测和记载母树的结实规律及其与经营措施的关系，为进一步提高母树林种子的产量和质量提供依据。

(3) 优良林分改建与经营　将优良林分改建为母树林，并对其进行科学经营，主要目的是促进开花结实，同时提高种子的质量。主要措施包括以下几个方面：

疏伐：疏伐可以改善母树林的光照条件，提高母树的光合效率，扩张树冠、增大营养面积，从而提高种子的产量和质量。伐除的对象主要为被病虫害感染的林木、枯立木、受机械损伤的、发育不正常的、树干弯曲的、双叉木和采过松脂的针叶树等。在不影响郁闭度的前提下，对于生长缓慢、结实量少的林木和非母树树种也应砍伐。但在针阔叶混交林中，在不影响结实时应尽量保留非母树的阔叶树种，以利于提高土壤肥力。疏伐的林分郁闭度保持在0.4～0.6为宜，密度因树种、年龄和立地条件等而异。根据国内外研究，不同年龄时期的株数见表8-1。疏伐的方式一般采用“均匀式”。

表8-1　不同年龄阶段母树保留密度　　株/hm^2

树种	10年	20年	30年	40年	50年	60年	70年	70～120年	备注
日本落叶松	625～800	400～500		100～200		100	100		
日本赤松	625	300		154	100	82	70	70	日本
黑松	1 275	622		240	156	121	100	100	
日本柳杉									
红松	10～20年	20～30年	30～40年	40～60年					中国
	2 000	1 000	700						
桉树	6年	10年	15年						中国
	1 200～1 500	600～900	300～600						
欧洲松		2 000～2 500	1 500～1 700		200～250				前苏联

施肥：施肥主要是提高树体营养水平，促进花芽的分化和结实，减轻结实大小年的间隔现象。施肥还可以促进树冠扩张，增大营养面积。幼林以施氮肥为主，并配以适量的磷肥，这样可以促进林木早花早实；壮龄母树以施用磷肥和钾肥为主，能够提高种子产量、改善种子品质。林木施肥的氮、磷、钾比例和用量也非常重要，过多或过少效果都不好。日本针叶树壮年母树的施肥配方为：氮:磷:钾＝1:2:2，即每公顷施N50～10kg、P_2O_5和K_2O各100～200kg。美国几个

南方松种子园的施肥量按树冠水平面积计算，每平方米48.8g，氮：磷：钾=10：10：10的总量为450kg。英国施肥的配方为氮：磷：钾=2：1：2，即每公顷施N112kg、$P_2O_5$56kg、K_2O112kg。施肥应该在营养生长开始以后进行，这样既能促进开花结实，又不降低营养生长的水平，有利于连年开花结实。

灌水：水分是一切生理不可缺少的成分和介质，干旱不但降低植物的生理机能，而且造成落花落果。灌溉的时间以早春和幼果形成期为主，在种子成熟期间不要灌水。在干旱寒冷地区，冬季灌水不但可以防寒，还能在春季冰雪消融后提高土壤的含水量，有利于母树的生长和开花结实。在无条件灌水的情况下，可以通过整地汇集地表径流，以改善土壤水分状况。

喷洒赤霉素：赤霉素是植物生长的主要激素，只有当其数量超过营养生长需要时，才能转化用于刺激花芽分化。因此，利用外源赤霉素诱导可以促进母树开花结实。但是，赤霉素的效果因树种、喷洒时间以及喷洒剂量等而异，应通过系统的试验来确定具体的技术要素。

母树林的保护包括保护母树和林地两个方面。其一，采种时尽量不要破坏母树，不能在母树林内放牧；其二，保护好林地的枯枝落物，以保证林地养分的正常循环，保持土壤肥力。

8.1.5.2 种子园

种子园是由人工选择的优树无性系或子代家系为材料建成的、以生产遗传品质和播种品质较高的种子为经营目的的种植园；建立种子园是林木遗传改良的一种手段，是选择育种的继续和组成部分，是杂交育种的实际应用。通过隔离，可以杜绝或减少外界花粉的污染，使之能高产稳产地生产遗传品质优良的种子；通过控制交配，可以繁殖人们需要的遗传品质优良的种子，从而走上良种生产专业化和基地化的集约经营道路。保证高产、稳产及便于采收种子，种子园应采取隔离和集约经营措施。建立种子园的工作，是20世纪30年代由丹麦人提出。随后，瑞典、芬兰、美国、日本以及西欧、东欧、澳大利亚等国家和地区相继开展此项工作。我国从1964年开始建立种子园，建园树种包括杉木、落叶松、油松、樟子松、湿地松等。

（1）种子园的种类　种子园的分类有多种方式，可根据繁殖方法分类，也可根据改良程度分类。

根据繁殖方式，可分为无性系种子园和实生种子园。以经过选择的树木个体，通过嫁接、扦插、组织培养等无性繁殖材料建立的种子园，称为无性系种子园；而由优树自由授粉种子或控制授粉种子苗木为材料建立的种子园，称为实生种子园。

根据繁殖材料的改良程度，可分为初级种子园和改建（或改良）种子园。所谓初级种子园，指由优良表现型繁殖材料建立的种子园，包括初级无性系种子园和初级实生种子园。这类优良表现型选自天然林或未经改良的人工林，且建园时繁殖材料未经遗传测定。根据遗传测定结果，经过去劣疏伐的种子园，则称为改建种子园或去劣疏伐种子园。而改良代种子园是指建园繁殖材料的亲代已经过改良，如由初级种子园子代中选择优树建立的第二代种子园，以及更高世代的种子园。

根据经营目的，生产杂种种子的种子园称为杂种种子园。例如，日本落叶松和欧洲落叶松的杂种种子园，生产同一树种不同地理小种杂种的种子园也属此类。

此外，为了提早或促进开花结实，近年来发展了一种室内种子园——塑料大棚种子园。例如，芬兰、加拿大和美国等对桦木、云杉、铁杉等树种都试验建立了这类种子园。芬兰的桦木塑料大棚种子园，通过增温、提高 CO_2 浓度、延长光照和改善营养等途径，由自然条件下需要 10～15 年才能开花结实缩短到 2～3 年。

（2）*种子园的规模* 规模大小是种子园建设中的一个重要问题。种子园建设的面积首先取决于该地区的造林任务和种子需要量，其次是该树种单位面积的种子产量。此外，在确定建园规模时，还必须考虑到大小年现象，对计划应留有适当的调节余地。但是，由于建园时间还不长，因此对不同树种、不同树龄以及不同立地条件和不同经营管理水平下的种子产量还缺乏准确的了解。根据福建洋口林场的经验，杉木 10 年生时进入正常结实，平均亩产种子 5～7.5kg，可供 13.3～20hm^2 造林使用。又据雷州林业局报道，桉树单株每年平均生产种子 0.25～0.5kg，每亩按 20 株计算，则可供造林 26.7～53.3hm^2。

除了上述情况之外，为了提高经营效率和保证种子的遗传品质，种子园应该具有较大的面积并集中连片。我国有关部门规定，生产性种子园面积一般应该在 6.67hm^2 以上。在美国，规定南方松种子园的面积在 4hm^2 以上。

（1）*园址的选择* 种子园地址选择恰当与否，对种子园的产量和质量具有决定性作用。根据生态适应性原则，种子园应建立在适合于该树种生长和发育的生态条件范围内，应选择生态条件有利于大量结实的地区。因此，选择种子园地址时必须考虑气候、地形、土壤以及花粉隔离条件等因素。第一，当气候条件不会成为开花结实的限制性因素时，一般可用该地区选出的优树就地种子园；当选优地区由于温度低从而影响开花结实时，则可以在选优地区的南方或海拔较低的地段建园。第二，宜选择地势平坦、开阔、阳光充足的地段，避免发生冰雹和霜冻侵袭的地段，风口处也不宜建园。第三，要求土层比较深厚、肥力中等，以透气性和排水性都较好的壤质土壤比较理想，土壤酸碱度因树种而异，最好具有灌溉条件。第四，除了气候、地形和土壤条件外，园址的选择尚需考虑花粉隔离问题。为了保证种子园所产种子的遗传品质，应防止园外花粉的传入。理想的种子园应远离同种或近缘树种的林分，否则至少与同种林分保持 300～500m 以上的距离，这一地段称为隔离带。在美国东南部地区，隔离带只允许生长草本或灌木植被，不允许生长乔木，以便促进花粉沉降。

此外，种子园应尽可能营建在交通方便的地方，便于解决劳力和运输问题。对于种子园本身，应该尽量使其呈圆形或方形，可以受外来花粉污染的面积。

（4）*无性系或家系的数量与配置* 林木多属于异花授粉，近交（尤其是自交）会产生不良后果。因此，为了防止近亲繁殖，并拓宽遗传基础，种子园必须拥有足够的无性系或家系。如果没有足够数量的无性系，即使日后有利子代测定数据，也难以进行去劣疏伐。但是，在一个种子园内，究竟应该拥有多少个无性系为好？这取决于许多因素，如树种的传粉距离、花期的同步程度等等。目前，国外初级无性系种子园中一般要求有30~50个无性系，而实生种子园中的家系数量要更大，以便通过高强度的去劣疏伐来提高遗传增益。同样，无性系或家系的配置方式也是影响种子品质的重要因素。一般情况下，无性系或家系配置主要考虑：①同一无性系或同一家系的个体，应该保持最大的间隔距离，以便使自交和近交率降到最低程度。②避免无性系或家系之间的固定邻居，促使种子园内个体能够充分随机授粉，以便拓宽遗传基础。③便于施工和经营管理。目前，虽说已有很多的配置方式，但所有的方式都很难满足上述要求。在我国生产实践中，应用较多的是顺序错位排列法，即把各个无性系或家系按编号顺序排列，当一行完成排列另一行时要错开几个号再顺序配置。这种方式简单易行、管理方便，但具有固定邻居是它的缺点。

除了无性系或家系数量外，栽植密度也影响种子的产量和品质。栽植过稀，在开花初期由于花粉量不足必然影响种子的产量和品质。同时，稀疏的种子同日后无法根据子代测定结果进行去劣疏伐。如果栽植密度过大，不仅建园投资大、所需繁殖材料多，而且也增加了抚育管理的费用。因此，确定适当的密度十分重要。在实践中，种子园初植密度以稍大为宜，具体密度可根据树种特性、立地条件、建园方式等确定，归纳起来主要考虑以下几个方面的因素：①速生树种的密度应小于生长缓慢的树种。②土壤肥沃地段的密度应小于立地条件较差的地段。③无性系种子园的密度小于实生种子园。在我国，各地种子园的株行距大多在4~6m之间。

(5) *提高种子园种子产量和品质的措施* 为了提高种子园种子产量和品质，其措施应该从遗传因素和环境因素两个方面考虑，既要选择好建园的无性系或家系，又要提供最有利于开花结实的环境条件。因此，种子园的管理工作主要内容包括去劣疏伐、花粉管理、土壤管理、树体管理和病虫害防治等。

①去劣疏伐 有的种子园是用未经过遗传测定评价的材料营建的，有的初植密度过大，故种子园的去劣疏伐是种子园管理工作的基本措施。其目的在于：通过去劣疏伐，可确保树木有充足的光照，以满足树冠发育的需求；除去品质低劣的、花期不遇或花量过少以及不健康的植株，以提高种子园的品质。为了做好这一工作，必须对种子园的各个无性系或家系进行开花结实习性观察，并将其与子代测定获得的信息结合起来，通过无性系或家系评价来确定保留和疏伐对象，以提高种子的产量和品质。

②花粉管理 花粉管理的目的主要包括两个方面：第一，防止种子园以外的花粉传入园内，以保证种子园种子的遗传品质；第二，使各个无性系或家系之间能够充分地相互授粉，避免近亲繁殖并拓宽遗传基础。在种子园中，影响不同植株相互授粉的主要因素包括植株之间的距离、主风方向以及花期和花粉量等。具

体的说，相距近，传粉的机率大；处于上风方向的植株，接受下风方位植株花粉的概率小；如果花期不遇，其他条件均有利也无助于传粉。因此，为了达到上述目的，必须注意以下几个方面的问题：选择适宜的园址，增加隔离带距离；使种子园集中连片，增大面积、控制种子园形状；选用花期一致的无性系建园，调节无性系数量，减少自交率；增加花粉产量，采取辅助授粉。

③土壤管理　土壤管理内容主要包括施肥、灌溉、中耕和除草，目的在于改善园地水肥状况、促进树木发育，以提高种子产量和品质，并减轻大小年现象。施肥中必须注意施用时间、用量及比例，以及不同无性系或个体对肥料效应的差异，做到合理施肥。

(6) 无性系收集圃　所谓无性系收集圃，是收集和研究大量无性系的场所，如进行生长、物候观测以及控制受粉试验等。它的经营目的不是生产大量种子，但却能为树种长期改良提供技术和材料支撑，是树木改良不可缺少的组成部分。由于它的经营目的不同于种子生产区，因此营建和管理方式也不同于种子生产区，其特点如下：

①无性系树木要比种子生产区多，在 66.67hm^2 以上的大型种子园中，一般认为应有 200 个以上没有亲缘关系的无性系。

②为了今后基本建设和控制授粉的方便，收集圃中同一无性系植株可成行状或块状栽植在一起。

③收集圃周围不需要隔离带，但应该考虑收集圃花粉对种子生产区的影响。因此，收集圃应该远离种子生产区。

8.1.5.3　采穗圃

采穗圃是提供优质种条（插条或接穗）的主要场所，也是良种繁育的基地。目前我国已经建立了杨树、水杉、杉木等树种的采穗圃，在加速用材树种良种化进程中起到了积极的作用。根据建圃材料是否经过测定，可将采穗圃分为初级采穗圃和改良采穗圃。

优质种条包括遗传品质和种植品质两个方面。种条的遗传品质取决于原株的优良程度，其种植品质（非遗传效应）却取决于繁殖材料的采条技术和生长环境条件。因此，圃地选择和管理是优良无性系选育的一个重要环节。现以杉木为例，简要阐述采穗圃的建立与管理技术。

(1) 圃地选择　圃地应选择在该树种的适生区中心或造林地附近，一方面是为了提高苗木的适应能力，另一方面是为了减少长途运输的损失。

(2) 整地作床　平地南北走向，改善光照条件。同时，施足底肥，保证苗木的养分供应。

(3) 栽植密度　根据树冠大小、产量及质量计算，初植株行距采用（0.4～0.5m）×（0.8～1.0m），随着生长逐步调整到（0.8～1.0m）×（0.8～1.0m）。

(4) 定植配置　一个无性系一个小区，便于采穗和今后的留优去劣工作。

(5) 采穗圃管理　合理施肥（以有机肥为主，配合施用复合肥），干旱季节及时灌水，适当控制采穗圃高度（矮干密植型采穗圃的树高控制在0.5m以下，高干的控制在1.5m以下）。

(6) 培萌措施　首先，栽植时要浅栽高培土，即栽植时苗木根颈处与地面持平，然后培土10cm。对3年生的母株调查表明，浅栽的每株产生萌条86.2根，而深栽5cm以上（即根际入土的深度）的平均仅产生萌条19.5根。培土的目的是为了促进成活，待成活后将培土刨开。其次，压弯母树、截去顶梢，以便抑制顶端优势、促进萌蘖。此外，要及时清理树干上的直立萌条，母树压弯以后，树干上不断地萌发直立枝条，这样会抑制不定根的萌发，因此要及时清理树干上的直立枝条。

(7) 合理取萌　合理取萌包括两个方面的要求，一是一年内分期分批取萌；二是只取根际萌条，防止将树干上的枝条取来扦插带来位置效应。

(8) 科学地确定采穗圃的规模　根据杉木的经验，每667m^2 3年生以上的采穗圃，每年可满足33.3~40hm^2造林所需的种苗。

8.2 立地控制技术

包括造林地的选择、造林地的整理、立地管理技术（锄草、松土、灌溉、施肥）、新材料应用技术（保水剂、地膜覆盖等）。

8.2.1 造林地的选择

在立地类型划分过程中，有些因子对树种选择和林木生长发育没有明显的影响，因此未被考虑，如伐根、土地利用状况、植被覆盖等。但是，这些因子与造林工作能否顺利实施以及造林成本的高低却有很大的关系。所以，在造林规划中必须考虑这些因子。一般将这些因子统称为造林地的环境状况，并根据这些特征将造林地划分成不同的造林地种类，以便与立地类型配合在一起，全面反映造林地的特性。概括地讲，造林地的种类有以下4种。

8.2.1.1 荒山荒地

没有生长过森林植被，或在多年前森林植被遭破坏，已退化为荒山或荒地植被的造林地。荒山荒地是我国面积最大的一类造林地。荒山造林地根据其上植被的不同，可划分为草坡、灌木坡及竹丛地等。

(1) 草坡　荒草坡因植物种类及其总盖度不同而有很大差异。该类造林地在造林时的最大难题是要消灭杂草，特别是根茎性杂草（以禾本科杂草为代表）和根蘖性杂草（以菊科杂草为代表）。荒草植被一般不妨碍种植点配置，因而可以均匀配置造林。

(2) 灌木坡　当荒山造林地上的灌木覆盖度占植被总覆盖度的50%以上时即为灌木坡。灌木坡的立地条件一般比草坡好。造林时的困难主要是要消除大灌木丛对造林苗木的遮光及根系对土壤肥力的竞争作用。因此，与草坡相比，需要加大整地强度。对于易发生水土流失或土壤贫瘠的地区，可适当保留原有灌木以保持水土和改良土壤，其措施如加大行距，减少整地破土面积，减少初植密度等。

（3）竹丛地 具有各种矮小竹种植被的造林地。造林的难点是要不断清除盘根错节的地下茎。小竹再生能力极强，鞭根盘结稠密，清除竹丛要经过炼山及连年割除等工序，还要增加造林初植密度，促使幼林早日郁闭，抑制小竹生长。

（4）荒地 平坦荒地多指不便于农业利用的土地，如沙地、盐碱地、沼泽地、河滩地、海涂等。它们都可以成为单独的造林地种类。造林的特点是：沙地要固持流沙，盐碱地要降低含盐量，沼泽、河滩及海涂地要排水等。因此，这种造林地进行造林比较困难。

8.2.1.2 农耕地、“四旁”地及撂荒地

（1）农耕地 指用于营造农田防护林及林粮间作的造林地种类。农耕地土壤肥厚，条件较好，但坚实的犁底层不利于林木根系的生长，易使林木形成浅根系，容易风倒。因此，在造林时要深耕及大穴栽植。

（2）“四旁”地 “四旁”地是指路旁、水旁、村旁和宅旁植树的造林地。在农村地区，“四旁”地基本上就是农耕地或与农耕地相似的土地，条件较好，其中水旁地有充足的土壤水分供应，条件更好。在城镇地区“四旁”的情况比较复杂，有的可能是好地，有的可能是建筑渣土，有的地方有地下管道及电缆。

（3）撂荒地 停止农业利用一定时期的土地。撂荒地土壤瘠薄，植被稀少，有流失现象，草根盘结度不大。撂荒多年的造林地，植被覆盖度逐渐增大，与荒山荒地的性质类似，应根据具体条件分别对待。

8.2.1.3 采伐迹地和火烧迹地

（1）采伐迹地 森林采伐后腾出的林地。刚采伐的迹地，光照好，土壤疏松湿润，原有林下植被衰退，而喜光性杂草尚未进入，此时人工更新条件最好。采伐迹地的问题是伐根未腐朽，枝桠多，影响种植点的配置和密度安排。此外，集材时机械对林地土壤的破坏也很大，破坏面积高达10%～15%。新采伐迹地若不及时更新，随着时间的推移，喜光杂草会大量侵入，迅速扩张占地，根系盘结度变大，造林地有时存在草甸化和沼泽化的倾向，不利于造林更新，增加整地费用。

（2）火烧迹地 指人为或天然火灾后形成的造林地。许多研究表明，火烧迹地对新植苗木有良好的促进作用，主要原因是火烧使速效养分有比较明显的提高，也减少了病虫害的发生和杂草、灌木的竞争。需要指出的是，如果火烧迹地造林工作不及时进行，迹地有变成荒山草坡或灌木坡的危险，这样就增加了造林施工的难度。

8.2.1.4 已局部更新的迹地、次生林地及林冠下造林地

这类造林地的共同特点是造林地上已经生长有树木，但其数量不足或质量不佳或树木已经衰老，需要补充或更替造林树种。对于局部已经更新的迹地，主要是进行补植；对于次生林通过人工栽植，引进适宜树种进行改造；林冠下造林实际上是进行伐前更新，待更新层生长到需光的时候，伐去上层木即可。

8.2.2 造林地的整地

造林地的整地，又称造林地的整理、造林整地，是造林前清除造林地上的植被或采伐剩余物，并以翻垦土壤为主要内容的一项生产技术。它对于苗木的成活、保存和以后的生长发育都具有深远的影响，特别是在干旱少雨、水土流失严重的北方地区，整地不仅是一项营林措施，也是一项投资少而效果显著的水土保持工程。在我国南方高温多雨、阳光充足的山地，杂草丛生、地上茎叶繁茂、地下根系盘结，是人工造林的主要障碍，也是危害幼林生长的主要劲敌。因此，整地就成为保证造林成活和顺利生长的重要造林技术措施，整地也是我国惟一被广泛应用的技术措施。

8.2.2.1 造林整地的特点和作用

通过造林整地能够清除林地植被、改变微地形、翻动和熟化土壤，从而改善造林地的光热条件和土壤的理化性质，减少杂草和病虫害，提高造林成活率和保存率，促进幼树生长发育，增强林地的水土保持能力。同时，整地后便于造林施工。

（1）改善立地条件

①改善光热条件　清除林地茂密的杂草灌木，可以使阳光直射林地，从而改善造林地光照条件、提高造林地地温，为幼树生长发育创造良好的环境条件。同时，为了使某些耐荫树种的幼苗避免过分的强光照射、保护幼苗免受日灼危害，可以采用局部清理植被的方法，调节造林地的光照。此外，整地还可以通过改变造林地的微地形，增加或减少受光量。如在阳坡上整出局部朝北的反坡，由于改变了光线与地面的夹角，受光状况和热量状况随之改变。

②改善土壤的物理状况，提高土壤蓄水保墒能力　通过整地可以增加土壤的孔隙度、降低密度，因此可以提高土壤的渗水、保水和透气能力，使苗木根系容易穿透。同时，在缺雨干旱的地区，造林整地还可以起到截流的作用，使有限的降水尽可能地集蓄于植树穴内，提高土壤含水量。根据甘肃康乐县试验，与未整地的坡面相比，反坡梯田整地在 20 ~ 30cm 深的土层内含水量提高 4.8% ~ 6.8%；河北怀安县常家沟的试验表明，鱼鳞坑整地的土壤含水量比荒坡增加了 7.8%。

③改善土壤的化学性质，提高土壤养分含量　整地之后，由于土壤通气状况得到改善，因此加速了土壤的物理风化和土壤微生物的活动。这样一来，可以促进土壤中矿质养分的释放和有机质的分解，提高土壤肥力。根据甘肃康乐县林业局测定，反坡梯田整地一年以后，土壤中 N、P、K 的含量比未经整地的荒坡提高了 15.0%、40% 和 70%。同时，经过造林整地，可把表土集中在栽植穴内，造林时将苗木栽植于相对肥沃的表土中，从而促进苗木成活和生长。

④减少杂草、灌木和病虫害　在杂草、灌木茂密的造林地上，除了光照、热量条件较差以外，杂草、灌木对土壤的养分、水分消耗十分严重。尤其是禾本科的杂草根系发达，与苗木争肥、争水，影响和威胁苗木的成活和生长。同时，茂

密的杂草、灌木给许多病虫害创造了大量发生和蔓延的环境条件。通过整地不仅清除了杂草和灌木，破坏了病虫害的正常生活条件，减轻了它们对幼苗的危害，而且也使造林施工得以顺利进行。

（2）*增强水土保持作用* 造林整地不仅能够为苗木的存活和生长创造有利的条件，而且可以在一定程度上提高林地的水土保持能力。整地作为水土保持工程的简易措施，一方面改变了局部地形，减小了地表径流的速度并防止其过分汇集，减轻径流对土壤的冲刷和远距离悬移；另一方面，地形的变化形成了许多蓄积径流的“小水库”，可以分散积聚的径流，增加了径流就地入渗的机会。但是，我们也应该看到，由于整地对土壤进行了翻耕，破坏了林地原有的植被，这些又会加剧水土流失。因此，造林整地除必须采用适宜的方法和注意适宜的破土面比例的同时，还必须保证工程质量，把导致水土流失的可能性降低到最小程度。

（3）*提高造林成活率，促进幼林生长* 经过造林整地以后，林地的水热条件改善、肥力提高，有利于幼苗的成活和生长；水热条件的改善还可以促使苗木早萌动，延长生长期；整地后林地土壤疏松，有利于苗木根系伸展和迅速恢复，提高苗木吸收水分和养分的能力。例如，根据西北农林科技大学在陕西淳化的试验，1988年春季营造的油松人工林，到1989年2月的保存率为69.3%～90%，大大高于没有整地的荒坡造林。

此外，通过整地便于造林施工、提高造林质量。

8.2.2.2 造林地的清理

造林地的清理是在翻耕土壤以前，清除造林地上的植被或采伐剩余物等的过程，主要目的是改善林地的立地条件和卫生状况，并为整地、造林和幼林抚育创造便利条件。

（1）*林地清理的方法* 林地清理的方法有割除（砍伐）、火烧、化学药剂清理、堆积、挖除等多种形式，北方多用割除，南方多见火烧。化学药剂清除是比较先进的方法。

火烧清理是在造林前粗放地割除砍倒天然植被（称为劈山），待其干燥后进行火烧（炼山）的一种方法。关于火烧清理的利弊近年来争论很大。持肯定观点的人认为，火烧具有提高地温、增加土壤灰分含量、消灭病虫害等优点，而且清理林地彻底、省工、便于更新造林作业。但持否定观点的人却认为，火烧清理不利于土壤肥力的提高和保持，降低林地的保水能力，容易引起水土流失，使天敌及其他动物失去栖息的环境，致使某些耐荫树种不易成功的更新。但是，在我国目前的技术经济条件下，还不能完全放弃火烧清理。重要的是掌握火烧技术、放好防火线。

化学清理具有针对性强、清理效果显著、投资少、省工以及不致造成水土流失等优点，但有的化学药剂可能会引起环境污染等问题。化学清理关键是要选择适宜的种类、合适的剂量和喷洒时间。

（2）*林地清理的方式* 林地清理主要有全面清理、带状清理和块状清理等方式，其中全面清理是全部清理天然植被和采伐剩余物的清理方式。清理方法可以采用火烧、割除以及化学药剂清理等方法。带状清理是以种植行为中心，清除两侧植被或采伐剩余物，然后将其堆积成条状的清理方式。清理方法可以采用割除和化学药剂处理等。块状清理是以种植穴为中心，清除其四周植被和采伐剩余物，然后将其归拢成堆的清理方法。这种方法施工不便，生产中应用很少。

8.2.2.3 造林整地的方法

造林整地的方式有全面整地和局部整地2种，其中局部整地又分为带状整地和块状整地。

（1）带状整地　所谓带状整地，是呈长条状翻垦造林地土壤，并在翻垦带间保留一定宽度原有植被的整地方法。带状整地主要用于地势平坦、无风蚀或风蚀轻微的造林地，坡度平缓或坡度虽大但坡面完整、土层深厚的山地或黄土高原。在山地进行带状整地时，带的方向可以沿等高线保持水平。

①水平带整地　为连续的长带状，带面基本与坡面持平。

②水平阶整地　带状，阶面与原坡面水平或者稍向内倾斜成反坡（约5°），阶外缘培修土埂或无埂。

③反坡梯田整地　又称三角形水平沟。为连续的带状，田面向内倾斜成3°～15°反坡，每隔一定的距离修筑土埂，以预防水流汇集。

④水平沟整地　带状，沟面低于坡面且保持水平，构成断面为梯形或矩形的沟壑，沟内每隔一定距离修筑土埂。

⑤撩壕整地　又叫倒壕、抽槽整地。带状，壕沟沟面保持水平。这种整地松土深度大，并挖去心土、回填表土，使肥沃土壤集中在根系附近。

⑥高垄整地　为连续的长条状，通过挖沟作垄或机耕倒垄，垄高出地20～30cm。适用于地下水位较高的低湿地和水位较高的盐渍化滩地，目的在于抬高地面、降低水位和有利于盐分的排洗。

（2）块状整地　块状整地是块状翻耕造林地土壤的整地方法。块状整地灵活性大，可以因地制宜地适于各种条件的造林地，主要应用于地形破碎、水土流失严重的山地和黄土地区。由于这种整地方法破土面小，因此引起水土流失的危险性也小，整地成本较低。但这种方法改善立地条件的效果相对较差。

①穴状整地　为圆形坑穴，穴面与原坡面持平或稍向内倾斜。

②鱼鳞坑整地　近似于半月形的坑穴，坑面低于原坡面。这种整地方法具有一定的防止水土流失作用，广泛用于黄土高原和水土流失严重的土石山地。

③块状整地　为正方形或矩形坑穴，块状穴面与原坡面持平或稍向内侧倾斜。

（3）全面整地　全面整地是全部翻垦造林地全部土壤的整地方法。适用于地势平缓、杂草丛生、土壤板结的宜林地，或确定为发展经济林、特用林的川、塬、台地。有风蚀危害的地方应用此法时，应注意翻耕后镇压措施。

8.2.2.4 造林整地技术规格的确定和整地时间

（1）造林整地技术规格的确定　造林整地技术规格主要指整地的断面形式、深度、宽度、长度以及间距等，确定这些参数的原则是，在自然条件和社会经济条件允许的前提下，力争最大限度地改善立地条件和避免造成不良危害，获得较大的经济效益和生态效益。

单从改善立地条件考虑，半干旱地区整地的主要目的是增强土壤蓄水保土的能力，翻耕土面应该低于原土面或与原土面形成一定的夹角；在水分过剩或地下水位过高的地方，为了排除过多的土壤水分，翻耕土面可以高于原来的土面。以翻耕土面的宽度而言，宽度越大蓄积水分的能力越强，但破土面增大会导致水土流失加剧。

整地的宽度、长度和深度又直接影响苗木根系的伸展情况，因此其原则是整地的大小和深浅以不窝根，并有一定的伸展余地为宜。至于带间距离，也是以最大限度的蓄积降水和减少水土流失为原则，在植被稀少、水土流失严重的地方，带间保留的宽度应该大一些。

（2）整地的时间　根据整地与造林是否同期，可以将整地时间分为随整随造和提前整地。无论采用何种整地方式，人们长期总结的经验是“要使效果好，就要整得早”。

所谓整得早，就是在造林前一年或半年进行整地，至少也要提前一个季节。提前整地使土壤有充分的熟化和蓄积水分的时间，这样造林才会取得良好的效果。根据山西安泽县在1972年春季严重干旱情况下的试验，先一年整地的土壤含水量为13%～15%，油松造林成活率达80%，而随整随造的林地土壤含水量仅为7%～8%，油松造林成活率只有48%。随整随造有时反而会起负面作用，如促使土壤更加干旱，春季造林采用窄缝播种的成活率比随整随造效果好的原因就在于此。但是，并不是说提前整地越早越好，整好的造林地放置时间过长会引起杂草丛生，特别是禾本科植物和蒿类植物的侵入，对于造林非常不利。

除土壤结冻时期外，全年均可整地。伏天整地，由于温度高、杂草种子尚未成熟，杂草翻入地下容易腐烂，而且雨季又即将来临，有利于改良土壤结构、增强蓄水保墒能力，从而提高土壤肥力和消灭杂草。秋季整地，杂草种子可以被埋入土壤，而入土越冻的幼虫被翻到地面，对消灭杂草和害虫都具有很大的意义。同时，经过冬季土壤的冻融交替，使土壤结构得到有效的改善。但在冬季干旱的地区，秋季整地开春后土壤墒情往往得不到显著提高。所以，最好的整地时间是造林前一年的雨季前，可以有效地积蓄降水，在干旱地区尤为重要。

8.2.3　林地管理（幼林抚育）

幼林抚育通常是指在造林后至郁闭前这一段时间里所采取的各种技术措施。幼林期苗木对外界不良因素的抵抗能力差，因此必须创造优越的环境条件来满足幼树对水、肥、气、热、光等的需求，使之迅速生长并达到较高的成活率和保存率、及时郁闭。多年来，我国造林保存率极低，其中最重要的原因之一就是没有重视幼林抚育工作。

至于幼林抚育的技术措施，虽因立地条件和树种的生物学特性不同而异，但总的可以归纳为以下几条：

（1）松土除草 松土除草是幼林抚育的重要措施，特别是在干旱地区松土除草对造林成活率和幼林生长具有重要的意义。松土的目的是减少地表蒸发、保持土壤水分、改善土壤通气状况，从而促进林木根系发育；除草的目的是排除杂草对幼树光照和土壤水分的竞争，因为竞争往往是幼苗生长不良甚至死亡的重要原因。造林后松土除草必须连续进行几年，直到幼林郁闭为止。

（2）整枝和除蘖 幼林整枝是一项改善林木干形、促进生长、减少病虫害发生的抚育措施。一般在造林当年不进行整枝，从第二年开始整枝。整枝必须适度，一般留树冠的2/3，严禁整枝过重。由于过度整枝缩小林木的光合面积，影响树木正常生长发育。此外，有些树种萌蘖能力很强，栽植后常从根基部长出许多萌蘖条，这样对主干生长不利，也不利于抗旱。因此，要及时进行除蘖，并要长期反复进行。

（3）平茬和补植 当幼树的地上部分由于某些原因（干形弯曲、机械损伤、霜冻、病虫害、树干枯死等）而生长不良，丧失培育前途，而且该树种具有萌生能力时，就可以切去幼树上部，促使其产生新的茎枝，这个措施称为平茬。平茬的主要目的是培育良好的主干。平茬也能够促进灌木丛生，使其充分发挥护土作用的手段，平茬可以使新炭林获得更高的生物量。

造林虽然经过整地和认真栽植，但由于春旱、苗木质量等因素，造林后仍然有部分苗木死亡。为了保证一定的造林密度，促使林分整体生长，必须进行补植。补植最好用大苗在当年秋季或者翌年春季进行。

8.2.4 人工幼林的化学抚育

在林业生产中，幼林抚育是一个非常突出的问题。由于目的树种的幼树生长缓慢，它们经常因为杂草和灌木的压抑而生长不良或者死亡。传统的人工抚育劳动强度大、效率低、有效时间短，而且常常因植被破坏而导致水土流失。因此，采用先进的技术来解决幼林抚育问题，在生产中具有重大的意义。

8.2.4.1 杂草、灌木对目的树种的危害

由于灌草的遮蔽致使林地光照减弱，从而降低苗木的光合速率、增加呼吸消耗，不利于光合物质的积累，这对喜光的树种如油松、落叶松、樟子松等影响最大。如落叶松在杂草灌木的郁闭度达到0.4时，树高生长量相当于全光下的61%、地径为65%、冠幅为55%。

杂草和灌木能够影响叶绿素的形成、叶面积和阴生叶与阳生叶的比例，降低光合作用速率和光合作用高峰到来的时间。

枝条比较幼嫩、不易木质化，减弱了抗病和抗寒的能力，因此容易受到真菌的感染或者霜冻。此外，某些杂草和灌木根系分泌有毒物质，抑制目的树种根系的生长发育。

8.2.4.2 幼林化学抚育（除草灭灌）的技术

幼林化学抚育就是使用化学除草剂等消灭或抑制造林地上灌木和杂草的生长，为目的树种创造一个良好的生境条件、促进其内部代谢、充分发挥林木的生

长潜力，代替人工抚育。它包括造林前的林地清理和造林后的选择性灭草除灌。幼林的化学抚育，国外始于20世纪50年代，现已在美国、日本、新西兰和西欧等许多国家广泛使用，并已取得了良好的效果。

(1) 危害杂草、灌木种类（或植被类型）的调查　在确定除草剂配方时，首先要弄清对目的树种造成危害的植物种类或植被类型。由于幼林的抚育不同于苗圃的化学除草，它只是消灭或抑制对造林树种有危害的杂草或灌木，而对那些没有给造林树种带来危害的植被尽量不去干涉它们的生长，以免由于造林地上植被的破坏引起水土流失和增大化学抚育的成本。

(2) 除草剂配方的筛选

①筛选配方的标准　选择的药剂配方要不污染环境，能彻底杀死或在较长时间内抑制灭杀对象的生长优势、降低其叶面积，而对目的树种无药害；配方的价格要低于人工抚育，最多相当于人工抚育；使用方法简单、易于掌握，对人畜安全。选择时要搞清楚药剂的特征和使用方法，最好选择广谱型、药效时间长、具有一定选择性的无公害除草剂。

②施药效果试验　在实验室或者小范围内对筛选的除草剂配方进行除草灭灌效果进行试验，确定用药的配方，即剂量和各种药剂混合使用的可能性。如黑龙江林业科学研究院通过野外试验提出了最佳配方：草甘膦 + 调节磷 + 植物激素(如2，4 - D)，其药效可达2 ~ 3年。

③树木对使用药物的抗性与剂量的反应　树木的抗药性可以分为3种类型：一类为敏感型，如杨树、落叶松等，除了结构特点以外，生理上有一定的原因；另一类是抗性类型，如水曲柳、板栗等，这可能与其体内有降解或解毒的酶类有关；第三类是生长阶段敏感型，高生长结束后抗性就增加，如红松。

至于目的树种对剂量的反应要作认真的调查，尽管施药量越大对灌木和杂草的抑制作用越强，但在过高的情况下，不仅用药成本加大，还会对目的树种造成药害。如使用调节磷来消灭或抑制油松幼林地上的胡枝子、连翘、羊胡子草、铁杆蒿等为主的植被时，经试验2.4kg/hm^2 处理最为理想。

④用药后的变化　用药后一部分植被被杀死或生长受到极大的抑制，而另一部分原来处于劣势的植被会因此而迅速生长起来，使幼林地上的植被发生很大的变化，有时会产生新的危害。例如单独使用调节磷时可使木本植物如胡枝子等明显减少，而蒿类植物却不断增加。

⑤处理方法　对于非目的的大树可对其基部进行环状砍伤，然后将筛选出的药剂喷洒在砍痕处，如20%的调节磷或10%的调节磷。此外，也可以采取茎叶处理，即将药剂喷洒在杂草和灌木的茎叶之上，防除灌木和杂草；或根桩处理，即在伐除以后立即将药剂喷洒早伐桩之上，防除非目的树种。

在幼林化学抚育中，经常用到的除草剂有调节磷和草甘膦，它们首次由美国生产，具有高效、有效期时间长、无公害、无残留毒害等特点，广泛用于林业、经济林、果园除莠。

8.3 结构控制技术

包括确定造林密度的方法、种植点配置、混交林营造技术关键、幼林林木管理技术（修枝、平茬、摘芽、除蘖等）和农林复合经营技术。

8.3.1 密度的控制

人工林的密度包括了2个方面的含义：造林密度（或称初植密度、初始密度），指单位面积造林地上栽植的株数或播种点（穴）数。人工生长过程中的密度，以人工林生长过程中不同时期单位面积上的株数表示。

如前所述，人工林产量的提高有赖于形成合理的群体结构。林分密度是合理结构的数量基础，而且各个时期的密度是由于造林密度通过自然稀疏或人工间伐形成的。因此，造林密度对各个生长时期的密度具有决定性的作用，从而也对林分结构及林分生产力产生显著的影响。但是，造林密度又是一个可以通过人为措施来调节的一个重要因子。通过调节造林密度，不仅可以对林分结构和生产力施加影响，而且能够不同程度地改善林木的干形、材质、林分稳定性及其生态功能。

另外，由于造林密度的大小直接影响到造林用工量和种苗的数量，因此也是构成造林成本的一个重要因素。

8.3.1.1 确定造林密度的原则

确定最适造林密度的理论基础就是密度对林木的各种作用规律。同时必须强调的是，最适造林密度只能是一个范围而不是常数，它随着造林树种、经营目的、立地条件和栽培技术（集约经营程度）不同而变化。

（1）*造林密度与经营目的的关系* 经营目的首先反映在林种上，不同的林种对林分的结构和造林密度有不同的要求。以用材林为例，培育大径级材的应适当稀植，或者先密植然后在培育过程中及时间伐；培育中、小径级材的密度要大一些。对于其他林种，如薪炭林和能源林应适当密植，以获得较高的生物产量；水土保持林也应该适当密植，以便使林分尽快进入郁闭状态，及时发挥其生态功能。

农田防护林要求具有特殊的结构，以期发挥最佳的防护效果，造林密度要根据防护效果来确定。

（2）*造林密度与树种的关系* 由于各个树种的生态学特性不同，它们在生长速度和对光照等条件的要求就不相同，因此在造林密度上也有很大差异。一般来说，喜光树种不耐蔽荫，密度过大会影响生长发育，特别是喜光的速生树种宜稀植，如杨树、落叶松等。但对于某些喜光树种如油松、马尾松在稀植的情况下容易引起树干弯曲和自然整枝不良等问题，因此宜适当密植，但在林分郁闭后应注意及时间伐。树冠庞大的树种，如毛白杨、泡桐等密植会影响生长，而窄冠的树种，如新疆杨、钻天杨等则应密植。

(3) 造林密度与立地条件的关系　立地条件与造林密度的关系比较复杂。从经营的角度出发，立地条件好的造林地主要用于培育大径级材应稀植，而在条件较差的立地上只能培育中、小径级材，所以应适当密植。这样做的另一个原因在于，好立地上的林木生长快，如果密植林分郁闭过早，影响生长；而在较差的立地上，林木生长慢，适当密植有助于早日形成森林环境，提高产量，但必须及时疏伐。

在西北的半湿润、半干旱地区，应适当密植，待林分郁闭后再进行疏伐。但在干旱地区，由于水分严重亏缺，为了保证每株林木有足够的集水面以保证生长，所以造林密度要小。近年来在甘肃、山西等地兴起的“径流林业”就是这方面的典范。

(4) 造林密度与造林技术的关系　改进造林技术一方面可提高造林成活率和保存率，使造林密度最大限度地接近林分郁闭时的密度，这样就无需加大造林密度。另一方面，由于造林技术的加强，可以显著地改善林木的生长环境，促进林分尽快郁闭，造林密度也可以小一些。

(5) 造林密度与经营水平的关系　在经营条件好，但缺材少林、小径级材需要量大、交通方便的地方，如果经济上合算时造林密度应大一些。这样可以在人工林的培育过程中适时适量地进行疏伐，一方面调节林分密度，另一方面可生产当地需要的小径级材。而在经营条件差的地方，由于没有条件或者很难进行疏伐，所以应适当稀植。

另外，在确定造林密度时苗木的成本是一个不可忽视的因素。从经营角度讲，未来人工林的收益应该足以补偿这部分成本。

8.3.1.2　确定造林密度的方法

把上面5个方面的分析综合起来可见，确定造林密度的总原则是某树种在一定的立地条件和栽培技术下，根据经营目的，能取得最大的经济效益、生态效益和社会效益的造林密度，即为应采取的合理造林密度。这个密度应当是在生物学规律控制的最适密度范围之内，而其具体取值应当以能取得最大经济效益来测算。

根据上述原则，在确定具体造林密度时可以采用试验法、调查法以及已有经验。所谓试验法，就是为了掌握同一树种在不同立地条件下或不同树种在同一立地条件下的密度效应规律及其参数而布设专门的试验，并经过统计分析求得适宜密度的过程。所谓调查法，就是针对已有的林分进行广泛调查，并对其生产能力或防护能力进行比较分析，最后得出适宜造林密度的过程。但是，对于大多数树种来说，目前尚未完成密度试验研究，在生产中只能依靠经验和理论分析来确定造林密度。因此，林业部颁发的《造林技术规程》中的主要树种造林密度，可作为主要的经验数据来参考（表8-2）。

表 8-2 主要树种造林密度

树 种	造林密度（株/亩）	树 种	造林密度（株/亩）
马尾松、云南松、红松 华山松、樟子松、油松	222～444	泡桐（速生丰产林）	15 左右
		泡桐（成带造林）	60～111
火炬松、湿地松	95～167	泡桐（农桐间作）	3～6
落叶松	167～333	刺槐	111～333
杉木	111～296	麻栎、栓皮栎	222～444
柳杉	167～444	核桃楸、水曲柳、黄檗	222～333
水杉（用材林）	66～167	樟、香樟、油樟	95～222
水杉（防护林、护岸林带）	133～296	桢楠	167～222
侧柏、柏木、云杉、冷杉	296～444	油茶	60～100
杨树（速生丰产林）	13～111	散生竹	20 左右
杨树（护田林带）	111～333	丛生竹	40 左右

（摘编自《造林技术规程》）

8.3.2 种植点的配置

种植点的配置指栽植点或播种点在造林地上的间距及其排列方式。在密度已经确定的情况下，种植点配置的合理与否对林木的生长发育及林分的结构有着非常重要的影响。配置合理，林木就能够充分利用光能和其他环境资源，保证树冠发育所需的空间，林木之间的关系也就比较协调。另外，种植点的配置方式也和幼林抚育有着密切的关系（尤其是土壤管理）。所以，在造林以前必须合理地确定种植点的配置方式。

一般将种植点配置的方式分为行状和群状（簇式）两大类。

8.3.2.1 行状配置

行状配置是栽植点或种植点分散而有序排列的一种方式。生产上多采用这种方式，因为它可使林木均匀的分布于林地上，有利于林木的均匀发育和抚育管理。行状配置又可分为正方形、长方形、品字形、正三角形等方式。

（1）*正方形配置* 配置时株距与行距相等，相邻植株之间的连线呈正方形。这种配置方式能使树冠发育匀称，利于幼林抚育管理。特别是在平缓地上，当株、行距较大时可允许在相互垂直的两个方向进行机械抚育。经常用于用材林和经济林的营造，每公顷的栽植株数 $=10\ 000/\text{株距}^2$。

（2）*长方形配置* 行距大于株距（但行距与株距的比值一般应小于 2），相邻植株之间的连线呈长方形。这种配置便于抚育管理，也便于间作农作物，常用于用材林的营造。每公顷的栽植株数 $=10\ 000/(\text{株距}\times\text{行距})$。

（3）*品字形配置* 是一种特殊的正方形和长方形配置，即上述两种配置的相邻行的各植株位置错开排列成品字形的一种配置方式。常用于山地水土保持林及防风固沙林。

(4) *正三角形配置* 也要求相邻行植株的位置相互错开，但它们之间的距离均相等，所以行距小于株距。它比上述几种配置方式能更有效地利用林地的营养空间，例如它比正方形配置能提高土地利用率1.55倍。但因定点技术复杂费工，一般仅用于经济林营造。每公顷的栽植株数 = 10 000 × 1.55/株距^2。

8.3.2.2 群状（簇式、植生组）配置

群状配置指植株在造林地上呈不均匀分布，群内植株密集、而群间距离很大。这种配置方式能保证群内植株迅速达到郁闭，特别是在杂草丛生、土壤干旱瘠薄的情况下，对不良环境（如干旱、日灼等）有较强的抵御能力，可以提高造林成活率和保存率。例如，陕北桥山建庄林场在直播和栽植油松时，丛生油松比单株栽植的长势好，高生长平均提高14.3%、地径生长量提高2.2%。

对于群状配置来说，随着林龄的增加，群内会发生明显的林木分化或生长停滞的现象，需要人为及时的定株或疏伐。因此，这种方式适于较差的立地条件及幼年较耐荫、生长慢的树种。

群状配置的主要方式有大穴密植、多穴簇植、块状密植等。群间的排列可以是规则的，也可以根据地形和植被变化作不规则排列，但一般要求群的数量相当于主伐时单位面积的适宜株数。

8.3.3 混交林的营造技术

8.3.3.1 混交林的应用条件

(1) *森林培育的目的* 经济林要求管理方便、具有开阔的空间以便使树冠充分扩展，从而增大结实面积，故一般不宜营造混交林。而用材林和防护林要求最大限度地提高经济效益和防护效益，充分发挥林地的生产潜力。因此，只要条件允许，就应营造混交林。

(2) *经营条件* 经营条件好的地方，由于可通过人为措施来干预林分的生长发育，故不宜多造混交林。而在经营条件差的地方，则主要通过生物措施来促进林木生长、提高林分的稳定性，如防治病虫害、改良土壤、抑制杂草生长等，所以应多造混交林。但如果当地没有营造混交林的经验或合适的混交树种，应首先发展纯林，待条件成熟后再发展混交林。

(3) *立地条件* 混交林要求较好的立地条件，而在某些极端的立地上，如高寒、瘠薄、水湿、盐碱等，只有少数适应性强的树种才能生长，故不可能营造混交林。

(4) *树种的生物学特性* 对于一些直干性强、生长稳定、天然整枝能力强的树种，无需通过混交来改善林木干形，因此可以营造纯林，当然这些树种也可以营造混交林。

(5) *轮伐期* 以培育大径级材的用材林，轮伐期长，应利用混交林良好的种间关系，维持林分的稳定性，同时提高木材产量并丰富木材的种类。而短轮伐期的速生丰产林、工业用材林以及薪炭林或能源林，则应营造纯林。

此外，在森林病虫害严重，而又无有效的防治手段的地区，应从丰富生物多

样性的角度出发，大力发展混交林。如在宁夏的银川平原地区，由于过去的造林树种多为杨树，因此天牛危害严重，营造混交林则是根本的防治途径。

通过上述条件分析不难看出，尽管混交林有许多优点，但并不是任何情况和任何立地上均能发展。决定营造混交林还是纯林是一个比较复杂的问题，因为它不但要遵循生物学规律，而且受经济规律的制约。因此，发展混交林一定要因地制宜。

8.3.3.2 混交树种的选择

混交树种一般指伴生树种和灌木树种，只有采用乔木混交类型时，其含义才包括相互混交的主要树种。选择适宜的混交树种，是发挥混交作用以及调节种间关系的主要手段，对保证人工林顺利成林、提高林分稳定性、实现速生丰产具有重要意义。

混交树种的选择在考虑混交树种本身适地适树的前提条件下，应遵循以下原则：混交树种与主要树种的生态要求差异显著或混交树种的生态幅度宽等；混交树种应具备较好的辅助、护土和改土作用，如元宝枫、五角枫、椴树以及豆科、胡颓子科树种等；混交树种不应与主要树种有共同的病虫害；混交树种应具备较高的经济价值、美化效果和抗火能力等；混交树种最好具有萌芽能力强、繁殖容易的性状，以便在采种育苗、造林更新及调节种间关系后仍有成林的可能；混交树种的成熟期最好与目的树种一致，这样在主伐更新时能降低成本等。

我国研究和营造混交林的历史不长，选择混交树种通常是根据造林目的、树种的生物学特性及其与主要树种的种间关系来确定的。据此，在南方和北方地区也成功地选择出了一些比较好的混交类型。北方主要混交类型有：红松与水曲柳、核桃楸、赤杨、椴树、黄檗等；落叶松与云杉、冷杉、红松、樟子松、山杨、桦树、胡枝子等；油松与侧柏、栎类、元宝枫、刺槐、紫穗槐、桦树、椴树、山杨、胡枝子、黄栌、沙棘等；杨树与刺槐、紫穗槐、胡枝子、沙棘等。

当前，生产上营造混交林的困难之一，是可供选择的混交树种少，尤其是耐荫性强、生长缓慢的乔灌木树种更少。因此，尽快开发筛选一批耐荫、生长缓慢的混交树种是当务之急。

8.3.3.3 混交方法

混交方法是指参加混交的各个树种在造林地上的排列形式。混交方法不同，种间关系特点和林分生长状况也不相同，因而具有深刻的生物学和经济学意义。常用的混交方式有以下几种：

（1）株间混交　又称行内混交、隔株混交。它是指在同一行内，隔株种植两个以上树种的混交方法。该方法能够较好地体现混交树种作用，即辅佐、护土、改土作用。但缺点是矛盾出现早、施工麻烦。所以，应用在乔灌混交类型，树种之间矛盾较小。如油松×紫穗槐、杨树×紫穗槐等。同时，这种混交方法在造林时费工费时。

（2）行间混交　又称隔行混交。它是一种树种的单行与另一个树种的单行依次栽植的混交方式，主要用于种间矛盾较小的树种混交。采用这种方法营造的混交林，种间关系只有到了林分郁闭之后才能表现出来。与株间混交相比，其种间关系容易调节，造林施工也比较容易，是一种常用的混交方法。如乔灌木混交类型或主伴混交类型，乔木混交类型有时也采用这种方法，如杨树×刺槐、杉木×马尾松、落叶松×云杉的行间混交就取得了良好的效果。

（3）带状混交　是一个树种连续种植3行以上构成的“带”，与另一个树种构成的“带”依次种植的混交方式，主要用于种间矛盾比较大的树种之间的混交造林。其优点是能保证主要树种的优势，削弱混交树种的竞争能力。其种间关系发生的比较晚，而且发生在相邻带的边行，良好的混交效果也出现在林分生长的后期。这种方法施工比较简单、方便，乔木树种混交或乔伴混交类型常用此种方法。如北京西山地区采用这种方法营造的油松与栓皮栎混交林就取得了良好的效果，但如果采用前面所述的两种方法效果则往往不佳。还必须指出的是，如果为了进一步削弱伴生树种的竞争能力，可将伴生树种改为单行种植，就形成了一种过渡的混交类型，称为行带混交。

（4）块状混交　又称团状混交。它是将一个树种栽成一小片，与另一个树种栽成的一小片依次配置的混交方法，某一个树种形成的块可以是规则的、也可以是不规则的，原则是块的面积不应小于成熟林中每株林木所占有的营养面积（约25～100m^2）。这种混交方式比带状更有效地利用种内和种间的有利关系，如一些针叶树种在幼年期喜欢丛生，种间关系融洽，混交作用明显。

这种方法适宜于种间矛盾较大的乔木树种之间的混交，在幼林纯林改造成混交林或低价值林分改造时也经常采用这种方法。

（5）植生组混交　种植点为群状配置，在一小块地上密集种植同一树种，与相距较远的密集种植的另一树种的小块相混交的方法。因种植点相互距离较远，种间关系出现比较晚，也比较容易调节，但施工很麻烦，生产中应用较少。一般仅用于人工更新、次生林改造和治沙造林。

（6）星状混交　是将一种树种的少量植株分散地与其他树种的大量植株栽植在一起的混交方法，或栽植行内隔株（或多株）的一个树种与栽植成行状、带状的其他树种混交的方法。该混交方法应用于既能适用于满足少量植株树冠扩展的要求，又能为其他树种创造良好的生长条件，如果树种选择适当，这种方法经常可以获得较好的效果。例如，杉木×檫木混交，檫木在幼林阶段可以为较耐荫的杉木遮荫，从而促进杉木的生长，而至近熟林时，檫木也可以保持树冠圆形而不偏冠，两者种间关系融洽。

8.3.3.4　混交比例

混交比例是指造林时每一树种的株数占混交林总株树的百分比。混交比例是人为的调节混交林种间矛盾、保证主要树种处于优势状态、提高林分稳定性的重要手段。

在确定混交林比例时，要估计到未来混交林的发展趋势，保证主要树种始终处于优势地位。由于个体数量是竞争的重要基础之一，因此主要树种的比例要大。对于竞争力强的树种，在不降低林分产量的前提下，可适当缩小混交比例。

同时，确定混交比例还要考虑立地条件，立地条件优越的地方混交树种所占的比例不宜太大，其中伴生树种应多于灌木；而在立地条件较差的地方，可以不用或者少用伴生树种，而适当加大灌木的比例。一般而言，在造林初期伴生树种或灌木树种的比例应占25% ~50%，主要树种一般要超过株数的50%以上。

控制混交比例可以达到丰产的目的，但不同的混交组合，其合理的混交比例是不同的。如：落叶松×桦木混交林，当桦木<30%时，促进落叶松的生长，而当桦木>30%时，抑制落叶松的生长；9年生杉木×香樟混交林，当香樟占33%时，总蓄积量122.7m^3/hm^2，而当香樟占12.5%时，总蓄积量降为101.6m^3/hm^2。

8.3.3.5 混交林的培育特点

根据不同树种的特点和林分培育目的，为调节混交林树种关系，促进林分的健康生长，可以在混交林营造前、造林过程中和幼林抚育过程中，有针对性地采取部分措施，以提高混交林的混交效果。

(1) *造林前可以采用的措施* 确定目的树种后，根据慎重选择与之混交的伴生树种，然后选择混交类型和混交方法，并确定合理的混交比例和配置方式，以达到在造林初期就能够对混交林的混交效果进行控制，提高造林的成效。

(2) *造林过程中可以采取的措施* 造林过程中通过控制造林时间，使主要树种在首先处于竞争的有利地位，还可以通过控制不同树种苗木的造林年龄达到上述目的；同时，也可以采用不同的造林方法和加大或缩小造林密度等，达到促进混交效果的作用。

(3) *造林后可以采取的措施* 造林后，为提高主要树种的生长和减少伴生树种的竞争，可以通过地上和地下两种途径达到目的。地下措施主要包括：松土、除草、施肥、灌溉等，为混交树种提供良好的生长条件；地上措施主要包括对竞争力过强的树种进行打头、断根、修枝、平茬等，抑制其生长，提高混交的成效。

复习思考题

1. 从林木遗传与变异的角度分析实现遗传控制的可能性？
2. 结合当地实际情况论述林木引种的重要意义？
3. 影响引种成败的生态因子有哪些？
4. 选择育种的途径及其意义是什么？
5. 在杂交育种过程中如何选择杂交亲本？
6. 常见的造林地类型及其特点有哪些？
7. 造林整地的特点和作用是什么？
8. 常见的幼林抚育技术措施有哪些？
9. 如何确定造林密度？
10. 混交林的适用条件有哪些？如何选择混交树种？

本章可供阅读书目

林学概论. 沈国舫. 中国林业出版社，1989
林学概论. 邹铨，赵惠勋. 东北林业大学出版社，1986
森林培育学. 沈国舫. 中国林业出版社，2001
造林学. 孙时轩. 中国林业出版社，1992
现有林经营管理导论. 李坚等. 东北林业大学出版社，1994
林木遗传育种学. 王明庥. 中国林业出版社，2001

第9章 森林可持续经营

【本章提要】通过阐述森林经营的基本概念、林木分化与自然稀疏、林木分级、森林经营理论的发展、可持续经营理论的内涵等内容，介绍了抚育间伐的种类与方法、技术要素，以及森林更新和次生林的概念、分类方法与次生林经营措施。

9.1 可持续经营的理论基础

9.1.1 森林经营的概念

森林经营是对现有森林进行科学管理，以提高森林不同目的的使用效果而采取的各种措施。林木的生长周期很长，通过人工造林或者靠自然力形成森林后，需要经历很长时间才能达到成熟、衰老。在森林整个生长发育过程中，为了使森林健康、良好地生长，人们对森林实施的一切抚育措施，主要通过各种抚育方法控制森林的树种组成、调整林分密度、改善林分结构、促进森林生长、提高林分质量、完善森林的各种防护效能，这是森林经营研究的主要内容。现代森林经营的目的不仅仅是为了获取木材，而且还包括所有森林产品和服务。林业的持续发展是从森林生态系统出发，将森林持续地物质产品和持续的环境服务放在同一位置上。

森林是可再生资源，当森林成熟、衰老采伐后可通过人为或自然的方法形成新一代森林。也就是说，当森林成熟、衰老后，怎样合理采伐，及时更新，发挥森林的不断再生作用，使森林恢复起来，持续发挥其各种效能。只要科学合理地经营管理，森林就可以源源不断地为人类提供大量木材等林产品和服务，又可以维持生态平衡和生物多样性。所以，森林经营还包括对森林永续培育的一切技术措施。

“三分造林，七分管护”，说明了森林经营的重要性。特别是在当今，森林不仅提供人类生产生活所必需的木材，更重要的是提供人类生存、繁衍、发展的良好环境，提供丰富人类精神生活和物质生活所必需的多种物质资源和环境资源。社会对森林的总需求是公众对景观的需求与社会对木材的需求，作为森林经营者，应努力使森林满足社会的总需求。

如何科学合理地经营好森林，也就是如何实现林业可持续发展，这不仅成为中国林业的中心议题，同时，也是全世界林业工作者的共识。

在林业生产中，森林经营工作范围广、持续时间长。森林经营的指导思想应建立在生态平衡的基础上。长期以来，森林经营的目标是在一定的社会、经济和环境的约束下，使目的产品（主要是木材）的收获最大。目前，这一占统治地位的传统森林永续经营的观点，从理论到实践均受到了森林生态系统经营的挑战。从过去传统的“木材利用”观念转变为“生态利用”。所谓“生态利用”就是按生态系统生长、发育的自然规律经营和利用森林，使各类森林发挥其应具有的功能，以满足人类社会的需求。

9.1.2 森林经营理论的发展

全球森林因自然地理条件及其社会文化、经济因素而有明显的地域差异。森林经营理论明显的受到特定国家社会经济发展水平、文化背景、森林资源现状等的影响和制约，因此，不同的国家在森林经营思想、经营行为、经营方式等方面存在着一定差异。尽管如此，从理论与实践的角度来看，森林经营理论的发展和变化有着共同的轨迹和趋势。森林经营理论总是围绕和制约着森林经营目标和任务的。世界范围内真正意义上的森林经营起源于寒带、温带高纬度的欧洲，而后在北美、日本、中欧等地区兴起，最后在全球范围内得到传播。森林经营理论的演变总体上是与社会生产力的发展相对应，同时在森林利用、森林经营方式、森林资源变化等方面有所反映。在不同的历史时期森林经营思想和森林经营目标息息相关。从森林经营目标、经营途径等综合角度来看，森林经营理论的演变大体上经历了原始林业、传统林业和现代林业（可持续林业）3个历史时期。人类对森林的态度，经历了从盲目破坏与浪费逐步转向自觉地保护与扩大森林资源的过程。

9.1.2.1 原始林业时期

与落后的社会经济发展水平相对应，人与自然环境的关系是直接的也是密切的。反映在人与森林的关系上，森林不仅是人类进化的场所，更是人类所需食物和住所的惟一来源。由于当时的人口密度低，科学技术不发达，并且有广袤的森林资源为依托，这一时期人对森林的影响是微弱的。伴随着农牧业的发展，森林被认为是妨碍农牧业发展的自然障碍，因此，毁林开荒、取薪毁林，就成为这一时期的重要特征。除此之外，历代统治者大兴土木、频繁的战争也导致了森林资源的破坏。当森林减少到一定程度时，一些国家和地区先后认识到了森林的合理利用和保护的必要性。如中国的园囿制，德国在10世纪所形成的地方性森林资源管理制度，以及不同规模人工林的出现，形成了原始林业。这一时期对森林的利用主要以薪材和原木的利用为中心。从经营方式上看，林业活动集中于对原始林的盲目开发利用，而森林的更新基本上依赖于自然的力量。

9.1.2.2 传统林业时期

传统林业是伴随着产业革命的兴起而产生和发展的。17世纪末18世纪初，森林资源成为重要的工业原料。对原木直接或间接的工业利用逐步代替了以民用材为主的地位，特别是取代了以薪材利用为主的森林利用格局。随着木材工业的进一步发展，新型相关产业的不断出现（如铁路、建筑、造纸业、家具业等），客观上加快了森林资源的消耗速度。森林采运和原木生产以及后来所开展的大规模人工造林实践是这一时期林业活动的主要内容。

在欧洲，由于近代工业革命对森林的破坏速度远大于数千年文明对森林的破坏速度，即森林的采伐速度远远大于森林植被的自然恢复和生长速度，一些国家和地区不可避免的出现了“木材危机”。客观现实，使人们逐步认识到，为了不断满足相关产业日益增长的木材需要，就必须对采伐迹地进行人工更新，并采取多种有利于森林生长的人为干预措施，提高林木的生长量，最终提高经济收益。德国可以说是传统森林经营理论的发源地。当时林业科研的主要任务是以增加政府财政收入为中心，因此，财政学家成了林业科学的奠基人，并创立了包含森林经营学的财政学。直到19世纪上半叶，以J. 克里斯蒂安·洪德斯哈根（1783~1834）等为代表的林学家创立了以森林永续收获为核心的法正林模式设想。1898年Gayer提出了“接近自然的林业”理论，它开创了20世纪德国林业理论发展的新阶段。100多年来，以木材生产的永续、均衡收获为中心的理论体系和思想，对近代世界林业的发展产生了深刻的影响和作用。传统森林经营理论其理论框架的特点可概括为：①以森林的单一木材生产为中心，目的是要通过对森林资源的管理，向社会均衡提供木材。②以法正林理论为核心。不论是完全调整林还是广义法正林，不论是同龄林还是异龄林都充分体现出以木材生产为中心这一本质特征。③以收获调整和森林资源蓄积量的管理为技术保障体系的核心。④以林场或林业局为范围的部门生产组织管理形式，并以林班和小班为基本单元组织森林经营单位。

需求是发展的动力。随着社会经济的发展，科学技术的进步，人类对森林资源及其环境的需求也在发生变化。一方面，人口的增加，生活水平的提高，对林产品的需求从品种到数量进一步扩大，与此同时，对森林环境安全和文化、享乐的需求与日俱增。另一方面，由于人类干预自然的能力越来越强大，工业及其相关产业的发展，致使森林资源本身存在和发展的空间环境越来越艰难，甚至萎缩。特别是林业部门长期的、大规模的采伐，以及贫困人口为了生存的现实需要所引发的毁林，全球范围内森林资源不仅面积减少，而且质量也在不同程度的下降。需求的扩大与供给能力的缩小，迫使林业必须寻求新的发展模式与途径。与此相对应，森林经营理论和模式也必须做出相应的改变。从20世纪中期到80年代末，逐渐形成了森林多资源、多目标的经营理论。特别值得一提的是，国际林联于1960年在美国召开了以森林多元利用为中心议题的学术讨论会，会议明确提出了森林资源多目标、多用途的经营理论和经营目标。就在同一年，美国颁布了《森林多种用途永续收获法》，在此之后，全球范围内，世界各国相继开展了研究和实践。

9.1.2.3 现代林业时期

从森林经营理论的演变，特别是森林经营目标的变化来看，尽管早在20世纪五六十年代，许多国家和地区的林业实践中，已经注意到了森林经营与生态环境、社会经济发展的关系，也注意到了维持森林生态系统健康问题。然而，森林经营思想和理论的真正变革应该说是1992年联合国环境与发展大会以后正在形成的“森林可持续经营”理论。

从“永续收获”到“森林可持续经营”，森林经营理论的内涵显著扩大了，各国政府虽都承诺森林要可持续地加以经营，然而对这一概念并不存在统一的、精确的解释。一般说来，森林可持续经营意味着在维护森林生态系统健康、活力、生产力、多样性和可持续性的前提下，结合人类的需要和环境的价值，通过生态途径达到科学经营森林的目的。森林可持续经营必须遵循如下几条基本原则：①保持土地健康（通过恢复和维持土壤、空气、水、生物多样性和生态过程的完整），实现持续的生态系统；②在土地可持续能力的范围内，满足人们依赖森林生态系统得到食物、燃料、住所、生活和思想经历的需求；③对社区、区域、国家乃至全球的社会和经济的健康持续发展作出贡献；④寻求人类和森林资源之间和谐的途径，通过平等地跨越地区之间、世代之间和不同利益团体之间的协调，使森林的经营不仅满足当代人对森林产品和服务的需求，而且为后代人满足他们的需求提供保障。评判是否实现森林的可持续经营应从生态、社会、经济三方面综合衡量，即同时满足生态上合理（环境上健康的）、经济上可行（可负担得起的）及社会上符合需求（政治上可接受的）的发展模式。

20世纪90年代以来，许多国家和地区对森林可持续经营这一命题进行了卓有成效的研究和探讨，使森林可持续经营理论日益完善。例如，1992年3月，由加拿大联邦政府签订的第一个森林协议中指出：“我们的目标是维持和加强森林生态系统的长期健康，以使国家和全球的所有生命体受益，同时对当代和后代人的利益提供环境、经济、社会和文化的选择机会”。1993年，加拿大林业工作者协会和加拿大林业研究所在《加拿大林业工作者道德准则》中写道：“林业工作者的任务，是要把森林环境的管理看作他们的主要职责，即必须管理土地和与其有关的森林资源以满足所有者的目的，又不危害当代和后代人满足他们的目的以及森林对社会的效用和价值”。为了实现这一目标，依据社会经济条件和森林的地带性特征，加拿大于1992年已在全国建立了10个不同类型的研究实验区，形成了“加拿大模式林网络”，为加拿大可持续森林的实践制定了详细的行动框架。美国林学会组织由各有关方面成员组成的专门调查小组于1993年1月发表了《保持长期森林健康和生产力》的专题报告，认为生态系统经营是实现森林可持续经营的基本途径，生态系统经营就是要在景观水平基础上长期保持森林健康和生产力。并且认为：生态系统经营是对森林资源经营管理的生态过程，它试图长期维持森林生态系统复杂的过程、途径及森林生态系统之间相互依赖，并保持完好的功能，以便提供短期压力下的弹性和长期变化的适应性。森林可持续经营与传统的森林永续经营理论相比有以下5点区别：①永续经营强调单一产品或价值的生产，生态系统经营强调森林的全部价值和效益；②永续经营的经营单位是林分或林分集合体，生态系统经营的是景观或景观的集合；③永续经营与法正林经营模式相似，而生态系统经营则反映了自然干扰的规律；④永续经营注重森林的贮量和定期产量，而生态系统经营首先注重森林的状态（指年龄、结构、林木活力、动植物种类、木材残留物等），其次才是贮量和定期产量；⑤生态系统经营强调人类是生态系统的一个组成部分。

森林可持续经营理论的演变与社会经济的发展有着极为密切的关系。从中国社会经济发展水平、生态环境现状出发，在理论上重新认识中国森林可持续发展问题，确立符合可持续发展基本原则以及社会发展需要的森林经营理论，并用于指导中国森林可持续经营实践，使中国林业的发展真正起到优化环境、促进发展的双重目的是中国林业工作者面临的艰巨任务。在区域可持续发展的整体框架下，森林可持续经营的基本任务是建立一个健康、稳定的森林生态系统。而森林生态系统是一个具有等级结构、以林木为主体的生物有机体，与其环境相互作用共同组成的开放系统。因此，实施森林生态系统可持续经营应当是有层次的，即在全球、国家、区域、景观、森林群落等不同空间尺度上，实施森林可持续经营的基本目标。

9.1.3 森林可持续经营内涵及其任务

森林可持续经营已经成为全球范围内广泛认同的林业发展方向，也是各国政府制定森林政策的重要原则。对此，1997 年在安塔利亚召开的第十一届世界林业大会宣言中强调指出："各种类型的森林，不仅为世界人民提供重要的社会、经济及环境的产品与服务，而且为保障食物供给、净化水与空气以及保护土壤作出了重大贡献，实现可持续发展的关键之一就在于森林的可持续经营。"森林可持续经营战略是从全局、系统、综合长远的高度，把处理好经济发展、社会进步、资源环境基础和森林生态系统的关系；处理好局部利益和全局利益的关系，处理好不同空间尺度（景观、社区、区域、国家与全球）的关系；处理好近期、中期与长期发展的关系为着眼点，从社会经济发展过程中，协调森林与人类的矛盾以及利益关系出发，通过森林的可持续经营，促进和保障人类社会的可持续发展。

9.1.3.1 森林可持续经营的内涵

什么是森林可持续经营？对此，由于人们对森林的功能、作用的认识，要受到特定社会经济发展水平、森林价值观的影响，可能会有不同的解释。《关于森林问题的原则声明》（1992）中对森林可持续经营的定义是：森林资源和林地应以可持续的方式经营，以满足当代和后代对社会、经济、生态、文化和精神的需要。这些需要是指对森林产品和森林服务功能的需要，如木材、木质产品、水、食物、饲料、药物、燃料、保护功能、就业、游憩、野生动物栖息地、景观多样性、碳的减少和贮存及其他林产品。应当采取适当的措施以保护森林免受污染（包括空气污染）、火灾和病虫害的危害，以充分维持森林的多用途价值。从森林与人类生存和发展相互依赖关系来看，目前，比较一致的观点可归纳为：森林可持续经营是通过现实和潜在森林生态系统的科学管理、合理经营，维持森林生态系统的健康和活力，维护生物多样性及其生态过程，以此来满足社会经济发展过程中，对森林产品及其环境服务功能的需求，保障和促进人口、资源、环境与社会、经济的持续协调发展。

森林可持续经营是对森林生态系统在确保其生产力和可更新能力，以及森林生态系统的物种、生态过程多样性不受到损害前提下的经营实践活动。它是通过综合开发培育和利用森林，以发挥其多种功能，并且保护土壤、空气和水的质量，以及森林动植物的生存环境，既满足当前社会经济发展的需要，又不损害未来满足其需求能力的经营活动。森林可持续经营不仅从健康、完善的生态系统、生物多样性、良好的环境及主要林产品持续生产等诸多方面反映了现代森林的多重价值观，而且对区域乃至整个国家、全球的社会经济发展和生存环境的改善，都有着不可替代的作用，这种作用几乎渗透到人类生存时空的每一个领域。它是一种环境不退化、技术上可行、经济上能生存下去以及被社会所接受的发展模式。

9.1.3.2 森林可持续经营的基本任务

森林经营受许多因素的影响和制约，特定时空条件下，森林经营的总体目标取向是各种相关因素综合作用的结果。林业领域在对传统森林经营模式重新认识的基础上，已开始研究和关注如何才能使中国林业的发展真正实现优化环境、促进发展的双重目的；如何通过森林的可持续经营，促进和保障区域人口、资源、环境与社会经济的协调发展问题。

森林可持续经营的根本任务是要建立起生态上合理、经济上可行、社会可接受的经营运行机制。它起码有4个方面的任务：①确定和提出特定区域社会经济发展中，需要森林可持续经营过程提供什么样的物质产品和环境服务功能，特定区域自然生态环境条件，能够提供什么样的森林经营的自然基础。②将上述社会需求与自然基础相耦合，明确森林可持续经营的社会目标、经济目标、生态环境目标，以及保障这三大目标实现的可持续经营的森林目标。即所需的森林结构、分布格局、空间配置。③实现森林可持续经营目标的途径。具体说来，包括森林可持续经营战略、空间途径、森林可持续经营的技术体系等的综合运用，实现森林可持续经营目标。④完善森林可持续经营的保障体系，主要包括建立起政府宏观调控体系、公众参与机制、管理体制、以产权制度为基础的合理利益分配机制和森林生态效益补偿机制等涉及社会、经济、文化、法律、行政等诸多领域的综合协调，借以保障森林可持续经营过程和目标的顺利实施。

9.2 森林结构调控技术

9.2.1 林木分化与自然稀疏

森林内的林木，无论在高矮、粗细上都参差不齐。即使在同龄纯林中，各林木之间的差异也是很大的。森林内林木间的这种差异称之为林木分化。

据研究，在任何充分郁闭的同龄林内，林分的平均树高若以1作为基数，那么，最高的林木是平均树高的1.15倍，最低的林木是平均树高的0.8倍；同样，如果平均直径为1，则最大直径为1.7，最小直径为0.5。

引起林木分化的原因，主要是林木个体本身的遗传性和其所处的外界环境。如用同样质量的松树种子，在相同的环境条件下进行育苗试验，结果长出来的苗木大小不一，这就说明这些种子具有不同的遗传性和个体生长力。此外，即使用同一等级的苗木，在造林中由于起苗、假植、运输以及栽植过程中，各自的遭遇不同，在造林后苗木所处的小环境也有差异，如不同的坡向、坡位、坡度、土壤等。

林木分化在幼苗、幼树时期已经开始。当森林郁闭后，林冠对森林内部的环境起着决定性影响，林木之间争夺营养空间——光、水、肥而进行的竞争加剧，使分化过程更加激烈。生存能力强的植株生长势旺盛，树冠处于林冠上层，得到充足的光、水、肥，树冠发育较大，占据较大的空间，并抑制相邻林木。而生存竞争能力弱的植株，因为得不到充足的光、水、肥，生活力减弱，生长逐渐落后，处于林冠下层，并且随着林分的生长，这种差异将愈来愈大，最后枯死。可见，林木分化的后果导致部分生长落后的林木衰亡。

林木分化与森林环境及林木本身之间有密切的关系。森林密度越大、生长越旺盛，林木的分化现象越强烈；壮龄林的林木分化现象比较强烈；立地条件好的林分林木分化强烈；喜光树种组成的林分，分化强于耐荫树种。

无论是天然林还是人工林，在其生长发育过程中，密度是随着年龄的增加而减小的，这种现象称之为森林的自然稀疏。引起森林自然稀疏的原因是环境与林木之间供需不足。

林木分化与森林自然稀疏是森林生长发育过程中，在一定营养与空间条件下，森林内林木之间相互关系的表现。森林自然稀疏无论在天然林还是人工林中都普遍存在。一般在天然林中，最初幼树相当多，通常每公顷数千株或数万株，随着林木的生长，株数逐渐减少，速生期以后就有60%以上植株衰落下去，变成被压木和枯死木。到成熟期达80%以上，而只留下5%～20%的植株，每公顷只有数百株，甚至不到100株。在人工林中，由于栽植密度不大而且分布均匀，自然稀疏较为缓慢。

自然稀疏是森林适应环境条件，调节单位面积林木株数的自然现象。但是通过森林自然稀疏调节的森林密度，是该森林在该立地条件、该发育阶段中所能“容纳”的“最大密度”，而不是“最适密度”。在混交林中，自然稀疏所保留下来的树种和个体，可能最适应该立地条件，但并不一定是目的树种，其材质和干形可能具有某些严重的缺陷，而淘汰掉的可能是一些树干通直的林木。并且，自然稀疏掉的林木，未曾合理利用，造成资源浪费。所以，对自然稀疏应进行人为干预，通过抚育采伐，即以人为稀疏来代替自然稀疏，使森林既能保持合理密度，又能保留经济价值较高的林木，同时还利用了采伐掉的林木，提高总的经济效益。可见，林木分化和自然稀疏规律，为抚育采伐提供了理论依据。

9.2.2　林木分级

森林中的林木因竞争力的不同而表现出不同的大小和形态，根据林木的分化程度对林木进行分级。林木分级的目的是为抚育采伐时选择保留木，确定采伐木提供依据。林木的分级方法很多，据不完全统计，国内外有30多种，应用最普遍的是德国林学家克拉夫特提出的林木生长分级法（1884）。

克拉夫特分级方法是把同龄纯林中的林木按其生长的优劣和树冠形态分为5级（图9-1），各级林木的特征如下：

Ⅰ级——优势木。树高和直径最大，树冠很大，且伸出一般林冠之上。

Ⅱ级——亚优势木。树高略次于Ⅰ级，树冠向四周发育，在大小上次于Ⅰ级木。

Ⅲ级——中等木。生长尚好，但树高、直径较前两级林木为差，树冠较窄，位于林冠的中层，树干的圆满度较Ⅰ、Ⅱ级木为大。

Ⅳ级——被压木。树高和直径生长都非常落后，树冠受挤压，通常都是小径木。被压木又可分为a、b两个亚级，其中，$Ⅳ_a$级木指树冠较窄，侧方被压，但枝条在主干上分布均匀，树冠能伸入林冠层中；$Ⅳ_b$级木是树冠偏生，只有树冠的顶部才伸入林冠层，侧方和上方均受压制。

Ⅴ级——濒死木。完全位于林冠下层，生长极落后，又可分为两个亚级，其中$Ⅴ_a$级木是生长极落后的濒死木；$Ⅴ_b$级木指枯死木。

从克拉夫特林木分级法中可以看出，林分主要林冠层是由Ⅰ、Ⅱ、Ⅲ级木组成，Ⅳ、Ⅴ级木则组成从属林冠层。随着林分的生长，林木株数逐渐减少，主要

图9-1　克拉夫特林木分级法

减少的是Ⅳ、Ⅴ级木。而主林冠层中的林木株数也会减少，那是它们由高生长级下降到低生长级的结果。一般来说，在未经人工管理的同龄纯林内，林木由低生长级向高生长级过渡的情况很少。

克拉夫特林木分级法的优点是简便易行，可作为控制抚育采伐强度的依据。其缺点是，只注意林木的大小，没有考虑到树干的形质缺陷。

克拉夫特林木分级法适合于同龄林。对于异龄林的林木分级有一个特点，就是既要考虑成年树，又要考虑幼树。一般异龄林用3级分级法，将林分内的林木分为优良木、有益木和有害木。

优良木——树冠发育正常，干形优良，生长旺盛的林木，是培育对象。也叫培育木。

有益木——能促进优良木自然整枝以及对土壤起庇护和改良作用的林木。也叫辅助木。

有害木——干形弯曲、多杈、枯立、感染病虫害以及妨碍优良木、有益木生长的林木。也叫劣质木。

各种林木分级的方法，客观标准不易掌握，均凭肉眼主观判断，需要积累经验才能逐步熟练。

9.2.3 抚育采伐的概念和目的

9.2.3.1 抚育采伐的概念

森林在郁闭之前，林木与其周围环境之间的矛盾是主要矛盾，应采用一系列幼林抚育措施来调节这对矛盾。而在森林郁闭之后的漫长生长发育时期内，虽然林木与环境之间的矛盾仍占重要地位，但林木群体内部个体之间为争夺营养空间的矛盾逐渐突出起来，有时上升为主要矛盾。所以在这一时期里，除了在某些集约栽培的情况下，所采取的施肥、灌溉、排水、垦复等林地抚育管理措施外，最大量的抚育工作是调节林木之间关系的抚育采伐。

抚育采伐是从幼林郁闭开始，至主伐前一个龄级为止，为改善林分质量，促进林木生长，定期采伐一部分林木的措施。由于抚育采伐是在林分未达到成熟时采伐部分林木加以利用，所以，也叫中间利用采伐，简称间伐。抚育采伐既是培育森林的重要措施，又是获得木材的手段，具有双重意义，但是以抚育森林为主要目的，而获取木材是兼得的。

森林主要是通过抚育采伐控制森林的组成，调控其内部结构和外部形态，解决森林中各种矛盾，使林分与环境保持协调一致，并能抵抗外界环境所给予的压力。无论是人工林还是天然林，从森林形成一直到成熟采伐利用的整个生长发育过程中，通过森林抚育改善林木生长发育的生态条件，缩短森林培育周期，提高木材质量和工艺价值，发挥森林多种功能。

9.2.3.2 抚育采伐的目的

森林的作用是多种多样的，不同林种其主导作用不同，故抚育采伐的侧重面不同，其主要是有利于森林主导作用的发挥。如防护林，抚育采伐的目的是维持和增强防护效能；风景林使其更加美观；用材林则是提高林木质量，增加林分总生长量。下面就以一般林分抚育采伐的目的做一全面归纳。

（1）淘汰劣质林木，提高林分质量　几乎在任何森林中，由于林木个体的遗传性和所处的小环境的不同，表现出不同的品质和生活力，如常有一些生长落后、干形不良或有某缺陷的劣质林木。通过抚育采伐，首先伐除这些不良林木，保留优良林木，也就是去劣留优，无疑可提高林分的质量。

（2）调整树种组成　在混交林中，特别是天然混交林，几种树种生长在一起，往往发生互相竞争、排挤的现象。被排挤处于劣势地位的林木不一定是价值低的非目的树种，而处于优势地位的林木并非全是价值高的目的树种。通过抚育采伐，伐除妨碍目的树种生长的非目的树种，保证林分合理的组成。

（3）降低林分密度，加速林木生长　森林在生长发育过程中，随着林木的生长，林分的相对密度不断增加，林木个体间竞争强烈，因竞争而影响了林木生长。若在林木竞争激烈的时期进行抚育采伐，伐去部分林木，降低林分密度，缓解林木间的竞争，有利于保存木的生长。

（4）提高木材总利用量　自然发展的森林，在其生长过程中，随着林木年龄的增加，一部分生长势弱的林木逐渐枯死，使单位面积上林木株数愈来愈少，这就是林分出现的自然稀疏现象。不进行抚育采伐的林分，通过自然稀疏死亡的林木达80%以上。若及时进行抚育采伐，用人为稀疏代替自然稀疏，则可以利用采伐木，避免资源的浪费，提高了木材总利用量。

（5）改善林分卫生状况，增强林分对各种自然灾害的抵抗能力　抚育采伐首先伐除各种生长不良的劣质林木，保留生长健壮的优质林木，改善了林内的卫生状况，提高了林分的质量和生长量，从而增强了林分对不良气候条件（风害、雪害等）和病虫害的抵抗能力，同时，降低了森林火灾发生的可能性。

9.2.4 抚育采伐的种类和方法

组成森林的树种不同和森林所处的年龄阶段不同，抚育采伐承担的任务也就不同，因而产生了不同的抚育采伐种类。中国在1957年颁布了《森林抚育采伐规程》，完全采用前苏联的抚育采伐种类方法，将其分为4种，即透光伐、除伐、疏伐和生长伐。除此之外，还有卫生伐。经过20多年的生产实践，于1978年底，国家林业总局颁发的《国有林抚育间伐、低产林改造技术试行规程》中，将透光伐和除伐合并为透光伐，疏伐和生长伐合并为疏伐。

9.2.4.1 透光伐

透光伐又称透光抚育。一般在幼龄林时期，为解决树种之间或林木与其他植物之间的矛盾，保证目的树种和其他林木不受压抑，以调整林分组成为主要目的的采伐。对于混交林，主要是调整林分树种组成，使目的树种得到适宜的光照，同时伐去目的树种中生长不良的林木；对于纯林，主要是间密留均、留优去劣。透光伐的方法有2种。

（1）全面抚育　按抚育采伐确定的采伐树种和采伐强度，在全林中进行透光伐。这种方法只有在交通方便、劳力充足，薪炭材有销路、主要树种占优势、且分布均匀的情况下才使用。

（2）*局部抚育* 不是将全林，而是部分地段进行的透光伐。这种方法适用于交通不便、劳力来源少，薪炭材无销路的情况下使用。局部抚育可分为群团状抚育和带状抚育。

群团状抚育，针对主要树种的幼树在林地上分布不均匀，仅在有主要树种分布的群团内进行，无主要树种的地方不进行抚育，这样可节省劳力、时间和费用。带状抚育，将林地分成若干条带，每间隔一带，抚育一带。抚育后5～10年，如果间隔带上边缘的林木妨碍抚育带上的林木生长，则应将影响抚育带上的林木砍除。一般带的宽度2～5m，通常是等带，也可不等。带的设置视气候和地形条件而定，在山区、有水土流失的地方，带的方向应与等高线平行，以利于水土保持。

进行透光伐时也可应用化学药剂除草灭灌或消灭非目的树种。可用的除莠剂有20多种，应用最广的有2,4-D（二氯苯氧乙酸）和2,4，5-T（三氯苯氧乙酸）。但是，发现2,4,5-T含有有毒物二噁英，已停止使用。这类除莠剂选择性很强，对不同树种和灌木除治效果不同，使用时注意说明书，最好先试验一下，再大面积使用。

除莠剂消灭灌木及非目的树种的方法有：①叶面喷洒，即将药剂喷洒于叶面，经叶吸收，杀死全株，一般用于清除幼小林木，适应于大面积机械化作业，特别是利用飞机进行空中喷洒；②涂抹伐根，用药剂涂抹伐根，抑制伐根萌条生长；③干部注射，将药剂注射到林木树干，用于去除大树，既省工效果又好。值得注意的是各种药剂对人、畜都有不同的毒性，使用时要权衡其利与弊。

透光伐最好是在初夏进行，因为透光伐多数情况是砍伐生长速度快、萌芽力强的非目的树种，初夏容易识别树种之间的相互关系，这个时期采伐还可降低伐根的萌芽能力。北方冬季采伐的效果最差。冬季林木枝条较脆，采伐时容易损伤树木，特别是解放伐，易使幼树遭受初春的旱风，低洼地段易发生冻害。

透光伐伐除的林木，多数年龄较小，所以，透光伐时往往不需要确定严格的采伐强度，通常用单位面积上保留多少目的树种作为参考指标。

9.2.4.2 疏伐

透光伐之后，林分的树种组成基本确定，森林在以后的生长发育时期内，林木之间的矛盾主要上升为对营养空间的竞争。疏伐就是林分自壮龄至成熟以前，为了解决目的树种个体间的矛盾，不断调整林分密度，以促进保留木生长为主要目的的采伐，疏伐也叫生长伐或生长抚育。它是对不同年龄阶段调整林分的合理密度。疏伐时期林分正处于迅速生长期，随着年龄的增长，单株林木需要愈来愈大的空间来扩大树冠，增加叶量。这时，伐去过密的和生长不良的林木，为保留木提供充分的营养空间，促进保留木迅速生长。世界各国疏伐历史比较悠久，方法也较多，可归纳为4种：

（1）*下层疏伐* 也叫下层抚育。主要砍除居于林冠下层生长落后、径级较小的濒死木和枯立木。也就是砍伐在自然稀疏过程中，将被淘汰的林木。此外，还砍伐个别处于林冠上层的弯曲木、分杈木等干形不良的林木。下层疏伐基本上是以人工稀疏代替林分的自然稀疏，并不改变森林自然选择进程的总方向。

实施下层疏伐时，最适宜用克拉夫特的5级分级法确定采伐木，同时要考虑林冠层中质量有缺陷的林木（图9-2）。根据选择采伐木的级别不同，下层疏伐强度可分为3种：弱度间伐——伐除Ⅳ、Ⅴ级木；中度间伐——伐除Ⅳ、Ⅴ级木及部分Ⅲ级木；强度间伐——伐除Ⅳ、Ⅴ、大部分Ⅲ及部分Ⅱ、Ⅰ级木。

下层疏伐主要砍伐林冠下层的林木，因此，抚育后对林冠结构的影响不大，仍能保持林分良好的水平郁闭，只是林冠垂直长度缩短了，形成单层林冠（图9-3）。该方法简单易行，采用林木分级确定采伐木，便于控制合理的采伐强度，是比较稳妥的一种抚育方法。

下层疏伐适用于单层纯林，特别是针叶同龄纯林。因为生长高大的植株往往

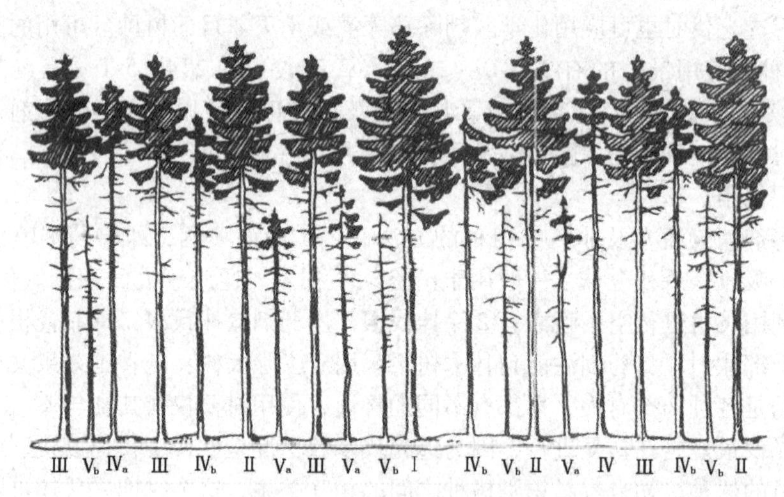

图9-2 下层疏伐前的林分

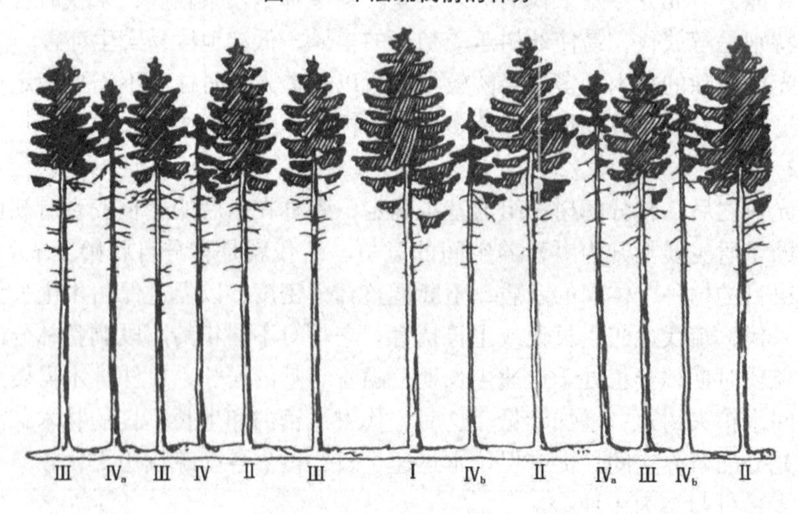

图9-3 下层疏伐后的林分

也是生长势旺盛、树冠发育正常、干形良好、有培育前途的林木。

(2) 上层疏伐　上层疏伐与下层疏伐相反，主要砍伐居于林冠上层的林木。在混交林中，位于林冠上层的林木往往是非目的树种，或者虽然为目的树种，但常常是树形不良、分杈多节、树冠过于庞大，严重影响周围其他优良林木的正常生长。因此，应该伐除这些经济价值较低、干形不良、无培育前途的上层林木，使林冠疏开，为经济价值较高、有培育前途的林木创造良好的生长条件，保证目的树种能够获得充分的光照。

实施上层疏伐时，通常用3级分级法将林木分为优良木、有益木和有害木（图9-4）。优良木是培育森林的主要对象，应该保留；对于能促进优良木自然整枝，遮蔽林地的有益木可保留，但生长过密的有益木应伐除；有害木则是砍伐对象。

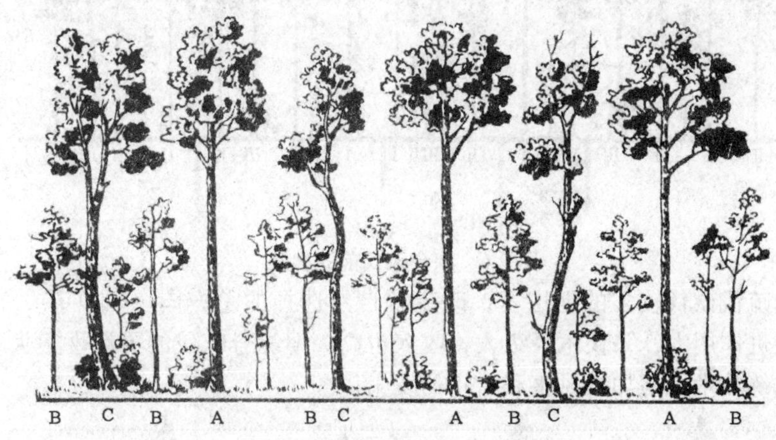

图9-4　上层疏伐前的林分

由于上层疏伐主要砍伐的是上层的不良高大木，对森林的干预作用大，改变了森林自然选择的总方向（图9-5），若技术掌握不当，会破坏林分的稳定性，特别在疏伐后的最初1~2年，易受风害和雪害。

上层疏伐适用于异龄林、阔叶林和混交林，特别是针阔混交林，往往阔叶树生长快，居于林冠上层，而针叶树生长慢，位于林冠下层，受阔叶树的影响。

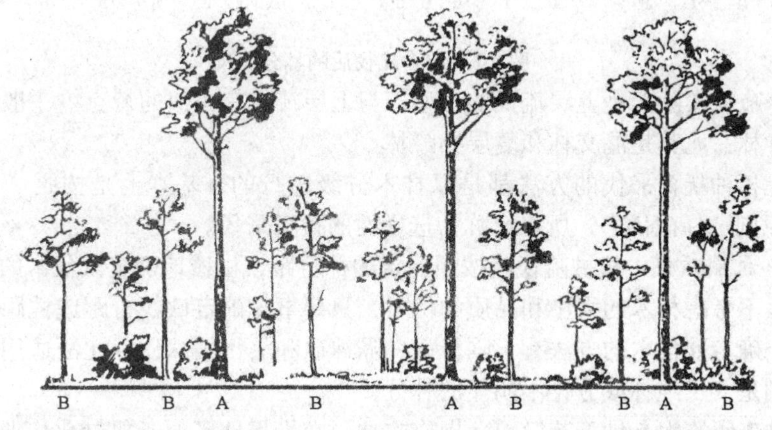

图9-5　上层疏伐后的林分

（3）综合疏伐 综合疏伐综合了下层疏伐和上层疏伐的特点，既从林冠上层，也从林冠下层选择砍伐木。在实施综合疏伐时，先将在生态上彼此有密切联系的林木划分为若干个植生组（或称树群），然后以每一个植生组为单位，将林木分为优良木、有益木和有害木（图 9-6），主要砍伐有害木，保留优良木和有益木，使林分保持多级郁闭（阶梯郁闭），保留下来的大、中、小林木都能得到充分光照而加速生长。

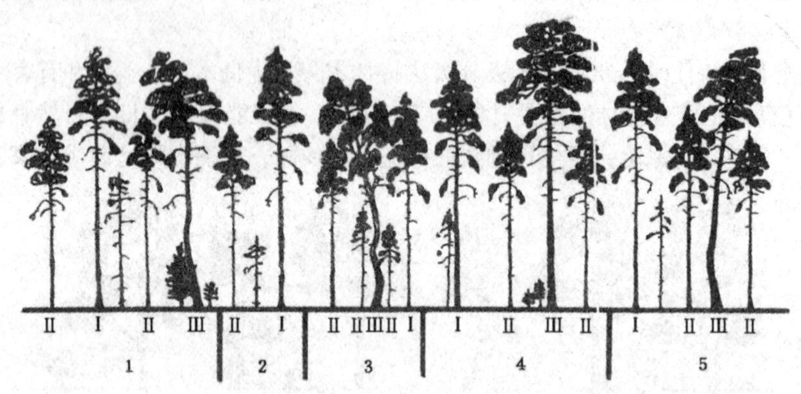

图 9-6 综合疏伐前的林分

综合疏伐砍伐较多的上层木，改变了自然选择的总方向（图 9-7），对保留木生长促进作用大，采伐木径级大，收入也高。但综合疏伐的灵活性很大，要求较高的熟练技术，易加剧风害和雪害的发生。

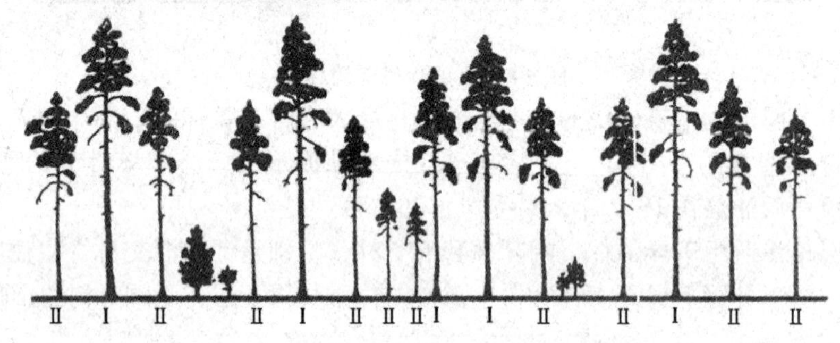

图 9-7 综合疏伐后的林分

综合疏伐实际上是上层疏伐的变型，与上层疏伐有相似的特点。一般适用于天然阔叶林，尤其是混交林和复层异龄林。

以上各种抚育采伐的方法都是以林木分级进行的，基本上是按照“择劣而伐”的原则选择砍伐木，所以又称为选择性的抚育采伐。

（4）机械疏伐 机械疏伐是按照一定的株行距，机械地确定砍伐木的抚育采伐。此法不考虑林木的大小和品质的优劣，只要事先确定砍伐行距或株距后，一律伐去。确定砍伐木的方法有：隔行砍、隔株砍和隔行隔株砍。此法适用于人工林，特别是人工纯林或分化不明显的林分。

机械疏伐的优点是工艺简单，操作方便，在平坦地区便于机械化作业，成本低。

9.2.4.3 卫生伐

卫生伐是为维护与改善林分的卫生状况而进行的抚育采伐。一般不单独进行，因为改善林内卫生状况在透光伐或疏伐中即可完成。只有当林分遭受严重自然灾害，如病虫害、风害、雪害等，使大量林木受害时才单独进行。通过卫生伐及时将受害的林木清除掉，对防止病虫害蔓延、提高保留木的生长势都是极为重要的。

9.2.5 抚育采伐的技术要素

抚育采伐的技术要素包括抚育采伐的开始期、采伐强度、采伐木选择和间隔期。

9.2.5.1 抚育采伐的开始期

抚育采伐的开始期是指第一次进行抚育采伐的时间，这是抚育采伐首先要解决的问题。何时进行抚育采伐取决于树种生物学特性、立地条件、林分密度、生长状况、交通运输、劳力以及小径材销路等综合因素。抚育采伐的主要目的是为了提高林分的生长量和林木质量，因此，开始期过早，不仅对促进林木生长作用不大，还不利于形成优良的干形，并且间伐材为小径木；若开始期过迟，林分密度偏大，营养空间已不能满足林木生长的需要，生长受到抑制，生长量下降，尤其是胸径生长量明显下降。

对于天然林来说，抚育采伐的开始期应包括透光伐阶段，通常以郁闭度和林分中目的树种是否受到压抑作为标准。对于大多数人工林来说，抚育采伐的开始期实际上是指疏伐的起始年限。以下着重从生物学角度讨论疏伐的开始期。

（1）*根据林分连年生长量的变化来确定* 按林分年龄来说，森林正处于旺盛生长发育期间，若出现林分连年生长量下降，说明林分密度偏大，当抚育采伐后，林分连年生长量又开始上升，特别是林分直径和断面积连年生长量的变化，能明显地反映出林分的密度状况。因此，直径和断面积连年生长量的变化可以作为是否需要进行第一次疏伐的指标。

据福建省洋口林场对造林密度为 4 500 株/hm^2，立地条件中上等的杉木林分，所作 16 株树干解析的资料（表 9-1）：杉木幼树在 4 年生时为胸径连年生长最旺盛期，到 5 年生时开始下降，6 ~7 年生时明显下降，以后继续下降；断面积连年生长量在 5 年生时达到最高，6 ~7 年生时开始下降。因此，可以将 6 ~7 年生作为该立地条件和造林密度下，杉木林进行首次抚育采伐的时间。

表 9-1 杉木胸径断面积生长进程

年　龄（a）	3	4	5	6	7	8	9
胸径（cm）	2.29	4.42	5.81	6.57	7.15	7.58	7.83
胸径连年生长量（cm）		2.13	1.39	0.76	0.58	0.43	0.25
断面积（cm^2）	4.20	15.20	26.4	35.30	40.70	45.40	47.80
断面积连年生长量（cm^2）		11.00	11.20	8.90	5.40	4.70	2.40

（2）根据林木分化程度来确定　根据林木分化程度可以从以下 3 个方面判断抚育采伐的开始期。

①根据林木分级确定　根据克拉夫特林木分级法，林分中Ⅳ、Ⅴ级木的数量比例，是随着林分年龄的增加而加大的。据江西省林业科学研究院对 10 年生不同密度杉木林调查林木分化情况（见表 9-2）：林分密度越大，林木竞争越激烈，林木分化越明显。密度为 163 株/667m^2 的林分，Ⅳ、Ⅴ级木只占 21%，而密度为 662 株/667m^{2}的林分，Ⅳ、Ⅴ级木竟高达 86%，而且出现少量枯立木。一般认为，当小径木（小于平均直径）的林木株数达到 40% 以上，或Ⅳ、Ⅴ级木的数量比例达 30% 左右时，应进行首次抚育采伐。

表 9-2　不同密度杉木林林木分化情况

密度（株/667m^2）	克拉夫特分级（%）					
	Ⅰ	Ⅱ	Ⅲ	Ⅳ	Ⅴ	枯立木
163	19.8	24.6	34.6	19.8	1.2	–
228	9.0	18.5	39.0	21.5	12.0	–
302	1.4	7.9	38.3	37.7	14.7	–
350	4.0	11.0	28.0	30.0	27.0	–
416	1.0	5.0	26.4	29.9	37.7	–
516	1.6	6.0	27.9	27.3	37.0	0.2
662	–	1.5	11.2	32.5	54.5	0.3

②根据林分直径的离散度确定　林分直径的离散度，是指林分平均直径与最大和最小直径的倍数之间的距离。该值愈大，林木分化愈明显。对于不同树种组成的林分，进行首次抚育采伐的直径离散度不同。如刺槐林的直径离散度应超过 0.9 ~ 1.0，赤松林超过 1.0，麻栎林超过 0.8 ~ 1.0 为首次抚育采伐的时间。

③根据林分小径木相对数量确定　林分密度越大林木径级分化越明显，小径木所占比例越大。一般以自然径级（即以平均直径作为 1.0）0.8 以下的作为小径木。当小径木的数量约占总株数的 1/3 时，进行首次抚育采伐。

（3）根据树冠大小变化来确定　在林分内，树冠的大小直接影响林木的直径大小，而树冠大小又受林分密度制约。林分在充分郁闭前，树冠逐渐增大，当林分充分郁闭后，树冠已无扩展的余地，林木下部的枝条因得不到充足的光照而开始枯死脱落，出现自然整枝，使树冠变小，这叫做树冠负生长。据福建省洋口林场的调查资料：每公顷 4 500 株的杉木林中，冠幅、树冠表面积和体积在 5 年生前都不断增长，但在 3 ~ 4 年生时增长速度最快，5 年生以后由于林冠充分郁闭，林冠下部光照减弱，树冠发育受阻。6 ~ 7 年生时造成大量自然整枝，使冠幅与冠长缩小，因而，使树冠表面积与体积也缩小，产生“负生长”（表 9-3）。自然整枝明显加强与树冠表面积、体积产生“负生长”的年龄，也是直径、断面积生长量下降的年龄。因此，当林木树冠体积开始缩小或林木的枝下高达到树高的 1/3 时，进行首次抚育采伐。

表 9-3 杉木树冠冠幅、体积、表面积变化

年 龄 (a)	2	3	4	5	6	7
最宽处冠幅 (b) (m)	0.70	1.45	2.40	2.50	2.30	2.00
树冠长 (L) (m)	0.90	2.10	3.60	4.45	3.80	3.40
树冠表面积 (S) (m^2)	1.06	4.78	14.31	17.06	14.34	11.13
树冠表面积年增长量 (m^2)	3.72	9.53	2.75	−2.72	−3.21	
树冠体积 (V) (m^3)	0.12	1.16	5.43	7.28	5.26	3.56
树冠体积年增长量 (m^3)	1.04	4.27	1.85	−2.02	−1.70	

注：杉木幼树树冠形态近似圆锥体，$V=\frac{1}{3}\cdot\frac{\pi}{4}\cdot b^2L$，$S=\frac{\pi}{4}\cdot b\sqrt{4L^2+b^2}$。

此外，还可以用冠高比，即树冠长度与树高之比来衡量林木自然整枝强度。冠高比可以认为是一棵树供应全株营养能力的指标。一般冠高比大于1/3才能正常生长，小于1/3时则生长衰退。因此，当林木的冠高比不足1/3时，应进行首次抚育采伐。

(4) 根据林分郁闭度或疏密度来确定　林分郁闭度或疏密度也可以作为抚育采伐的依据。一般当林分郁闭度或疏密度达0.9左右时，林内树冠交接重叠，林分的株数偏密，应首次抚育采伐。

(5) 根据林分密度管理图、表来确定　根据抚育采伐标准表和密度管理图表，可确定相同树种、相同年相同立地条件下的最适密度，从而确定首次抚育采伐期。

其他情况下，如在容易发生风害、雪压的地区，应及早抚育采伐，以加粗直径生长和促进根系发育，增强抵抗力。要想提高林木抗病虫害的能力，或者已感染了病虫害的林分，应早些疏伐。未进行过透光伐的林分，应比系统地实施过透光伐的林分要及早实施疏伐。若培育桅杆等特殊通直干材时，为防止林木多节和尖削度过大，可推迟首次抚育采伐。

9.2.5.2 抚育采伐的强度

抚育采伐强度是指砍伐多少林木，保留多少林木，也就是通过抚育采伐将林分稀疏到何种程度的问题。由于抚育采伐强度不同，对林地光、热、水分等生态因子产生的影响不同。采伐强度过大，林分过分稀疏，林木的尖削度加大，单位面积木材蓄积量减小，同时杂草滋生，甚至破坏林分的稳定性；若采伐强度过小，对林木生长的促进作用不大。因此，在森林生长发育过程中，合理地控制林分密度是森林经营中颇为重要的研究课题。

(1) 抚育采伐强度的表示方法　采伐强度的表示方法一般有以下2种。

①用蓄积表示　以每次采伐木的材积 (v) 占林分蓄积量 (V) 的百分率表示采伐强度 (P_v)。

$$P_v = v/V \times 100\%$$

也可以采伐木的总断面积 (g) 占林分原总断面积 (G) 的百分率表示采伐

强度（P_g）。

$$P_g = g / G \times 100\%$$

用 P_g 求得的抚育采伐强度与 P_v 比较相近，可任选其一。

用蓄积表示的采伐强度能表明采伐木材数量的多少，以及林分疏密度降低的情况，但不能说明采伐后树木营养面积的变化，施工时不易掌握采伐强度。

②用株数表示　以每次采伐木的株数（n）占原林分总株数（N）的百分率表示采伐强度（P_n）。

$$P_n = n/N \times 100\%$$

用株数表示的采伐强度能反映抚育采伐后林木营养面积的变化，施工时也容易掌握。

以株数百分率表示采伐强度，可能产生以下问题：下层疏伐时砍伐的是小径木；上层疏伐时砍伐的是大径木；机械疏伐时大、小径级均砍。所以，在实际工作中为了更好地说明采伐强度，上述两个指标 P_n 和 P_v 往往同时应用。

P_n 和 P_v 之间的关系可以用采伐木的平均直径（d_2）和伐前林分平均直径（d_1）之比（d），即 $d = d_2/d_1$ 来表示：

$$P_v = d^2 P_n$$

当 $d > 1$ 时，按材积计算的采伐强度大于按株数计算的采伐强度，采用上层疏伐；

当 $d < 1$ 时，按材积计算的采伐强度小于按株数计算的采伐强度，采用下层疏伐；

当 $d = 1$ 时，两者相等，采用机械疏伐。

在抚育采伐时，每次采伐的强度与抚育采伐的总强度是两个不同的概念。抚育采伐总强度是以各次抚育采伐的材积总和占主伐时蓄积量的百分率。

（2）*确定抚育采伐强度的方法*　抚育采伐强度的确定，实际上就是要将一个林分稀疏到何种程度，这需要从多方面考虑，既取决于经营目的、运输、劳力、小径材销路等经济条件，又要考虑到树种特性、林分密度、年龄、立地条件等生物因素。

合理的抚育采伐强度应该满足以下要求：维护和提高林分的稳定性，不要因林分过于稀疏使林地杂草滋生以及降低林分的稳定性，遭受风害、雪害；改善林分的生态条件，促进保留木的材积生长和形质生长；每次抚育采伐量稍低于间隔期内生长量，以不降低木材的总生产量。确定抚育采伐强度的方法可归纳为定性间伐与定量间伐两大类。

①定性间伐　根据林分特征、林木生长特点、立地条件及经营目的等因素，预先确定采用某种抚育采伐种类和方法，再按照林木分级确定砍伐什么样的林木，由选木的结果计算抚育采伐量，即可确定采伐强度，故称为定性抚育采伐。具体方法：一种是按照林木分级确定哪一等级或某等级中的哪一些林木应该砍伐，从而确定采伐强度。如某林分采用下层疏伐，伐除林分中所有的Ⅳ级木和Ⅴ级木，计算出采伐强度。另一种是用林分抚育采伐前与采伐后的郁闭度或疏密度

的变化来计算采伐强度。一般当林分郁闭度或疏密度达到 0.9 左右时，应该间伐，伐后保留郁闭度为 0.6 或疏密度为 0.7 以上。

定性间伐把注意力集中在选择什么样的林木进行采伐，而没有考虑应保留多少株林木，主要凭主观经验确定采伐株数，所以，不同的人在同一林分确定的采伐强度会有很大差异。

②定量间伐 根据林分生长与密度之间的数量关系，在不同生长发育阶段，按照合理密度确定砍伐木或保留木的数量，故称为定量抚育采伐。定量间伐把注意力集中在应保留林木株数上。确定适宜的保留密度主要有以下几种方法：

a. 根据胸高直径与冠幅的相关规律确定保留密度 林分内林木冠幅的大小，反映每株林木营养面积的大小，对直径生长影响很大。一般冠幅越大，胸高直径越粗，所占的营养面积也越大，单位面积上林木株数就会减少。根据直径、冠幅和立木密度的相关规律，可推算出不同径级的林木对应的适宜密度，以便求得采伐强度。由于林木直径生长与冠幅大小的关系不受立地条件与林木年龄差异的影响，因而，此法具有较高的准确性和精确度。

黑龙江省林业科学研究院对落叶松人工林研究发现，胸径与树冠面积的相关方程为：

$$CW = 0.340\,568 + 0.365\,184D + 0.000\,994D^2$$

式中：CW——树冠面积；

D——胸径。

经过相关运算，还提出了落叶松人工林最大密度（N_m）依胸径（D）变化规律的经验公式：

$$N_m = 100.99 + 23\,036.67/D$$

依此规律并进行定位研究，编制了《人工落叶松林经营密度指标表》（表 9-4）。只要知道林分的平均胸径和密度，则可查出林分应该保留的最大密度，现实林分密度若超过应该保留的最大密度，就需要间伐。伐后的保留密度查表可得，其为胸径对应的经营密度，然后求得间伐强度。除此之外，还可查出林分的胸径多大时进行下一次间伐。

表 9-4 落叶松人工林经营密度指标

胸径（cm）	最大密度（1.0）（株/hm^2）	0.6 经营密度（株/hm^2）	0.7 经营密度（株/hm^2）	0.8 经营密度（株/hm^2）
6	4 019	2 367 ~ 2 456	2 762 ~ 2 865	3 156 ~ 3 274
7	3 449	2 025 ~ 2 114	2 363 ~ 2 466	2 700 ~ 2 818
8	3 021	1 768 ~ 1 857	2 063 ~ 2 167	2 358 ~ 2 476
9	2 688	1 568 ~ 1 657	1 830 ~ 1 933	2 091 ~ 2 210
10	2 422	1 409 ~ 1 498	1 644 ~ 1 747	1 878 ~ 1 997
11	2 204	1 278 ~ 1 367	1 491 ~ 1 595	1 704 ~ 1 822

（续）

胸径（cm）	最大密度（1.0）（株/hm^2）	0.6 经营密度（株/hm^2）	0.7 经营密度（株/hm^2）	0.8 经营密度（株/hm^2）
12	2 022	1 169 ~ 1 258	1 364 ~ 1 467	1 558 ~ 1 677
13	1869	1 077 ~ 1 166	1 257 ~ 1 360	1 436 ~ 1 554
14	1 737	998 ~ 1 087	1 164 ~ 1 268	1 330 ~ 1 449
15	1 623	929 ~ 1 018	1 084 ~ 1 187	1 239 ~ 1 358
16	1 524	870 ~ 959	1 015 ~ 1 119	1 160 ~ 1 278
17	1 435	816 ~ 905	935 ~ 1 056	1 089 ~ 1 207
18	1 357	770 ~ 859	898 ~ 1 002	1 026 ~ 1 145
19	1 287	729 ~ 817	849 ~ 953	970 ~ 1 089
20	1 224	690 ~ 779	805 ~ 909	920 ~ 1 038
21	1 167	656 ~ 745	765 ~ 869	874 ~ 993
22	1 115	625 ~ 713	729 ~ 832	833 ~ 951
23	1 068	596 ~ 685	696 ~ 799	795 ~ 914
24	1 024	570 ~ 659	665 ~ 769	760 ~ 878
25	980	546 ~ 635	637 ~ 741	728 ~ 864

例如某落叶松人工林分，平均胸径为12cm，密度为2 170 株/hm^2。问林分是否需要间伐？间伐强度是多少？胸径多大时进行下一次间伐？

由表9-4查得，当胸径为12cm时，合理经营密度为0.6、0.7、0.8的分别为1 169 ~ 1 258 株/hm^2、1 364 ~ 1 467 株/hm^2、1 558 ~ 1 677 株/hm^2，现实林分密度已超过经营密度，则应进行抚育采伐。若经营密度为0.8，那么保留株数为1 558 ~ 1 677 株/hm^2，采伐株数为493 ~ 612 株/hm^2，采伐强度为23% ~ 28%，间伐后林分生长量加大，当林分平均胸径生长到15 ~ 16cm时，保留株数又达到与其直径相对应的最大保留密度，这时需要进行再次间伐。

营养面积法，即根据树高与冠幅的相关规律确定保留密度。其理论依据是把一株树的树冠垂直投影面积视为其所占的营养面积，若将其看作为正方形，其边长就是树冠直径。树冠直径与树高的比值称为树冠系数，其值随树种、年龄和林分密度的不同而发生变化。一般在正常生长发育的林分内，树冠系数为1/5。如以H表示树高，则每株立木所需营养面积约为$(H/5)^2$，那么每公顷保留株数(N)为：

$$N = 10\ 000/(H/5)^2 = 250\ 000/H^2$$

只要测得林分平均高（亦可用优势木平均高），就可计算出林分应砍伐和保留的株数，从而确定采伐强度。问题在于不同树种、不同年龄的林木，树冠系数是有差异的。Ⅰ龄级树冠系数为1/4，Ⅱ龄级为1/5，Ⅲ、Ⅳ龄级为1/6，Ⅴ龄级为1/5。耐荫树种（如云杉、冷杉）的树冠系数为1/6，喜光树种（如樟子松、落叶松）为1/4。为此，在应用时，根据林分具体情况实测树冠系数，利用这种方法才可靠。

b. 根据林分密度控制图确定保留密度　林分密度控制图是根据森林在一定的生长阶段内，林分密度与直径、材积等变量之间存在一定的数量关系，应用数学分析和数理统计的方法，拟定密度效应数学模型，绘在双对数纸上编制出来的(图9-8)。

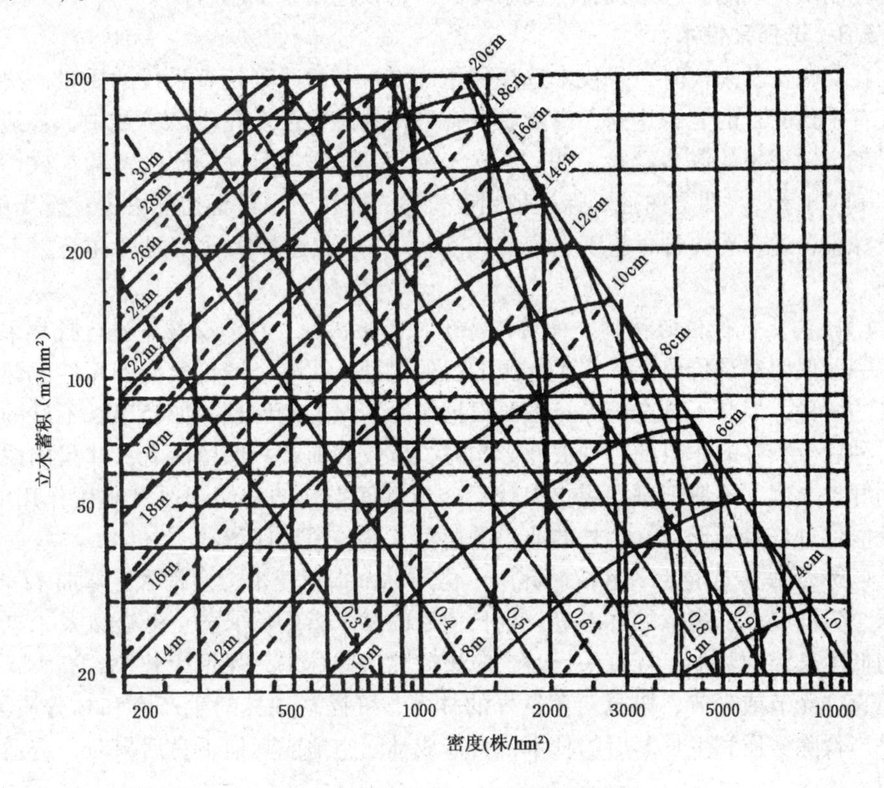

图9-8　落叶松人工林密度控制图

林分密度控制图由等树高线、等疏密度线、最大密度线和自然稀疏线等等量线组成，利用林分密度控制图可确定抚育采伐的各项技术指标。

例如某落叶松人工林的直径 $D=12\text{cm}$，密度 $N=2\ 000$ 株/hm^2，要求下层疏伐后，疏密度不低于0.8。求单位面积蓄积量 M，疏密度 P，优势木高 H，间伐株数 ΔN 和间伐材积 ΔM 以及伐后直径 D_1。

应用图9-8，根据给定的 D 和 N，在标有12cm的等直径线与横坐标为2 000株/hm^2 的纵线相交处，按其纵坐标的刻度读得蓄积量 $M=174\text{m}^3/\text{hm}^2$。由于交点位于标有0.9的等疏密度线与饱和密度线之间，所以按其疏密度刻度能够读处 $P=0.94$。因为交点落在标有14m与16m的两条等树高线之间，所以按优势木高增加的比例，可读取 $H=15\text{m}$。再根据给定的保留疏密度0.8和查得的优势木高15m，在标有0.8的等疏密度线与想像中的15m等树高线相交处，按纵坐标查出间伐后保留蓄积量 $M_1=148\text{m}^3/\text{hm}^2$，按横坐标查得保留密度 $N_1=1\ 400$ 株/hm^2，按相邻等直径线的刻度查得间伐后的直径 $D_1=13.3\text{cm}$。最后根据抚育采伐前后的蓄积量与密度，求出间伐株数和材积为：

$$N = N - N_1 = 2\ 000 - 1\ 400 = 600 \text{（株）}$$

$$M = M - M_1 = 174 - 148 = 26 \text{（}m^3/hm^2\text{）}$$

需要指出的是，编制林分密度控制图是利用林分的优势木平均高，所以利用密度控制图，确定抚育采伐各项技术要素时，仅适用于下层疏伐。

9.2.5.3 选择采伐木

在实施抚育采伐时，采伐木选择的正确与否，关系到抚育采伐的质量，决定于抚育采伐的目的能否达到，影响着抚育采伐的总效果。在生产实践中，各地积累了确定采伐木的许多经验，如"3砍3留"（即砍劣留优；砍密留稀；砍小留大）和"4看"（即看树冠，保证郁闭度合适；看树干，保证留优去劣；看周围，保证株距合适；看树种，正确选定砍伐木）。一般在选择采伐木时应注意以下几方面。

（1）*淘汰低价值的树种，保留经济价值高的树种* 在混交林中进行抚育采伐时，一般保留经济价值高和实生起源的目的树种，伐除经济价值低和无性起源的非目的树种，但并不是全部除掉，要根据实际情况酌情处理。如当生长不好的主要树种和生长好的非目的树种彼此影响时，应伐去前者，保留后者；非目的树种起到庇护土壤，不使土壤裸露，采伐后造成林间空地的和能起改良土壤作用的，以及能促进培育干形良好生长的非目的树种，应该适当保留。

（2）*砍去劣质和生长落后的林木* 劣质林木指双杈木、多梢木、弯曲木、偏冠木、尖削度大、多节的林木等。生长落后的林木指生长孱弱、低矮以及未老先衰的低生长级的林木。抚育采伐时，应该砍除这些林木，保留生长快、高大、圆满通直、无节或少节、树冠发育良好的林木，可提高森林的生产率和林分质量，但是当伐除劣质和生长落后的林木，会造成林间空地或其他不良后果时，应适当保留。

（3）*伐除有碍森林环境卫生的林木* 为了维护森林的良好卫生环境，应将已感染病虫害的林木尽快伐除，凡枯梢、损伤、枝叶稀疏、枯黄或凋落、因病虫害而引起树木表面有异常现象的林木，均影响林内的卫生状况，应适当砍伐。

（4）*维护森林生态系统的平衡* 为了给在森林中生活的益鸟、益兽提供生息繁殖场所，应该保留一些有洞穴，但没有感染传染性病害的林木，以及筑有巢穴的林木。据孟沙（1986）调查，有些鸟类明显地选择枯立木营巢，如果清除枯立木，将影响它们的栖息和繁殖。因此，要考虑其在森林生态系统平衡中的作用，谨慎决定去留。对于林内的下木和灌木应尽量保留，以增加有机物的积累和转换。

（5）*满足特种林分的经营要求* 对于特种林分，如风景林、游憩林、森林公园等，为了增加林分的多样性和美化作用，应该保留一些形态奇特的树木（弯曲木、双杈木、偏冠木等），以及花、果、叶美观的灌木。对于防护林，要根据防护目的的要求决定砍留对象，以提高其防护效能。

9.2.5.4 抚育采伐的间隔期

抚育采伐的间隔期又称为重复期，是指相邻两次抚育采伐所间隔的年限。间隔期的长短，取决于树冠恢复郁闭的速度和直径生长量的变化。在进行一次抚育采伐后，林冠疏开，保留木的树冠因得到充分扩展，直径生长量提高，等到树冠重新郁闭、直径生长量又开始下降时，需要进行下一次抚育采伐。

因此，间隔期和抚育采伐强度是密切相关的。抚育采伐强度越大，林冠恢复郁闭所需的年限越长，相应的间隔期也长。

间隔期与林分生长量的关系也很密切。年平均生长量大，间隔期短；相反，年平均生长量小，间隔期长。因此，可以用抚育采伐量被平均材积生长量除，来确定间隔期。与此同时确定间隔期应考虑树种的特性。一般速生树种生长速度快，树冠扩展也快，间隔期宜短些；处于壮龄期的林分生长旺盛，树冠恢复郁闭快，间隔期应短些；林分立地条件好的比立地条件差的间隔期应短些。此外，间隔期还与经济条件有关。一般在交通方便、缺柴少材的地方，适用强度小、间隔期短的方式；而在交通闭塞、劳力缺乏和间伐材无销路的地区，可采用大强度、长间隔期的方式。

在经济条件允许的情况下，用采伐量小、间隔期短的多次抚育采伐方式抚育森林，可使林分长期保持较大的生长量，形成树干圆满、通直、少节、年轮宽度均匀的良材。但由于采伐量少，费工，增加了采伐的开支，使经济效益降低。

9.3 森林采伐更新技术

9.3.1 森林采伐更新的概念

森林达到成熟以后，木材的生长量和质量下降，森林的防护性能也趋于减弱，应该进行采伐。其目的在于一方面是为了获取木材满足国民经济建设的需要；另一方面是为了改善、提高森林的各种有益效能。森林是一种可再生的资源，森林采伐后，为了保证木材的不断再生产和防护效能的继续发挥，需要及时进行森林更新，将森林恢复起来。培育森林与森林采伐利用互为条件，前后衔接，形成一个完整的生产循环。营林是基础，是决定林业生产的主导方面；采伐以营林为依托，又为森林的再生产创造条件。

森林更新是森林可持续经营的基础，森林经过采伐、火烧或其他自然灾害消失后，以自然力或人为的方法重新恢复森林称为森林更新。利用自然的力量形成的森林称为天然更新；以人为的方法重新恢复森林称为森林更新；森林更新的方法除了人工更新和天然更新之外，还有一种人工促进天然更新，是对天然更新加以人工辅助形成森林的方法。根据森林更新发生于采伐前后的不同，可分为伐前更新和伐后更新。伐前更新是在森林采伐以前的更新，简称前更；伐后更新是在森林采伐以后的更新，简称后更。

森林更新不仅是树木或林分的更新，而且应当是森林生态系统的更新。只有保持生物多样性的延续、保护生物群落稳定与保护林地生产力，才有可能保持森林的持续经营。

对成过熟林分或林木所进行的采伐称为森林主伐。森林主伐是以获取木材为主要目的，但更重要的是主伐后必须及时解决森林更新问题。这是中国林业对更新工作的基本要求，也是衡量一个林业单位更新工作好坏的重要标志。中国《森林采伐更新管理方法》规定，在森林采伐后的当年或者次年内必须完成森林更新造林，并要达到更新的标准。划定为实施主伐的森林地段，在规定的期限内（通常1年）采伐的林地称为伐区，采伐过的林分称为采伐迹地。

森林更新与森林采伐是密切相关的，有什么样的采伐方式就有相应的更新方式。采伐方式的确定就意味着更新方式的选定，合理的采伐作业就意味着更新的开始。森林主伐方式分为择伐、皆伐和渐伐3种。不同主伐方式适于不同的森林地段和森林更新方式。

9.3.2 择伐更新

择伐是每隔一定时期，采伐一部分成熟林木，使林地始终保持不同年龄的有林状态的一种主伐方式。

9.3.2.1 择伐更新过程及其特点

择伐是模拟原始天然林自然更新过程，是以采伐成熟林来代替原始林中老龄过熟林木的自然枯死和腐朽，造成林冠疏开，为更新创造必要的空间。择伐后被采伐掉的林木所占的空间，就会出现许多幼苗幼树，及时地实现了天然更新。所以，择伐最适合于在异龄复层林中进行，成熟一批采伐一批，每次采伐后都出现一批新的幼苗幼树，始终维持异龄林状态。择伐是符合于森林木性的一种更新方式。

择伐借助于母树的天然下种更新，通常是与天然更新配合进行的，但在天然更新不能保证的情况下，并不排除采用人工植苗或播种的方法，来弥补天然更新的不足。

择伐是以主伐为主，并辅以抚育采伐，故称采育择伐。合理的择伐应完成3个任务：采伐利用已成熟的林木；为更新创造良好的条件；对未成熟林木进行抚育。为此，择伐木的选择必须遵循“采大留小，采劣留优，采密留稀”的原则。砍伐已成熟的老龄林木、受害木、弯曲木、生长密集处的林木、妨碍幼树生长的林木和无培育前途的林木，在采伐过程中要注意对幼树的保护，把采伐和育林有机的结合起来。

择伐量的多少决定于采伐强度的大小，采伐强度应由林分的年生长量来决定，但又与间隔期的长短密切相关。在择伐作业中，间隔期又称为回归年或择伐周期，是指相邻两次采伐所间隔的年限。通常以年生长量除采伐量来确定间隔年限。所以，间隔期的长短受采伐量的制约，一般年采伐量不能超过年生长量。

9.3.2.2 择伐的种类

择伐按其经营的集约程度分为集约择伐与粗放择伐。

（1）集约择伐　以采伐较小，间隔期较短，在采伐利用木材的同时，还十分注意对林分的培育。此法最适宜在异龄林中实施，采伐木比较分散，不仅采伐一定直径的林木，而且采伐病腐木以及非目的树种。这种采伐既是主伐，又是抚育伐。择伐后，林分始终维持大、中、小林木的均匀分配。

（2）粗放择伐　以采伐量较大，间隔期较长，只注重木材利用，而忽略今后森林的质量和产量，是对森林进行破坏性的掠夺式采伐。径级择伐就是一种粗放择伐，它是从森林工业的观点出发，只考虑取得一定规格的木材与经济收入，很少考虑采伐后的林地状况和更新问题。

由于径级择伐往往只采伐达到一定径级标准以上的优良木，而留下的多是劣质木和小径木，常引起树种更替，易发生枯梢、风倒，严重的甚至会造成森林的破坏。粗放择伐方式的应用历史悠久，现在，许多国家已禁止采用这种方法，但在某些边远林区，由于交通不便，还用此法。中国东北林区过去也曾用过，但目前已停止采用。

9.3.2.3　择伐的评价及选用条件

（1）择伐的评价　择伐的优点在于始终维持森林环境以至于天然更新很容易获得成功。择伐的缺点表现在采伐木比较分散，采伐、集材较困难，因此，木材生产成本高；在整个择伐作业过程中，易损伤保留木和幼树；择伐要求较高的技术等3个方面。

（2）择伐的选用条件　鉴于择伐的优缺点，决定了择伐适用于特殊用途的森林，如风景林、防护林等；适于由耐荫树种组成的复层异龄林和准备培育为异龄林的单层同龄林；适用于采伐后不易引起林地环境恶化的森林；适用于混有珍贵树种的林分。采伐时，将珍贵树种留作母树，繁殖后代。

9.3.3　皆伐更新

皆伐是将伐区上的林木在短期内一次采完或几乎采完，并于伐后及时更新恢复森林的一种采伐方式。皆伐迹地最适宜于人工更新，但在目的树种天然更新有保障的情况下，可采用天然更新或人工促进天然更新。皆伐迹地上形成的森林一般为同龄林。

9.3.3.1　皆伐迹地环境条件特点及对更新的影响

由于皆伐迹地完全失去原有林木的遮蔽，在裸露的迹地上小气候、植物和土壤条件与林内相比均有显著的变化，将影响迹地的更新。

（1）迹地小气候　皆伐后太阳辐射直达迹地，气温、土温增高，尤其是地表温度增高显著。迹地没有树木的遮挡，风速加大。由于气温高，风速大，蒸发量随之加大，迹地相对湿度明显降低。在北方冬季迹地积雪比林内多，但由于翌春迹地地温回升较快，雪融化早且速度也快。

这些气候因子的变化，对迹地更新幼苗成活和生长的影响，既有不利的一面，也有有利的一面。不利影响表现在春季积雪融化早，气温回升快，幼苗萌动早，但气温波动也大，苗木易受霜冻危害；夏季，地表气温过高，幼苗易遭日灼；迹地总的热量增高，有利于害虫繁殖。有利影响表现在光照充足，通风良好，幼苗幼树的生长量增加，特别是对喜光树种的生长更为有利。

（2）迹地植物和土壤　植物生长条件的变化直接受小气候条件的影响。森林皆伐后的最初1～2年，迹地上的植物种类成分与原林下相比无明显变化，但处于极不稳定状态，伐后3～5年变化明显而迅速。原林下耐荫植物逐渐被喜光植物所取代，5年后达到较为稳定的密生灌丛和草被，植物总覆盖度达90%～100%，草根盘结度逐年增加，使地表层10～15cm厚的土壤形成密网状草根层。

由于草根的盘结，迹地土壤逐年失去原林下疏松多孔的性状，土质变紧，通气性能减弱。在干燥的条件下，土壤会变得更干燥；而在湿润的条件下，土壤水分含量增高，极易造成水分滞积，特别是较平缓地域容易引起土壤沼泽化。由此可见，在新采伐迹地上具有杂草灌丛少，覆盖度低，土壤疏松等特点，有利于更新；伐后4～5年的旧皆伐迹地，杂草遍地滋生蔓延，更新比较困难。

9.3.3.2　皆伐迹地的人工更新

皆伐迹地最便于人工更新。由于皆伐后的1～2年内，迹地杂草、灌丛较少，土壤疏松多孔，环境变化不大，所以，最好在采伐当年完成更新，最迟应在第2年。更新技术基本与荒山造林相同，一般比干旱地区荒山造林容易得多。人工更新的优点是可以按照人们的要求配置树种组成和密度，可提高森林更新的质量，而且成林较快，缩短更新期，加速森林的恢复，又易于管理。

皆伐迹地上常有一些天然更新起来的幼苗幼树，人工更新时应注意保护，使其与栽植树种形成混交林，同时可加快森林的恢复。

9.3.3.3　皆伐迹地的天然更新

皆伐迹地在能保证森林天然更新获得成功的情况下，应采用天然更新，以便充分利用自然力，可节省劳力和资金。天然更新是利用树木自然落种、萌芽、分蘖的能力，来实现的森林更新。皆伐迹地最有利于无性天然更新，因为天然无性更新主要是以萌芽更新和根蘖更新为主，二者均适合于在全光照条件下进行。利用树木自然落种能否实现天然更新，主要取决于3个因素，即有足够的种源、适宜种子发芽条件和幼苗生长条件。这是天然更新的三要素，缺一不可。若采伐树种具有较强的天然更新能力，如桦树、云南松等，或者人工更新困难时，则应首先考虑利用天然更新这一自然力进行更新。

在森林采伐作业过程中，为了不完全丧失森林的防护作用和促使采伐后有利于更新，皆伐时需要讲究伐区的大小、形状和排列方法等。皆伐伐区面积一般不超过5hm^2，在地势平缓、土壤肥沃、更新容易的林地，皆伐面积可以扩大到20hm^2，但严禁大面积的皆伐。伐区形状最好是长而窄，呈带状，带的方向应与当地主风方向垂直，以便为更新提供足够的种子。

皆伐按伐区排列方法，分为带状间隔皆伐更新、带状连续皆伐更新和块状皆伐更新。

（1）带状间隔皆伐更新　将整个采伐林分划分成若干采伐带（伐区），隔一带采伐一带。几年后，当采伐带完成更新时，再采伐保留带。第1次采伐的伐区，两侧保留的林墙可起下种和保护更新的幼苗、幼树的作用。

(2) 带状连续皆伐更新 带状连续皆伐是按顺序依次采伐各采伐带，前一带完成更新后，再采伐下一带，直至采伐完全林。当林分面积较大时，可将林分划分成若干采伐列区，在每个采伐列区中，划分出3个以上的伐区，同时按顺序依次采伐各采伐列区的采伐带，直至采伐完全林。

(3) 块状皆伐更新 在地形不规整或者不同年龄的林分呈片状混交的情况下，无法采用带状皆伐时，适用块状皆伐。伐区的形状尽可能呈长方形（带状），以便发挥林墙的作用。

皆伐要保留相当于采伐面积的保留林地带和块。保留带的采伐要在伐区更新幼苗生长稳定后进行，一般在北方和西北、西南高山地区，在更新后5年采伐，南方在更新后3年采伐。

皆伐迹地天然更新，要求每公顷保留目的健壮树种幼树3 000株（或幼苗6 000株）以上。但常常皆伐迹地天然更新达不到更新的标准，需要人工促进天然更新。通常采用的人工促进措施包括保留母树下种，使迹地有足够数量的种子；清除地被物，迹地的地被物和采伐剩余物常使种子难以与土壤接触，影响种子发芽扎根；保护前更幼苗幼树，可加快森林恢复的速度。

总之，森林采伐后采用何种更新方式，必须依照树种更新特性、伐区自然条件和经济手段综合考虑决定。

9.3.3.4 皆伐的评价与适用条件

(1) 皆伐的评价 皆伐的优点：采伐集中，便于机械化作业，采伐方法简便易行，不存在选择采伐木和确定采伐强度；可节省人力、物力、财力，降低木材生产成本；最便于人工更新，迹地光照条件好，有利于喜光树种更新和无性更新。

皆伐的缺点：环境变化剧烈，通常对更新不利；不利于水土保持，降低了森林的防护效能，严重干扰森林生态平衡等。

(2) 适用条件

①皆伐对象主要是用材林，对营造的人工用材林，大部分实行皆伐；对天然用材林，则应慎重考虑，皆伐地块的面积绝不能过大。

②适用于成熟、过熟的同龄林。

③适用于人工更新的各类森林。一些林业经营水平高的国家，采用皆伐方式，主要原因是皆伐迹地便于人工更新，而人工林有利于提高林地生产力，又有较高的质量。

④低价值林分改造更换树种的林分。

⑤适用于无性更新的林分。

⑥岩石裸露的石质山地、土层很薄、更新困难的林分，不应采用皆伐。

⑦水湿地、地下水位较高、排水不良的林分，不宜采用皆伐。因为皆伐后失去原有林木，蒸腾量大大降低，会加剧水湿程度，甚至形成沼泽化。

⑧对水源涵养林、水土保持林、护岸林、护路林等防护林以及风景林，应避

免采用皆伐。

9.3.4 渐伐更新

渐伐是把林分中所有成熟林木，在一定期限内（通常不超过一个龄组），分几次采伐完的一种采伐方式。渐伐在其数次采伐过程中，逐渐为林下更新创造条件，当成熟木全部采伐完后，林地也全部更新成林。虽然更新起来的林木年龄不同，但在一个龄级之内属于相对同龄林。

渐伐是由保留母树的皆伐演变而来的。皆伐保留母树很少，只是为了下种，而渐伐保留母树很多，其目的不只是为了下种，也为更新的幼苗幼树提供庇护作用。

9.3.4.1 渐伐更新过程及其特点

渐伐是分数次采伐完成熟林木。典型渐伐是分4次采伐，其名称分别为：预备伐、下种伐、受光伐和后伐。

（1）预备伐 通常在密度大的林分中进行。由于林分密度大林内光照弱，林下地被物层堆积较厚。预备伐的目的在于疏开林冠，增加林内光照，促进保留木结实，加速死地被物分解，为提供足够的种子作准备，同时也为种子发芽和幼苗生长创造条件。伐后林分郁闭度保持在0.6~0.7，若伐前郁闭度不太大，不需进行预备伐。

（2）下种伐 在预备伐的若干年，林木大量结实以后，通过采伐促进林木下种，同时进一步疏开林冠，为更新创造条件。下种伐应在种子年进行，使种子尽可能多落到林地上，伐后郁闭度为0.4~0.6，若伐前林下更新的幼苗较多，郁闭度不大，可免去下种伐。

（3）受光伐 下种伐之后，林地上逐渐长起许多幼苗幼树，它们对光照的要求越来越多。受光伐就是给逐渐长大的幼苗幼树增加光照的采伐。伐后郁闭度保持在0.2~0.4。

（4）后伐 受光伐后，幼苗幼树得到充足的光照，生长速度加快，3~5年后不再需要老林木的保护，如果老林木继续存在，将影响新林生长，这时把老林木全部伐除，整个渐伐过程结束，新林也完成更新。

从渐伐过程来看，是以天然更新为主的采伐方式，每次采伐使林分不断得到稀疏，林内光照条件不断改善，促进了林木结实和下种能力；同时有老林木林冠的保护，有利于幼苗幼树生长。在生产实践中，根据渐伐的林分状况和更新特点，并不需要采伐4次就可获得较好的森林更新，则可简化为2~3次采伐，称其为简易渐伐。

我国《森林采伐更新管理办法》规定，林分郁闭度较小，林内幼苗幼树株数已达到更新标准，可进行2次渐伐，第1次伐去蓄积量的50%；林分郁闭度较大，林内幼苗幼树株数达不到更新标准，可进行3次渐伐，第1次伐去蓄积量的30%，第2次伐去保留木蓄积量的50%，第3次采伐应当在林内更新起来的幼树接近或者达到郁闭状态时进行。从经济上考虑，渐伐采伐的次数愈多，木材的生产成本愈高。

渐伐作业对采伐木的选择应注意3个原则，一是有利于林内卫生状况，维护良好的森林环境；二是有利于幼林和保留木的生长；三是有利于树木结实、下种和天然更新。

9.3.4.2 渐伐的种类

渐伐按照采伐过程可分为典型渐伐和简易渐伐；按照伐区排列方式的不同分为全面渐伐、带状渐伐和群状渐伐。

(1) *全面渐伐* 在预定进行渐伐的全林范围内，同时均匀地依次进行各次采伐。全面渐伐也称均匀渐伐，不设伐区，一般在渐伐林地面积较小的情况下采用。

(2) *带状渐伐* 将林分划分为若干条带，每一条带作为一个伐区，从一端开始，在第1个伐区上首先进行预备伐，其他带保留不动，几年后在第1个伐区进行下种伐，同时在第2个伐区上进行预备伐，再过几年，在第1个伐区进行受光伐的同时，在第2个伐区进行下种伐，在第3个伐区进行预备伐，依此类推，直至伐完全林。

带状渐伐与全面渐伐相比，更有利于保持森林环境和防止水土流失，更有利于对幼苗幼树的庇护，同时可降低保留木受风害的危险性。

(3) *群状渐伐* 是以林下已有幼苗幼树、上层林木稀疏的地段作为采伐基点，向四周扩展划分为若干个环状采伐带（伐区），首先对采伐基点进行后伐，同时在其周围的环状带进行第1次采伐，若干年后，进行第2次采伐的同时，向外依次采伐各环状带，直至采伐完全林。当采伐完全部成熟林木后林地更新起来呈塔形的新一代幼林。

9.3.4.3 渐伐的评价及适用条件

(1) *渐伐的评价* 渐伐的优点在于始终维持森林环境，对森林的防护作用影响不大，并且有丰富的种源和上层林木的保护，天然更新易成功。而缺点表现在渐伐要求的技术水平较高，采伐作业过程中对保留木和幼苗幼树损伤率较大。

(2) *渐伐适用条件* 渐伐适宜于所有树种的成过熟单层或接近单层的林分；适用于容易发生水土流失的地区或具有其他特殊用途的林分，如特殊防护林，风景林等；适宜对皆伐天然更新有困难而又难以人工更新的森林，如沼泽、陡坡、土层薄等地段上的森林。

9.3.5 更新采伐

更新采伐是指为了恢复、改善、提高防护林和特用林的有益效能，进而为林分的更新创造良好条件而进行的采伐。更新采伐不是以获取木材为主要目的的采伐，它一般在森林成熟后，防护或其他有益效能开始下降时进行。

更新采伐的对象是防护林和特用林，可采用小强度择伐，即择伐强度不高于20%，以天然更新或人工促进天然更新，或面积不大于1hm^2的超小面积皆伐，以人工更新恢复森林，伐后要在1年内全部更新。更新采伐年龄以林木达到自然过熟为基准，一般在自然成熟后1～3个龄级进行采伐。

9.3.6 森林采伐更新方式的选择

在进行森林主伐之前，选择适宜的主伐方式是至关重要的，这关系到合理地经营、利用森林资源，而且对保证森林的及时更新更具有现实意义。

合理采伐的一个重要标志，就是森林的持续利用。森林的持续利用，不仅是木材，还应包括水资源、动物资源以及其他各种用途的持续。上述3种主伐更新方式各有各的特点，适用于不同的环境条件和具有不同特征的林分。在林业生产实践中，应根据森林经营的方针和多样性的特点，因地制宜地选择主伐更新方式，才能合理采伐利用森林资源，并不断发挥其各种效能。

选择主伐更新方式时应注意以下3点：首先要考虑森林的生态作用，采伐方式必须有利于水土保持、涵养水源，尤其对有水土流失危险的陡坡的森林更需注意，坡度大于35°时不得采用皆伐方式；其次要本着有利于恢复森林的原则，采伐方式为森林更新创造好的条件；此外，在采伐合理的前提下，采伐更新方式有利于降低木材生产成本，提高劳动生产率。

9.4 次生林经营

天然林包括原始林和次生林。天然林是中国森林资源的主体，在维护生态平衡和改善生态环境以及保护生物多样性方面发挥着不可替代的重要作用。目前，中国实施天然林资源保护工程，不仅对中国的生态环境保护和建设产生重大影响，同时也将为世界的生态环境保护做出巨大的贡献。

就世界范围来说，天然次生林在森林资源中面积很大，并且一直在不断扩大。原始林面积越来越少。我国也是如此，据1989～1993年森林资源清查，我国次生林面积占全国森林总面积的80.3%，北京、河北、山西、辽宁、陕西、河南、山东等地，除人工林外，几乎全部为次生林。森林较多的地区，尤其是原始林多的黑龙江、吉林、新疆、青海等省（自治区），原始林资源锐减，次生林面积也在不断扩大，已达50%以上。

9.4.1 次生林及其形成

次生林是对应于原始林而言的，一般来说在原始林受到人为的或自然因素破坏后，以天然更新自然恢复形成的次生群落，称为次生林。由于次生林是天然林，因而又称为天然次生林。但有的次生林是在人工林被破坏后的迹地上产生的，所以，又扩大为原生林经过破坏后，以天然更新自然恢复形成的次生群落。

人们常常将次生林的“次”误解为次等、质量次的意思，实际上，“次”是“再”的意思。次生林与原始林相比，价值低劣的林分固然较多，但次生林中也有相当多的类型是价值甚高的。如北方的山杨林、白桦林；南方的杉木林、马尾松林、云南松林等，生长率就远远超过原始林。

次生林的发生、发展包括2种过程：一种是群落退化（逆行演替）；另一种是群落复生（进展演替）。群落退化是指原始群落在外因（如采伐、火烧、开垦、放牧、病虫害、旱涝等）的作用下，原来的群落由高级阶段往低级阶段退化。外力是形成退化的直接原因，外力作用的方式、程度和持续的时间决定次生林发生发展的速度、趋向、所经历的阶段与产生次生林的类型及其途径。如果外力强，对原生林破坏的程度越大与持续的时间越长，则所形成的次生林结构越简单，类型越单纯。当外力作用极强时，则可使原生林一次直接退化到次生裸地。当外界因素破坏停止后，次生林即转向进展演替，向原生群落发展。其速度与破坏程度成反比，即破坏的越严重，恢复的速度越慢，反之，则越快。

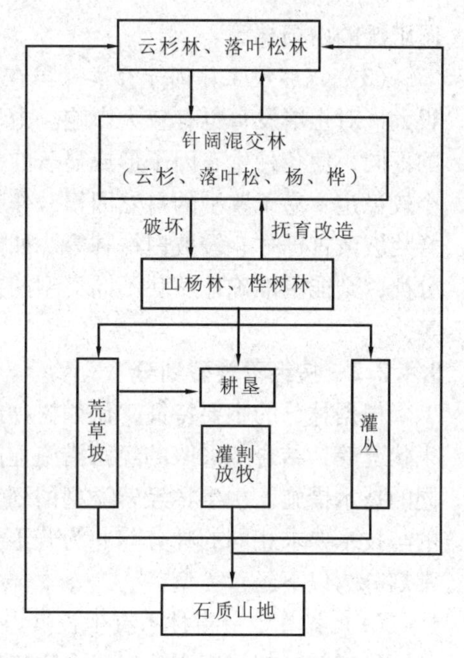

图9-9 云杉、落叶松林的次生演替过程

次生林的发生一般都有共同的规律和相似的途径。典型的例子是北方地区中山、亚高山地区，其演替过程比较复杂，如云杉、落叶松林的次生演替过程见图9-9。

9.4.2 次生林类型的划分

次生林类型划分的目的在于合理经营次生林，正确划分次生林类型，是经营好次生林的关键。我国林学界对次生林类型划分有不同的意见和划分方法，可归纳为以下3种：

9.4.2.1 按自然类型划分

（1）根据优势树种分类 优势树种是森林的主要组成部分，支配着森林发展的总方向，又是人们经营森林的主要对象。所以，以优势树种的名称来划分，如山杨林、桦树林等。但由于组成次生林的优势树种一般都对环境有较强的适应能力，在不同的生长条件的地段，生产力相差甚大。通常由于活地被物优势种可以指示立地条件，常常利用上层优势树种和林下活地被物优势种一起来划分类型，如藓类—云杉林等。

（2）根据立地条件分类 环境支配着森林，决定着森林的生存、生长发育，环境条件的变化会引起森林在组成、结构与生产力上的相应变化。虽然森林容易受人为活动的影响，但环境总是比较稳定的。在划分森林类型时，应将环境条件作为基础。环境条件主要指气候条件与土壤条件，但在同一气候区内，森林主要受土壤肥力（水分与养分）的影响，所以应先按土壤肥力的差异划分立地条件类型，然后与林分的优势树种结合起来，划分森林类型。如干旱瘠薄马尾松林、潮湿肥沃的山杨林等。

（3）*以环境主导因子分类* 虽在同一气候区内，但地形不同，局部气候差异很大，对土壤发育也有较大影响。由于海拔高度、坡向、坡度、坡位等地形因子的不同，使各种生态因子形成显著的差异，从而导致次生林的变化。加之地形是个较稳定、易于鉴别的自然因素，作为主导因子进行森林分类，易于掌握。如山脊陡坡蒙古栎林、缓坡白桦林等。如能将影响林木生长的土壤主导因子参加森林分类，则能更准确地反映不同类型的差异，如南坡薄土油松林、北坡厚土山杨林等。

9.4.2.2 按经营类型划分

根据林分的主要特征，比如树种组成、林龄、郁闭度、密度、培育目的、卫生状况等，结合拟采取的经营措施加以划分。不同的经营类型的林分，要求有不同的技术措施。次生林经营类型的划分，应在自然类型划分的基础上，将经营目的与技术要求相同的林分归并为若干个经营类型，以便采取相同的经营措施。通常划分为以下经营类型：

（1）*抚育型* 指林木有生长潜力，有培育前途或者合乎经营目的要求的次生林。如密度、郁闭度大，组成合乎经营要求的幼、中龄林，可通过抚育采伐、修枝等措施，留优去劣，提高林木的生长量与质量。

（2）*改造型* 指大部分林木无培育前途，不符合经营要求，需要改造的低劣次生林。如林分生产力极低，干形不良，林质低劣，郁闭度小或非目的树种占优势的林分。为了充分发挥林地的生产力，需要彻底改变现有林木组成。

（3）*抚育改造型* 树种组成复杂，而组成林分的各树种生产力大小不均一的各种次生林。应通过抚育采伐伐去低劣和生产力不高的树种，在抚育采伐后，主要树种的数量仍然不足，并且分布不均，需要引进目的树种实行局部造林。

（4）*利用型* 对零星分散的老熟次生林及时砍伐利用，并同时做好森林更新工作。

（5）*封育型* 有一定优良林木，但郁闭度、密度不够抚育采伐标准的中、幼、近熟林，或处于山脊、陡坡（立地条件差）、生产力低，却对山体有重要防护作用的次生林。对这些林分要管护好，实行封育。

经营次生林要根据林分的不同情况采取相应的措施，做到该保护的保护，该抚育的抚育，该改造的改造，该利用的利用，逐步变低产为高产，变劣质为优质。

9.4.3 次生林的经营措施

确定次生林经营技术，应根据次生林不同类型特点、地形条件、土地类别以及林分状况（林分年龄、树种组成、林分郁闭度、病虫害）等差异，拟定相应的技术措施。次生林经营管理的主要技术可概括如下：

9.4.3.1 次生林的抚育间伐

次生林抚育间伐主要是以稀疏、淘汰为手段，调整林分组成结构，促进林分的进展演替，培育更高质量的森林。抚育间伐技术要比人工林复杂，因林分类型、状况、立地等不同而不同。对于天然幼龄林，按不同生态公益林的要求分2~3次调整树种结构，伐除非目的树种和过密幼树，对稀疏地段补植目的树种。

对坡度小于25°、土层深厚、立地条件好，兼有生产用材的防护林采用综合疏伐法。先将彼此有密切联系的林木划分成若干植生组（树群），然后按照有利于林冠形成梯级郁闭，主林层和次林层立木都能直接受光的要求，在每组内将林木分为优良木、有益木和有害木；伐除有害木，保留优良木、有益木和适量的草本、灌木与藤本。

天然次生林疏伐强度用单位面积立木株数作为控制指标（表9-5）。立地条件较好的地段保留株数可适当小些，反之则大些。抚育后林分郁闭度不应低于0.5，并且不得造成天窗或疏林地。未进行过透光伐的飞播林，首次疏伐每公顷保留3 500株以上或伐后郁闭度控制在0.7~0.8。

表9-5 天然次生林抚育不同径阶适宜保留株数 株/hm²

类 型	径 阶（cm）						
	6	8	10	12~14	16~18	20~22	22以上
针阔混交林	4 000~6 400	2 100~4 400	1 580~2 730	930~1 790	810~1 320	700~880	640~830
硬阔叶林	2 550~4 110	1 490~2 980	1 130~2 050	850~1 300	780~1 030	650~890	600~790
软阔叶林	4 060~6 540	2 020~4 610	1 590~2 920	1 040~2 050	910~1 520	780~910	
杨桦林	2 460~4 330	2 010~3 660	1 450~2 550	1 180~2 020	900~1 320	760~1 000	

抚育采伐中，对于天然林整枝不良的树种，应进行修枝。修枝目的是培育通直、少节的优质木材。修枝一般砍去枯死枝和林木下部一二轮活枝，幼龄林保持枝下高占树高的1/3，中龄林保持枝下高占树高的1/2。修枝切口要平滑，不要损伤树皮。

坡度大于25°的生态公益林原则上只进行卫生伐，伐除受害林木。

9.4.3.2 低效次生林分改造

（1）低效林分　低效林分指在一定的立地条件下，按照立地的生产和生态潜力来衡量，生态功能和经济功能都很低下的林分，包括人工林和天然次生林。人工商品林中低产林很少，主要由于造林树种选择不当，配置不合理，幼林抚育不及时，立地条件不适应，导致林木生长不良，虽然成活、成林，但不能成材，每公顷生长量很低，成为低产林。

天然次生林区一般交通方便，离居民点较近，大多数处于低效和林相不好的状况。

（2）林分改造对象　什么样的林分需要改造，一般要根据林分的特点和当地的经济条件来确定。类似的林分，在不同的经济条件下，可能在一个地区属于合乎经营要求，不需要改造，而在另一地区则为改造对象。通常被列为改造对象的林分是：

①树种组成不符合经营要求的林分　培育森林都有一定的经营目的，并不是

所有树种都符合经营要求。凡是有不符合经营要求的树种组成的林分，如非目的树种组成的林分，或非目的树种占优势，目的树种比重很小的林分，一般目的树种不足50%。

②郁闭度在0.3以下的疏林地 即使林分由目的树种组成，但由于株数太少，郁闭度在0.3以下者。

③经过多次破坏性采伐，无培育前途的残次林 由于经过多次破坏性的乱砍滥伐，林分中材质好的优良树种以及干形好，符合做各种用材的林木，大部分被砍尽，残留的林木结构混乱，多数是价值低、干形不良或受病虫害危害的林木，规格材出材率不足30%，以致不能通过正常的抚育间伐，使林分达到符合经营要求。

④生长衰退的林分 经过多代萌芽更新，生长衰退，生长速度明显减慢，森林生产力低，且多数林木发生心腐，这种现象也常为多次破坏性砍伐的结果。对于天然次生林，速生、中生树种的中龄阶段，每公顷年生长量在3m^3以下；幼龄阶段，每公顷年生长量在2.25m^3以下；慢生树种的中龄林阶段，每公顷年生长量在2.25m^3以下；幼龄阶段，每公顷年生长量在1.5m^3以下的低效林，需要改造。

⑤遭受严重火灾、风灾、雪灾以及病虫害等自然灾害的林分 林分遭受火灾、风灾、雪灾以及病虫害等严重的自然灾害后常使林木死亡，产生大量枯立木和倒木或树干、树枝折断，或弯曲成弓形，以致失去利用价值。这种林分内部极其混乱，卫生状况极差，是病虫的发源地，森林的生产力大为降低。经过清林后，常使树冠郁闭破坏，形成疏密不匀的状态，甚至出现林窗和林间空地。

⑥大片灌丛 除了特殊经营（如作养蚕的柞树丛、编织用的柳丛、采果用的沙棘灌丛等）的灌丛林和涵养水源、保持水土的灌丛林外，立地条件好的灌丛林都应改造为乔木林。

需要指出的是，有些林分虽然属于改造对象，但有固沙、护堤等特殊意义，根据情况不急于改造或不改造，如特殊保护地区和重点保护地区的低效林不允许进行改造。在自然状态下，由于林地条件较差和生长环境恶劣等因素，致使林木生长不良而自然形成的低效森林，一般不进行改造。在不同地区和经济条件下，改造对象可以灵活执行。林分改造的基本原则应是因地制宜、综合经营，人工促进、诱导为主。

（3）*林分改造方法* 林分改造以森林生态学理论为指导，遵循森林群落自然演替规律，根据树种的生物学特性，用人工措施建立起生态功能显著、抗逆性强、生长稳定的森林生态系统。低效林改造应统一规划，通过改造达到无林（林中空地）变有林，灌丛变乔林，纯林变混交林，多代萌生林变实生林，杂木阔叶林变针阔混交林，低效林变高产林。

①林冠下造林 适用于林木稀疏，郁闭度小于0.5的低价值林分。在林冠下播种或植苗，提高林分密度。林冠下造林能否成功的关键：一是选择适宜的树种。引入树种既要与立地条件相适应，又要与原有林木相协调。如果原来的优势

树种是阔叶树，则应引进针叶树。如东北林区在蒙古栎林、白桦林中引进红松，栽植红松是将上层林冠疏开，保留0.3～0.4的郁闭度，由于红松幼年耐庇荫，而喜欢侧方遮荫，因此，在林冠下生长良好。甘肃省在白桦次生林冠下栽植油松效果良好。二是如何及时处理引进树种与原有树种的矛盾。随着引进树种年龄的增大，需要的光照越来越多，应对上层次生林林木进行疏伐，疏伐次数与强度应以林冠下幼树的生长状况和林地条件而异。河北省承德地区，在稀疏蒙古栎林下栽植油松，待幼树生长2～3年后，对蒙古栎修枝以降低郁闭度，当油松生长到一定高度，上层木影响其生长时，及时伐除上层木，既有利于幼树生长，又能减少对幼树的伤害，效果良好。

②小面积皆伐改造　用于无必要培育的灌丛林和残次林，首先伐除全部林木，若有少数珍贵树种和目的树种的幼树应保留，然后用适宜的树种造林。一次改造强度控制在蓄积的20%以内。适用于地势平坦、不易引起水土流失的地方。

③群团状改造　林分尚有一定目的树种，但分布不匀，呈群团状分布。将无培育前途的林木砍去，在林间空地和伐孔内补植目的树种（一般为针叶树）。选择补植树种应以林间空地大小和立地条件而定。如林间空地小于原有树高，且立地条件较好，宜选用耐荫性较强的树种；林间空地，超过树高2倍以上，或立地条件较差（干旱瘠薄），应选用喜光树种，形成群团状针阔混交林。

④带状改造　与小面积皆伐一样，适用于无培育前途的灌丛林和残次林。当林地面积较大或有水土流失的地方用带状改造，实行带状间隔皆伐与人工更新。带的宽度决定于立地条件和栽植树种的生物学特性。喜光树种和立地条件好的林地可宽一些；在地形较陡的林地宜窄些。一般是保留带宽度与林分高度相等。这种方法的优点是能保持一定的森林环境，侧方庇荫，有利于幼树的生长发育。

⑤抚育改造法　以抚育与改造相结合的方式，用于目的树种达不到50%的杂木林，通过抚育采伐的方式逐渐伐除非目的树种，在伐孔和稀疏处引进较耐荫的目的树种，增加目的树种比例。

9.4.3.3 封山育林技术

（1）封山育林的作用　按照森林自然发展规律，森林是不会毁灭，荒山是不会形成的。在森林界线以内的宜林荒山，都是“后天”形成的。荒山的形成，是强大的外力破坏森林的结果。历史上冰川可以毁灭森林，大面积火烧和严重的病虫害可以使森林发生逆行演替或局部地破坏森林。但是，最强大、最可怕的是人类对森林的破坏。

封山育林是对被破坏的森林进行人为的封禁培育，利用林木天然下种或萌蘖能力，促进新林形成的一项技术措施。封山育林是扩大和恢复森林资源的有效方法。封山育林大多数用于森林环境适宜，但山势陡峭的深山、远山等交通不便、劳动力缺乏或资金不足地区的天然次生林或残存的天然林。

封山育林具有投资少、见效快的优点，是符合我国国情的一种可行的措施。封山育林有广泛的适应性，符合森林更新和演替规律，摆脱人为对植被的干扰和破坏，将荒山、疏林、灌丛置于自然演替的环境中，使其沿着进展演替方向发展。

封山育林形成的森林，多为乔、灌、草混交复层林分，物种丰富，森林生态系统稳定。在涵养水源、保持水土、增加生物多样性、改善生态环境等方面的作用非常显著。

我国的天然林集中连片，大多数分布于大江大河源头和重要山脉核心地带，属于重点生态公益林。经营的原则是严格保护，避免一切人为因素干扰，让其自然生存、自然发展、自然变化，尽可能使其自然景观不变，物种资源永存。所以，我国目前实施的天然林资源保护工程主要是采取封山育林。

(2) *封山育林的理论基础* 封山育林的理论依据主要是森林群落演替和森林植物的自然繁殖力。森林植物的自然繁殖力是群落演替的基础，没有植物的自然更新，群落演替是不可能发生的。在能生长森林的区域内，不论原有的植被类型是什么，甚至是裸地，通过封禁，最终都会演变为森林，育林活动只是加速这个演变过程。

通过封禁使森林得到休养生息的机会，从而产生进展演替。封山育林就是利用这个自然规律，把遭到破坏后留有的疏林、灌丛和荒山迅速封禁起来，除了使其免遭继续破坏，得到休养生息的机会外，又施加人为的补植补播，防止火灾等育林措施，来加速森林群落进展演替过程，从而达到恢复和扩大森林资源，发挥森林多种效益的目的。

(3) *封山育林的方法*

①封山育林的条件（对象） 主要包括疏林、灌丛林、老采伐迹地和火烧迹地，具有天然下种更新条件的地区，少林、无林区的河流中上游地带、水源涵养林区以及荒山荒地；具备乔木或灌木更新潜力的地段；人为破坏和人为不利影响严重的地段；人工造林困难的高山、陡坡、岩石裸露地、水土流失严重及沙漠、沙地，经封育可望成林或增加林草盖度的地段。在符合上述条件的地段进行封育，禁止或减少人为活动的干扰，给森林以休养生息的时间，使其在自然繁殖的前提下自然恢复成林。

②封山育林的方法 主要包括全封、半封和轮封3种方法。

全封：也称死封。指在封育期间，禁止一切不利于植物生长繁育的人为活动，如采伐、砍柴、放牧、割草等。一般适用于高山、远山、江河上游、水库附近、水土流失严重的水源涵养林、防风固沙林和风景林等的封育。封育年限可根据成林年限确定，一般3~5年，有的可达8~10年以上。

半封：也称活封。指在林木主要生长季节实施封禁，其他季节，在严格保护目的树种幼苗、幼树的前提下，可有计划有组织地进行砍柴、割草等活动。在有一定目的树种、生长良好、林木覆盖度较大的宜封地，可采取半封。适用于封育用材林、薪炭林等。

轮封：根据封育区的具体情况，将封育区划片分段，轮流实行全封或半封。在不影响育林和水土保持的前提下，划出一定范围暂时作为群众樵采、放牧等活动，其余地区实行封禁。轮封间隔期2~3年或3~5年。对于当地群众生产、生活和燃料有实际困难的地方，可采取轮封。特别适用于封育薪炭林。

合理确定封山育林方式有助于协调农民对放牧、割草、采集等的需求与森林植被恢复的矛盾，一般情况下，前3~5年宜全封，5年后实行半封。

封山育林主要依靠天然更新自然恢复成林，但是对自然繁育能力不足或幼苗、幼树分布不均的间隙地块，应进行补植或补播。对有萌蘖能力的乔木、灌木，应根据需要进行平茬复壮，以增强萌蘖能力。对经营价值较高的树种，可重点采取除草松土、除蘖、间苗、抗旱等培育措施。封山育林期间要注意森林防火、森林病虫鼠害防治和森林资源保护。

封山育林需要几年、十几年才能收效。因此，在规划和开展封山育林时，要统筹兼顾山区群众的目前利益，适当解决进山打柴、放牧和搞林副业生产等具体问题。一般除远山、高山、江河上游和水库周围山地，以及水土流失、风沙危害严重的地区应实行全封外，都可分别实行半封或轮封。实践证明，只要加强管理，半封和轮封能够实现“封而不死，开而不乱”，所以很受群众欢迎。

9.4.3.4 次生林的采伐更新

次生林达到成熟后，应及时采伐利用，并及时更新。由于次生林的主要组成树种多为喜光树种，前期生长速度快，后期生长慢，成熟期或衰老期到来的早且容易得心腐病，所以，次生林采伐年龄不宜过大。

复习思考题

1. 什么是森林可持续经营?
2. 森林经营的目的和意义是什么?
3. 林木分化与自然稀疏的关系是什么?
4. 常用的抚育间伐方法有哪些?
5. 如何确定抚育采伐的开始期?
6. 森林采伐更新的方式有几种? 适用条件如何?
7. 评价次生林抚育改造的优缺点?

本章可供阅读书目

次生林经营技术. 中国林学会. 中国林业出版社，1984

森林经营学. 叶镜中，孙多. 中国林业出版社，1995

森林培育学. 沈国舫. 中国林业出版社，2001

现有林经营管理导论. 李坚等. 东北林业大学出版社，1994

第10章　城镇园林绿化

【本章提要】城镇园林绿地是城市用地的一个重要组成部分，对改善城市生态环境和居民生活环境有重要作用。本章简单地介绍了城镇园林绿化的内涵及其概念，城镇园林绿化规划设计的原则和方法。

随着生产力水平的不断提高，工业化和城市化的不断发展，人类赖以生存的环境越来越多地受到其自身发展的威胁，城市污染日益严重，城市居住环境日益恶化。保护人类自身的生存环境、为子孙后代留下良好的生态环境，是我国保持可持续发展的重要组成部分。城市园林绿化是衡量城市现代化和文明程度的重要标志。今天，越来越多的人们更清楚地认识到城镇园林绿化对城市生态环境和提高人民生活质量的重要作用，保持一定的城市绿地面积，合理的绿地系统布局，对解决各类城市用地紧张造成的矛盾和改善城市生态环境有着重要的意义。

10.1　近自然理论及其在园林绿化中的应用

10.1.1　城镇园林绿化的有关概念

（1）园林　在一定的地段范围内，运用工程和艺术的手段，通过利用并改造天然山水地貌或者人为地开辟山水地貌、结合植物栽植和建筑的布置等，从而构成一个供人们观赏、游憩、居住的优美环境。

（2）绿地　绿地的含义比较广泛，凡是种植了树木花草（不论是自然植被或人工栽培的）形成的绿化地块，都称为绿地。包括农、林、牧生产用地及园林用地。

城镇园林绿地，指在城镇行政管理辖区范围内，为改善城镇生态环境，供居民户外游憩，美化市容，栽植树木花草形成的绿化地块，是城镇和居民点用地中的重要部分，它包含以下3种含义：

广义的绿地，指城镇行政管理辖区范围内由公共绿地、专用绿地、防护绿地、园林生产绿地、郊区风景名胜区、交通绿地等所构成的绿地系统。

狭义的绿地，指小面积的绿化地段，如街道绿地、居民小区绿地等。有别于面积较大、具有较多游憩功能的公园。

作为城市规划专门术语，绿地指在用地平衡表中的绿化用地，是城市建设用地的一个大类，下分为公共绿地和生产防护绿地两类。

园林与绿地属同一范畴，但在概念上是有区别的。就所指对象的范围来看，"绿地"比"园林"广泛，园林必可供游憩，且必是绿地；然而绿地不一定均称园林，也不一定供游憩。所以，园林是绿地中设施质量与艺术标准较高、环境优美、可供游憩的部分。城镇园林绿地既包括了环境和质量要求较高的园林，又包括了居住区、工业企业、机关单位、学校、街道广场等普遍绿化的用地。

（3）绿化　人类为了农林业生产、减轻自然灾害、改善生态环境和卫生条件、美化生活环境而栽种植物的活动均称为绿化。如荒山造林、退耕还林还草、果园建植、铺植草坪、城镇园林建设等活动都属于绿化。

10.1.2　城镇园林绿地的功能

（1）保护城市环境　园林绿地可净化空气、水体和土壤，改善城市小气候，降低噪音，保护农田，保持水土，有的园林植物可监测环境污染，有的还可以过滤、吸收和阻隔放射性物质，具有安全防护功能。

（2）文教和游憩功能　城市中的公共绿地是环境优美的重要地段，对美好环境的向往和追求是人们的天性和愿望，到公园中去休息、活动，是居民的重要生活内容之一。公共绿地也是开展文化教育的重要场所。

（3）城市绿化的景观功能　许多风景秀丽的城市，不仅有优美的自然地貌和良好的建筑群体，园林绿地的好坏对城市面貌常起决定性的作用。青岛这个美丽的海滨城市，尖顶红瓦的建筑群，高低错落在山丘之中，只有和林木掩映的绿荫相互衬托，才显得生机盎然。城市园林绿地是城市景观效果的重要组成部分。

10.1.3　"近自然"理论

人与自然的关系是一个古老而又沉重的话题，纵贯古今，横跨东西。至今，关于人与自然关系的讨论和争论仍在继续，并以前所未有的全面性、整体性、深刻性、激烈性展现在我们面前，要求做出科学的理论解释和正确的实践选择。自人类诞生之日起，人与自然的关系就存在着两重性。一方面，人基于生存的需要不可避免地要干预自然，与自然力抗争，获得生存的权利和地位；另一方面，自然又以其强大的力量制约着人的活动，要求人的服从。在历史的长河中，决定人与自然关系的关键性因素并不是思想观念，而是物质力量。所以，随着科学进步带来的生产力的迅猛发展，赋予人以巨大能力，使人类摆脱自然并逐步控制自然。人对自然的征服和占有欲，成为推动社会进步的巨大动力，但在创造人间奇迹的同时，大自然对人类进行了无情的报复，全球气候恶化，生态环境遭到破坏等，人类生存和发展受到了危害，这又把人类推向新的发展困境，推向新的思考和选择。

森林作为自然界生态系统的重要组成部分，在人与自然的关系中，是一个十分典型的证明。即使人类在与自然抗争中获得了胜利，充分享受了胜利者的喜悦，得到了盼望已久的成果，但在这种胜利中潜伏的危机，迫使人们不断调整和修正与森林的关系。17世纪中期，德国因制盐、矿冶、玻璃、造船业的发展，大规模采伐森林，森林资源过量消耗，到18世纪初就出现了震动全国的“木材危机”。1713年，鉴于德国出现了第一次“木材危机”，原始林被过量采伐利用，德国森林永续利用思想的创始人卡洛维茨提出了人工造林思想。他指出：“努力组织营造和保持能持久地、不断地、永续地利用的森林，是一项必不可少的事业，是这个国家最伟大的一门艺术和科学。”他还提出了“顺应自然”的思想，指出了造林树种的立地要求。卡洛维茨也因而被德国人奉为“森林永续利用”理论的创始人。

永续的目的是追求最高木材产量的持续性和稳定性。1826年，洪德斯哈根著名的“法正林”学说问世，经补充和发展，成为森林永续和均衡利用的经典理论。森林永续经营理论对各国林业的发展产生了巨大的影响，在林业经营、特别是天然林经营上长期居支配地位。德国林学家哈尔蒂希在明确提出森林永续经营思想的同时，还提出了“木材培育”一词。1811年，他出任普鲁士国家林业局局长，提倡营造针叶人工纯林，鼓励选择材积生长量高的树种，建立生产力高的林分以获得短时间内的大量产出。该理论在德国大规模造林运动中起着主导作用。在1876年，德国林学家Kayl Gayer就针对德国当时盛行的砍阔叶林、造针叶林的做法提出了质疑：“50年前有谁敢向我们预告今日的山毛榉会发生价值损失，谁又能保证我们的子孙还会肯定我们根据今天的情况视为必要的森林经营计划?”在1880年他提出了“接近自然的林业”的理论，1898年他又明确提出：“生产的奥秘在于一切在森林内起作用的力量的和谐”，并指出人类要尽可能按照上述原则从事林业活动。

第2次世界大战后的德国，因天然林被毁殆尽，便营造了大量种类单一的人工林。然而，这些人工林好景不长，没多久便因病虫害而纷纷枯衰甚至大面积死亡。德国人痛定思痛认识到，结构不符合自然规律的人工林必然是脆弱多病且短寿的。为此，德国学者首先创立了“近自然林”学说，营造“近自然林”已成欧盟各国林业发展的方向。

1947~1956年，凡克提出了“森林动态结构类型理论”，为接近自然的林业提供了经营原理。他将干扰后的森林恢复演替进程划分为先锋林、中间林及顶极林。顶极林虽然有最大的蓄积量，但因为其生长量和枯损量相等，因此是没有收获的。但是，“如果人们在用材林中始终以择伐方式为顶极林开路，那么任意大的采伐量总被生长量所补充。”1986年，范腾巴赫指出：“接近自然是在经营目的类型计划中，使地区群落中本源树种得到明显表现。”1987年，施伦克尔指出：“作为森林建设的一个高级目标，‘接近自然’是针对地区群落来选择树种，地区群落是冰河纪后最早的原始森林。”

莱波恩德古特在1989年明确区分了“接近自然”与“顺应自然”两种概念。他认为：“接近自然”和“顺应自然”两个概念一般说来其意义是相同的，但前者似乎比后者更确切。“顺应自然”表示在各方面都与自然相适应，即免除人类的影响；而“接近自然”则表示一片森林在保持自然结构关系的情况下偏离自然的。乡土树种的比例及其在林分中的分布、抚育和更新，以及为了经济利益而混交外来树种，是在确保其结构关系、自我保存能力的前提下遵循自然条件。“只有经营方式中的接近自然的森林才能发挥其效益。在经营中的接近自然的森林，林业经营者可促进产生稳定的林分结构。通过有利于珍贵树种生长的措施，森林的收获能力充分得到利用，并能在合适的时间进行和控制森林的天然更新。”“林主的技艺在于做接近自然的处理，持续地全部实现各种目标。”处理方式具有下列特征：使乡土树种占较大比例，来保证森林做接近自然的生命循环；森林更新绝大部分靠天然的种子飞播进行；森林更新分期分批先在小面积进行，然后根据幼龄林对光的需求，逐渐扩大更新面积；利用不需要费用的天然生产因素，努力达到经营的合理化。近自然理论逐渐被德国和欧洲其他一些国家所接受，作为林业发展的指导思想、方针和目标。许多国家都在进行有关研究和试验，对木材培育论是一个挑战。

回归自然是当今世界上人类与自然融合的一种社会现象，是人类生态觉醒的重要标志。近自然林既不是天然林也不是传统意义上的人工林，而是一种模拟本土原生的森林群落中的树种成分与林分结构、人工重组的森林系统。这比我们今日提倡的营造针阔与多树种混交的人工林更接近自然的本原，是营造林史上的一次跨越。对于原生林破坏时间已经久远、天然林封育恢复又较缓慢的地区，应该是一种效果更佳的营造林模式。

10.1.4 “近自然林”理论在城市绿化中的应用

“近自然林”理论在园林中早已应用，我国传统园林以自然山水为风尚，效法自然布局，有山水者，加以利用；无地利者，常叠山引水。而将厅、堂、亭、榭等建筑与山、池、树、石融为一体，成为“虽由人作，宛自天开”的自然式山水园。18 世纪的英国，运用风景园林表现自然美，追求田野情趣，植物设计采用自然式种植，模拟自然群落，树种繁多，色彩丰富，使植物素材成为园林中的主要景观。

20 世纪 70 年代，日本著名生态学家宫胁昭教授提出了“近自然森林”的城市绿化新理念，现已成为城市绿化的新方向，“近自然森林”是植被恢复的一种新理念，其主要方法也被称作“宫胁法”。它以生态学的潜在自然植被和群落演替的基本理论为依据，选择乡土树种，即当地自然植被中乔、灌木等种类，应用容器育苗和“近自然”苗木种植技术，超常速、低造价地营造以地带性森林类型为主，具有群落结构完整、物种丰富、生物量高、状态稳定、后期完全遵循自然循环规律的“少人工管理型”的“近自然森林”，可以避免由于种植外来景观大树所带来的各种弊端，“近自然森林”建设是解决目前城市绿化存在问题的主要途径。

现代城镇园林绿地强调生态环境的功能，发挥园林植物群体的环境效益，因此在城镇园林绿化中，“近自然林”理论在园林绿化中应用更为广泛。尽量多造混交林，少造或不造纯林；以乔木为主，乔灌结合，模拟自然群落结构，形成一个具有层次和季相色彩丰富的植物群落景观，是园林植物景观设计的主要手法。

10.2 城镇园林绿地规划设计的原则和基本理论

园林绿地是城市生态系统中具有重要的自净功能的组成成分，在改善环境质量、维护城市生态平衡、美化景观等方面起着十分重要的作用。随着世界范围内城市化进程的加速和环境问题的加剧，人们越来越认识到加强绿地生态建设、改善城市环境质量的重要性，许多国家已将城市绿化作为城市可继续发展战略的一个重要内容。

10.2.1 城镇园林绿地规划设计的原则

10.2.1.1 以生态学原理为指导，走绿地的生态建设之路

21世纪的城市绿化工作应以生态学原理为指导，建设结构优化、功能高效、布局合理的绿地系统。在这个系统中，乔木、灌木、草本和藤本植物被因地制宜地配置在一个群落中，种群间相互协调，有复合的层次和相宜的季相色彩，具有不同的生态特征的植物能各得其所，能充分利用阳光、空气、土地、空间、养分、水分等，构成一个和谐有序的、稳定的群落。

10.2.1.2 以“生态平衡”为主导，合理规划布局园林绿地系统

在绿地的生态建设中，应强调生态平衡原理的主导作用，使绿地系统的结构和布局形式与自然地貌和河湖水系相协调，并注意与城市功能分区的关系，着眼于整个城市生态环境，合理布局，使城市绿地不仅围绕在城市四周，而且把自然引入城市之中，以维护城市的生态平衡。

10.2.1.3 保持“物种多样性”，模拟自然群落结构

在稳定的群落中，各种群对群落的时空条件、资源利用等方面都趋向于互相补充而不是直接竞争，系统愈复杂也就愈稳定。因此，在城镇园林绿化中应尽量多造混交林，少造或不造纯林；乔灌结合，模拟自然群落结构；物种多样性高、结构接近自然的群落抗干扰能力强，养护方面的要求也低。反之，群落则易受伤害、养护要求也高。美国大烟山国家公园、黄石公园有不少这样的例子。我国在世界上享有“园林之母”的称号，有高等植物3万多种，但在城市绿化中仅用到几百种，因此，要加强引种、选育工作，丰富我国园林植物种类。

10.2.1.4 遵循“整体协调发展”“以人为本”和“回归自然”的设计理念

我们必须把维护居民身心健康，维护自然生态平衡，作为城镇园林绿地的主要功能，遵循“整体协调发展”“以人为本”和“回归自然”的设计理念，在城镇园林绿地设计中应做到如下几点：

（1）*增加绿色空间，创造适宜的小气候条件* 进行城市建设时，不能忽视绿化环境的同步建设，特别要利用闲置及零星的室外绿化空间，尽可能提高绿地面

积，为居民营造接近自然的绿化环境，提高人居环境质量。

(2) 创造具有区域文化特征的城市绿地　规划设计时，应对所在地区文化特征进行深入分析。不同地域、不同城市，其气候、地理、居民生活习惯及历史文化都有不同的特点，只有具有地方文化特征的绿化环境才具有特色，才有生命力。

(3) 创造具有美感的城市绿地环境　城市绿地环境是优美人居环境的重要组成部分，只有具有艺术感染力、具有特色的园林绿色环境，才能给人美的享受，才是舒适、优美的生活环境，满足人们对美的心理需求。

(4) 为人们的社会交往创造条件　社会交往是人的心理需求的重要部分，是人类的精神需求，处于信息时代的人们对此需求更趋迫切。城市绿地则具有提供居民社会交往场所的先决和优势条件，通过各种绿化空间以及适当设施的设置，可以为居民的社会交往提供场所和优良环境。

(5) 创造内容丰富、功能齐全的绿色空间　城市园林绿地空间是人们使用率较高的日常户外生活空间，是满足城市居民休闲、室外体育、娱乐和游憩活动需要的主要场所。因此，在城市园林绿地环境的塑造中，应尽可能从人们休息、体育、娱乐的功能需求出发，并满足不同结构层次人们的需要。

10.2.2 城镇园林绿地规划设计的基本理论

10.2.2.1 园林绿地的美

要搞好城镇园林绿地规划，首先要懂得什么是美？什么是园林美？园林绿地中的美，与纯艺术美是有区别的，它必须既是生活美，又是艺术美，还是自然美。因此，园林美是生活美、自然美与艺术美的高度统一。

(1) 生活美　园林绿地作为一个现实生活环境，必须使人感到生活上的方便和舒适。首先表现在园林绿地空气清新，水体清洁，无污染，环境卫生。其次，园林绿地有宜人的微域，适合人们生活的小气候，冬季可防风，夏季可遮荫降温。植物种类丰富，生长健壮繁茂；交通方便，有生活、文化等福利设施。

(2) 自然美　凡不加以人工雕琢的自然事物，如香山红叶、黄山云海、云南石林等，凡其声音、色泽和形状都能令人身心愉悦、产生美感、并能寄情于景的都是自然美。园林绿地中的植物是构成自然美的重要素材。园林植物的美，首先决定于植物的自然美，春天的花、夏天的绿、秋天的果和冬天的枝等都是自然美。

(3) 艺术美　艺术美是自然美和生活美的提高，因为自然美和生活美是创造艺术美的源泉。如园林中的色彩美，植物的基本色调和四季色相变化协调和谐；还有园林绿地中的造型美、意境美等。

生活美和艺术美都是人工美。人工美赋予自然美，不仅是锦上添花和功利上的好处，而且是通过人工美，把作者的思想感情倾注到自然美中去，更易达到情景交融、物我相契的程度。园林美应以自然美为特点，与艺术美和生活美高度统一。

10.2.2.2 风景和赏景

(1) *什么是景* 我国园林绿地中，常有“景”的提法，如西湖十景、关中八景等。所谓“景”即风景、景致，是指在园林绿地中，自然的或人为创造加工的、能引起人的美感，供作游憩欣赏的空间环境。这些环境，不论是天然存在的或人工创造的，多是由于人们按照此景的特征命名、题名、传播，而使景本身具有深刻的表现力和强烈的感染力而闻名天下，如香山红叶、黄山云海、云南石林等。

景有大有小，大如浩瀚的洞庭湖，小如庭院的竹石小景；景亦有不同特色，有树木花卉之景，有亭台楼阁之景等。所以，景是千变万化、不胜枚举的。

(2) *景的感受* 景是通过人的眼、耳、鼻、舌、身这5个功能器官而感受的，大多数的景主要是在视觉方面的欣赏，这就是所谓的观景。如北京香山的红叶，杭州西湖的花港观鱼等。有的景须通过耳听、鼻闻以及身体活动才能感受到，如避暑山庄的万壑松风、广州的兰圃等。

不同的景引起不同的感受，即触景生情；同一景色也可能有不同的感受，这是因为景的感受是随人的职业、年龄、文化程度、社会经历等不同而有差异，但只要把握其中的共性，就可驾驭见景生情的关键。

(3) *赏景* 景可供游览观赏，但不同的游览观赏方法会产生不同的景观效果，给人以不同的景的感受。所以，掌握游览观赏规律，可以指导园林绿地规划设计工作。

景的观赏有动静之分，动态观赏是游，静态观赏是息，游而无息使人筋疲力尽，息而不游又失去游览的意义。实际上，往往是动静结合。在园林绿地规划时，常在动的游览路线上，分别而有系统地布置各种景观。在某些景点，游人在停息之处，对四周景物可进行细致观赏。

无论动、静观赏，游人所在的位置称为观赏点或视点，观赏点与景物之间的距离称为观赏视距。观赏视距适当与否与观赏的艺术效果关系很大。一般水平景物合适视距为景物宽度的1.2倍，当景物的高度大于宽度时，依垂直视距来考虑；如果景物的宽度大于高度，依据宽度和高度综合考虑。

10.2.3 园林绿地构图的基本规律

所谓构图即组合、联系和布局的意思。园林绿地构图是在工程、技术、经济可能的条件下，组合园林绿地物质要素，联系周围环境，并使其协调，取得美的绿地形式与内容高度统一的创作技法，也就是规划布局。这里，园林绿地的内容，即性质、功能用途是园林绿地构图形式美的依据，园林绿地建设的材料、空间、时间是构图的物质基础。

10.2.3.1 园林绿地构图的特点

(1) *园林是一种立体空间艺术* 园林绿地构图是以自然美为特征的空间环境设计，绝不是单纯的平面构图和立面构图。因此，园林绿地构图要善于利用山水、地貌、植物、建筑等，并以室外空间为主又与室内空间互相渗透的环境创造景观。

(2) *园林绿地是综合的造型艺术* 园林美是自然美、生活美、艺术美的综合。它是以自然美为特征，有了自然美，园林绿地才有生命力。因此，园林绿地常借助各种造型艺术增强其艺术表现力。

(3) *园林绿地构图与时间的关系* 园林绿地构图的要素如园林植物、山水等景观都随时间、季节而变化，春、夏、秋、冬植物景色各异，山水变化无穷。

(4) *园林绿地构图受地区自然条件的制约性很强* 不同地区的自然条件，如日照、气温、湿度、土壤等各不相同，其自然景观也不相同，园林绿地只能因地制宜，随势造景，景因境出。

10.2.3.2 园林绿地构图的基本要求

①首先立意，经过构思做到意在笔先。还必须与园林绿地的实用功能相统一，要依据园林绿地的性质、功能用途，确定其设施和形式。

②从总体构图上要进行分区，各区要各得其所。景色分区要各有特色，互相提携又多样统一，既分隔又联系，避免杂乱无章。

③要有诗情画意，寓情于意，这是我国园林艺术的特点。把诗画或史料典故等文学造型艺术结合到园林绿地构图中，做到园林不仅景美，意更美，诗情画意，触景生情。

④因地制宜，要根据地貌特点，结合周围环境，巧于因借，做到“虽由人作，宛自天开”，避免矫揉造作。

⑤要从实际出发，看条件的可能性，经济是否允许，工程技术力量能否达到，生物生态要求是否相适应等，是构图的基本立足点。

10.2.3.3 园林绿地构图的基本规律

(1) *比例与尺度* 比例与尺度是园林绿地构图的基本概念，它直接影响园林绿地的布局和造景。园林绿地是由植物、建筑、道路、水、石等组成，它们之间都有一定的比例与尺度关系。园林绿地构图的比例是指园景和景物各组成要素之间空间形体体量的关系，不是单纯的平面比例关系。园林绿地构图的尺度是景物与人的身高，使用活动空间的度量关系。园林绿地构图要考虑其组成要素（如建筑、山水、树木、小品等）的比例尺度，也要考虑它们之间的比例尺度，使其安排适宜、大小合适、主次分明、相辅相成，浑然成为整体。

(2) *多样统一* 多样统一规律是一切艺术领域中处理构图的最概括、最本质的规律，园林绿地构图亦不除外。在园林绿地构图中，组成要素的多样化，如植物、建筑、小品、道路、山水等，同一要素又有变化，如植物的不同树种、不同年龄、不同季节等。这些要素和要素之间如果没有变化，就会显得单调枯燥，平淡无奇，令人厌倦；如果缺乏统一，使人感到杂乱无章。

(3) *对比与调和* 对比与调和是艺术构图的一个重要手法，它是运用布局中的某一因素程度不同的差异，取得不同的艺术效果的表现形式。在园林绿地中采用对比处理，能彼此对照，相互衬托，可使景色生动活泼，更加突出各自的特点；差异较小的表现为调和，使彼此和谐，相互联系，产生完整的效果。园林景色要在对比中求调和，在调和中求对比，使景色既丰富多彩，又要突出主题，风格协调。

对比的手法很多，在空间程序安排上有欲扬先抑，欲高先低，欲大先小，以明求暗，以隐求显，以素求艳等。

10.2.3.4 园林绿地构图的基本形式

园林绿地的规划布局形式是为园林绿地性质、功能服务的，是为了表现园林绿地的内容的，它既是空间艺术形象，又受自然条件、造园材料、工程技术和各民族的爱好、习惯等因素的影响。园林绿地构图形式有以下几种：

（1）规则对称式　又称整形式、几何式。整个平面布局、立体造型以及树木、建筑、道路水面等都严格要求整齐对称。其特点是强调整齐、对称和均衡，有明显的主轴线，在主轴线两边是对称的。植物配置强调成行等距离排列或有规律地简单重复，对植物也强调整形，修剪成各种几何图形。如南京中山陵、广州人民公园等属于规则式。此形式给人以庄严、雄伟、整齐之感，但缺乏自然美，一目了然，欠含蓄，并有管理费功之弊。一般用于宫苑园林、纪念性园林或具有对称轴线的建筑庭园里。

（2）规则不对称式　园林绿地的构图是规则的，即所有的线条都有轨迹可循，但没有对称线，所以空间布局比较自由灵活。树木的配置多变化，不强调造型，绿地空间有一定的层次和深度。这类较适合于街头、街旁及街心块状绿地。

（3）不规则式　又称自然式。它是以效法自然、高于自然，以自然条件为主要原则。其特点是，没有明显的主轴线，以植物为主要素材，反映自然界植物群落的自然美，构成生动活泼的自然景观，以自然的树丛、树群、树带来区划和组织园林绿地空间。

（4）混合式　是规则式和自然式的有机结合。规则式过于严整，久赏久游有呆滞之感；自然式虽然灵活，但不易与严整或对称的建筑相结合，同时气氛不够雄伟、庄严。现代园林大多数应用此类型，既可发挥自然式布局设计的传统手法，又能吸收规则式布局的优点，创造出既整齐明朗、色彩鲜艳的规则式部分，又丰富多彩、变化多端的自然式部分。

在规划设计时，选用何种类型不能凭设计者的主观愿望，而要根据功能要求和客观可能性。例如，一块处于闹市区的街头绿地，不仅要满足附近居民早晚健身的要求，还要考虑过往行人在此短暂逗留，则宜用规则不对称式；绿地若位于大型公共建筑物前，则作规则对称式；绿地位于具有自然山水地貌的城郊，则用自然式；地形较平坦，周围自然风景较秀丽，则采用混合式。一块绿地决定采用何种类型，必须对各种因素作综合考虑后才能作出决定。

10.3 城镇园林绿地规划设计方法

城镇园林绿地规划是城市规划的一个重要组成部分，它与工业生产、人们生活、城市建设、道路建设等布置密切相关。为了改善城市生态环境，应把城市生态系统中的重要组成部分——绿地，放在突出地位。合理安排城镇园林绿地是城市总体规划中不可缺少的内容之一，是指导园林绿地详细规划和建设管理的依据。

10.3.1 城镇园林绿地的特点及分类

10.3.1.1 城镇园林绿地的特点

城镇园林绿地是结合城市其他组成部分的功能要求，而进行综合考虑、全面安排的结果。它具有以下特点：

①以植物造景为主，充分发挥其改善气候、净化空气、美化生产和生活环境等作用。

②因地制宜，城镇园林绿地多利用山岗、低洼地和不宜建筑的破碎地形。

③交通安全、便利。

④绿地设施较为完备。

⑤考虑不同人群生理、心理的需求特点，设置老年人活动区、儿童活动区等。

随着社会生产的发展，对城镇环境污染日益严重，一块绿地、几个公园或几条林阴道是很难发挥其改善和保护环境的功能，这就需要提高绿地率，使城镇园林绿地整体化，形成一个园林绿地系统，从而有效地发挥保护环境、美化城镇、改善人民生活条件的功能。

10.3.1.2 城镇园林绿地类型划分

城镇园林绿地尚无统一的分类方法，按照分类依据的不同，对城镇园林绿地类型划分的结果有所不同。按绿地位置可将城镇园林绿地划分为城区绿地（指城区范围内的绿地）、郊区绿地（指郊区范围内的绿地）。按规模分为大型绿地（面积 $>50hm^2$）、中型绿地（面积 $5\sim50hm^2$）和小型绿地（面积 $<5hm^2$）。按服务范围分为全市性绿地（指为全市市民服务的公园绿地）、区域性绿地（指为地区服务的公园绿地）和局部性绿地（指为小地区服务的绿地）。

目前我国大多将城镇园林绿地分为以下6类，这6类绿地包括了城镇中的全部园林绿化用地。

（1）公共绿地　是指由市政建设投资修建，供全城镇居民休息、游览的公园绿地。它包括市、区级综合公园、花园、动物园、植物园、儿童公园、体育公园、纪念性公园、名胜古迹园林、游憩林阴带等。

（2）专用绿地　是城镇分布最为广泛的绿地形式，指由群众和单位负责修建、使用和管理的私人住宅和工厂、企业、机关、学校、医院、居民区等单位范围内的绿地。

（3）街道绿地　泛指道路两侧的植物绿地。在城市规划中，指公共道路红线范围内除铺装路面以外全部绿化及园林布置的内容，包括行道树、分车带、交通环岛、立交口、桥头、安全岛等绿地。但不包括城镇园林绿地中已专门划定的公共绿地和林阴道、小游园。

(4) *风景区绿地* 指位于市郊或市内具有较大面积的自然风景区或文物古迹名胜的绿地，包括风景游览区、休养疗养区绿地等。

(5) *生产绿地* 指专为城镇绿化而设的生产科研基地，如苗圃、花圃、药圃、果园、林场等绿地。

(6) *防护绿地* 为防御、减轻自然灾害或工业交通等污染而建的绿地，如风沙防护林、水源涵养林、水土保持林、护路基林等。

10.3.2 城镇园林绿地系统布局

城镇园林绿地，必须按照客观规律科学规划、安排各类，使它们之间相互联系、协调配置。通过规划布局，逐步形成城镇园林绿地系统，才能更好地发挥园林绿地的重要作用。园林绿地系统规划布局也是城镇总体规划布局的一个重要组成部分。

10.3.2.1 城镇园林绿地系统的规划布局原则

城镇园林绿地系统的规划布局过程中应遵循以下原则：

①城镇园林绿地系统的规划布局，应结合城镇其他组成部分的规划，综合考虑，全面安排，如与工业区布局、居住区规划、道路系统规划等密切配合。

②城镇园林绿地系统的规划布局，必须从实际出发，结合当地特点，因地制宜。我国地域辽阔，地区差异大，不同城镇自然条件差异很大；另外，各城镇的绿化现状、特点、规模等各不相同。因此，在进行城镇园林绿地系统的规划布局时，各类绿地的选择、布局方式、面积大小、定额指标等都要从本地区实际出发，因地制宜地编制，不要片面地追求某种形式和指标等。

③城镇园林绿地系统的规划布局，应使绿地均衡分布，比例合理，满足全城镇居民游憩的需要。我国城镇园林绿地面积较少，这要求城镇园林绿地均匀分布，做到点（公园、游园）、线（街道绿化、林阴带、滨水绿地等）、面（分布广的小块绿地）有机结合；大中小相结合；集中与分散相结合；重点和一般相结合。构成园林绿地有机的统一整体。

④城镇园林绿地系统的规划布局，既要有远景目标，又要有近期安排，做到远近结合。

10.3.2.2 城镇园林绿地系统布局的形式

我国城镇园林绿地系统布局，从形式上可归纳为以下4种：

(1) *块状绿地布局* 目前我国大多数城镇属于此，如上海、武汉等。这种绿地布局形式，可以做到均匀分布，但对构成城市整体的艺术面貌作用不大，对改善城镇小气候的作用不明显。

(2) *带状绿地布局* 这种布局多数由于利用江河湖水系、城市道路、旧城墙等因素，形成纵横绿带、放射状绿带与环状绿地交织的绿地网，如西安、南京等。带状绿地的布局形式容易表现城镇的艺术面貌。

(3) *楔形绿地布局* 凡城市中由郊区伸入市中心的、由宽到狭的绿地，称为楔形绿地，如合肥市。其优点是能使城市通风条件好，有利于城市艺术面貌的体现。

(4) 混合式绿地布局　是前3种形式的综合运用，可以使城市绿地做到点、线、面结合，组成较完整的体系。其优点是：可以使生活居民区获得最大的绿地接触面，方便居民游憩，有利于改善小气候，丰富城市总体与各部分的艺术面貌，如北京市的绿地系统规划布局。

10.3.3 城镇园林绿地的树种规划

树种规划是城镇园林绿地规划的一个重要部分，因为绿化的主要材料是树木，树木需要经过多年的培育生长，才能达到预期效果。树种选择恰当，生长良好，观赏价值高，则绿地效益发挥得好。

10.3.3.1 绿化植物的观赏特征

植物是园林绿地中最基本的材料，在绿地系统中除保护环境外，比较强调其观赏特性，植物的外部形态如树冠、枝叶、根干、花果等都可作为观赏对象，特别是植物随着季节和树龄的变化而不断变化，充满活力，给人以美的享受。

(1) 树冠　远观轮廓形态和色彩变化，近视其枝叶而给人不同的感受。树冠轮廓形态主要有以下几种：尖塔形（如雪松、水杉、铁杉、冷杉等）、圆锥形（如圆柏等）、椭圆形（如法国梧桐等）、平顶形（如合欢、凤凰木、南洋楹等）、垂枝形（垂柳、龙爪槐等）等。

(2) 枝、叶　叶形、叶色和落叶后的枝条均可观赏。秋季红叶有红枫、枫香、黄栌等；黄叶有银杏、栾树、法国梧桐等；叶形奇异，能引起人们兴趣的有形似马褂的马褂木，形似扇的银杏树，叶大的芭蕉、蒲葵，叶形破裂似龟背的龟背竹等。

(3) 干、根　主干直立高大的乔木，气势雄伟，整齐美观。有些植物如水杉地上部分的板状根，给人以力的美感。有些植物的干具有特殊的形状，如纺锤状的大王椰子树，竹节突出的佛肚竹等，其观赏价值很高。

(4) 花、果　植物的花果，由于具有奇特的形状和艳丽的色彩而成为主要的观赏对象。花和果主要从姿、色、香3个方面来欣赏：以花大取胜者，如荷花、广玉兰、大丽菊等；以形怪而取胜者，如蝴蝶兰、鸽子树、马蹄莲等；以繁取胜者，如紫薇、紫荆等。花色不胜枚举，观之眼花缭乱，常见的有白色、红色、黄色、紫色等。花香有浓如桂花、淡如兰花等。

10.3.3.2 树种选择原则

(1) 适地适树　这是最基本的原则。适地适树就是使栽植的树种的生物学特性与绿化地区的立地条件和气候条件相适应，以利树种良好地生长发育，达到绿化的目的。适地适树的途径：一是适地选树，二是改地适树。

(2) 以乡土树种为主　乡土树种对土壤、气候适应性强，抗病虫害能力强，有地方特色，应作为城镇绿化的主要树种。

(3) 选择抗性强的树种　抗性强的树种是指对城市中工业排出的“三废”适应性强的树种，以及对土壤、气候、病虫害等不利因素适应性强的树种。

（4）速生树种与慢生树种相结合　速生树种早期绿化效果好，容易成荫，但寿命短。慢生树种则后期效果好，因此必须注意将速生树种与慢生树种结合起来。

（5）符合景观设计要求　园林植物在城镇园林绿化中作为基本的材料，一是改善生态环境，二是美化环境，因此要选择符合景观设计要求的、欣赏价值较高的树种。

10.3.3.3 城镇园林绿地的植物配置

城镇园林绿地中，在不同区域，应根据当地立地条件和立意要求，选择不同类型的植物，模拟自然植物群落进行艺术组合。

（1）孤植　多为欣赏树木的个体美而采用的方法。适合孤植的树木要求有较高的观赏性：一要姿态优美或体形高大雄伟或冠大荫浓；二要求叶色；三要花大色艳芳香；四可观果；五树干颜色突出。孤植树一般设在空旷的草地上、宽阔的湖池岸边、花坛中心、道路转折处、角隅、缓坡处等。

（2）规则式种植　在纪念性区域、入口、建筑物前、道路旁等地方，以衬托严谨、肃穆、整齐的气氛。

①对植　将乔灌木依一定的轴线关系对称或均衡地配置在其两侧的种植方式。一般选用圆球形、尖塔形、圆锥形的树木，如海桐、圆柏、雪松等，多数植于建筑物前或入口处。

②列植　按一定的株间距，以直线或规则曲线成行成排种植。多应用于行道树和林阴道的种植设计。

（3）丛植　丛植是指由几株乔木或灌木组合的群体配置方式。丛植或群植在园林绿地中应用最多，属自然布置的人工植物群落。在种植搭配上除考虑生态习性、种间关系以外，以叶色为主进行组合，一般采用针阔叶树搭配，常绿与落叶树搭配，乔、灌、草搭配，形成具有丰富的林冠线和春花、夏绿、秋色（实）、冬姿季相变化的人工植物群落。

（4）群植　群植是一种混合种植的植物配置方式，树群的组成数量在20～30株。它主要表现群体美，追求群体外貌，以此构成园林绿地的主景，而对单株植物的选择不严格。在群植周围应留一定的空旷地，以供游人观赏树群景观，它适宜配置在靠近林缘的大草坪上、宽广的林中空地、水中小岛屿上以及山坡、土丘上。

（5）林植　为风景林，成片、成块地大面积种植树木。林植有纯林和混交林两种。纯林一般形成整齐、壮观的整体效果，但缺少季相变化，如马尾树、银杉等；混交林由多树种组成的近自然林，往往有明显的季相变化，景观丰富。在城镇园林绿地中林植一般在大的公园、林阴道、小型山体、较大水面的边缘。

（6）基础栽植　凡在建筑物和构筑物的基部附近种植植物，都称为基础栽植。基础栽植能缓和建筑物的直线条，丰富建筑艺术，也有利于环境卫生。对一般体型高大、轮廓整齐对称的建筑物，基础栽植以整齐对称的形式较好；如果建筑物正面的造型富于变化或属于玲珑别致的小型建筑，则采取自然式的绿化形式较好。

10.3.4　城镇园林绿地规划设计的一般程序和内容

10.3.4.1　基础资料的收集

进行城镇园林绿地规划设计，需要搜集较多的资料，在实际工作中常根据具体情况有所增减。一般除收集城市规划的基础资料外，还需下列资料：

(1) 自然资料　主要是气象资料、土壤资料和地质地貌资料。包括历年及逐月的气温、湿度、降水量、风向、风力、霜冻期、冰冻期及土壤类型、土层厚度、土壤性质、地下水位等。

(2) 现状资料　现规划绿地的位置、范围、面积、性质，现有建筑物情况等。

(3) 植物资料　规划绿地上的现有植物情况，当地现有的园林绿化植物的种类及适用情况，特别是乡土树种情况以及附近地区的植物种类。

(4) 图纸资料　包括地形图、局部放大图；现有建筑物的平面、立面图；现状树木分布位置图，地下管线图等。

(5) 社会文化资料　城市概况，城市历史文化，名胜古迹，影响较大的民间传说，浓郁奇特的风土人情等。

10.3.4.2　城镇园林绿化规划设计的内容

(1) 总体规划图设计　总体规划图设计是由图纸和文字说明两部分组成。

①图纸部分　包括以下内容：总体规划平面图（比例尺 1∶200～1∶1 000)，整体鸟瞰图；重点景区、主要景点或景物的平面图和效果图；公用设施、管理用设施、管线的位置和走向图等。

②说明书　总体规划图设计文字说明部分应包括以下内容：a. 设计的主要依据；b. 设计的规模和范围、面积、游人容量、设计项目组成、对生态环境的影响分析等；c. 艺术构思，主题立意、园林艺术特色和风格、景区和景点布局的艺术效果分析、游览线路布置等；d. 园林植物种植规划概况，园林植物选择的原则，植物造景等；e. 功能和效益，对城市绿地系统和城市生活影响，各种效益分析；f. 技术、经济指标，用地平衡表，土石方概算，主要材料和消耗概算，总概算。

③总体规划图文件编排顺序　总体规划图文件编排顺序为封面→目录→说明书→总图与分图→概算。

(2) 初步设计　初步设计应在总体规划设计文件得到批准后进行。初步设计文件包括设计图纸、说明书、工程量总表和概算。

①设计图纸部分　包括总平面图、竖向设计图、道路设计图、建筑设计图、植物种植设计图。植物种植设计图要求标明树林、树丛、孤立树和花卉位置；定出主要树种；重点树木或树丛要标出与建筑、道路、水体的相对位置。

②初步设计说明书　对照总体规划图文件中文字说明部分，提出全面技术分析和技术处理措施，材料、造型、色彩和植物的选择原则。

③工程量总表 包括各类园林植物种类和数量，整理地形的土石方量，道路广场的铺装面积，各类园林小品数量，园林设备设施数量等。

④初步设计文件编排顺序 初步设计文件编排顺序为封面→扉页→目录→说明书→图纸目录→总图与分图→工程量表→概算。

(3) 施工图设计 在初步设计批准后，进行施工图设计。施工图设计文件包括施工图、文字说明和预算。施工图设计分为种植、道路、广场、山石、水池、驳岸、建筑、土方等施工设计。种植施工图包括平面图、立面图、剖面图、局部放大图、苗木表和预算。

总的来说，城镇园林绿地的规划设计程序，首先是园林绿地的布局、立意，然后是总体规划设计、局部设计和施工设计。

复习思考题

1. “园林”和“绿地”的概念和内涵。
2. 何为“近自然林”，在城市绿化中如何应用？
3. 城市园林绿地系统规划布局的原则是什么？
4. 城镇园林绿化规划设计的内容有哪些？

本章可供阅读书目

城市园林绿地规划．杨赉丽．中国林业出版社，1995
城市园林绿地设计与施工．徐峰．化学工业出版社，2002
城市绿地植物配置及其造景．何平，彭重华．中国林业出版社，2000
园林规划设计．吴长龙．中国林业出版社，1995

第 11 章　森林健康与维护

【本章提要】本章首先阐述了森林生态系统稳定性的概念、内涵、评价指标以及稳定性评价指标的确定方法，重点从主要森林病虫害及防治以及森林火灾预防与扑救等方面介绍了森林生态系统健康维护措施。

11.1　森林生态系统稳定性

生物在自然界不是孤立、静止生活的。自然界中的生物群落和非生物环境之间相互制约，相互依存，表现为物质的循环与能量的转换。我们把这种生物群落和非生物环境相互作用的综合体叫作生态系统。森林生态系统是森林生物群落与其环境在物质循环和能量转换过程中形成的功能系统，它是以乔木树种为主体、组成复杂、结构完整、外貌高大、生物量高的生态系统。

11.1.1　森林生态系统稳定性的概念

森林生态系统是地球陆地生态系统的主体，它具有很高的生物生产力和生物量以及丰富的生物多样性。目前，虽然全球森林面积仅约占地球陆地面积的26%，但是其碳贮量占整个陆地植被碳贮量的80%以上，而且森林每年固定的碳量约占整个陆地生物固定碳量的2/3，因此，森林在维护全球碳平衡中具有重大的作用。此外，森林还为人类社会的生产活动以及人类的生活提供丰富的资源；在维护区域性气候和保护区域生态环境（如防止水土流失）等方面，森林也有着很大的贡献，所以，森林在维系地球生命系统的平衡中具有不可替代的作用。森林生态系统也和自然界的任何事物一样，处在不断的发展变化之中。一个森林生态系统经过长期的发展和演化，达到相对的平衡状态，对于内部的变化和外部的干扰具有一种自动调节平衡的能力。这种调节的能力又取决于森林生态系统组成成分的多样性，以及能量流动和物质循环途径的复杂性。一般在成分复杂的森林生态系统中较易保持稳定，因为系统的一部分发生障碍时，可以被另外部分的调节所补偿。但即使是复杂的生态系统，其调节能力也是有限度的。如果外界的冲击或压力超过了生态系统的忍耐力，就会破坏生态系统的平衡状态，甚至引起原有的生态系统的崩溃和瓦解。不同类型的森林生态稳定性还可归因于生态系统的不同组分，例如林下具有短命植物的森林使其系统具有一定的弹性，而林下具有长命植物的森林则赋予系统一定的惯性，因而森林生态系统的稳定性因其组成的不同而具有不同的含义。

11.1.1.1 具有不同内涵的稳定性概念

（1）恒定性 指生态系统的物种数量、群落生活型或环境的物理特征等参数不发生变化。可见这是一种绝对稳定的概念，这种稳定在自然界几乎是不可能的。

（2）持久性 指生态系统在一定边界范围内保持恒定或维持某一特定状态的历时长度。这是一种相对稳定概念，且根据研究对象不同，稳定水平也不同。

（3）惯性 生态系统在风、火、病虫害以及食草动物数量剧增等扰动因子初现时保持或持久的能力。与恒定性概念相同。

（4）弹性 也称生态系统的恢复性。指生态系统缓冲干扰并仍保持在一定阀限之内的能力。弹性与持久性概念类似，但强调生态系统受扰动后恢复原状的速度及其对干扰的缓冲。

（5）抗性 描述系统在给予扰动后产生变化的大小。

（6）变异性 描述系统在给予扰动后种群密度随时间变化的大小。

（7）变幅 生态系统可被改变并能迅速恢复原来状态的程度。即强调其可恢复的受扰范围。

由上可以看出，稳定性包括了两方面的含义：一方面是系统保持现行状态的能力，即抗干扰的能力；另一方面是系统受扰动后回归该状态的倾向，即受扰后的恢复能力。前面提及的具有不同内涵的稳定性概念中，恒定性、持久性、惯性指的就是系统的抗干扰能力，而弹性是指系统受干扰后的恢复能力，至于抗性、变异性、变幅则反映了系统受扰后的变化大小，表明了生态系统的稳定性。

11.1.1.2 具有不同外延的稳定性概念

（1）局部稳定性 系统受较小的扰动后仍能恢复到原来的平衡点，而受到较大扰动后则无法恢复到原来的平衡点，则称该平衡点的稳定为局部稳定或领域稳定。处于演替初期的群落常常如此。

（2）全局稳定性 系统受较大的扰动后远离平衡点，但最终仍能恢复到原来的平衡点，则该系统具有全局稳定性。处于演替末期的群落常常如此。

（3）结构稳定性 在系统状态方程中，参数的变化（扰动引起），可通过转移矩阵的传递，在方程解的空间里反映出来，当数学解在空间变化小到可以忽略时，便说明该系统的传递矩阵性能较好，因而，称该系统为结构稳定。此概念强调系统组成的有序性。

（4）循环稳定性 生态系统经过一系列变化后仍能恢复原来状态的特性。是具循环演替的生态系统的另一种稳定形式。

（5）轨道稳定性 生态系统稳定性在其原有状态扰动并改变成各种不同的新状态后复归至某一最终状态的倾向。是具梯形演替的生态系统的特殊稳定形式。

(6) 相对稳定性 反映系统稳定性程度的量化概念。

(7) 绝对稳定性 反映领域稳定和全局稳定的值的概念，因为在稳定域内外的系统状态有质的区别。

11.1.2 森林生态系统稳定性的评价指标

森林生态系统的稳定性受制因素较多，不仅受自然因素的影响，社会因素同样也是重要因素。因此，指标选取复杂。迄今为止，还没有一个统一的指标来鉴别森林生态系统的稳定性。通常有两种方法来评价森林生态系统的稳定性，即数学方法和经验方法。前者涉及到建立模拟生态系统动态变化的数学模型，然后借用数学分析或计算机数值模拟的手段对模型进行稳定性分析。后者涉及到建立一套与森林生态系统的结构、功能特征有关的稳定性指标，根据这些指标来判断生态系统的相对稳定性。

11.1.2.1 抵抗性评价

Harrison（1979）提出的，系统的抵抗性可借用参数扰动方法来分析。经验上，评价抵抗性最常用的方法之一，是估计不同森林生态系统对同种干扰的相对反应大小。抵抗性可用系统的某一特定的变化幅度或一个给定的干扰后，使系统达到某一给定的程度所需要的时间来度量（Hurd 和 Wolf 1974；Leps 等 1982；Vitousek 等 1982）。此外，抵抗性也可用使系统达到某一给定量的变化所要求的干扰强度来描述。Westman（1978）建议用系统某些特征的 50% 的变化所要求的干扰强度来评价抵抗性，此外，生态学家试图从生态系统的结构、功能和进化特征来构造抵抗性的预测性指数。

11.1.2.2 恢复性评价

该方法是李亚普诺夫（Lyapounov）提出的，对于生态系统稳定性的分析分为 3 个步骤：首先确定一个系统的平衡点；其次借用泰勒（Taylor）定理在平衡点将系统方程线性化；然后解特征值，特征值是非常关键的。根据最大特征值，人们就可以知道是否所有的物种密度能从任意小的干扰后返回到平衡点，该方法的好处在于，当种群密度接近平衡时，非线性方程可用某些简单的有分析解的线性方程来近似。根据特征值，很容易判断系统是否局域稳定。对于线性动态系统，局域稳定性和全局稳定性是一致的。但是，几乎所有的生态系统都是非线性的，且可能具有多个平衡点和局域稳定区域。对非线性系统，且当系统受到一个大的扰动时，此方法就失效了。对于大的干扰，局域稳定性也许就不能说明系统动态的本质特征，再者，在平衡概念的基础上建立起来的局域稳定性标准不适合判断通常在一个较大范围内波动或经常受到时变外力干扰系统的动态特征。因而，对非线性系统必须分析该系统的全域稳定性。

因为弹性指的是系统受到干扰后，恢复到初始状态的速度，因而可用返回时间来表示。在局域稳定性的分析中，最大特征值不仅表明了系统是否将返回到平衡，而且表明了系统返回到平衡点的速度，一般来说，最大特征值负的越大，则系统返回到平衡点的速度越快。

由于在自然条件下，期望干扰后的系统恢复到和原来系统一模一样是不可能的，因而，经验上，弹性通常用使干扰后系统恢复到原来系统有50% ~80% 的相似所需要的时间来表示，振幅的评价涉及到确定一个阈值，超过该阈值，系统就不能恢复到初始状态，替代性可通过计算新稳态与初始态的相似性来估计，滞变性可通过观察退化的模式与次生演替模式的差异来确定。

11.1.2.3 持久性评价

Harrison（1979）提出了持久性的生态系统稳定性评价方法，并认为，有时持久性可用全局稳定性定理来证明（Hahn 1967；Yoshizawa 1966）。Estberg 和 Patten（1974）找到在一些小干扰的情况下，灵敏性与持久性的关系，Mauriello（1983）提出在干扰和未干扰的系统轨迹之间的偏离持续时间可作为持久性的评价。然而，类似于抵抗性的研究，持久性的研究仍处于发展的初级阶段，需要发展更加可行的数学方法。

一般来说，有两种方法来研究持久性。在野外，持久性的研究通常涉及到物种的侵入和灭绝。如果一个群落很难侵入，且物种灭绝的速率很低的话，则认为群落的持久性高。在实验室，持久性的研究通常涉及到建立一个人工群落，并观察该系统中某一成分存在的时间。生存的时间越长，则系统的持久性就越高（Hariston 等 1968；Fujii 1983）。

11.1.2.4 变异性评价

从数学角度来看，变异性的最好评价方法是统计方差和频率。由于种群大小的标准差在对数尺度上通常呈对称分布，且明显地近似于正态分布，因而对于在不同时间比较同一种群的大小及在同一时间比较不同种群的大小，用种群大小的标准差或种群大小的对数标准差是比较合适的，种群的相对变异性可用对数尺度来比较。Williamson（1972）建议用种群标准差3倍的反对数来比较种群的相对变异性，它适合于密度差异很大的种群。在比较同一种群不同地方的差异时，直接计算标准差是不合适的，这是因为标准差不仅反映了种群的变异性，而且反映了种群平均密度的差异，因此，Pallard（1984）和 Wolda（1978，1983）提出用连续2次估计的种群密度之比$\left(N_t + \frac{1}{N_t}\right)$或相应的对数差（$\log N_t + 1 - \log N_t$）作为基本的统计量，即用$R$表示。

种群或群落参数的变异性不仅是系统抵抗力和恢复力的函数，而且是干扰频率和强度的函数，因而，实践上，变异性使用得比较广泛的稳定性定义，由于抵抗性和恢复性仅用于评价系统对可控干扰的响应，因而，二者很难用于自然生态系统。

抵抗性、恢复性、持久性的评价不但与森林生态系统的内在特征有关，而且与干扰的强度和时间尺度以及观察种群对干扰响应的时间和尺度有关，对于后者，Connell 和 Sousa（1983）提出几条解决的原则：

①干扰强度 扰动是指引起群落某些特征的显著变化的作用力，如果干扰力的强度不能引起群落某些特征的显著变化，则就没有干扰；

②扰动时间　稳定性的概念是指系统对能引起物种丰富度变化但不引起无生物环境长期变化的干扰的响应，因而，干扰的时间尺度不能大于群落的周转时间；

③观察时间　最短的观察时间是群落内所有个体有一个完整的周转；

④观察的空间尺度　种群和群落稳定的最小面积是能为该区域内所有的成体的更替提供适宜的条件，以及足够的繁殖体和后代的生存、生长和发育所要求的环境条件。在该区域内，至少在种群或群落的一个周转期间内，这些条件必须满足。有两种方法决定最小区域：一个是在许多大小不同的区域内，替换所有成体至少达一个周转时间，这样就可找到最小区域；另一个是根据生活史和年龄结构间接的估计。

森林生态系统的稳定性是一个非常复杂的问题，所涉及的内容包括森林生态系统的组成、生态功能和一切干扰因素。目前，对森林生态系统稳定性的认识尚存在许多异议，新的假说、观点不断推出，又被不断的否定和修正。由于生态系统稳定、持续、高效发展是人类经营活动的最终目的，所以关于森林生态系统稳定性及其相关问题始终是生态科学工作者所面临的重要研究课题。我们相信，随着科学研究的发展，人类对森林生态系统的稳定性及其影响机制和评价指标一定会有一个更加全面的认识。

11.2　林木虫害与防治

在森林生态系统中，昆虫是数量众多且作用巨大的组成成分，各种昆虫由于食性不同，和人类构成了不同的利害关系。人类经营管理森林的目的不同，相应林分中的各种昆虫的活动关系也随之而异。通常，对人类经营目的产生消极作用的森林昆虫，被统称为害虫；产生积极作用的，被统称为益虫。实际上，问题要比这个复杂得多。昆虫活动的益与害，不只是个定性的概念，而往往必须将昆虫的数量及其在时间和空间上的变化相联系，才能做出正确的判断。因此，森林虫害问题是一个颇为复杂的系统问题，要解决这个问题，就必须有森林学、昆虫学和生态学的知识，并且，还要拥有各个子系统（如昆虫种群、林木种群、经营管理措施的、立地条件和环境因素等）的基本资料和动态数据或相应的模型，才能进行系统分析，并根据可能采取措施的投入产出比，最后做出是否采取防治的决策。本节介绍主要林木虫害的类型、发生条件和防治方法等内容。

11.2.1　林木虫害的类型

11.2.1.1　叶部害虫

叶部害虫危害针阔叶树的叶和芽，使树木生长衰弱以至枯死，并能引发树干害虫和病害的发生。因此，又称为初期害虫。林木叶部害虫主要有：

(1) 落叶松毛虫（西伯利亚松毛虫）　落叶松毛虫是落叶松最重要的叶部害虫，并危害红松、樟子松、云杉等，是一种危险性害虫。此外，在北方还有油松毛虫、赤松毛虫；南方有马尾松毛虫。

（2）落叶松球蚜　落叶松球蚜与蚜虫（蜜虫）相似，从针叶中吸取营养物质，使针叶弯曲、卷缩或早落，并分泌出白色蜡质，密布于针叶上，削弱光合作用，使生长大大降低。通常落叶松球蚜2年1代，有2种寄主。第一寄主为云杉，第二寄主为落叶松。生活史包括干母、瘿蚜、伪干母、性母、侨母等5种虫型。

（3）天幕毛虫　天幕毛虫在我国分布较广，是危害阔木林和果树的主要害虫之一。天幕毛虫1年1代，5月上旬孵化为幼虫，初龄幼虫在枝桠间吐丝结网群集在一起，故叫天幕毛虫，夜晚取食，6月上旬羽化产卵。

（4）舞毒蛾　舞毒蛾是世界上有名的森林叶部害虫，分布广，食性杂，主要危害栎、柳、落叶松、苹果、梨等树种的叶。猖獗时可将成片森林的叶子吃光。舞毒蛾通常4～5月间孵化为幼虫，2个月后化蛹。7月下旬至8月上旬羽化为蛾，雄蛾白天在林内飞舞，故称舞毒蛾。温暖、干燥的纯林是其大发生的条件。

此外还有其他主要的叶部害虫，诸如落叶松鞘蛾、落叶松卷叶蛾、松针毒蛾等。

11.2.1.2　枝干害虫

这类害虫在人工林、天然林中危害健康林木的叶芽、嫩枝和幼干。主要种类有：

（1）松大象鼻虫　从东北到西南地区广泛分布，啃食松属各种、落叶松、云杉幼树枝干的树皮，严重时导致全株枯死。

（2）松干蚧　分布于辽宁、山东沿海，现已蔓延至江苏、浙江等省，在各地区分别危害赤松、油松、马尾松的枝干，已列入对内检疫对象，必须大力防治。

（3）纵坑切梢小蠹　全国均有分布，危害樟子松、油松、赤松、黑松、马尾松、华山松等。东北地区属于此类型的还有红松切梢小蠹（危害红松、樟子松）及松横坑切梢小蠹（危害红松、油松）。纵坑切梢小蠹越冬成虫4月中旬左右侵入松树嫩枝髓部，新成虫于6月下旬～7月上旬出现，再侵入新梢危害。

（4）杨干白尾象鼻虫　分布于东北各省，主要危害加拿大杨、小叶杨、中东杨、旱柳等，是杨树的毁灭性害虫，已列入国家检疫对象。杨干白尾象鼻虫的幼虫在杨树枝干韧皮部环绕树干蛀道危害，由于切断树木输导组织，轻者枝干枯梢，重者全株死亡。

11.2.1.3　苗圃害虫

分为地下和地上2类，以地下的根部害虫危害最为严重，常取食幼苗、幼树根部及发芽的种子，使苗圃严重减产。地上害虫则危害叶子、幼芽和嫩茎。主要的苗圃害虫种类有：

（1）朝鲜黑金龟子　幼虫名蛴螬，俗名为蛭虫。分布广，危害严重，主要危害松属各种、落叶松及部分阔叶树苗木的根部。

（2）非洲蝼蛄　俗名拉拉蛄。分布于我国大部分地区，危害严重，在东北地区的苗圃内主要危害红松、樟子松、落叶松及杨树等的苗根。非洲蝼蛄2年1

代，土中越冬，6~7月间危害苗根，并在床面钻成许多隧道，使苗根与土分离而死。

(3) 其他种类 此外，金针虫、地老虎类（切根虫）等也是危害较严重苗圃害虫。

11.2.2 林木虫害的发生条件

任何害虫每年都会发生，但并非年年形成严重的虫害。只有当害虫的种群数量大，才猖獗危害。害虫的大量猖獗，与周围环境有密切关系。适宜的条件，使害虫发育良好，存活率高，繁殖力强，数量显著上升，反之种群数量消退，危害减轻。所以，害虫的大发生是由外界条件的各因子有效的配合，通过害虫在发生地的生物学特性所产生的结果。

影响害虫种群数量变化的因子主要包括气候（温度、湿度、风等）、食料、天敌3个方面。如干旱年份蚜虫易发生。纯林中食料丰富、天敌少，容易扩散蔓延。因此，创造不利于害虫繁殖的环境条件，是消灭害虫的重要一环。

11.2.3 林木虫害的综合防治措施

11.2.3.1 综合防治的概念

综合防治又称综合管理，就是以预防为主，以营林防治为基础，从生产全局及生态学观点出发，合理选择经济有效、切实可行的防治方法，取长补短，相互配合，综合应用，组成一个比较完整的、有机的防治系统。以达到控制病、虫危害在经济损失水平以下，保证林木速生丰产的目的。1986年，我国提出了综合防治的含义是“综合防治是对有害生物进行科学管理体系，以农业生态系统整体出发，根据有害生物与环境之间的关系，充分发挥自然控制因素的作用，因地制宜地协调应用必要的措施，将有害生物控制在经济损害允许的水平以下，以获得最佳的经济、生态和社会效益”。

11.2.3.2 常用的防治措施

常用的防治措施有营林防治、物理防治、生物防治及化学防治。

(1) 营林防治 营林防治是通过营林各项具体措施，达到抑制虫害的发生或减轻危害程度为目的的防治措施。其内容包括营造抗虫害树种、造林技术和管理措施等。营林防治的结果是促进林木茁壮生长，增强抗虫能力，提高林产品产量和质量，形成林内生物群落多样化和复杂化，造成不利于虫害发生和成灾的生态环境。在虫害防治的整个体系中，营林防治占有极为重要的地位。营林防治包括：

①选择对害虫抗性强的造林树种 经多年试验观察，火炬松、南亚松对马尾松毛虫有很强的抗性，其次是湿地松、加勒比松、黑松。幼虫取食这些松树针叶后死亡率增高，雄性比率下降，产卵量减少。对日本松干蚧研究表明：晚松、火炬松、湿地松、刚松、美国短叶松和长叶松这7种松树能够抗日本松干蚧。在虫害严重发生的地区，因地制宜，选取相应的树种造林。

②育苗、造林技术　园地的选择对防治虫害有重要意义。深翻土地可以破坏土表病菌和土层深处害虫生活的环境条件，而形成有利于苗木生长的条件。适地适树，营造混交林，可以改善森林生长环境，促进林木生长，增加害虫天敌数量和种类，有效地抑制虫害的发生和发展，同时也提高了经济效益。

③管理措施　包括封山育林、合理整枝、保护林下灌木和草类、栽植固氮植物等。各项管理措施密切配合，长期坚持，就能丰富森林生物群落、昆虫和天敌种类，构成复杂的食物网链。同时，还能改善林地生态环境，使植物生长茂盛，覆盖率提高，郁闭度增大，调节林内温度、湿度和光照，增加土壤肥力，减少水土流失，增加林木生长量。

（2）*植物检疫*　又称法规防治。一个国家或一地区，用行政手段，对可能传带危险性虫害和杂草的商品、栽植材料等强制检查，禁止带有上述有害生物的物品（包括其包装材料）的输入和输出，用以保护一国和一地区免遭危害具有重大意义。

确定检疫对象，主要依据以下几项原则：

①对国外、省外在经济上有严重危害的病、虫、杂草；

②国内、省内尚未发现或分布不广，或发生虽已相当普遍，但正在大力防治、进行消灭的病、虫、杂草；

③可以人为传播，即容易随同种子及繁殖材料、农产品或林产品、工业原料及包装物等运输传播的，能忍受饥饿或其他恶劣条件，遇有适宜条件又能顺利生存的病、虫、杂草种类。

按照国家规定，林业上进口植物检疫的虫害对象有松突圆蚧、美国白蛾、美洲榆小蠹、欧洲榆小蠹、欧洲大榆小蠹、松材线虫等；国内植物检疫的虫害对象有白杨透翅蛾、杨干象、杨圆蚧、柳蛎盾蚧、日本松干蚧、松突圆干蚧、美国白蛾、紫穗槐豆象、柠条豆象、黄连木种子小蜂等。有些害虫、病害在原产地危害不重，但传入新区，由于生活环境改变，有可能造成重大危害。因此，许多国家除规定检疫对象外，还规定活的繁殖体不许进口或指定进口口岸，送检疫苗圃隔离种植，经证明确实无危险性病虫害后才能分发栽植。经检验后，不带检疫对象的送检物品，签证放行；发现有检疫对象，检疫机构立即通知收贷单位及送检人，按检疫通知单处理：禁止出、入境，退回或就地销毁；熏蒸、消毒、消灭检疫对象后放行；隔离试种观察后再处理。

（3）*物理防治*　即利用物理的或机械的方法消除害虫或减轻虫害的防治方法。其内容很多，如诱杀（灯光、毒饵、潜所诱杀）、浸种、涂胶、涂白、辐射不育及超声波等。目前林业上利用较多的是灯光诱杀、潜所诱杀及温汤浸种等。

①灯光诱杀　利用害虫的趋光性，在成虫羽化期设置灯光诱杀，是防治鳞翅目害虫（如松毛虫和鞘翅目害虫（如金龟子等）的措施之一。据统计，黑光灯可诱到10个目60余科的害虫和益虫。诱虫的灯有黑光灯、高压电网灯和汞灯。常用的有20W黑光灯单独使用，20W黑光灯和60W电灯一起使用，2个20W黑光灯一起使用和200W汞灯等。4种装置比较，以200W汞灯效果最好，20W黑

光灯单独使用效果最差。一般每 2～3hm^2 林地安装 1 盏灯，灯距地面 1～1.5m。点灯时间是 19：00～21：00 和 0：00～2：00，在害虫羽化期通宵点。灯下的水盆或集虫装置要及时清理，加水、加煤油、柴油或中性肥皂水。黑光灯一般在无月黑夜、天气闷热、雷阵雨前诱杀效果最好，而在 6 月大雨、气温低的夜里，诱杀效果差。还可以利用黑光灯根据某些害虫在灯下的虫情变化进行测报工作，以预测害虫下代的发生数量。

②潜所诱杀　利用害虫的潜伏习性，人为设置害虫潜伏条件，引诱害虫来潜伏或越冬，然后予以消灭。例如利用许多蛀干害虫如天牛、小蠹、象鼻虫喜欢在新伐倒木上产卵的习性，在林中放置饵木诱其产卵，然后处理饵木；小地老虎幼虫常隐蔽在草堆下，可在地面铺泡桐叶诱杀。

③辐射不育　利用低剂量的射线处理马尾松毛虫的雄蛹，使其失去生育能力并仍有与雌虫交尾功能。把这种雄虫放到林间，使它与林间雌虫交尾，这样的雌虫产的卵不能孵化出幼虫，从而达到控制害虫的目的。

④温汤浸种　在播种前，用温开水浸烫种子，杀死种子中的病原生物，以得到防治效果。林木种子夏日暴晒，可以杀死种子中潜伏的害虫；温室中用热力或蒸汽进行土壤消毒杀菌，效果都很好。

(4) 生物防治　生物防治是指利用天敌防治害虫的方法。害虫的天敌有捕食性的、寄生性的及昆虫病原微生物。林木害虫的生物防治主要通过如下措施来实现。

①以虫治虫　即利用螳螂、瓢虫、草蛉、蚂蚁等捕食害虫或利用寄生蜂、寄生蝇等寄生于害虫的卵、幼虫、蛹等而防治害虫的方法。以虫治虫的内容较多，主要有以下几种：

其一，利用人工繁殖捕食昆虫。如人工繁殖瓢虫、草蛉防治日本松干蚧等；繁殖松毛虫赤眼蜂防治松毛虫。其二，保护本地害虫的天敌防治害虫。自然条件下，天敌群落是非常丰富的，凡有害虫的地方，就有害虫的天敌。只是由于各种环境因子的影响或者人为的破坏；使害虫的天敌数量日趋减少，不能有效地抑制害虫的发生。如果人们有意识地保护害虫天敌，则能允分发挥天敌的作用，减轻或者预防害虫成灾，这是一项简单易行、有效的措施。主要通过保护天敌安全越冬和填充寄主的方式来实现。在某些地区或年份天气寒冷时，很多天敌昆虫由于经不起严寒的侵袭而死亡，难于自然越冬，可人为助迁至气温略高地点，帮助安全越冬。寄生性昆虫的成虫寿命小于寄主昆虫下一代被寄生的虫态出现期，由于缺乏寄主而大量死亡，不能有效地抑制虫害的发生，特别是专性寄生昆虫。如松毛虫黑卵蜂，在马尾松毛虫第 1 代卵期之后到第 2 代发生之前，这段时间内，因没有寄主卵而大量死亡。在 4 月中下旬和 7 月上中旬，可在林内填充一些新鲜松毛虫卵。填充新鲜松毛虫卵应在各代卵发生期前 10 天左右进行。其三，在林内种植蜜源植物防治虫害。寄生性天敌昆虫大多有取食花蜜的习性，据试验，天敌成虫取食花蜜后可延长寿命和提高产卵量。如杜鹃花是松毛虫赤眼蜂和松毛虫黑卵蜂喜欢的蜜源。因此，在林内或林缘种植和保护蜜源植物，或结合多种经营栽种果树，有利于天敌昆虫的保存和繁衍。栽植蜜源植物的种类各地可因地制宜，如紫穗槐、刺槐等。此外，通过合理处理人工采到的害虫卵和蛹，以达到防治害虫的目的。在人工采卵和蛹防治松毛虫时，可将采到的卵和蛹进行适当处理，使松毛虫卵期和蛹期的天敌飞出，而不宜将卵和蛹全部埋掉，使天敌和害虫“同归于尽”。

②保护和招引食虫鸟治虫 鸟类是啄食森林害虫的能手。它们能捕食害虫的卵、幼虫、蛹和成虫。因此，应该保护食虫鸟。据调查，我国捕食松毛虫的鸟类有 90 多种，常见的食松毛虫鸟类有大山雀、大杜鹃、黑枕黄鹂、红尾伯劳、虎纹伯劳等。我国对保护鸟类非常重视，国务院和各省（自治区、直辖市）都有关于开展保护鸟活动的通知，制定了有关保护鸟类的政策、法令和规定，应该大力宣传，严格执行。要严格禁止枪杀、捕捉益鸟。为了提高林内鸟类的数量，可在林内悬挂不同鸟类栖居的巢箱，招引鸟类入箱育雏。

（5）*化学防治* 在现行的森林害虫、病害防治中，化学防治仍是最主要的防治措施，它具有见效快、使用方便、比较经济的优点。化学农药有杀虫剂、杀菌剂。杀虫剂分触杀剂、胃毒剂、内吸剂、熏蒸剂以及拒食剂、引诱剂、粘捕剂。触杀剂是农药接触害虫体表，通过体表进入体内毒死害虫；胃毒剂是农药须经害虫食进体内才能发挥毒效，很多触杀剂农药也是胃毒剂；内吸剂是农药被植物吸收、传导，昆虫取食这种植物中毒而死；熏蒸剂是农药挥发后，通过害虫的体壁和气孔进入体内发挥毒性，使害虫中毒死亡，如氯化苦、二硫化碳等。

使用农药防治森林害虫要达到安全经济有效的目的，就必须正确合理使用农药。根据所需防治害虫的发生特点，正确选择防治时间、地点，合理选择农药品种、施药方式和施药浓度。在施药时，更需要注意安全。

化学防治所用浓度应以杀死害虫为目的，一般应根据农药说明的浓度施用，避免浓度愈高愈好的做法，不合理使用高浓度农药来防治害虫，不仅人、畜不安全，而且浪费农药，提高了防治成本，另一方面还能提高害虫的抗性，污染环境，造成林木药害。

11.3 林木病害与防治

林木是活的有机体，对外界环境的变化或其他生物的刺激有一定的适应能力。但当环境变化或某种刺激超出其适应能力范围时，林木的正常生理活动便受到干扰、破坏，对生长发育产生不利影响，甚至引起植株死亡，造成经济上和生态上的损失。因此，搞好森林病害的防治工作，是林业生产上的重要任务。

11.3.1 林木病害的类型

根据不同的方式可将林木病害分为以下几类：

（1）*依病原分类* 可将林木病害分为浸染性病害和非浸染性病害。浸染性病害又可分为真菌病害、细菌病害、病毒病害、线虫病害等类型。

(2) 依寄主受病部位和器官分类　可将林木病害分为叶部病害、枝干病害、种子病害等。

(3) 依寄主发育阶段分类　按照寄主发育阶段的不同特点，可以将林木病害分为苗期病害、幼龄病害、成林病害和过熟林病害等。

(4) 依林木发病的症状分类　不同的林木病害表现出不同的外观症状，据此可分为白粉病、锈病、腐烂病等。

11.3.2 主要林木病害发生的特征及条件

一般情况下，林木病害多采用依寄主受病部位、器官和依林木发病的症状进行分类。下面就依林木发病的症状分类对林木病害的发生特征和条件进行详细说明。

(1) 发霉病类　一般由霉烂菌引起的。其发病特征：多发生在贮藏中的种子和果实上；种实表面出现绿色、黑色、粉色或灰色的霉状物。这些霉状物是病原真菌的繁殖器官。

发霉病类林木病害的发病条件：绝大多数的霉烂菌是种子自身携带的，这些菌还普遍存在于各个场所，种子与此菌接触的机会很多，易被侵染；成熟的种子由于采收和贮藏不当，不但造成各种伤口，有利于病菌的侵入，而且老熟的种皮或种壳易为病菌的扩展创造条件。同时，如果种实贮藏时含水量太高或贮藏中受潮，使库内湿度增加，库内种实密集，病毒发展会更加迅速。因此，湿度往往是成为发生霉烂的主要环境因子。

(2) 白粉病类　通常由真菌中的白粉菌引起。其发病特征：多发生在叶片上，有时也见于幼果和嫩枝；病斑常近圆形，其上出现很薄的白色或灰白色粉层，后期白粉层上出现散生的针头大的黑色或黄色颗粒，轻轻除去粉层，可以看到由于受害组织褪色而形成的黄色斑点。白粉层是病害的病症，如板栗白粉病、橡胶白粉病等均属此类型。

白粉病类林木病害的发病条件：树木生长势衰弱时细胞膨压降低有利于白粉病侵入；温暖而干燥的气候条件往往有利于病害的发生；高氮低钾以及促进植物生长柔嫩的土壤条件有利于发病；植物受食叶害虫危害后，夏末秋初形成的新叶最易受害。

(3) 锈病类　一般由真菌的锈菌引起。其发病特征：多发生于枝、干、叶、果等地上部分；病部出现锈黄色的粉状物，或内含黄粉的泡状物和毛状物；病部大都形成斑块或肿瘤。如杨叶锈病、松针锈病等。

锈病类林木病害的发病条件：有转主树木共同一起生长的林地上，易发生锈病类林木病害；温暖而干燥的气候有利于此病的发生。

(4) 煤污病类　一般由真菌引起。其发病特征：多发生于叶、果、小枝；病部被一层煤烟状物严密覆盖，但此煤烟状物很容易擦去；病部光和作用受阻，但细胞组织却很少受到破坏，或者只出现轻微的褪绿。如油茶煤污病、竹煤污病等。

煤污病类林木病害的发病条件：一般湿度越大，发病越重。但暴雨对于煤污菌有一定冲洗作用，能减轻病害；昆虫如介壳虫、蚜虫等危害严重时，发病较重。

（5）*斑点病类* 一般真菌、细菌、病毒等均可以引起此病害。其发病特征：病部通常变褐色，形状近圆形、多角形或不规则形，有时还具有轮纹。后期病部组织坏死，斑上常出现绒状煤层、黑色小粒点或黏液等病征。如杨黑斑病、槭漆斑病等。

斑点病类林木病害的发病条件：病害的发生与发病季节雨量和雨日的多少关系最密切，雨多发病重，雨少发病轻；苗圃地潮湿、临近沟渠或排水不良较易发病；苗木生长过密而生长较差的均易发病。

（6）*炭疽病类* 一般由真菌引起。病斑上有时出现粉红色黏液状的病症。如油茶炭疽病、杉木炭疽病等。其发病条件为病害的发生与雨水多少关系密切，在发病季节如高温多雨、排水不良，病害蔓延很快；苗木过密，通风透气不良也易发病；育苗技术和苗圃管理粗放，苗木生长瘦弱也有利于病害发生。

（7）*溃疡病类* 多见于枝干的皮层；病部周围稍隆起，中央的组织坏死并干裂，如果出现病症，往往为黑色小点或小的盘状物。其发病条件为水分状况不良的条件下病害逐渐发展；刺伤后在伤口处用低温急剧冷冻处理后人工接种易发病；起苗、运输、栽植过程中的损伤以及春寒、风沙等有利于病害的发生。

（8）*腐烂病类* 一般由真菌或细菌浸染后细胞坏死组织解体所致。可见于林木的各个部位，按病部的颜色、质地等特点，又可分为干腐、湿腐、褐腐等病类；腐烂组织常带有各种气味。如杨、柳、苹果的腐烂病，桃、李褐腐病，橡胶根腐病等属此类型。

腐烂病类林木病害的发病条件：由于引起此类病害的病菌一般是弱寄生菌，因此生长不良、树势衰弱的树木易受浸染；树木树皮的含水量与此病的发生有较密切的关系，树皮的含水量低有利于菌丝的生长。

（9）*流胶或流脂病类* 属于树木生理性病害。流胶发生于阔叶树的枝干，流脂发生于针叶树。病部有胶质或松质自树皮渗出，胶液的形成与细胞的分解和退化有关。如毛白杨破肚子病，为主要发病特征。

通常情况下，该病很多是生理性病害，主要由冻害引起；在湿度突然下降时易于发病；阳坡和零星生长的树木易受害；抚育管理差、人畜破坏重的林地易发病。

（10）*肿瘤病类* 枝干、叶和根部形成局部性肿瘤，肿瘤是林木上一类很普遍的增生型病害。瘤多近圆形，有时呈梭状，瘤的大小可从几毫米到1m以上。瘤上有时出现黄泡、黑点等明显的病症。如杨树根癌病。

土壤的理化性质直接影响肿瘤病类的发病率。通常在湿度大的土壤中发病率高；微碱性的疏松土壤有助于病害的发生，而酸性粗重的土壤则不利于病害的发生。此外，嫁接方式与发病也有关系，芽接比切接发病率低。根部伤口的多少也与发病成正比。

(11) 腐朽病类　一般由真菌引起。其发病特征：林木根、干木质部的变质解体；腐朽的木质部纤维素和木素被分解，物理机械性能大大降低；根据受害木质部的颜色、形状又可分为褐腐、白腐等小的类型；腐朽的后期，病部往外出现大型的真菌繁殖器官。如松白腐病、栎干基白腐等。

(12) 花叶病类　大多由病毒、类菌原体和某些生理因素引起。通常是全株性的，但初期多表现在局部叶片上。叶片颜色深浅不一，浓绿与浅绿部分相间夹杂，有时还出现红、紫等颜色。

(13) 丛枝病类　一般由真菌、类菌原体引起。表现出顶芽生长被抑制，侧芽则受刺激提前发育成小枝，小枝的顶芽不久又受到抑制，小枝的侧芽再随之发育成小枝。如此反复的结果使得枝条的节间缩短，叶片变小，枝叶簇生。有时根部也有类似的情况，形成毛根。竹丛枝病、枫杨丛枝病、泡桐丛枝病、枣疯病都是常见的丛枝类型病害。

(14) 萎蔫病类　由于干旱、根系腐烂、疏导组织堵塞等引起植物急剧的失水，细胞膨压下降，叶片萎蔫。一般为全株性的病害。如榆树枯萎病、板栗干枯病等。

(15) 畸形　主要表现为叶片皱缩变小、枝条带化、袋果等都属于畸形；肿瘤、丛枝等也是一种畸形。此外，真菌、病毒及某些非生物因素都可能引起植物器官的不正常生长而导致畸形。

11.3.3 林木病害的综合防治措施

通常林木病害的防治以综合防治为主，常用的防治措施包括营林防治、植物检疫、物理防治、生物防治及化学防治等。

11.3.3.1 营林防治

与虫害防治措施相似，通过营林各项具体措施同样可以达到抑制病害的发生或减轻危害程度为目的的防治措施。其内容包括营造抗病树种、造林技术和管理措施等。营林防治的结果是促进林木茁壮生长，增强抗病能力，提高林产品产量和质量，形成林内生物群落多样化和复杂化，造成不利于病害发生和成灾的生态环境。在病害防治的整个体系中，营林防治占有极为重要的地位。营林防治分为：

(1) 营造抗病树种　种植抗病树种是防治植物病害的最好的方法，有效、经济、易于推广，又不污染环境。历数国内外近百种重要的植物病害，大约80%都是完全或主要靠抗病品种解决的，因此抗病品种是林木病害防治中最主要的办法。只要某一地区存在有某种难以用其他方法防治的病害，那个地方植物的育种目标就必须要包括抗病这项要求。

对于通过气流传播的病害，抗病品种也是主要的防治手段。因为这类病害发生的面积大、再浸染频率高，单纯依靠化学药剂或其他方法几乎不可能全面防治，只有广泛栽培抗病品种才是最经济、有效的方法。

抗病育种可以看作是植物育种工作中的一部分，或者说是育种目标中规定有抗病性要求的育种工作。但规定了抗病性这一项要求，将会给育种工作带来很多复杂性和困难。这是因为：单纯抗病的品种并不难获得，但既抗病又丰产、优质、适应性强的品种就不易多得了；抗病性和其他性状之间往往存在矛盾，更重要的是抗病性不同于产量、品质、抗寒、抗旱等其他生物学性状，它的表现不仅决定于寄主的遗传和环境，而且还决定于病原物致病性的遗传特性。抗病性是两种生物综合形成的复杂多变的性状，在抗病育种中，不仅需要育种程序的各环节、育种材料各世代进行抗病性鉴定和选择，而且还需研究病原物致病性的分化并监视其变化以保证最后培育成的品种抗病性符合原定要求；品种大量推广之后，往往又会促成病原物种类组成或小种组成的进一步变化，这一变化反过来又会影响品种的生产价值，或为下一轮抗病育种提供重要信息。所以，抗病品种的育成出圃不能算是工作的结束，还需要注意大量推广后引起的种种生态效应，总结经验，以利再战。总之，抗病品种的选择和控制需要植物病理学、植物遗传学和植物育种学的多学科合作，需要研究、选育和推广3个环节的密切结合。

(2) 育苗、造林技术　苗圃地的选择对防治病害有重要意义，如土质不好或排水不良，不但对苗木生长影响很大，也常是许多浸染性病害的诱发条件。在长期栽培蔬菜等作物的土地上，由于积累病原物较多，也不宜作苗圃地。深翻土地可以改变土表病菌生活的环境条件，从而形成有利于苗木生活的条件。

(3) 适地适树、营造混交林　这种措施可以改善森林环境，促进林木生长，增加病原菌天敌的数量和种类，有效地抑制病害的发生和发展，同时也提高了经济效益。

(4) 适当的营林管理措施　如封山育林、合理整枝、保护林下灌木和草类、栽植固氮植物等，各项营林管理措施密切配合，长期坚持，就能丰富森林生物群落、天敌种类，构成复杂的食物网链。同时，还能改善林地生态环境，使植物生长茂盛，覆盖率提高，郁闭度增大，调节林内温度、湿度和光照，增加土壤肥力，减少水土流失，增加林木生长量。

(5) 合理的水肥管理　通过合理的水肥管理来影响植物的生理生育状况和抗病能力，同时也直接或间接地影响植物冠层内的小气候，从而影响到发病轻重。这在某些作物病害中尤为突出，因而合理水肥管理便成为这些病害防治的必要措施之一。特别应注意氮、磷、钾三要素的合理比例，对多数病害来说，氮、钾肥有减轻病害的作用，但不同病害在不同的气候和土壤条件下，反应又各有特色。所谓合理施肥，既包括肥料种类、元素比例及各自的总量，又包括施肥次数、时期、方法和水的配合，这些方面都适宜才能既保增产，又能减轻病害。畦利于病菌扩散传播，应实行分行灌溉，如能采用高畦沟渠则更能减少病菌传播。在潮湿多雨的地区或季节，高畦栽植开沟排水，可降低田间小气候湿度，能减轻多种菌类病害。

(6) 除草治虫　田间杂草是某些病原物的野生寄主，是病害的传染来源；同时，某些昆虫则是传病介体，因而针对这些病害，除草治虫也成为防治的关键措施之一。

11.3.3.2 植物检疫

植物检疫是由国家颁布的具有法律效力的植物检疫法规，并有专门机构进行工作，目的是禁止或限制危险性病、虫、杂草人为的从国外传入到国内或由国内传到国外，或传入以后限制其在国内传播的一种措施，以保障农业生产的安全发展。植物检疫可分为对外检疫和国内检疫两类。对外检疫又可分为进口检疫和出口检疫2种，其目的是为了防止随植物及其产品输入国内尚未发现或虽有发现但分布未广的植物检疫对象，以保护国内农林业生产；同时也履行国际义务，按输入国的要求，禁止危险性病、虫、杂草自国内输出，以满足对外贸易的需要，维护国际信誉。国内检疫是防止国内已有的危险性病、虫和杂草从已发生的地区蔓延扩散到无病区。

植物检疫的主要任务有3个方面：①禁止让危险性病虫害随着植物及其产品由国外传入或从国内输出，这是对外检疫的任务。对外检疫一般是在口岸、港口、国际机场设立机构，对进出口货物、旅客携带的植物及邮件进行检查。出口检疫工作也可以在产地设立机构进行检验。②将已发生危险性病、虫、杂草的国内局部地区封锁，使它不能传到无病区，并在疫区把它消灭，这就是对内检疫。对内检疫工作的地方设立机构进行检查。③当危险性较大病、虫害侵入到新的地区时，应及时采取彻底消灭的措施。

植物检疫对象是由政府以法令规定的。确定检疫对象应遵循的原则包括：危害严重，传入以后可能对农林业生产造成重大损失的病、虫及杂草；随种苗、原木、加工产品或包装物传播的病、虫及杂草；国内尚未发生的或局部发生的病、虫及杂草。

11.3.3.3 物理防治

物理防治即利用物理或机械的方法消除病害或减轻病害的防治方法。其内容很多，如浸种、热力处置、涂胶、涂白等。目前林业上利用较多的是温汤浸种。

（1）*温汤浸种* 播种时用温开水浸烫种子，以杀死种子中的病原物。如将泡桐丛枝病的种根，在40～50℃热水中浸30min后可不发生泡桐丛枝病。

（2）*土壤的热处理* 现代温室土壤热处理是使用蒸汽（90～100℃），处理时间为30min。蒸汽处理可大幅度降低香石竹镰刀菌枯萎病、菊花枯萎病的发生。在发达国家中，蒸汽热处理已成为常规管理。利用太阳能热处理土壤也是有效的措施，能基本上杀死土壤中的病原物。温室大棚中的土壤也可照此法处理。

（3）*机械阻隔* 覆盖薄膜增产是有目可睹的，覆膜也可达到防病的目的，许多叶部病害的病原物就是在病残体上越冬的。覆膜防病的原因是：膜对病原物的传播起了机械阻隔作用，覆膜后土壤温度、湿度提高，加速病残体的腐烂，减少了浸染来源。

（4）*其他措施* 主要是防治以初浸染为主的种子传播病害，如黑粉病、条形黑粉病、霜霉病等。对于土壤传播的根部病害，往往要在发病初期，人工拔除病株，消灭发病中心，同时也要对病株周围土壤进行控制或药物处理，拔下的病株也要集中烧毁或深埋处理。

11.3.3.4 化学防治

利用化学药剂杀灭病原物、或抑制病原物侵入和扩展、或治疗已受侵的组织、或诱导增强寄主抗病性，从而防治病害，叫做化学防治。用于防治病害的药剂习惯上统称杀菌剂，细分则有杀真菌剂、杀细菌剂、杀线虫剂和病毒抑制剂等。事实上，从发展方面来说防病药剂不限于严格含义的杀菌剂，有些新兴药剂并不直接杀菌，而是通过诱导或增强寄主抗性而达到防病目的。

（1）*化学防治的方法* 目前林业生产实践中常用的林木病害化学防治方法主要有：

①喷雾法 利用喷雾器将药液雾化后均匀地撒在植物和有害生物表面。所用农药剂型一般为乳油湿性粉剂和悬浮剂等。

②撒施法 将颗粒剂或毒土直接撒施于植物根际周围，用以防治地下病害。长期使用单一农药品种会导致害虫或病原菌产生抗药性，降低防治效率。

③土壤处理 在播种前，将药剂施于土壤中，主要防治根部病害。分土表施药和深层施药两种方式。土表施药是用喷雾、喷粉、撒毒土等方法先将药剂施于土壤表面，再翻深到土壤中。深层施药是直接将药剂施于较深土壤层或施药后进行深翻处理。

④熏蒸法 在封闭或半封闭的空间中，利用熏蒸剂释放出来的有毒气体杀灭病原物的方法。有的熏蒸剂还可以用于土壤熏蒸，即用土壤注射器或土壤消毒机将液态熏蒸剂注入土壤内，在土壤内进行气体扩散，消灭病原物。

（2）*安全合理使用农药的原则* 林木病害的化学防治虽然是一种有效的措施，但由于使用不当常常会造成不良后果。因此，在化学防治过程中农药的使用必须遵循以下原则。

①根据防治对象正确选择用药 按照药剂的有效防治范围、作用机制、防治对象的种类生物学特性、危害方式和危害部位等合理选择药剂。当防治对象可用几种农药时，应首先选择毒性低、低残留的农药品种。

②选择合适的施药时期和施药用量 要科学地确定施药时间、用药量以及间隔天数和施药次数。施药时间因施药方式和病害对象而异，如土壤熏蒸剂及土壤处理大多在播种前施用；种子处理一般是在播种前1～2天进行；田间喷洒药剂应在病害发生初期进行；从防治对象而言，对于再浸染频繁的病害，在一个生长季节里应多次用药，两次用药之间的间隔天数，应根据药剂的持效期而定。

③保证施药质量 施药效果不仅与作业人员掌握相关使用技术有关，而且与施药当时的天气条件有密切的关系。长期使用单一农药品种会导致病原菌产生抗药性，降低防治效果。为延缓抗药性的产生，要注意药剂的轮换使用或混合使用作用方式和机制不同的多种农药。要尽量减少用药次数、降低用药量，协调化学防治和生物防治措施。

④安全用药 农药对人、畜等的毒害作用，可分为高剧毒、剧毒、高毒、中毒、低毒和微毒等级别，对施药人要进行安全用药教育，事先要了解所用农药的毒性、中毒症状、解毒方法和安全用药知识。严格遵守有关农药安全使用规定。

在没有高度抗病品种的情况下，化学防治较之栽培防治，虽然成本较高，但一般防治效果较好，见效较快，且适用于救急。近年来一些高效内吸药剂的推广，其防治效果往往可达90%以上，甚至近于全效。如粉锈宁防治锈病、白粉病、霜稻病等。因此，人们便更容易产生忽视栽培防治的倾向，不懂防患于未然。

如前所述，单纯依靠化学防治或滥用药剂必将导致不良后果，如环境污染、产品残毒、病菌抗药性形成而药效降低以及防治成本增高，最终的综合效益反而恶化。这在林木病害防治上早已有过严重的教训。在这种情况下，又有人过分地贬低化学防治，而把防治林木病害过多或过早地寄托于生物防治的未来。从历史经验和现有科学认识这种想法可能并不现实，抗病品种不是万能的，不能靠它解决全部病害，生物防治也不会是万能的，而且它的大量应用也会带来一些技术和经济上的负担，特别是还可能导致一些意料不到的生态学问题。

总之，化学防治也好，其他防治途径也好，大多数都有利有弊，很少有什么方法是有百利而无一害的，关键在于扬其利而避其弊，并求多种方法利弊互补，相辅相成。因此，综合治理与化学防治不仅是相容的，而且在总体上必然是要协调增效的。化学防治不论在当前，还是在可预见的将来，都是综合治理中不可缺少的救急措施，必须重视和进一步发展。

11.3.3.5 生物防治

生物防治泛指利用生态系统中生物种间或种内的相生相克关系来防治病害，或者说，是利用对防病有益的生物来防治病害。如一些真菌、细菌、放线菌等微生物，在它的新陈代谢过程中分泌抗生素杀死或抑制病原物，这是目前生物防治研究的主要内容。常见的生物防治的方法有：

(1) 抗生菌　不少放线菌、真菌和细菌在其生命活动中能分泌出对其他微生物有毒的生化物质，称为抗生素。用于防治植物病害的抗生素已应用多年，但大多将其归入化学防治，生物防治主要是应用活菌。施入抗生菌的效果不易持久，施用量又较大，因为它们在土壤中竞争不过一般残生的土壤微生物，因此大多只用于苗圃等小面积的生物防治。

(2) 根围微生物和菌根　植物体表和根围有些微生物是植物生长有益菌经人工繁殖做成菌剂，通过浸种、拌种或喷洒不仅能使作物增产，而且对某些病害有一定防治效果。目前国内研制推广的增产菌便属此类。它的防病机制以及如何进一步提高和稳定其防病效果还在继续研究之中。菌根菌是一大类与高等植物根系共生的真菌，共生体即菌根。其中有一类称为泡囊丛枝菌根，除能改善植物根系吸收营养的能力外，有的还能增强或降低植物某些根病或叶病的抗病性。

(3) 利用抑菌性土壤　有些地块的土壤自己能够抑制某些土壤病菌的繁殖和活化，即使人工接种病菌，也发病轻微。如报道最多的是能抑制镰刀菌萎蔫病原菌的土壤。但目前抑菌性土壤的抑菌机制尚不清楚，可能由于土壤中存在某种或某些抗生微生物，或土壤中微生物群落生态系统的状况不利于病原菌。

综上所述，能用于生物防治的有益生物如此之广，从真菌、细菌、放线菌到病毒，有一般的腐生物、抗生生物、天敌、重寄生物、非致病微生物，还有病原物的弱菌株，能防治的病害不只是土传病害和气传病害，而且包括其防病机制。由此可见，植物病害生物防治的前景是广阔而诱人的。从应用角度看，病害防治必须走综合治理之路，而综合治理的指导原则之一便是充分发挥和强化自然控制因素的作用，生物防治和抗病品种正是自然控制因素中较易被人利用的两个方面，生物防治技术的发展是提高综合治理水平不可缺的支柱。

当然，林木病害生物防治也是一个十分复杂的问题。在生产上，某项生物防治技术其效果在总体上虽可肯定，但在许多具体场合中，防病效果往往颇不稳定，不像抗病品种和化学防治那样可靠。这种不稳定性或许本身就是客观规律的必然表现，然而必须逐步查明其原因，才便于掌握技术，利于推广。再者，如果使用活生物制剂，大面积长期使用后是否会产生意料之外的生态上的副作用？是否有不良生态效应的风险？这也是需要事先考虑的。由此可见，需要加强林木病害生物防治的基础研究。

11.4 森林火灾预防与扑救

11.4.1 森林火灾的概念

森林火灾是一种失去人为控制的森林燃烧现象，根据起因不同大致可分为以下2种。

（1）自然火　自然火是指雷电、泥炭自然发酵、滚石击起火花、林木干枝的摩擦等引起的火灾。自然火在不同的国家和地区发生率差别很大。总体来说，我国自然火仅占全国森林火源的1%，但大兴安岭从1957～1964年森林自然火平均占18%，其中雷电火在该林区自然火源中占7%～30%。

（2）人为火　人为火又可分为生产用火、生活用火和人为放火。其中，生产用火包括烧荒积肥、烧田边、烧牧场、烧炭、机车喷火、炼山、狩猎和火烧清理伐区等，生产用火很普遍，在引起林火中约占60%～80%；生活用火主要包括吸烟、烧饭、烤饭、烤火、上坟烧纸、驱蚊等，它是经常引起林火的火源。根据东北林区的统计，在人为火源中，吸烟引起林火的次数高达28%，迷信烧纸占8%。在我国南方，私人开荒引起林火的比例很高。

11.4.2 森林火灾的种类

林火的种类不同，其燃烧情况、危害情况不同，火的燃烧特点和蔓延速度也不同；对森林造成的损失和后果不同；对组织扑救的实用工具、技术方法以及对火烧迹地的改造利用亦不同，因此划分林火种类有重要的实践意义。

根据火灾的性质、火灾部位、蔓延速度及树木受害程度，可将林火分为以下3种：

（1）地表火　又称地面火或低层火。它是由地表向四周扩展的。除一些自然火外，大部分都是由地表火开始的。火灾沿地表蔓延，能烧毁幼树、下木，烧伤树干基部和露出地面的树根，虽不致烧死大树，但使木材变质，生长衰退，病虫侵入，有时造成大面积枯死。根据发生地段不同，可分为沟塘地表火、林内地表火和灌丛地表火；根据蔓延速度不同又可分为稳进地表火和急进地表火。

①稳进地表火 蔓延速度每小时不超过数10m。火焰高度1~2m，因燃烧速度慢而危害重。火烧基地呈椭圆形或卵形。

②急进地表火 蔓延速度每小时数十米至1km。火速往往燃烧不均，常常留下未烧的地块，危害较轻。火焰高度较矮，火烧迹地呈长椭圆形或三角形。

（2）树冠火 树冠火可由雷击火直接引起，但大多数是由地表火发展而成的。地表或转变成林冠火的条件是由于强风，或复层林，或幼中龄林自然整枝不良，或林下多下木。这种情况往往造成地表火和林冠火同时进行的遍燃火。林冠火进展快、火力强，温度可达900℃以上，烟雾高度达1 500m。林冠火易形成气旋，气旋促使树冠火燃烧更凶猛，还往往形成“飞火”，引起新火源，扩大火灾范围。据其燃烧速度，也可分为稳进树冠火和急进树冠火2种。

①稳进树冠火 火速进展慢，每小时5~8km。往往以遍燃火的形式出现，从地表烧到树冠，烧毁树条、幼树和倒木、站杆，危害最严重。火烧迹地为椭圆形。

②急进树冠火 又称狂燃火。火焰跳跃前进，蔓延速度快，顺风每小时8~25km以上，形成前伸的火舌。烧掉针叶及小枝，烧焦树皮及较大枝条。火烧迹地为长椭圆形。

树冠火的危害面积因林冠是否连续而不同。密集连续的林冠，树冠火会连续燃烧，有人称它为连续性树冠火。树冠不连续，其树冠火会中断燃烧，或与地表火交替出现，人们称它为间歇型林冠火。

（3）地下火 又称土壤火。它是燃烧泥炭层或腐殖质层的一种火灾。火速进展很慢，一昼夜蔓延数十米，火力很强、温度很高，燃烧时间可达几个月。我国大兴安岭地区，俄罗斯的西伯利亚和加拿大，均有“越冬火灾”，就是地下火。地下火向下烧到矿质层或地下水层，向上可以吐出火舌引起地表火。地下火烧坏林木根系，使林木枯倒，火烧迹地呈环形，在具有泥炭层的林区，干旱季节容易发生地下火。

森林火灾的种类往往是相互转化的，在林火的发展过程中，单一形式的林火如不及时扑灭，很容易转化成其他类型的或混合型的火灾。树冠火极易引起地表火，地表火也容易酿成树冠火；地下火容易形成地表火，地表火又是地下火的火源。森林火灾可引起田野火和草原火，而林火又常常由田野火或草原火转化而来。扑救林火时要注意各种火灾的转化关系，掌握扑救时机，减少损失。

11.4.3 林火发生的条件

造成森林火灾发生和蔓延的因素可分为3类，即稳定少变的因素，如地形、树种等；缓变因素，如火源密度的季节变化、物候变化等；易变因素，如温度、湿度、降水、风速、积雪等。

（1）地形条件 地形会导致局部气象要素的变化，从而影响着林木的燃烧条件。如坡向，一般北坡林中空气湿度比南坡大，植物体内含水量高，不易发生火灾；坡度大的地方径流量大，林中较干燥，易发生火灾，一旦林火出现，受局部山谷风的作用，白天有利于林火向山上蔓延，阻碍林火下山，夜晚山谷风的作用则恰恰相反；另外，植被的高矮对火灾也同样具有一定的影响，高植物区比低植物区水分含量高，相对比矮植物易燃程度要小些。由于气象要素对林火的影响是综合性的，因此不能用单一的气象要素去研究预报林火，而应分析研究各要素间的综合作用和机理，如海拔增加，气温降低，降水量在一定高度范围内，随高度的增加而增加，从而造成温度低、湿度大的不易燃烧条件。但海拔增高，相应风速加大，又使火灾蔓延加速。

（2）植物种类和森林类型 一般针叶比阔叶易燃，如松类、落叶松、云冷杉等含大量的树脂和挥发油，极易燃烧，而阔叶树含水分较多，较不易燃，但桦树皮非常易燃。混交林不易发生火灾，即使发生蔓延也慢，损失小。幼龄针叶林、复层林易发生树冠火，且火灾危害重。疏林中多发生地表火。林内卫生状况不良易引起火灾。不同的森林类型，是树种组成、林分结构、地被物和立地条件的综合反映，其燃烧特点有明显差异。如落叶松的不同林型燃烧也不同。

（3）气候、气象条件 在其他条件相同的情况下，火灾的发生发展取决于气象因子。如空气湿润、风速风向、温度、气压等。

①湿度与森林火灾 空气中的湿度可直接影响可燃物体的水分蒸发。当空气中相对湿度小时，可燃物蒸发快，失水量大，林火易发生和蔓延。

②气温与森林火灾 气温高时，可燃物易燃。资料统计分析结果表明：气温 $t < -10$℃时，一般无火灾发生；$-10℃ < t \leq 0℃$ 时可能有火灾发生；$0℃ < t \leq 10℃$ 时发生火灾次数明显增多，致灾也最严重；$11℃ \leq t \leq 15℃$ 时，草木植被复苏返青，火灾次数逐渐减少。

③风与森林火灾 风不但能降低林中的空气湿度，加速植物体的水分蒸发，同时使空气流畅，具有动力作用。一旦火源出现，往往火借风势，风助火威，使小火发展蔓延成大火，形成特大火灾。

④降水与森林火灾 干旱无雨，水分蒸发量大，地表物干燥时，林火发生的可能性增大。一般情况下，降水量≤5mm 时，对林火发生有利；降水量≥5mm 时，对林火发生发展有抑制作用。

⑤季节与森林火灾 季节不同，气象条件变化，火险情况亦异。我国南方林区火灾危险季节为春、冬两季，东北主要以春、秋两季为防火季节，春季火灾可占全年 80% 以上。

11.4.4 森林火灾的预防

森林火灾具有突发性和随机性的特点，然而，森林火灾的发生是可以预防的。并且由于森林火灾在时空分布上极端不平衡，一个地区一定程度上实际上难以控制和扑灭一场规模巨大的火灾，因而预防措施在森林防火实践中显得尤为重要。森林火灾预防措施概括起来讲，主要包括以下几个方面：

（1）杜绝火源　林火的火源绝大部分是人为火源，所以防火的重点是管理人为用火。要积极贯彻“预防为主，积极消灭”的方针，了解生产用火和生活用火的规律、特点，制定管理办法，向用火群众进行宣传。宣传的重点，除讲清楚森林防火的意义外，还要让群众知道这样一个道理：森林火灾是人用火不慎引起的，人引起的火还要人去扑救，这样一切损失又都回报到人的身上。懂得了这个道理，防火的自觉性就提高了。对护林防火的重大意义的认识，与一个国家林业经营的历史有关。目前，我国还存在着毁林开荒、游耕、游种等现象，只靠宣传是难以扭转的，必须同时依据政策，解决林权、定居、吃粮、烧柴等实际问题。杜绝火源，宣传教育，重点还要放在贯彻执行《中华人民共和国森林法》上。无数事实证明了依法护林的有效性。行政宣传措施，配合法制可取的良好效果。特别是在现阶段，扑救林火在经济技术力量不足的情况下，更应借助法制护林。

（2）及时发现火情　及时发现火情很重要，一般采用下面一些手段和方法：火险天气预报、防火瞭望、防火巡逻、红外线探火，另外，群众报火也很重要。

①火险天气预报　为了及时发现火情，先要发布火险天气预报，结合森林火险等级，进行巡逻和采取防火措施。具体方法是：根据测算的综合指标，查处火险等级，据火险天气等级发布防火措施。中国科学院沈阳应用生态研究所对东北林区制定了以下预防措施，见表11-1。

表11-1　火险天气预报措施

火险天气等级	防火措施
Ⅰ	地表一般巡逻，瞭望台不需值班。消防队、化学灭火站准备防火器材，检查防火设施
Ⅱ	瞭望台址在中午值班3～6h，地面重点巡逻
Ⅲ	广播站（台）发布一般火灾警报，防火指挥部揭示防火信号。消防队做好出动准备，瞭望台8h值班，飞机重点巡逻
Ⅳ	动员一切宣传工具及火灾危险信号，在要道、路口放哨检查火源，消防队做好出动准备，瞭望台8h值班，飞机日巡1～2次
Ⅴ	防火指挥部发布紧急警报，瞭望台日夜值班，消防队夜间也要准备出动，飞机随时起飞侦察。风大时，适当限制危险性的生产用火和生活用火

②防火瞭望　一般建设瞭望台进行瞭望。瞭望台多采用亭式、塔式，可用木结构、砖石结构或钢架结构。设置瞭望台要选择地形的高点，照顾修建和行走方便。可用树木作瞭望台，但观测面积小、不安全。瞭望台的高度视林木和地形而定，一般高10～50m。防火瞭望台的数量由林区面积、森林价值和经营强度决定。一般一个林场要设数个。在集约经营的林区5～8km一个；在粗放经营的林区，15km一个。每个瞭望台大约控制在5 000～15 000hm^{2}的面积。在山地条件下应多设，其距离的远近是以两个瞭望台能通视到同一点为原则。瞭望台上设有：瞭望桌、凳子、方位罗盘仪或火灾定位仪、电话或无线电话机、信号工具、

望远镜等。瞭望台顶端应安置避雷针。火灾发生后，利用两个以上的瞭望台报告的火灾方位角确定火场地点。当林场或防火指挥部接到两个以上瞭望台的报告以后，在绘有各个瞭望台位置的林区平面图上，很快就可交汇处发生火灾的地点。

（3）防火巡逻　防火巡逻一般分为地面巡逻和航空巡逻2种。地面巡逻是在交通许可、人烟较密的林区，尤其在我国集体林区，由森林警察、护林员、营林员或民兵等专业人员进行巡逻。它代替防火瞭望台或辅助瞭望台的不足（设置瞭望台花钱较多）。地面巡逻的主要方式有骑马、骑摩托、步行等。地面巡逻的主要任务是：林区警戒，防止坏人破坏森林；检查野外生产用火和生活用火情况。制止违反用火规章制度的行为；及时发现火情，及时报告，并积极扑救森林火灾；检查和监督入山人员，防止乱砍滥伐森林，进行护林防护宣传；了解森林经营上的其他问题，及时报告。航空巡逻的方式适应在人烟稀少、交通不便的偏远林区。飞机巡逻要划分巡逻航区，一般飞机高度在1 500～1 800m，视航40～50km。飞机上判定火灾或火情可根据以下特征：无云天空出现有横挂天空的白云，下部有烟雾连接地面时，可能发生了火灾；无风天气，地面冲起很高的烟雾，可能发生了火灾；飞机上无线电突然发生干扰，并嗅到林火燃烧的焦味时，可能发生了火灾。此时，尽量低飞侦察，找到起火地点，测定火场位置，写好报告，附上火场简图，装在火报袋内，投到附近的林业部门或居民点；同时飞行观察员立即用无线电向防火部门报告。飞机上判定林火种类并不困难。见到火场形状不太窄长，不见（或少见）火焰，烟灰白色，则为地表火；火场窄长，火焰明显，烟暗黑色，则为树冠火；不见火焰，只见浓烟，则为地下火。航空确定火场位置的方法有以下3种：交汇法、航线法和目测法。

（4）红外线探火　红外线探火是利用红外线探火仪进行的。利用红外线探火可以探明用其他方式不易发现的小火或隐火。红外线探测仪还可用来检测清理火场后余火的活动。虽然红外线探火还有不足之处，如不易确定火源性质等，但只是一种先进技术，应逐步完善和积极采用。

除了以上几种比较常见的方法以外，随着技术的发展，遥感技术以其快速、宏观、动态的特点而成功地应用于森林火灾监测和灾后评估，Churieco和Martin应用NOAA/AVHRR影像成功地进行了全球火灾制图和火灾危险评价。

11.4.5 森林火灾的控制

森林火灾发生后，要防止扩大和蔓延。主要的措施有：

（1）营林防火　目的是为了减少和调节森林可燃物，改善森林环境。常采用的措施有：不断扩大森林覆盖面积；加强造林前整地和幼林抚育管理；针叶幼林郁闭后的修枝打杈；抚育间伐。

（2）生物与生物工程防火　开展生物与生物工程防火常采用的措施有：利用不同植物、不同树种的抗火性能来阻隔林火的蔓延；利用不同植物或树种生物学特性方面的差异，来改变火环境，使易燃林地转变为难燃林地，增强林地的难燃性；通过调节林分结构来增加林分的难燃成分，降低易燃成分，改善森林的燃烧性；利用微生物、低等动物或野生动物的繁殖，减少易燃物的积累，也可以达到降低林分燃烧性的目的。

(3) *以火防火* 在人为的控制下，按计划用火，可以减少森林中可燃物的积累，防止林火蔓延。以火防火的应用范围主要有：火烧清理采伐剩余物；火烧沟塘草甸是东北林区一项重要的森林防火措施；火烧防火线；林内计划火烧。

11.4.6 森林火灾的扑救

森林火灾的扑救是一项极其艰巨的工作，实践证明在林火的扑救中必须贯彻“打早、打小、打了”的原则。目前，扑救林火的基本方法有3种：

(1) *直接扑灭法* 这类扑灭方法适用于弱度、中等程度地表火的扑救。由于林火的边缘上有40%～50%的地段燃烧程度不高，因而这个范围恰好可被用来做扑火运动员的安全避火点。其主要采用的灭火方法有：

①扑打法 扑打法是最原始的一种林火扑救方法，常用于扑救弱度地表火。常用的扑火工具有扫把、枝条，或用木柄捆上湿麻袋片做成。扑打时将扑火工具斜向火焰，使其成45°角。轻举重压，一打一拖，这样易于将火扑灭。切忌使扑火工具与火焰成90°角，直上直下猛起猛落的打发，以免助燃或使火星四溅，造成新的火点。

②土灭火法 这种方法适用于枯枝落叶层较厚、森林杂乱物较多的地方，特别是林地土壤结构较疏松，如砂土或砂壤土更便于取用。土灭火法是以土盖火，使之与空气隔绝，从而火窒息。如以湿土灭火会同时有降温和隔绝空气的作用。土灭火法常用的工具和机械有：手工工具（铁锹、铁镐等）；喷土枪（小功率的喷土枪每小时可扑灭0.8～2.5km长的火线，比手工快8～10倍）；推土机（推土机除用于修筑防火公路外，更重要的是用于建立防火线。在扑救大火灾或特大火灾时，常使用推土机建立防火隔离带，以阻止林火蔓延）。

③水灭火法 水是最常用的也是最廉价的灭火工具。如果火场附近有水源，如河流、湖泊、水库、贮水池等，就应该用水灭火。用水灭火可以缩短灭火时间，还可以防止火复燃。用水灭火需抽水设备，如用M－600型自动抽水机，射程可达900m，一般每平方米喷水1～2.5L即可灭火。在珍贵树种组成的林区，可设置人工贮水池，因为用水灭火比用化学灭火和爆炸灭火等更为经济。

(2) *间接灭火法* 有时由于火的行为，可燃物类型及人员设备等问题的关系，不允许使用直接灭火法，有时就要采用间接灭火法。这类灭火法适用于高强度的地表火、树冠火及地下火。主要是开设防火沟、开设较宽的防火线或利用自然障碍物及火烧法来阻碍森林火灾的蔓延。

(3) *平行扑救法* 当火势很大、火的强度很高、蔓延速度很快、无法用直接方法扑救时，让地面扑火队员和推土机沿火翼进行作业或建立防火隔离带。

复习思考题

1. 森林生态系统稳定性的概念及评价指标是什么？
2. 林木虫害的防治措施有哪些？
3. 常见林木病害的类型有哪些？
4. 植物检疫的主要任务是什么？
5. 森林火灾的种类及发生条件有哪些？
6. 如何有效地控制森林火灾？

本章可供阅读书目

森林昆虫学．张执中．中国林业出版社，1997
园林植物病理学．朱天辉．中国农业出版社，2003
植物保护概论．管致和．中国农业大学出版社，1995
林火管理和林火预报．宋志杰．气象出版社，1991

第12章　林业生态工程建设理论与技术

【本章提要】本章通过对林业生态工程的基本概念、基本原理、我国林业生态工程布局、林业生态工程构建技术以及林业生态工程管理与评价等内容的介绍，使学生了解我国林业生态工程建设的现状与重点，掌握林业生态工程构建技术与方法。

随着现代人类社会经济的迅猛发展，环境问题日趋突出，人口剧增、全球变暖、酸雨危害、水体污染、臭氧空洞、生物多样性减退等不断加剧，世界范围内的森林遭受严重的破坏，更加剧了水土流失等生态环境问题的恶化。应用现代科学技术和先进的管理方法，保护、恢复和重建森林生态系统，构建林业生态工程，将对改善全球生态环境，促进人类社会与经济的可持续发展具有重要意义。

林业生态工程建设是恢复与重建森林生态系统的重要途径。自1978年以来，我国陆续开展了三北、长江中上游、沿海、平原绿化等十大防护林体系林业生态工程建设，取得了显著的生态效益、经济效益和社会效益，极大地丰富了林业生态工程理论与技术。1998年，经国务院批准，国家林业局决定从2000年开始在今后一定时期内，集中力量实施天然林资源保护工程、三北和长江中下游地区等防护林体系建设工程、退耕还林工程、京津风沙源治理工程、野生动植物保护及自然保护区建设工程、重点地区速生丰产用材林基地建设工程。这六大林业重点工程的实施，不仅为实现林业跨越式发展奠定基础，而且成为我国近期林业工作的重点。

12.1　林业生态工程的基本概念与内容

12.1.1　林业生态工程的概念

面对全球生态环境日趋严重的形势，人们逐步认识到，森林是地球陆地生态系统的主体，在维护自然生态平衡、保障工农业生产和提高人类生活质量等方面具有重要的作用和意义。目前，林业生态工程尚无确切、公认的定义，如何根据现实的任务和将来发展需要，准确理解和定义林业生态工程这一概念十分重要。

要理解这一概念，首先必须理解林业、生态系统、工程以及生态工程等相关概念。

(1) 生态工程的概念 生态系统是在一定空间范围内，各生物成分（包括人类在内）和非生物成分（环境中物理和化学因子），通过能量流动和物质循环而相互作用、相互依存所形成的一个功能单位。工程是指人类在自然科学原理的指导下，结合生产实践中所积累的技术，发展形成包括规划、可行性研究、设计、施工、运行管理等一系列可操作、能实现的技术科学的总称。生态工程按照我国著名生态学家马世骏先生的理解可定义为："生态工程是利用生态系统中物种共生与物质循环再生原理及结构与功能协调原则，结合结构最优化方法设计的分层多级利用物质的生产工艺系统。生态工程的目标就是在自然界良性循环的前提下，充分发挥物质的生产潜力，防止环境污染，达到经济效益与生态效益同步发展。"

可以认为，生态工程的主要目的是要解决当今世界面临的生态环境保护与社会经济发展的协同问题，也可以说是要解决现代人类社会的可持续发展问题。生态工程的关键在于生态技术的系统开发与组装，与传统技术和高新技术的不同之处在于突出生态系统整体功能与效率，而不是单个产品、部门、单种废物或单个问题的解决；强调当地资源和环境的有效开发以及外部条件的充分利用，而不是对外部高强度投入的依赖；强调技（技艺）与术（谋术）的结合、纵与横的交叉以及天与人的和谐。生态工程作为一门学科正在形成，并被人们普遍接受，其分支的农业生态工程、林业生态工程、草业生态工程、工矿生态工程、恢复生态工程、城镇生态工程正在从理论和时间上不断完善。

(2) 林业生态工程的概念 关于林业生态工程的概念，目前有多种解释。目前普遍接受的是北京林业大学王礼先教授根据我国的长期林业生产实践和对生态工程的认识与理解提出的林业生态工程概念，即："林业生态工程是生态工程的一个分支，是根据生态学、林学及生态控制论原理，设计、制造与调控以木本植物为主体的人工复合生态系统的工程技术，其目的在于保护、改善与持续利用自然资源与环境。"林业生态工程包括传统的森林培育与经营技术，但是，它又与造林和森林经营有着明显的区别：

①经营对象不同 传统的造林与森林经营是以林地为对象，即在宜林地上造林、在有林地上经营；而林业生态工程则以包含多种地类的区域（或流域）为对象。造林与森林经营的目的在于设计、建造与调控人工的或天然的森林生态系统，而林业生态工程的目的是设计、建造与调控某一区域（或流域）的人工复合生态系统，如农林复合生态系统、林牧复合生态系统。

②经营重点不同 传统的造林与森林经营在设计、建造与调控森林生态系统过程中，主要关心木本植物与环境的关系，林地上木本植物的种间关系以及林分的结构功能、物流与能流。而林业生态工程则以整个区域人工复合生态系统中物种共生关系与物质循环再生过程，以及整个人工复合生态系统的结构、功能、物质循环与能量流动为重点。

③经营目的不同 传统的造林与森林经营的主要目的在于提高林地的生产率，实现森林资源的可持续利用。而林业生态工程则以提高整个人工复合生态系统经济效益与生态效益，实现区域生态—社会—经济系统的可持续发展为经营目标。

④经营措施不同 传统的造林与森林经营的设计、建造与调控森林生态系统过程中只考虑在林地上采用综合技术措施，而林业生态工程需要考虑在复合生态系统中的各类土地上采用综合措施，也就是人们通常所说的“山水林田路综合治理”，由于地类的复杂性导致其经营措施更为复杂。

12.1.2 林业生态工程的主要内容

林业生态工程的目标是通过人工设计，建造某一区域（或流域）以木本植物为主体的优质、高效、稳定的复合生态系统，以达到自然资源的可持续利用及生态环境的保护和改良。林业生态工程的主要内容包括以下 4 个方面：

（1）区域总体规划 区域总体规划就是在平面上对一个区域的自然环境、经济、社会和技术因素进行综合分析，在现有生态系统的基础上，合理规划布局区域内的天然林、人工林、林农复合、林牧复合、城乡及工矿绿化等多个不同结构的生态系统，使它们在平面上形成合理的镶嵌配置，构筑以森林为主体的或森林参与的区域复合生态系统的框架。

（2）时空结构设计 对于每一个生态系统来说，系统设计最重要的内容是时空结构设计。在空间上就是立体结构设计，指通常所说的“乔灌草结合、林农牧结合”，即通过组成生态系统的物种与环境、物种与物种、物种内部关系的分析，在立体上构筑群落内物种间共生互利、充分利用环境资源的稳定高效生态系统；在时间上，就是利用生态系统内物种生长发育的节律和时间差异，合理安排生态系统的物种构成，使之在时间上充分利用环境资源。

（3）食物链结构设计 利用食物链原理，设计低耗高效生态系统，使森林生态系统的产品得到再转化和再利用，是森林生态工程的高技术设计，也是系统内部植物、动物、微生物及环境间科学的系统优化组合。如桑基鱼塘、病虫害生物控制等。

（4）特殊生态工程设计 所谓特殊生态工程设计，是指建立在特殊环境条件基础上的林业生态工程，主要包括工矿区林业生态工程、城市（镇）林业生态工程、严重退化和困难地生态工程（如盐渍地、流动沙地、崩岗地、裸盐裸地、陡峭边坡等）。由于环境的特殊性，必须采取特殊的工艺设计和施工技术才能完成。

12.1.3 林业生态工程的类型

林业生态工程是人工设计、改造、建造的以木本植物为主体的生态系统，其类型取决于划分依据的不同。根据建设地貌和区域特点，我国将林业生态工程划分山丘区林业生态工程、平原区林业生态工程、风沙区林业生态工程、沿海林业生态工程、城市林业生态工程、水源区林业生态工程、农林复合林业生态工程、山地灾害防治林业生态工程和自然保护区林业生态工程9种类型。此外，从林业生态工程构建目标的角度，在生态系统类型划分和林种划分的基础上，将林业生态工程划分为4大类20亚类。

（1）生态保护型林业生态工程 包括天然林保护工程、天然森林草地（林间林缘草地）保护工程、次生林改造工程、水源涵养林营造工程、自然保护区和森林公园等林业生态工程类型。

（2）生态防护型林业生态工程 包括水土保持林、农田防护林、草原牧场防护林、防风固沙林、河岸河滩防护林、沿海防护林和盐碱地造林等林业生态工程类型。

（3）生态经济型林业生态工程 包括农林复合生态工程（含林药、林草、林鱼等复合）、用材林、薪炭林和经济林等林业生态工程类型。

（4）环境改良型林业生态工程 包括城市（镇）林业生态工程、工矿区林业生态工程和劣地林业生态工程。

12.2 林业生态工程建设的基本原理

林业生态工程学是多学科交叉形成的，林业生态工程的基本原理基础涉及到现代生态学与景观生态学理论、生态经济学理论、系统科学与系统工程学理论、可持续发展理论等诸多方面，概括为林业生态工程的基础理论是生态学和环境学理论，应用基础理论是林草培育理论（主要是森林培育理论），规划设计方法论是系统科学理论，规划设计评价的基础理论是生态经济理论，评价评估的准则是可持续发展理论（图12-1）。

12.2.1 生态系统理论

生态系统理论是林业生态工程的基础理论。地球上大至生物圈，小到一片森林、草地、农田都可以看作是一个生态系统。林业生态工程就是在某一区域（或流域）设计、建造的以森林为主的人工复合生态系统，只有理解和掌握森林生态系统原理，才能在生产实践和科学研究中更好地解决林业生态工程的构筑和营建中一些关键技术问题，达到有效控制水土流失，改善生态环境的目的。

12.2.1.1 森林生态系统的整体性原理

森林生态系统是以木本植物为主体，由生物群落与环境共同组成的系统。该系统的生产者、消费者、分解者与环境等组成部分构成了一个密不可分的有机整体。这些组分之间是通过相互作用联系在一起的。在森林发育过程中，系统的整体性保证了森林健康和稳定的发展。①森林中的生物与环境之间是相互影响的，要保护森林环境必须保护其生物组成部分。反之亦然。②生态系统中那些起重要作用的物种，是维护系统整体性的关键种，因此，在管理和利用生态系统资源时必须注意保护这些物种。③生态系统中的生物之间是相互作用的，它们互为环境。特别是，森林植物与动物之间的关系更是如此。④森林生态系统的生态平衡

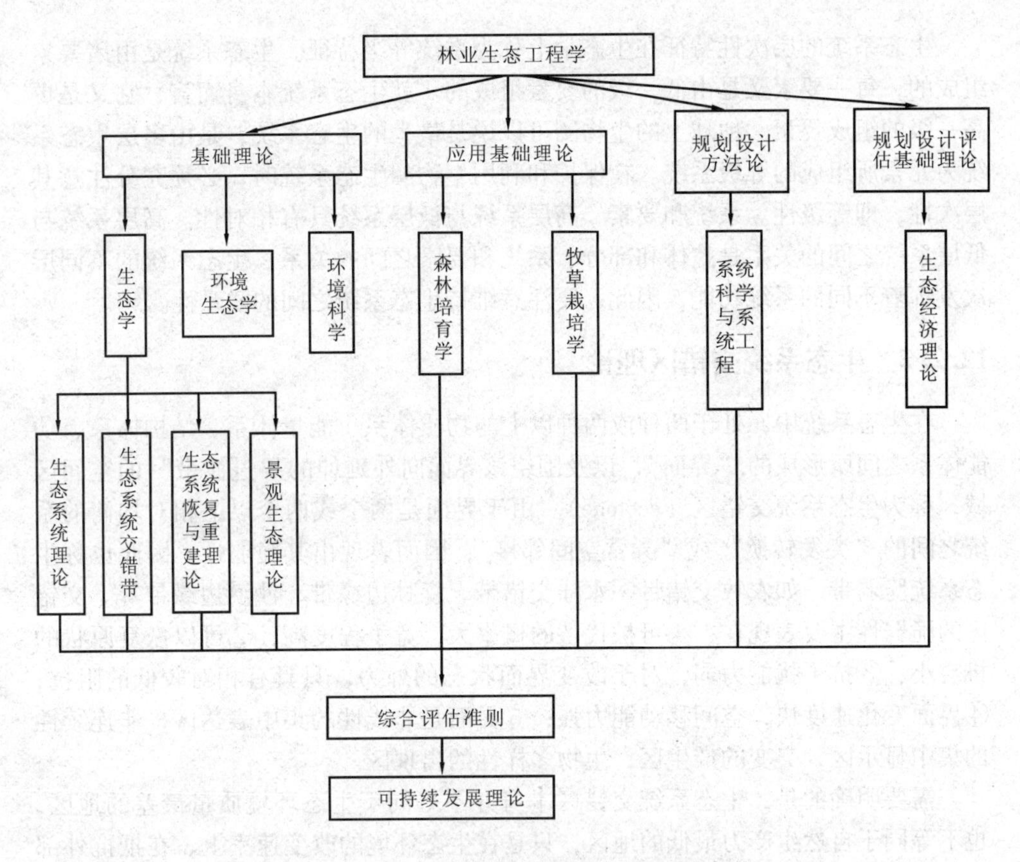

图 12-1 林业生态工程的理论基础简图

(引自王治国等《林业生态工程学——林草植被建设的理论与实践》，中国林业出版社，2000)

就是森林整体性的具体表现，生态失衡就是整体功能的失调。

此外，系统的整体性亦指系统大于部分，对于森林生态系统而言，森林的整体功能与效益大于任何组成部分，而且也不是各部分功能效益的简单累加。

12.2.1.2 森林生态系统的开放性原理

森林生态系统是一个开放的系统，它不断地与外界环境进行物质、能量、信息的交换。生态系统向环境开放，是其演化的前提，也是其得以生存的条件。生态系统的开放是指对环境的开放。然而，由下面要讨论的生态系统层次性理论可知，环境是相对的。因此，这也意味着系统内部低层次向高层次的开放。

由于森林生态系统是开放的，其结构与功能的关系也就成了现实的关系。结构决定功能，功能反作用于结构。它们是互相联系、互相制约的辨证关系。

12.2.1.3 森林生态系统的层次性原理

包括森林生态系统在内的任何一种系统都具有层次性，即反映有质的差异的系统等级或系统中的等级差异性，这是系统的一种特征。系统的层次性原理指的是，由于组成系统的诸要素的种种差异包括结合方式上的差异，从而使系统组织在地位和作用、结构和功能上表现出等级秩序性，形成了具有质的差异的系统等级。

生态系统的层次性特征在生态学上称为系统等级特征。生态系统是由诸要素组成的，每一要素又是由低一级的要素组成的。就生态系统本身而言，它又是更高一级的组成要素。地球上的生物圈可以说是最大的生态系统，是由多层生态系统为元素所组成的等级系统。在保护和利用生物圈生态系统时，必须充分注意其层次性，即等级性。系统和要素、高层系统与低层系统具有相对性。高层系统与低层系统之间的关系是整体和部分、系统和要素之间的关系。生态系统的不同层次发挥着不同的系统功能，因此，要注意维持生态系统之间的联系性。

12.2.2 生态系统交错区理论

在生态系统中，处于两种或两种以上的物质体系、能量体系、结构体系、功能体系之间所形成的“界面”，以及围绕该界面向外延伸的“过渡带”的空间区域，称为生态系统交错区（ecotone）。由于界面是两个或两个以上相对均衡的系统之间的“突发转换”或“异常空间邻接”，因而表现出其脆弱性，因此也称生态系统脆弱带，如农牧交错带、水陆交错带、森林边缘带、沙漠边缘带等。交错区的脆弱性主要表现在：①可被代替的概率大，竞争程度高；②可以恢复原状的机会小；③抗干扰能力弱，对于改变界面状态的外力，只具有相对较低的阻抗；④界面变化速度快，空间移动能力强；⑤界面是非线性的集中表达区，非连续性的集中显示区，突变的产生区，生物多样性的出现区。

需要明确的是，生态系统交错区本身并不等同于生态环境质量最差的地区，也不等同于自然生产力最低的地区，只是在生态环境的改变速率上、在抵抗外部干扰能力上以及在生态系统稳定性上表现出可以明确表达的脆弱。这一理论对于林业生态工程建设的总体布局和宏观规划具有重要意义。

12.2.3 景观生态学理论

景观生态学是近年来兴起的一个生态学分支，是由生态学和地理学相互渗透、交叉而形成的，是运用生态学的概念、理论、方法去研究景观。按照系统的层次原理，森林景观也是生态系统。但是，在生态学研究上，景观被理解为高于生态系统的一个组织水平。景观不同于生态系统之处在于，景观包括了高度异质的组成元素，如森林、农田、沼泽、河川等。研究景观的起源、形态与功能，属于景观生态学范畴。

景观生态学是一门应用性很强的学科，它不仅包括自然景观，还包括人文景观，它涉及到大区域内生物种的保护与管理、环境资源的经营与管理以及人类对景观及其组分的影响，涉及到城市景观、农业景观、森林景观等。

景观生态学原理在林业生态工程建设上的应用具有十分重要的指导意义。这一原理告诉我们，在区域经济发展与资源开发利用的过程中，必须从全局与整体角度出发。对于森林生态系统的保护与利用，就要把森林与其他生态系统联系起来，千万不能孤立地对待森林问题。

12.2.4 环境科学理论

环境科学是一门新兴的学科，是研究人类社会发展活动与环境演化规律之间相互作用关系，寻求人类社会与环境协同演化、持续发展途径与方法的科学，是融自然科学、技术科学和社会科学为一体的综合性科学。从环境科学角度来看，相对于人类而言，森林生态系统也可以认为是森林环境，它是以森林生物为主体，结合一定的地理条件，呈现一定的特性和发挥独特作用的地域空间。森林环境是遍及整个时间的一个三维空间地域，既存在着垂直变化和水平变化，也存在着周期和非周期的变化。森林环境由森林物理环境、森林生物环境和人类对森林环境的影响和作用，它们共同组成森林环境的要素（图 12-2）。

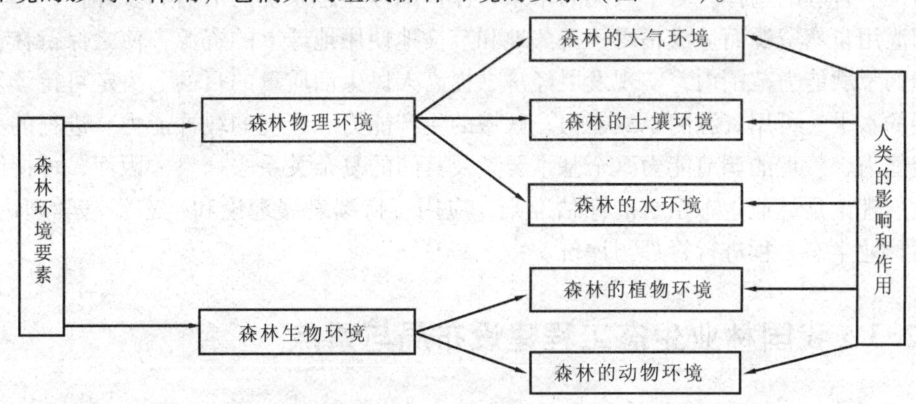

图 12-2 森林环境要素及其关系

（引自贺庆棠《森林环境学》，高等教育出版社，2000）

12.2.5 生态经济学理论

生态经济学是研究社会再生产过程中，生态系统和经济系统之间物质循环、能量转化和价值增值规律及其应用的科学。一般认为，生态经济系统是由生态系统和经济系统通过技术中介及人类劳动过程耦合形成的。生态经济系统是生态经济学的灵魂，生态经济系统的特性及二者耦合过程是生态经济学的核心原理。

森林生态经济系统是由森林生态系统和经济系统，在特定的社会系统里，通过技术中介以及人类劳动过程所构成的物质循环、能量转化、价值增值和信息传递的结构单元。森林生态经济系统的最终目标是在林区社会，把物质、能量、价值和信息，相互协调为一个投入产出良性循环的有机整体。

12.2.6 系统科学与系统工程理论

系统科学是从工程实践中提出来的技术科学，即运筹学、控制论和信息论，它来自数学和自然科学的系统理论成果。用系统方法研究某一特定系统，必须遵循系统的整体性原则、相关性原则、自组织性与动态性原则、目的性原则和优化原则。系统论按照事物本身的系统性，把对象放在系统方式中加以考察。它从全局出发，着重整体与部分，在整体与外部环境的相互联系、相互制约作用中，综合地、精确地考察对象，在定性指导下，用定量来处理它们之间的关系，以达到优化处理的目的。所以，系统论最显著的特点是整体性、综合性和优化性。应用在林业生态工程中主要体现于林业生态工程长远建设目标和方向的制定以及林业生态工程总体规划的内容、深度和一般方法等方面。

12.2.7 可持续发展理论

可持续发展是指满足当代的发展需求，应以不损害、不掠夺后代的发展需求作为前提。也就是说，人类必须在地球承载能力的范围内生活，从长远来看，这是惟一合理的选择。为了人类的未来，保护地球生态系统的活力和多样性，避免因滥用自然资源而造成枯竭，持久地和节俭地使用地球上的资源，使之保持在地球的承载能力范围内，实现发展经济，提高人民生活质量的目的。决定可持续发展的水平，可用资源的承载能力、区域的生产能力、环境的缓冲能力、进程的稳定能力、管理的调节能力5个基本要素及其间的复杂关系去衡量。因而，可持续发展理论是林业生态系统的评估准则，应用可持续发展理论和生态经济学理论，对林业生态工程进行管理与评价。

12.3 我国林业生态工程建设布局与重点

12.3.1 林业生态工程建设布局

林业生态工程建设布局要以自然生态环境条件为基础，以自然灾害防治为出发点，以工程管理运行整体效益为目标，综合考虑到林业生产中的气候、土壤、植被、地形等自然地理条件和林业生态工程管理运行的整体效益。

一个区域内发展布局林业生态工程，因地制宜是林业生态工程建设布局的先决条件，应考虑森林植被生长发育所要求特定的水热组合。同样，特定的水热组合可以满足特定的植被群落。水热组合受多种因素影响，从大气环流、大地构造，到微立地的改变，都能影响到特定区域内的水热组合特征以及与之相适应的土壤特点、植被特征；因害设防实现减灾防灾是林业生态工程建设布局的出发点，针对区域内存在的自然灾害与环境问题，充分发挥森林植被保持水土、涵养水源、净化水质、改变和影响区域气候等生态功能，达到抵御各种自然灾害的目的；获取最佳的生态效益、经济效益和社会效益是林业生态工程建设布局的最终目标，开展林业生态工程建设必须分析林业生产现状和社会经济发展水平，使林业生态工程建设布局与当前林业生产、社会经济发展水平相适应，确保规划的实施，这对于我们这样一个农业人口多，土地生产压力大，经济相对不太发达的国家而言尤其重要；林业生态工程建设布局也要充分注意到地域完整性，以便工程管理。

我国林业生态工程就是依据我国生态环境特点和持续发展战略的要求，结合我国经济和社会发展状况，根据因地制宜、因害设防、合理布局、突出重点、分期实施、稳步发展的原则，结合林业生态建设现状进行布局。我国林业生态工程从布局上可分为流域林业生态工程、区域林业生态工程以及跨区域林业生态工程。目前，流域林业生态工程包括黄河中游防护林体系建设工程、长江中上游防护林体系建设工程、淮河太湖流域综合治理防护林体系建设工程、辽河流域防护林体系建设工程、珠江流域防护林体系建设工程；区域林业生态工程包括沿海防护林体系建设工程、太行山绿化工程；跨区域林业生态工程包括三北防护林体系建设工程、平原绿化工程、全国防沙治沙工程。

12.3.2 重点林业生态工程简介

为实现林业跨越式发展，经国务院批准，国家林业局决定在今后一个时期内集中力量实施六大林业重点工程。通过六大林业重点工程的实施，不仅是对我国林业建设工程的系统整合，也是对林业生产力的一次战略性调整。

12.3.2.1 天然林资源保护工程

天然林资源保护工程是我国林业的“天”字号工程、一号工程，也是投资最大的林业生态工程。工程区域涉及长江上游、黄河上中游、东北内蒙古等重点国有林区18个省（自治区、直辖市）的734个县和167个森工局。工程的重点是将长江、黄河中上游等地区生态地位重要的地方森工企业、采育场和以采伐天然林为经济支柱的国有林业局（场）、集体林场及东北内蒙古国有森工企业的天然林资源（包括部分人工林资源）保护起来。工程以可持续发展战略为指导思想，以改善中华民族生存环境，保护生物多样性，促进社会、经济可持续发展为目标，通过调整林业在新时期的发展战略和森林资源经营思想，恢复和发挥天然林的生态功能，推进我国的生态环境良性发展，从根本上治理水患，实现林区社会、经济的可持续发展。

12.3.2.2 三北和长江中下游地区等防护林体系建设工程

以保护、改善、再造区域良性生态环境，促进持续发展；建立农牧业稳产、高产、优质的生态屏障；从根本上治山治水，实现风调雨顺、保障水利设施长期发挥效益；发展生物能源，繁荣农村和山区经济为建设的主要目的。三北和长江中下游地区等防护林体系建设工程是我国涵盖面最大、内容最丰富的防护林体系建设工程。具体包括被誉为“绿色长城”的三北防护林体系建设四期工程、长江中下游及淮河流域防护林体系建设二期工程、沿海防护林体系建设二期工程、珠江防护林体系建设二期工程、太行山绿化二期工程和平原绿化二期工程。

12.3.2.3 退耕还林工程

退耕还林工程是我国林业建设上涉及面最广、政策性最强、工序最复杂、群众参与度最高的生态建设工程。该工程计划从2001～2010年，用10年时间退耕地造林1 466.6 $\times 10^4 hm^2$，宜林荒山荒地造林1 733.3 $\times 10^4 hm^2$。工程计划建设范围包括我国25个省（自治区、直辖市）共1 887个县，其中重点建设县856个。该工程围绕生态目标，推行生态复合、生态防护和经济生态3种模式。主要解决重点地区的水土流失问题。

12.3.2.4 京津风沙源治理工程

该工程是首都乃至中国的“形象工程”，也是环京津生态圈建设的主体工程。虽然规模不大，但是意义特殊。该工程涉及北京周边地区土地总面积近 $46.4 \times 10^4 km^2$，工程建设范围涉及北京、天津、河北、内蒙古、山西5省（自治区、直辖市）的75个县（旗、市、区）。这项工程建设任务完成后，林木覆盖率将由目前的8.7%提高到20.1%，林草植被将得到有效的保护和恢复，扭转“沙进人退”的被动局面，环北京地区的生态环境将大为改观，京津地区将逐步免遭风沙肆虐之苦。

12.3.2.5 野生动植物保护及自然保护区建设工程

为进一步加强野生动植物保护和自然保护区建设，提高全民族的生态保护意识，促进生态系统的良性循环，确保经济社会的可持续发展，2001年12月21日“全国野生动植物保护及自然保护区建设工程”正式启动。该工程是一个面向未来，着眼长远，具有多项战略意义的生态保护工程，也是呼应国际大气候、树立中国良好国际形象的“外交工程”。主要解决基因保存、生物多样性保护、自然保护、湿地保护等问题。

12.3.2.6 重点地区速生丰产用材林基地建设工程

重点地区速生丰产用材林基地建设工程，是我国林业产业体系建设的骨干工程，也是增强林业实力的“希望工程”。通过加大科技含量、高度集约经营、坚持大力发展速生丰产林并做好定向培育工作，从而解决我国木材和林产品的供应问题。

通过这些工程的实施，到2010年时，初步建立起乔灌草搭配、点线面协调、带网片结合，具有多种功能与用途的森林生态网络和林业两大体系框架，重点地区的生态环境得到明显改善，与国民经济发展和人民生活改善要求相适应的木材及林产品生产能力基本形成。

12.4 林业生态工程构建技术

12.4.1 水源涵养林业生态工程建设技术

水源涵养林是以调节、改善水源流量和水质而经营和营造的森林，是国家规定的五大林种防护林中的二级林种，是以发挥森林涵养水源功能为目的的特殊林种。虽然任何森林都有涵养水源的功能，但水源涵养林要求具有特定的林分结构，并且处在特定的地理位置，即河流、水库等水源上游。我国大江大河中上游和支流的上游（含大中型水库上游）地区，往往是我国国有和集体森林分布区，森林覆盖率相对较高。过去，只注重采伐利用木材，森林被无限制地采伐，造成森林面积锐减，水源涵养功能消退的局面。因此，必须因地制宜，实事求是，制定长远目标和综合管理体系以及相应的技术政策，加强水源涵养林建设，形成完整的林业生态工程建设体系。

我国现有的山地森林主要分布在河流上游，这些起着重要水源涵养作用的森林以天然林、天然次生林和天然草坡（山、场）为主，在这些区域内，也存在着农业耕作、开垦林草地、砍伐森林的活动，因而这些区域存在着营造水源涵养林的任务。因此，水源涵养林的建设，一方面强调保护现有的天然林（原始林）和天然草坡，改造灌木林地、次生林地，同时应在水源区的无林地，积极营造水源涵养林。

12.4.1.1 水源涵养林树种选择

树种选择是造林成败的关键之一，使造林树种的生物学特性与所处的立地条件相适应，才能达到成活、成林，充分发挥涵养水源的作用。水源涵养林的营造主要是水源区内草坡、灌草坡和灌木林及其他宜林地的人工造林。针对水源涵养林理水调洪功能的经营目标，其树种选择过程中不仅要遵循“适地适树”原则，而且应坚持：①从实际出发，以乡土树种为主；②水源涵养林组成树种的寿命要长，且自我更新能力强，抗逆性强、生长迅速、深根性、多根量、根域广、树冠大、郁闭度高、枝叶繁茂、枯枝落叶量大、且树种间相互协调、能够改善或不恶化水质、耗水量少的原则；③应考虑具有一定的经济功能的原则。

水源涵养林以混交林为主，要注意乔灌草结合、针阔结合、深浅根性树种结合。水源涵养林多由主要树种、次要树种（伴生）及灌木组成，北方主要树种可选落叶松、油松、云杉、杨树等；伴生树种可选垂柳、椴树、桦树等；灌木树种可选胡枝子、紫穗槐、小叶锦鸡儿、沙棘、灌木柳等。南方主要树种可选马尾松、侧柏、杉木、云南松、华南松；伴生树种可选麻栎、高山栎、光皮桦、荷木等；灌木树种可选胡枝子、紫穗槐等。

另外，选择造林树种还应考虑种源是否充足，造林技术上的难易程度、当地群众的造林习惯和经验以及造林成本与当地经济条件等。

12.4.1.2 立地选择与控制

水源涵养林区大部分是石质山地或基岩风化不严重的地区，营造和培育森林的根本目的在于提高其理水调洪、涵养水源的功能。因此，在水源涵养林构建过程中，对立地的控制技术上有一定的要求。

立地控制主要通过整地来实现。整地，又称造林地的整理，是造林前清理和翻垦造林地，改善其环境条件的重要工作，其目的和实质是为栽植苗木创造良好的微环境。整地包括造林地的清理和造林地的整地两方面内容。

（1）造林地的清理　造林地清理是在植被茂密和有采伐残留物的荒山、迹地上造林前的一个重要工作。清理方法根据造林地的种类、植被组成和土壤状况、造林技术要求而定。一般采伐迹地、杂草繁茂地以及准备进行全面整理的造林地，都采用全面清理；稀疏低矮的杂草地，进行块状清理；灌丛地和疏林地，采用带状清理；有些植被稀疏或林地卫生条件较好的地区可不清理，直接造林。

（2）造林地整地　选择合理的整地方式，细致、适时地进行整地，可以改善造林地的立地条件，增加光照，提高地温、加速土壤熟化，对提高造林成活率具有重要意义。同时采用合理的整地措施也是一种简易的水土保持工程，能够有效地防止或减少造林地的水土流失。整地方式可分为全面整地和局部整地。

全面整地是清理造林地的杂草和灌木后，全面翻耕造林地的土壤。适用于坡度在20°以下、土壤条件好的地块，营造水源涵养林时可采用全面筑台整地，沿水平线挖水平台，台面宽1~1.5m，台间距以树种种植的行距而定。台下沿筑埂，台面水平并要求有20cm以上的疏松表土。

局部整地是翻垦造林地部分土壤的整地方式。水源涵养林常用的几种局部整地方式有：

①水平阶整地　一般在坡面比较平整、坡度25°以下的坡地上，沿等高线挖成一级一级的小台阶，阶面宽一般1m左右，可以是水平的，也可以向内倾斜(10°左右)。带可以连续也可以不连续。水平阶整地有一定的改善立地条件的作用，比较灵活，可以因地制宜地改变整地规格。

②水平沟整地　一般在水土流失严重、坡度较大的地块，沿等高线开挖蓄水沟的整地方式。水平沟呈短带状，破土面低于坡面，形成断面为长方形、梯形沟。沟宽0.5~1.0m，沟长一般4~6m，沟间距2~2.5m，有埂，埂顶宽0.2m。为增强保持水土的效果，可将各段沟串联起来。水平沟整地由于沟深，容积大，能够拦蓄较多的地表径流，沟壁有一定的遮荫作用，可以降低沟内的温度，减少土壤水分蒸发，但是水平沟整地动土量大，比较费工。

③反坡梯田整地　又称三角形水平沟整地。用于干旱、坡度较陡、水土流失严重、坡面不破碎的地方。反坡梯田整地大致与水平阶整地相似，所不同的是反坡梯田是外高里低，与荒山坡构成一个反坡度，荒山坡度越大，反坡度也越大，带的宽度则越小。反坡梯田沿等高线修筑，里切外填，内斜面应向后倾。修好后应立即翻土一次，深度25cm以上。反坡梯田蓄水保土、抗旱保墒能力强，改善立地条件的作用大，造林成活率高，树木生长良好，但整体花费劳力较多。

④撩壕整地　又叫倒壕法、抽槽整地。撩壕整地是南方地区在栽培杉木过程中创造的一种整地方法。适用于南方山地造林，干旱贫瘠的丘陵地区尤为适宜。具体做法是在造林前夏、秋季或冬季，利用农闲时候，沿等高线从下而上进行开沟，把新土堆在上坡，筑成土埂，然后从上坡铲下表土填入沟内，一直填至水平，再按造林行距依次逐步向上开沟挖填。这样边挖边填，使上槽表土下槽填，除去新土填表土。一般撩壕沟宽50~70cm，深30~50cm。撩壕整地可以较大地改变土壤理化性质，增强土壤蓄水保土保肥能力。但撩壕整地动土量大，用工多，破坏植被比较严重，容易引起水土流失。

⑤穴状整地　一般为圆形，面积小，穴的直径0.3~0.5m。穴面与坡面地平。此法灵活性大，适用于各种立地条件，整地省工。但对改善立地条件的作用比其他方法较差。

⑥鱼鳞坑整地　一般适用于水土流失的干旱地区和黄土地区。小型鱼鳞坑用于陡坡、土薄、地形破碎处；大鱼鳞坑用于土厚、植被茂密的中缓坡。鱼鳞坑整地时，一般先将表土堆于坑的上方，新土放于下方筑埂，埂高出坑面20~30cm，

然后再把表土回填入坑，坑与坑排列成三角形，以利于保土蓄水。

12.4.1.3 水源涵养林的结构配置与优化

（1）*水源涵养林的最佳林型* 森林一般是通过降水截留、蒸发散、缓和地表径流，增强和维持林地入渗性能来获得减缓洪峰、涵养水源的水文效应的。所以组成水源涵养林的树种，应该生长速度快，根系发达并且分布深而均匀；叶面积指数大，小枝短而稠密，与树干呈锐角。就林分来说，最好是复层异龄林，且根系整体分布均匀，枯枝落叶层厚的林分。

虽然在涵养水源和消减洪峰2个方面都要求森林具有较大的拦蓄和减缓地表径流、增强和维持林地的入渗能力，但森林的这两方面作用对森林有不同的要求。从森林的水源涵养的作用看，森林又应具有林冠截留量少、地表蒸发小，在相同的土壤含水量条件下树种及林下植被耗水量小的特点，因而水源涵养林的林层过多不一定好；而消洪林则要求林冠截留量大、地表蒸发量大，在相同的土壤含水量条件下树种及林下植被耗水量大的特点，故要求较好的复层异龄林。综合目前的研究成果，根据不同区域的自然地理条件，北方降水量少、气候干旱，林型应以水源涵养为主，林层不宜过多；南方则降水量大，气候湿润，林型应以消洪林为主，复层异龄林较好。

（2）*水源涵养林的混交模式* 水源涵养林应以混交林为主，通常，混交林的主要树种比例要大些。但如果是竞争力较强的速生喜光乔木树种，可在不影响涵养水源功能的前提下适当缩小比例。确定混交树种的比例时，要考虑有利于主要树种或目的树种的生长。因树种、林种、立地条件、混交方法不同，具体比例会有不同。原则上说，竞争力强的混交树种比例不宜过大，以免压制主要树种，反之可适当增大；立地条件优越时混交比例不宜过大，而且伴生树种要多于灌木，反之可少用伴生树种，多用灌木；通常群团状混交时伴生树种所占比例一般较小，而行间或株间混交时比例较大。一般来说，主要树种与伴生树种或灌木混交时，主要树种比例为60%左右；主要树种与伴生树种和灌木同时混交时，主要树种比例为35%左右。

混交方式指混交林内树种栽植点的配置，是调节混交林种间关系、保证混交效果的重要技术环节。常用的混交方式有插花混交（星状混交）、株间混交、行间混交、带状混交、块状混交和簇状混交。表12-1为我国南方山区所采用的一些混交林实例。

表12-1 我国南方山区混交林的树种组成、混交方式及混交比例

树种组成	混交方式	混交比例	混交密度（株/hm^2）	立地条件
杉木×马尾松	株间、行间	4~6:6~4	3 600~4 500	山地红黄壤Ⅱ、Ⅲ
杉木×马尾松	株间、行间	3~5:7~5	3 600~6 000	低丘红壤Ⅲ、Ⅳ
杉木×柳杉	株间、行间	5~7:5~3	3 600~4 500	山地红黄壤Ⅰ、Ⅱ
檫树×杉木	插花	1~2:9~8	2 400~3 000	山地红黄壤Ⅱ、Ⅲ
杉木×楠木	株间、行间	5:5	3 000~4 500	山地红黄壤Ⅰ、Ⅱ

（续）

树种组成	混交方式	混交比例	混交密度（株/hm^2）	立地条件
杉木×香椿	行间	4~6: 6~4	2 400~3 600	山地红黄壤Ⅱ、Ⅲ
杉木×火力楠	行间	4~6: 6~4	24~3 600	山地红黄壤Ⅱ、Ⅲ
马尾松×杉木	株间、行间	6~7: 4~3	3 600~4 500	低山红黄壤Ⅲ、Ⅳ
马尾松×大叶栎	行间	5: 5	3 600~4 500	丘陵红壤Ⅲ、Ⅳ
马尾松×木荷	行间	4~6: 6~4	3 600~6 000	丘陵红壤Ⅱ、Ⅲ、Ⅳ
马尾松×台湾相思	行间	4~6: 6~4	3 600~6 000	丘陵红壤Ⅲ、Ⅳ
樟树×福建柏	行间、插花	2~3: 8~7	2 400~3 600	山地红黄壤Ⅰ、Ⅱ
樟树×杉木	行间、插花	2~3: 3~7	3 600~4 500	山地红黄壤Ⅰ、Ⅱ
檫树×青冈栎	隔行、插花	1~2: 9~8	3 600~4 500	山地红黄壤Ⅱ、Ⅲ
毛竹×枫香	插花	6~8: 4~2	2 400~4 500	低山红黄壤Ⅰ、Ⅱ、Ⅲ
毛竹×木荷	插花	6~8: 4~2	2 400~4 500	低山红黄壤Ⅰ、Ⅱ、Ⅲ
毛竹×马尾松	插花	6~8: 4~2	2 400~4 500	低山红黄壤Ⅰ、Ⅱ、Ⅲ
毛竹×杉木	插花	6~8: 4~2	2 400~4 500	低山红黄壤Ⅰ、Ⅱ、Ⅲ

引自国家林业局主编《长江上游天然林保护及植被恢复技术》，中国农业出版社，2000。

（3）*水源涵养林的造林密度及种植点配置* 造林密度影响林分生长、结构、功能和效益，同时也影响造林的成本。首先造林密度受树种特性的影响，一般来说，杨树、落叶松等喜光速生树种密度应小些；云杉、侧柏等耐荫并且初期生长慢的树种密度适宜大些。杉木、檫木等干形通直、自然整枝良好的树种适宜密度小些；马尾松、部分栎类等干形易弯曲、自然整枝不良的树种适宜密植。树冠宽阔、根系庞大的树种适宜密度稀疏；树冠狭窄、根系紧凑的树种适宜密植。其次，立地条件影响造林密度。立地条件好的地方，树木生长快，可以较早郁闭，造林密度可以小些；相反，在干旱、瘠薄、陡坡等立地条件差的地方，造林密度应大些；在高纬度、高海拔地区，生长期短、温度低、土壤瘠薄，可适当密植些。在根茎性、根蘖性杂草竞争激烈的地方，更应强调密植。表12-2中列出一些主要造林树种一般采取的造林密度。

表12-2 主要造林树种一般采取的密度 株/hm^2

树种	密度	树种	密度	树种	密度
杉木	1 500~4 500	湿地松	1 500~2 250	樟树	1 500~2 250
柳杉	2 400~3 000	杨树	300~1 200	楠木	2 505~3 000
水杉	450~1 650	桉树	1 500~3 000	檫木	750~900
马尾松	3 600~9 900	麻栎	4 500~6 000	木荷	3 000~3 600
落叶松	2 050~6 600	柏木	4 500~9 900	千年桐	150~300
油松	4 950~99 000	刺槐	2 400~4 500	乌柏	225~300
云南松	6 600~9 900	木麻黄	1 500~2 505	板栗	150~300
侧柏	4 500~9 900	三年桐	750~900	漆树	450~900

引自国家林业局主编《长江上游天然林保护及植被恢复技术》，中国农业出版社，2000。

造林密度确定后，还需确定一定密度的植株在造林地上分布的形式，即种植点的配置。不同配置方式对林木之间的相互关系、树冠发育、光能利用等影响较大。种植点的配置可以分为行状配置和群状配置。

①行状配置　也叫均匀配置。可以使林木分布均匀，有利于树木生长，便于抚育管理。行状配置的方式有：

正方形配置：行距和株距相等，具有一切行状配置的典型特点，常用于平地和丘陵缓坡地营造用材林和经济林。

长方形配置：株距小于行距，是目前常用的一种配置方式，在山地将水平横行株间的距离称为株距，上下株间距称为行距。

正三角形配置：相邻行的各种植点彼此错开成品字型，有利于防风固沙、保持水土，树冠发育更均匀。

②群状配置　也叫簇式配置。其特点是种植点集中，呈群簇状分布，群内植株密集，群间距离较大。这种方式有利于迅速郁闭，能提高对干旱、日灼、杂草等不良环境因子的抵抗力，适用于营造防护林和立地条件差的地区造林。但群状配置在光能利用和树干发育方面不如行状配置。

（4）人工水源涵养林幼林抚育技术　水源涵养林的幼林抚育技术主要包括土壤管理、幼林管护、幼林保护等内容，合理及时的幼林抚育，可以改善苗木生活环境，满足苗木和幼树生长的需要，促进早日成林，更好地发挥涵养水源的功能。

①松土和除草　造林后一般连续松土除草 3～5 年，直到幼林郁闭。松土和除草同时进行，最佳松土除草时间的确定原则是利于排除草灌竞争，抑制其结实和再生能力，利于树木吸收营养。一般每年第 1 次松土除草应在林木、灌木、杂草旺盛生长之前进行，以后各次视地区不同分别在生长中后期进行，一般第 1 次可在 5～6 月，最后一次不迟于 9 月，南方山地还可冬季抚育。

②补植　如果造林死亡率超过 75%，必须重新造林；如果成活率低于 90% 或虽在 90% 以上，但有成片死亡，必须按照原株行距和采用同样树种的大苗补植。如果补植时间已错过，可补植较速生或较耐荫的树种。

③幼林管护　在簇植、丛植造林时，如果植丛内树木个体开始明显出现生长差别，就要间掉弱小植株，调节丛内密度，促进优势木生长。对阔叶树种幼林要及时进行修枝、除蘖的工作，对灌木必要时还要用平茬促进分蘖。

④幼林保护　为预防森林火灾的发生，应制定并严格执行放火制度；为预防人畜破坏森林，要加强群众思想教育、组织护林机构、发动群众封山育林，杜绝不合理樵采和放牧；林地的枯枝落叶层起着非常重要的水源涵养的作用，应保护好枯枝落叶层，禁止收集枯枝落叶层作为肥料或燃料。另外，要采取综合措施预防森林病虫害的发生。

（5）现有水源涵养林的经营　长期以来，我国林业以木材生产为主，森林经营的核心一直是提高单位面积木材产量，其结果导致很多本应属于水源涵养林的森林，未达到防护成熟即被采伐，甚至皆伐，造成使水源涵养面积与江河蓄水量不能协调。与此同时，现有的水源涵养林的结构不符合水源涵养林的要求，水源涵养、理水调洪的功能得不到充分发挥。从1981年四川涪陵江、嘉陵江洪水，1991年长江洪水，到1998年长江、松花江、嫩江洪水，一次比一次造成的损失大。为此，我国政府明确指出："停滞长江、黄河流域中上游天然林采伐；大力实施人工林营造工程；扩大和恢复草地植被；开展小流域治理，加大退耕还林和坡改梯力度；种植薪炭林，大力推广节能灶；依法开展森林植被保护工作与生态环境建设工程。"

对现有的水源涵养林实行封山育林后，存在着水源涵养林的成熟与更新问题。水源涵养林同样遵循森林的一般规律，即森林涵养水源的功能大体随年龄的增大而增大，但到一定年龄，随林分衰老，功能也下降。根据测定，水源涵养林贮水功能由于林分过熟而下降（但下降速度不快）的年龄大体在100~120年，即防护成熟龄为100~120年。为了更好地发挥森林涵养水源和缓洪的功能，水源涵养林原则上是禁止皆伐的。但是对于林龄远远超过防护成熟龄的过熟林来说，可采取必要的采伐和更新，但必须注意采伐方式，要求采伐迹地尽快更新，最好采用择伐作业，伐期应长些，使林地经常保持较密林冠的覆盖。

天然次生林多分布在土石山区，有很大一部分是在江河上中游地区。对天然次生林进行经营管理，有效发挥其涵养水源、保持水土及其他生态功能，不仅是天然林保护工程的重要组成部分，也是水源涵养林业生态工程体系建设的重要组成部分。天然次生林的经营应当以结构和功能的优化为核心，具体内容包括以局部伐除下木和稀疏上层无培育前途的林木为主。在郁闭度低的次生疏林地多采用清理活地被物，进行林冠下造林的方式；对于林分郁闭度较大，但其组成有一半以上为经济价值低下、目的树种不占优势或处于被压状态的中、幼龄林，或屡遭人畜破坏或自然灾害的破坏，造成林相残破、树种多样、疏密不均，但尚有一定优良目的树种的劣质低产林分，应采用抚育采伐、林隙造林的方法；对于立地条件较好，但由非目的树种形成的次生林，应采用带状改造的方法；对于天然更新较好，优良木较多的低产林，可以采取封山育林的方法，经过封山育林不仅扩大了次生林的面积，提高了次生林质量，且在改造残、疏次生林方面也起到了良好的作用。另外，水源涵养林禁止采用全部伐除后人工造林的方式。

12.4.2 水土保持林业生态工程建设技术

水土保持林业生态工程建设面临的主要问题是立地条件恶劣，北方主要是干旱缺水问题，南方主要是土壤瘠薄问题。因此，选择抗性强的造林树种，通过合理的立地选择与控制技术，营造混交林和加强抚育管理措施是水土保持林业生态工程建设的保证。

12.4.2.1 水土保持林树种的选择

水土流失地区选择适合当地立地条件树种的关键是抗性强。在半干旱暖温性地区，树种的抗旱性是关键；半干旱寒温性地区则要既抗旱又抗寒；南方亚热带、热带温湿性地区则要求树种耐水湿、耐高温、耐土壤瘠薄。一般来说，水土保持树种应是深根性、树冠大、枯落物多、根蘖性强、改土性能好的抗性树种。表 12-3 列出几个水土流失地区造林的主要适生树种。

表 12-3 几个水土流失地区主要造林树种

立地区	主要适生造林树种
黄土高原地区	油松、樟子松、侧柏、刺槐、臭椿、白榆、杜梨、仁用杏、山桃、毛条、柠条、沙棘、紫穗槐、旱柳、新疆杨等
长江中上游丘陵山地	侧柏、马尾松、湿地松、云南松、华山松、桤木、光皮桦、木荷、麻栎、栓皮栎、化香、黄荆、刺梨、乌桕、白栎、茅栗、胡枝子、枫香等
太行山区	油松、侧柏、刺槐、山杏、黄栌、旱柳、毛白杨、栓皮栎、华山松、元宝枫、栾树、紫穗槐、杜梨、山桃、蒙古栎、辽东栎、山杨、白桦、绣线菊、溲疏、毛榛、胡枝子等
东北黑土丘陵区	落叶松、红皮云杉、樟子松、小黑杨、小青杨、旱柳、胡枝子、丁香、沙棘、灌木柳类等

12.4.2.2 水土保持林立地选择与控制

对于立地条件恶劣的地区，细致整地是保证造林成活和幼树生长的关键性技术措施。细致整地可以解决旱期土壤水分不足的问题，提高土壤肥力，为提高造林质量创造条件。水土保持林的整地方法主要有水平阶整地、反坡梯田整地、水平沟整地和鱼鳞坑整地，其具体方法同水源涵养林立地选择与控制部分。

12.4.2.3 水土保持林的结构配置与优化

水土保持林业生态工程是在水土流失地区，人工设计的通过以木本植物为主的，乔灌草相结合的“立体配置”和带、网、块、片相结合的“平面配置”的生态工程，其目的是控制水土流失，改善生态环境，发展山区经济。

(1) 山丘区水土保持林体系的配置技术　在一定区域范围内，水土保持林体系的合理配置，要体现人工森林生态系统的生物学稳定性，显示其最佳效益，从而使流域治理达到持续、稳定、高效的人工生态系统建设目标的作用。水土保持生态工程体系配置是以各个林种在流域内的水平配置和立体配置为主要设计基础的。

所谓“水平配置”是指水土保持林体系内各个林种在流域或区域范围内的平面布局和合理规划。对具体的中、小流域应当以其山系、水系、主要道路网的分布以及土地利用规划为基础，根据当地发展林业产业和人民生活的需要，根据当地土地流失的特点，结合生产与环境条件的需要，进行各个水土保持林的合理布局与配置。在林种的配置形式上，兼顾流域水系上、中、下游，流域山系的坡、沟、川，左、右岸之间的相互关系，同时应考虑林种的占地面积在流域范围内的均匀分布和达到一定林地覆盖率的问题。

所谓“立体配置”是指某一林种组成的树种或植物种的选择以及林分立体结构的配置构成。首先，根据各林种的经营目的，确定目的树种与其他植物种及其混交搭配，形成合理群落结构，以加强林分生物学稳定性和形成开发利用其短、中、长期经济效益的条件。其次，根据防止水土流失、改善生产条件、经济开发的需要、土地质量以及植物特性等，确定林种内植物种立体配置中引入乔木、灌木、草类、药用植物及其他经济植物等，要特别注意当地适生植物种的多样性及其经济开发价值。除此以外，立体配置还应注意水土保持与农牧用地、河川、道路、“四旁”、庭院、水利设施等结合中的植物种的立体配置。

在水土保持林业生态工程体系中通过各种工程的水平配置与立体配置，使林农、林牧、林草、林药得到有机结合形成多功能多效益的农林复合生态系统，形成林中有农、林中有牧，利用植物共生、时间生态位重叠，充分发挥土、水、肥、光、热等资源的生产潜力，不断维持和提高地力，以求达到最高的生态效益和经济效益。

对一个完整的中、小流域水土保持林体系的配置，即要把各种林业生态工程的生态防护效应作为其配置的理论依据，也要根据实际情况，因地制宜，灵活运用，创造持续、稳定、高效的林业生态经济功能。

(2) 坡面水土保持林配置技术　坡面既是山丘区的农、林、牧业生产利用土地，又是径流和泥沙的策源地，坡面水土保持状况直接影响到坡面的土地生产力。因此，坡面水土保持林配置必须遵循以下原则，即沿等高线布设，与径流中线垂直；选择抗旱性强的树种和良种壮苗；尽可能做到乔、灌、草相结合；采用一切能够蓄水保墒的整地措施；以相对较大的密度，用品字型配置种植点，把成活率放在首位；在立地条件极端恶劣的条件下，可营造纯林。

①坡面防蚀林　配置坡面防蚀林的陡坡地基本上是沟坡荒地，坡度大多在30°以上。坡面总的特点是水土流失严重，侵蚀量大，土壤干旱瘠薄，立地条件恶劣，施工条件差。营造坡面防蚀林目的是防止坡面侵蚀、稳定坡面、阻止侵蚀沟进一步向两侧扩张，从而控制坡面泥沙下泻，为整个流域恢复林草植被奠定基础。

陡坡配置防蚀林，首先考虑的是坡度，然后是考虑地形部位，一般配置在坡脚以上陡坡全长的2/3为止。在沟坡造林地的上缘可选择一些萌蘖性强的树种如刺槐、沙枣等。沟床强烈下切，重力侵蚀十分活跃的沟坡，首先要采用相应的沟底防冲生物工程，固定河床，再选择沙棘、柽柳、刺槐等根蘖性强的树种，并采取相应的促进措施，使其向上坡逐渐发展。对于较缓的沟坡（30°～50°），可以选择根系发达、萌蘖性强的树种全部造林和带状造林。

②护坡薪炭林　发展护坡薪炭林的目的是在解决农村生活用能源的同时，控制坡面的水土流失。我国是燃料短缺的国家，我国政府把解决农村能源作为解决国家能源的主要组成部分，发展护坡薪炭林解决农村能源比开发其他能源有其独特的优势，主要表现在投资少、见效快、生产周期短、无污染的特点。

首先在选择立地上，要选择距村庄近，交通方便，利用价值不高或水土流失严重的沟坡荒地。选择耐干旱瘠薄，萌芽能力强，耐平茬，生物量高，热值高的乔灌木树种。薪炭林的整地、种植等造林技术与一般的造林大致相同，只是由于立地条件差，整地、种植应细致些。在造林密度上，由于薪炭林有轮伐期短、产量高、见效快的特点，应适当密植。一般北方的灌木树种，南方的台湾相思、大叶相思、木荷等密度可达20 000 株/hm^2。

③护坡放牧林　护坡放牧林是配置在坡面上，以放牧为主要经营目的，同时控制水土流失的乔、灌木林。通过合理营造护坡放牧林，利用林业本身的特点充分发挥山区生产潜力，为牲畜直接提供饲料，发展山区经济，不仅是山区人民脱贫致富的重要途径，而且也为坡面恢复林草植被创造有利条件。

在地类选择上，护坡放牧林一般适用于沟坡荒地不宜发展用材林或经济林的坡面，但立地条件要稍好些的地类。可发展护坡放牧林的地类有弃耕地、退耕地、荒地、稀疏灌草地和疏林地。在树种选择上，选择适应性强、生长快、树冠茂密、根系发达、耐干旱、耐瘠薄、适口性好以及营养价值高的树种（表12-4），不仅水土保持功能强，并且还具有一定的经济效益。

表12-4　几种灌木和当地几种饲料草营养成分对比

饲草种类	年龄(a)	物候期	风干叶子和嫩枝营养成分含量（%）							
			粗蛋白	粗脂肪	粗纤维	无N浸出物	P	Ca	灰分	水分
柠　条	3	初花	25.27	4.27	23.18	34.26	0.285	2.05	8.16	4.41
狼牙刺	6	初花	27.40	3.23	15.50	43.45	0.390	1.76	6.16	4.26
沙　棘	5	展叶	20.43	3.25	16.86	49.65	0.255	1.98	5.23	4.58
杭子梢	5	展叶	25.17	3.39	20.46	36.75	0.335	1.395	7.26	4.37
谷　草			4.10	1.60	44.70	38.75			16.90	
紫花苜蓿			14.9	2.30	28.30	37.30			0.60	8.60
白花草木犀			18.85	5.16	17.67	47.07			11.25	

引自王治国等《林业生态工程学——林草植被建设的理论与实践》，中国林业出版社，2000。

树种的配置要根据不同的地类而定。在护坡放牧林建设的同时，可选择较好的立地人工种草，一般采用豆科与禾本科植物混播。也可灌草隔带（行）配置，形成人工灌草坡，如宁夏固原，采用柠条、山桃、沙棘与豆科牧草或禾本科牧草立体配置取得了较好的效果。也可乔灌草相结合，乔木如山杏、刺槐，灌木如柠条、沙棘，草本如红豆草、紫花苜蓿等。

④护坡用材林　护坡用材林是配置在坡度较缓、立地条件好、水土流失相对较轻的坡面上，以收获一定量的木材为目的，同时，也能够保持水土、稳定坡面的人工林，是坡面水土保持林业生态工程中兼具较高经济效益的一种。

配置上要求：地类要选择在坡度较为平缓的坡面，或是沟塌地和坡脚地带。护坡用材林应选择耐干旱瘠薄，生长迅速或稳定，根系发达的树种，乔木如马尾松、杉木、云南松、油松、侧柏、华北落叶松、杨树等，灌木如紫穗槐、沙棘、柠条、灌木柳、马桑等。在配置上，可以采用乔灌行带混交、乔灌隔行混交、纯林等方式。一般护坡用材林因造林地条件差，应通过坡面水土保持造林整地工程，如水平阶、反坡梯田、鱼鳞坑、双坡整地、集流整地等形式来改善立地条件。造林后的及时抚育，如松土、扩穴、培埂、除草、修枝、除蘖等，往往是能否做到既成活又成林的关键。

⑤护坡经济林　护坡经济林是配置在坡面上，以获得林果产品和取得一定经济收益为目的，并通过经济林建设过程中高标准、高质量整地工程，以蓄水保土，提高土地肥力，同时也能覆盖地表，截流降水，防止击溅侵蚀，在一定程度上具有其他水土保持林类似的防护效益的人工林。

护坡经济林一般配置在退耕地、弃耕地及土厚、肥水条件好、坡度相对平缓的荒草地上。考虑到经济林需要较长的无霜期，且一般抗风、抗寒能力差，因此，选择背风向阳坡面。护坡经济林应为耐旱、耐瘠薄、抗风、抗寒的树种，一般宜选择干果或木本粮油树种，如杏、柿子、板栗、枣、核桃、文冠果、柑橘、白蜡、银杏、杜仲、桑、茶等。栽植密度不宜过大，要加强水土保持整地措施，可因地制宜，按窄带梯田、大型水平阶或大鱼鳞坑的方式进行整地。在此基础上，有条件的可结合果农间作，在林地内适当种植绿肥作物或草，以改善和提高地力，促进丰产。在规划护坡经济林时，应考虑水源、运输等条件。

⑥护坡种草工程　护坡种草工程是在坡面上播种适宜于放牧或刈割的牧草，以发展山丘区的畜牧业和山区经济。同时，牧草也具有一定的水土保持功能，特别是防止面蚀和细沟侵蚀的功能不逊于林木。坡地种草工程与护坡放牧林或护坡用材林相结合，不仅可大大提高土地利用率和生产力，而且也提高了林草工程的防蚀能力，起到了生态经济双收的效果。

山丘区护坡种草工程一般要求相对平缓的坡地，或坡麓、沟塌地。刈割型的人工草地需更好的条件，最好是退耕地或弃耕地，也可以与农田实施轮作。坡地种草的草种选择应根据具体情况确定，由于生态条件的限制，最好采用多草种混播。有条件的应该进行全面整地，施足底肥，耙耱保墒，然后播种。

⑦土质侵蚀沟道水土保持工程　土质侵蚀沟道系统一般指分布于黄土高原各个地貌类型的侵蚀沟道系统，也包括以黄土类母质为特征的，具有深厚土层的沿河阶地、山麓坡积或冲、洪积扇等地貌上形成的现代侵蚀沟系。黄土高原地区沟谷地所占面积大，是水土流失最严重的地貌类型，很多地区的沟坝地已经成为当地群众的基本农田的重要组成部分。沟壑又常常是这一地区割草放牧、生产“三料”、木材、果品和其他林副产品的基地。因此，土质侵蚀沟道水土保持工程对黄土高原地区控制水土流失，治理侵蚀沟，充分发挥土地的生产潜力具有重要意义。

对于进水凹地和沟头来说，为了制止沟头的溯源侵蚀，除了坡面水土保持工程措施外，还应采取沟头防护工程与林业生态工程相结合的措施，即主要采用编篱柳谷坊或土柳谷坊工程，在沟道中形成柳坝，逐渐减少沟头基部冲淘，停止沟头的溯源侵蚀；对于沟边（沟缘）防护林来说，应与沟边线附近的沟边防护工程结合起来，在修建有沟边埂的沟边，且埂外有相当宽的地带，可将林带配置在埂外，如果埂外地带狭小，可结合边埂，在内外侧配置，如果没有边埂则可直接在沟边线附近配置。沟边线防护林带的配置，应视其上方来水量与陡坎的稳定程度确定，同时考虑沟边以上地带的农田与土壤水分；沟底防冲林的布设，一般应在集水区坡面上采取林业或工程措施滞缓径流以后进行，林带与水流方向垂直，目的是增强其顶冲缓流、拦泥淤泥的作用。

12.4.3 平原与风沙区林业生态工程建设技术

12.4.3.1 农田防护林配置

农田防护林是以一定的树种组成、一定的结构，成带状或网状配置在田块四周，以抵御自然灾害，改善农田小气候环境，给农作物的生长和发育创造有利条件，保证作物高产稳产为主要目的的人工林生态系统。

(1) *防护林带结构的选择* 林带有3种基本结构类型，即紧密结构林带、疏透结构林带和通风结构林带。

紧密结构林带有防护范围小而近距离内防风效果大的特点，在风沙危害比较严重的地区采用这种结构。易在林内和林缘的静风区内引起积沙现象；在两条带之间的农田又易引起风蚀，形成中间低、两边高的“牛槽地”，影响农业生产。此外，在冬季降雪较多的地区，林缘附近易堆积大量的积雪，使土壤解冻推迟，延误春耕；夏季林缘附近静风区内易受高温危害。因此，紧密结构一般不适合于农田防护林。

与紧密结构林带相比，疏透结构林带的防风距离较远，减低风速缓慢，不会在林缘附近造成淤沙积雪和形成“牛槽地”现象，林带内和林缘附近也不会产生风蚀现象。所以，在风沙危害较严重的地区适于营造这种林带。

透风结构林带的防护范围最大，特别是在主风不垂直于林带时，其防护效果大于紧密结构和疏透结构的2种林带。在降雪多的地区可以使降雪更均匀地分布在农田里。但在林带内和林缘附近风速大，易引起土壤风蚀。因此，易风蚀的农田不适合营造这种林带。

(2) *防护林带的走向、间距、宽度和横断面* 农田防护林带由主林带和副林带组成，主副林带相互垂直交叉，构成农田防护林网。林带的走向就是指主、副林带配置的方向。主林带的走向主要是根据主要害风方向来决定。当主林带走向与主害风方向垂直时，防护距离最远，防护效果最大。随着主林带与主害风交角的减小，其防护效能也相应降低。所以根据因害设防的原则，在设计主林带时，应尽量与主害风方向垂直。但由于农业生产和社会经济发展的需要，林带走向的确定应在满足防护要求的前提下，尽可能与现有道路、沟渠、河流、土地边界以及耕作习惯一致。

林带间距指两条相邻的主林带或两条相邻的副林带之间的距离。两条相邻的主林带之间的距离称为主带距；两条相邻的副林带之间的距离称为副带距。合理的林带间距既可达到防护要求，又可少占耕地。确定主带距应以不同林带结构的有效防护距离和组成林带树种的成林高度为依据。

林带宽度是指林带两侧树冠垂直投影的距离，一般是林带两侧边行树木之间的距离，再加上两侧各1~1.5m的林缘宽度。林带宽度是否合理，不仅是林带合理利用土地的重要指标，而且影响着林带结构和防护性能。因为随着林带的逐渐加宽，其结构也随之变得越来越紧密，疏透度与通风系数也越来越小。因此，确定林带宽度应以最大限度地发挥林带的防护效能的同时，最小限度地占用耕地为原则。

林带横断面是反映林带防风效果的重要指标之一，不同类型横断面的林带，防护效果不同。林带横断面形状主要可分为4种类型，即三角形、梯形、凹槽形和矩形。在林带其他条件一致的情况下，以矩形横断面形状的防风效果最好，所以在设计林带时应选择矩形横断面结构。

（3）*农田防护林树种选择及配置* 农田防护林树种选择的目的在于使所营造农田防护林带达到设计的理想结构，保证林带的长期稳定，发挥最大防护效果，获取当地最佳经济利益。因此，在选择树种时，必须从本地区的气候、土壤特点出发，按照适地适树的原则，首先选择优良的乡土树种，选择速生、高大、树冠发达、深根性、抗性强、寿命长的树种。

在营造防护林带时，我国的窄林带一般多由纯林组成，但实践证明，在主乔木两侧配置适合的灌木树种对于改善林带结构、抑制林内杂草丛生、保护林带土壤免受风蚀、提高林带的经济效益等都具有重要意义。在营造混交林带时，应注意防止病虫害的防治，防止选用传播病虫害的中间寄主的树种。另外，在灌区可考虑选择蒸腾量大的树种，有利于降低地下水位，平原区和沿海地区有盐渍化的农田上，则要考虑耐盐碱的树种。

（4）*农田防护林的营造与管理* 农田防护林的造林与抚育技术基本上与用材林的相同。林带的更新主要有植苗更新、埋干更新和萌芽更新3种方法。林带的更新应该避免一次将林带全部砍光，以致广大农田失去防护林的防护，造成农作物减产。因此，应按照一定的顺序，在时间和空间上合理安排，逐步更新。就一条或一段林带而言，可以有全部更新、半带更新、带内更新和带外更新4种方式。林带更新年龄应从农田防护林的基本功能出发，主要考虑农田防护林防护效果明显下降的年龄，结合木材工艺成熟年龄（一般主伐年龄）及林带状况等综合因子来确定。

12.4.3.2 固沙造林

在荒漠化地区进行林业生态工程建设，主要任务是增加该区域的人工植被，提高林草覆盖率，进而改善该地区的生态环境，可见，建立人工植被是关键。

（1）*沙区立地条件及沙地类型* 不同沙区立地条件差异很大，决定了沙区林业生态工程建设的难易程度和具体技术措施的差异。通常情况下，沙区重点考察的立地因子包括气候条件、地下水状况、沙地机械组成、风积地形类型、植被覆盖度、沙丘高度以及沙丘部位（丘顶、丘角）等。

根据植被覆盖度情况可以将沙地划分为5种类型，即流动沙地，指植被覆盖度少于15%；半固定沙地，植被覆盖度15%～40%；固定沙地，植被覆盖度大于40%；闯田，在沙地及其边缘地区，没有防护措施及灌溉条件的沙质耕地；潜在沙化土地，与沙区毗连，土体中有起沙物质，有呈点状露头、极易就地起沙的草地。

(2) *固沙造林树种的选择* 应遵循“适地适树”的原则，首先选用乡土树种，同时重视经济价值高、抗逆性强的树种，重点从树种的抗旱性、抗风蚀沙埋能力、耐瘠薄能力几个方面考虑。

(3) *造林密度* 沙地造林密度，以维持沙地水分平衡为准，因地制宜。在广大的干旱荒漠地区的沙地，在无灌溉条件、地下水又不能为树木根系利用的条件下，应以稀疏为主；在半干旱草原地带的沙地，灌木固沙株距可适当小些，宽行距，以后引进乔木树种时，要适当稀植；至于半湿润、湿润地带的沙地，则应当密植，以迅速郁闭，起到固沙和提供林产品的目的。

(4) *植苗、插条及播种造林技术* 经过各地多年来的实践证明，在流沙地带，无论是直接造林，还是在植物沙障、机械沙障的保护下造林；无论是乔木树种，还是灌木树种；无论是插条，还是植苗，“深栽、实埋、少露”是保证较高的成活率的技术关键，是普遍适用的。

12.4.3.3 农林复合经营

农林复合经营是指在同一土地管理单元上，人为地将多年生木本植物与其他栽培植物或动物，在空间上按一定的时序安排在一起而进行管理的土地利用和技术系统的综合。农林复合经营具有复合性、系统性、集约性、等级性等特点。

我国是一个农业大国，农林复合经营也有着悠久的历史。我国先后在生产实践中创造了丰富多彩的林粮间作、林牧结合、桑基鱼塘、庭园经济和农林牧复合经营等类型。我国农林复合经营的发展，大致可分为3个阶段，即原始农业时期的农林复合经营萌芽阶段，以传统经验为基础的农林复合经营阶段和进行科学设计为标志的现代农林复合经营阶段。

(1) *农林复合经营系统的类型* 林农复合经营系统是多组分、多功能、多目标的综合性农业经营体系，在我国多样的自然、社会、经济、文化背景下，形成了不同的类型和模式，必须建立统一的分类系统，才能在纷繁的类型中进行分析、对比借鉴和推广。现将我国生产上主要经营类型简单加以介绍。

①林（果）农复合经营 是在同一土地经营单元上，把林木（果树）和农作物组合种植。常见的复合类型包括林农间作型、农田林网型、绿篱型和农林轮作型。

②林牧（渔）复合经营 林牧复合经营是指林业、牧业为主的土地利用形式，其特征是以林业为框架，发展草业、农业，为牧区服务。主要有林牧间作型、护牧林型、牧场绿篱型、林（果）渔复合经营等类型。

③林（果）农牧（渔）复合经营 这种经营类型在我国比较普遍，形式各异。主要有林农（牧）多层结构型、林农渔复合型和林牧渔复合型。

④特种农林复合经营 我国农林经营类型众多，有些是以林分为环境生产特种产品为目的的经营形式。常见有以下几种类型：林果间作型、林药间作型、林菌间作型、林木昆虫复合型。

(2) *农林复合经营的结构* 农林复合经营的结构就是该系统物种在空间和时间上的组合形式。这种结构是天然生态系统结构的模仿和创造，它比单一农业或单一林业人工生态系统结构更为复杂，对土地利用更加充分合理。

①空间结构　指各物种在农林复合系统内的空间分布，即物种的搭配形式、密度和所处的空间位置。其结构可分为垂直结构和水平结构。垂直结构包括地上空间、地下土壤和水域水体层次；水平结构是指农林复合经营模式的生物平面布局，又可分为带状间作、团状混交、均匀混交、水陆交互式、等高带混交种植和镶嵌式混交等。

②时间结构　包括季节结构变化和不同发育阶段结构变化。在时间序列上，根据林木生长和农作物生长共生时间的长短，将农林复合经营分为短期复合型和长期复合型。

12.5 林业生态工程管理与评价

12.5.1 林业生态工程项目管理的程序

12.5.1.1 林业生态工程项目的基本概念

项目，作为一项投资活动，并要求在规定期限内达到某项规定的目标。它与投资是分不开的，一个项目必须要事先做好计划，使投资活动始终围绕一个既明确又具体的目标进行。项目不是笼统的、抽象的，而是十分明确和具体的，有明确的界限和特定的目的。一个项目应当是有一个特定的地理位置或明确集中地区，还应当有明确的建设起始年份和完成年限，并具有投资建设、建成投产、获益的顺序。项目是一种规范和系统的分析和管理办法，它包括规划、可行性研究、初步设计、施工管理、竣工验收与后评价等内容。项目又是一个独立的整体，是便于计划、分析、筹资、管理和执行的单位，必须有具体的管理机构和实施项目的责任者，必须实行独立的经济核算。

到目前为止，关于“什么是项目”还没有一个经典的定义。J. 普赖顿·吉延格在《农业项目的经济分析》一书中，把项目表述为：“项目就是花费一定资金以获取预期收益的活动，并且应当合乎逻辑地成为一个便于计划、筹集和执行的单位。”这个定义反映了项目的含义和实质，不过对于林业工程项目，我们还是试图综合上述内容给出项目的定义：项目是运用一种规范的系统和方法所确定的在规定期限内达到特定目标的包括投资、政策措施、机构、技术设计等在内的经济活动。

12.5.1.2 林业生态工程实行项目管理的意义

实行项目管理是实现项目决策科学化的必须途径。通过项目立项前的认真详细的可行性研究与评估，是减少决策盲目性、避免投资决策失误的关键环节。在实施的过程中，通过一系列必要的项目管理手段，将能保证项目按设计要求顺利进行，并取得预期的经济效果。因此，实行项目管理，无论是对加强投资宏观管理，还是对提高每一个投资项目的投资效益，都有十分重要的意义和作用。因此，为了搞好林业生态工程建设，必须以改革的精神，认真总结我国经验，借鉴国外先进技术，尽快使林业生态工程项目管理工作走向科学化、程序化和制度化，以保证建设项目选择得当，计划周密、准确，并保持项目管理工作的高效率。

12.5.1.3 林业生态工程项目管理的程序

林业生态工程项目从提出到实施再到建成产生效益，是一个需要一定时间、一定程序的过程。在这个过程中，我们把它分成几个工作阶段，以利于把项目管理好。目前，通常把林业生态工程项目分为前期工作、实施建设和竣工验收3个阶段。

(1) *项目的前期准备* 林业生态工程建设项目的前期准备工作主要包括林业生态工程规划、项目建议书、可行性研究、初步设计等内容，它们不是平行的、同时进行的，而是有着严格的先后顺序。

项目的前期准备开始于林业生态规划，一般由业务部门提出，经上级批准后，再编写项目建议书，获得批复后，由上级部门下达可行性研究计划任务书。此后，项目提出单位就可以组织力量进行可行性研究，并编写可行性研究报告，并报送上一级单位。投资单位在接到可行性研究报告后应开始论证评估，决定能否立项。评估结果可能出现4种情况，即可以立项、需修改或重新设计、推迟立项和不予立项。项目正式立项后，项目执行单位还需做好项目的初步设计工作，初步设计完成后等待列入国家的投资计划，一旦列为投资年度计划后，项目即进入了实施建设阶段。

(2) *项目实施* 林业生态工程建设项目完成初步设计报告，并列入国家投资年度计划后，就进入了项目实施阶段。项目实施必须严格按照设计进行施工，加强施工管理，并在具体培育过程中采用科学、合理、先进的栽植、抚育技术措施。在施工中，设计单位应有现场技术指导和监督人员，他们应根据设计的要求严格把关，保证工程建设质量。

(3) *竣工验收* 竣工验收是项目的第3个阶段，是在项目完成时全面考核项目建设成效的一项重要工作。做好竣工验收工作，对促进林业生态工程建设项目进一步发挥投资效果，总结建设经验具有重要作用。竣工验收实际上是对项目的终期评价，并要编写出竣工验收报告。验收后，领取竣工验收证书。竣工项目经验收交接，应办理固定资产交付使用的交接手续，加强固定资产管理。验收中发现遗留问题，应由验收小组提出处理办法，报告上一级有关部门批准，交有关单位执行。

12.5.2 林业生态工程综合效益评价

林业生态工程综合治理效益评价是国内外尚未解决的一个重要问题，也是我国林业生态工程建设实践中亟待解决的一个应用性理论与技术问题。迄今为止，国内外关于林业生态工程综合效益的评价尚且不多，多数是论述森林生态系统的综合效益，但从理论和实践上讲，森林生态系统的综合效益与林业生态工程建设的综合效益没有本质的区别。

12.5.2.1 综合效益的基本含义

林业生态工程的实质是根据生态经济学的原理，从不同的侧重点出发，有效地将生态、经济和社会三方面的效益分配在森林与环境之间，通过人的干预以取得最大的经济效益。在近期的研究中，人们习惯上将森林效益进一步表述为森林生态效益、经济效益和社会效益。

12.5.2.2 综合效益评价的原则

（1）*生态、经济、社会三大效益相结合* 追求三大效益整体效益的最佳，既是林业生态工程建设的重要目标，也是综合评价的重点。因而，评价过程中要突出对系统功能进行全面、完整的分析。围绕三大效益确立投入产出利率、内部收益率、投资回收率、成本利润率、财务效益、劳动生产率、土地利用率、商品率、社会总产值、总产量、年平均增长率、人均占有量、劳动就业率、林草覆盖率、土壤侵蚀率、土地增长率和水土流失控制率等主要指标。力求通过这些指标的分析评价全面反映出林业生态工程建设项目的内涵和特点。

（2）*静态评价与动态评价相结合* 对于评价结果，不仅应具有系统自身不同阶段的可比性，同时还应有不同系统在同一时段的可比性。这就要求对林业生态工程的各个系统功能效益，不仅要进行静态的现状评价，而且要通过动态评价揭示系统功能的发展趋势，分析其结构的稳定性和应变力。

（3）*定向分析与定量分析相结合* 为了客观、准确、全面地把林业生态工程发展的现状和未来，从数量、质量、时间等方面应做出量的评价，得出较为真实、可靠、准确的数据。对少量难以定量、难以计价或难以预测的指标或因素则采用定性分析法，在充分占有数据资料的情况下，进行客观公正的评价。

（4）*近期、中期、远期相结合* 为了准确评价其预期效益，把林业生态工程项目大体分为 3 个阶段，即项目基期、项目执行期和项目后期阶段。其中项目基期选在项目实施的前一年，评价内容包括资料基础、经济发展水平、农民收入状况、生产技术条件等，对人力、资金、原料、技术、市场、管理等诸因素进行充分估计，以此作为项目执行期和项目后期的评价依据。

12.5.2.3 评价的具体内容

考虑到森林的作用与功能，评价的具体内容要围绕以下指标进行评价分析：水文生态效益、涵养水源效益、土壤改良效益、改善小气候效益、农田防护林对农作物的增产效益、森林游憩效益、碳氧平衡作用、林业生态工程经济效益分析（净现值、内部收益率、现值回收期、益本比）。综合评价指标体系依分类方法不同主要包括生态指标类和经济指标类分类法；衡量指标、分析指标和目的指标分类法；结构评价指标和功能评价指标分类法。以上分类法具体评价可参考有关专著和国家及地方效益计算标准。

复习思考题

1. 林业生态工程的概念与内涵是什么？

2. 林业生态工程的主要内容有哪些?
3. 林业生态工程建设基本原理及其应用?
4. 我国林业生态工程建设布局与重点是什么?
5. 我国林业生态工程建设中存在的主要问题与对策是什么?
6. 水源涵养林树种选择应注意什么?
7. 如何确定水源涵养林的最佳林型?
8. 如何配置山丘区水土保持林体系?
9. 防护林带结构类型及其特点有哪些?
10. 林业生态工程项目管理的程序有哪些?

本章可供阅读书目

森林环境学．贺庆棠．高等教育出版社，1999
中国农业生态工程．马世骏，李松华．科学出版社，1982
造林学．孙时轩．中国林业出版社，1981
林业生态工程学．王礼先，王斌瑞，朱金兆等．中国林业出版社，2000
林业生态工程学——林草植被建设的理论与实践．王治国等．中国林业出版社，2000

参考文献

北京林学院.1981.造林学.北京:中国林业出版社
北京林业大学.1987.测树学.北京:中国林业出版社
蔡晓明.2002.生态系统生态学.北京:科学出版社
曹凑贵.2002.生态学基础.北京:高等教育出版社
曹福亮.2002.中国银杏.南京:江苏科学技术出版社
曹慧娟.1992.植物学.北京:中国林业出版社
陈有民.2001.园林树木学.北京:中国林业出版社
邓华锋.1998.森林生态系统经营综述.世界林业研究,4
高光民,Guido Kuchelmeister 等. 1997.中小型苗圃林果苗木繁育实用技术手册.北京:中国林业出版社
顾万春.1984.林木遗传育种基础.南宁:广西人民出版社
管致和.1995.植物保护概论.北京:中国农业大学出版社
国家环境保护局.1998.中国生物多样性国情研究报告.北京:中国环境科学出版社
国家林业局科学技术司.2000.长江上游天然林保护及植被恢复技术.北京:中国农业出版社
韩海荣.2002.森林资源与环境导论.北京:中国林业出版社
河北农业大学.1985.林学概论.北京:农业出版社
贺庆棠.1999.森林环境学.北京:高等教育出版社
胡鞍钢.2001.中国生态环境问题及环境保护计划.安全与环境学报,1(6):49~54
黄选瑞,张玉珍等.1999.中国森林可持续经营问题探讨.中国人口资源与环境,4
火树华.1992.树木学.北京:中国林业出版社
江泽慧等.2000.中国现代林业.北京:中国林业出版社
孔繁得.2001.生态保护概论.北京:中国环境科学出版社
李博,杨持,林鹏.1999.生态学.北京:高等教育出版社
李坚等.1994.现有林经营管理导论.哈尔滨:东北林业大学出版社
李景文.1994.森林生态学.北京:中国林业出版社
李育才.1995.面向21世纪的林业发展战略.北京:中国林业出版社
李周.1995.试论市场经济体制下的林业发展战略.见:沈国舫.中国林业如何走向21世纪:新一轮林业发展战略讨论文集.北京:中国林业出版社
林凤鸣,石峰.1995.从世界林业发展趋势看中国的林业产业政策.世界林业研究,(1):1~7
林凤鸣.1994.80年代世界林产工业发展概况.世界林业研究,(2):1~9
林业部护林防火办公室.1984.森林防火.北京:中国林业出版社
林业部科学技术司.1994.中国森林生态系统定位研究.哈尔滨:东北林业大学出版社

刘璨,李维长. 1994. 林业持续发展政策设计. 世界林业研究,7(5):11~18
马世骏,李松华. 1982. 中国农业生态工程. 北京:科学出版社
孟宪宇. 1996. 测树学. 第2版. 北京:中国林业出版社
孟宪宇. 1999. 森林资源与环境管理. 北京:经济科学出版社
南京林业大学. 1994. 中国林业辞典. 上海:上海科学技术出版社
欧阳志远. 1992. 生态化——第三次产业革命的实质与方向. 科技导报,(9):26~29
潘瑞炽,董愚德. 1993. 植物生理学. 北京:高等教育出版社
钱翌,何章起. 1994. 普通生态学. 新疆:新疆科卫出版社
邵力平,沈瑞祥等. 1983. 真菌分类学. 北京:中国林业出版社
沈国舫. 1989. 林学概论. 北京:中国林业出版社
沈国舫. 2001. 森林培育学. 北京:中国林业出版社
宋则行等. 1988. 世界经济史. 北京:经济科学出版社
宋志杰. 1991. 林火管理和林火预报. 北京:气象出版社
孙儒泳,李博,诸葛阳等. 2001. 普通生态学. 北京:高等教育出版社
孙时轩. 1992. 造林学. 北京:中国林业出版社
孙时轩. 1995. 造林学. 第2版. 北京:中国林业出版社
谭高澄,戴策刚. 1997. 观赏植物组织培养技术. 北京:中国林业出版社
万福绪. 2003. 林学概论. 北京:中国林业出版社
王礼先,王斌瑞,朱金兆等. 2000. 林业生态工程技术. 郑州:河南科学技术出版社
王礼先,王斌瑞,朱金兆等. 2000. 林业生态工程学. 北京:中国林业出版社
王明庥. 2000. 林木遗传育种学. 北京:中国林业出版社
王培孝,何正伦. 1999. 二十一世纪林业发展趋势分析. 甘肃林业科技,24(1):63~66
王治国,张云龙,刘徐师等. 2000. 林业生态工程学——林草植被建设的理论与实践. 北京:中国林业出版社
西北林学院主编. 1983. 简明林业词典. 北京:科学出版社
谢国文,颜享梅,张文辉等. 2001. 生物多样性保护与利用. 长沙:湖南科学技术出版社
杨玉盛,陈光水,谢锦升. 1999. 论森林水源涵养功能. 福建水土保持,11(3):3~8
叶镜中,孙多编. 1995. 森林经营学. 北京:中国林业出版社
张嘉宾. 1986. 森林生态经济学. 昆明:云南人民出版社
张建国,吴静和. 1996. 现代林业论. 北京:中国林业出版社
张金池,胡海波. 1996. 水土保持及防护林学. 北京:中国林业出版社
张佩昌,袁嘉祖等. 1996. 中国林业生态环境评价、区划与建设. 北京:中国经济出版社
张佩昌等. 1999. 天然林保护工程概论. 北京:中国林业出版社
张守攻,朱春全等. 2001. 森林可持续经营导论. 北京:中国林业出版社
张往祥. 2003. 环境因子对银杏光合作用的影响. 南京:南京林业大学硕士研究生论文
张银龙. 2003. 环境生态学. 沈阳:辽宁大学出版社
张颖. 2002. 中国森林生物多样性评价. 北京:中国林业出版社
张执中. 1997. 森林昆虫学. 北京:中国林业出版社
赵玉巧等编. 1998. 新编种子知识大全. 北京:中国农业科技出版社
只木良也,吉良龙夫编. 1992. 人与森林. 唐广仪,陈丕相,郑铁志译. 北京:中国林业出版社
中国可持续发展林业战略研究编辑委员会. 2002. 中国可持续发展林业战略研究总论. 北京:中国林业出版社
中国林学会. 1984. 次生林经营技术. 北京:中国林业出版社
中国森林编辑委员会. 1997. 中国森林. 北京:中国林业出版社

中国生物多样性国情研究报告编写组. 1998. 中国生物多样性国情研究报告. 北京：中国环境科学出版社
中国树木志编委会. 1979. 中国主要树种造林技术. 北京：农业出版社
周达编. 1986. 林学概论. 广州：科学普及出版社广州分社
周世权，马恩伟. 1995. 植物分类学. 北京：中国林业出版社
周晓峰. 1999. 中国森林与生态环境. 北京：中国林业出版社
周仲铭. 1990. 林木病理学. 北京：中国林业出版社
朱天辉. 2003. 园林植物病理学. 北京：中国农业出版社
邹铨，赵惠勋. 1986. 林学概论. 哈尔滨：东北林业大学出版社
Maini J S. 1996. 森林可持续发展：确定标准、方针和指标的系统方法. 见：洪菊生. 森林可持续发展译文集
Aplet G H. et al. Defining Sustainable Forestry. 1993 . The Wilderness Society, Washington. D C. Island Press
Grumbine R E. 1994. What is Ecosystem Management? Conservation Biology, 8(1)
Tomom M A. et al. 1995. Sustainable Forest Ecosystem and Management: A Review Article. Forest Science, 42(3)